普通高等教育"十四五"规划教材

试验设计与分析

——基于 SAS 语言

于向鸿　肖　阳　编著

中国農業大學出版社
China Agricultural University Press

内容简介

试验设计与统计分析是现代数理统计学的两个非常重要的分支学科，试验设计主要研究如何科学合理地制定试验方案，统计分析是对试验设计方案所得的科研数据进行处理，前者从源头把握科研数据的合理性和可靠性，为后者的统计分析得到有价值的结论打下良好基础。近年来，试验设计和统计分析广泛地受到本科生、研究生以及其他科研人员的重视，已经成为各个领域开展科研的必备技能。编者根据多年教学与实践经验，精心选材、合理分类编目，精选一些科学试验和科研文献中常见的、实用的试验设计方法，同时创造性地提出了一些新颖的试验设计方法，例如完全混料设计和受上界约束的均匀混料设计，精心编著了一部适合农学、生物学学生以及其他科研人员的试验设计教材。在各种试验设计方法的选择和使用上，编者也在相应的章节添加一些试验设计方法的横向比较和应用感悟，同时，对于每一种试验设计和统计分析实例，编者精心编制了相应的 SAS 软件使用方法。

图书在版编目(CIP)数据

试验设计与分析:基于 SAS 语言/于向鸿，肖阳编著. --北京:中国农业大学出版社，2024.12.

ISBN 978-7-5655-3390-7

Ⅰ. TB21

中国国家版本馆 CIP 数据核字第 2025P5J892 号

书　　名　试验设计与分析——基于 SAS 语言

Shiyan Sheji yu Fenxi —— Jiyu SAS Yuyan

作　　者　于向鸿　肖　阳　编著

策划编辑　刘　聪　　**责任编辑**　刘　聪　蔡恩嘉

封面设计　麦莫瑞文化

出版发行　中国农业大学出版社

社　　址　北京市海淀区圆明园西路 2 号　　**邮政编码**　100193

电　　话　发行部 010-62733489，1190　　读者服务部 010-62732336

编辑部 010-62732617，2618　　出　版　部 010-62733440

网　　址　http://www.caupress.cn　　**E-mail** cbsszs@cau.edu.cn

经　　销　新华书店

印　　刷　北京溢漾印刷有限公司

版　　次　2025 年 2 月第 1 版　2025 年 2 月第 1 次印刷

规　　格　185 mm×260 mm　16 开本　27.25 印张　677 千字

定　　价　78.00 元

图书如有质量问题本社发行部负责调换

前言

Preface

随着社会生产力的发展和科学技术水平的提高，人类也在不断地认识自然世界、探寻科学真理。毋庸置疑，有目的、有计划的科学试验可以加速这个进程，而科学试验离不开缜密的试验设计与合理的数据分析，一个优秀的试验设计可以大大提高试验的成功率。日本统计学家田口玄一（Taguchi）说过，不懂试验设计的工程师只能算半个工程师。

试验设计与统计分析是现代数理统计学的两个非常重要的分支学科，试验设计主要研究如何科学合理地制定试验方案，统计分析是对试验设计方案所得的科研数据进行处理。前者从源头上把握科研数据的合理性和可靠性，为后者的统计分析得到有价值的结论打下良好基础。近年来，试验设计和统计分析已经成为各个领域开展科研的必备技能。

党的二十大明确指出："深化教育领域综合改革，加强教材建设和管理"，体现了国家对教材建设的高度重视。本教材基于 SAS 语言的应用背景，精心选材、合理编目，将农业和生物学中的一些科学试验和文献中实用的试验设计方法精选出来，并进行分门别类。例如，条区设计本质上是一种特殊的裂区设计，应划归为裂区设计的章节；尤敦方设计和格子设计本质上都是不完全区组设计，应划归为不完全区组设计的章节等，该编目方式使本教材在逻辑上更符合试验设计的知识体系。

编者根据多年的教学和实践经验提出了一些新颖且实用的试验设计方法，例如完全混料设计和受上界约束的均匀混料设计。在各种试验设计方法的选择和使用上，编者也在相应的章节添加了一些试验设计方法的综合比较和应用感悟。

为了方便读者学习和掌握试验设计和统计分析方法，解决科学研究或生产实践中的问题，本教材适当简化了部分理论推导内容，增加了很多实例，并结合实例实现了完整的试验设计以及相应的统计分析过程。

本教材所有应用实例中用到的试验设计和统计分析均涉及大量复杂计算，采用计算机软件大大增强了试验设计和统计分析的实用性和便利性。其中，除正交设计采用查表法实现、均匀混料设计采用 Excel 软件实现外，其余实例的试验设计均采用 SAS 软件实现，所有实例的统计分析均采用 SAS 软件实现。

本教材实例大部分基于编者多年的教学与实践经验，以农学和生物学的应用实例为主，适合农学、林学、生物学、生态学、动物科学、食品科学、环境科学等相关领域的科研人员使用和借鉴。

由于编者知识水平有限，教材中难免存在疏漏或欠妥之处，恳请广大同行和读者朋友批评指正。

如果需要教材中的 SAS 程序或探讨问题，请电子邮件联系：yuxianghong@caas.cn。

编　者

2024 年 12 月

目录

Contents

第 1 章　SAS 软件基础

无论是试验设计还是统计分析，都往往涉及大量的数据计算，计算机技术的飞速发展无疑为试验设计和数据分析提供了最大的技术支撑，数据处理软件已经成为当代科研技术人员必须要掌握的得力助手，下面介绍世界范围内广泛使用的通用数据分析软件——SAS。

1.1　SAS 软件简介

SAS(Statistical Analysis System，统计分析系统)是当今国际上最著名的统计分析软件之一，最早由北卡罗来纳大学的两位生物统计学教授开发。1976 年，两人成立 SAS 软件研究所，正式推出 SAS 软件。统计分析功能是其重要组成部分和核心功能，现在，SAS 已经逐渐扩展成为一个大型的集成应用软件系统，广泛应用于农业、生物、医药、卫生、金融、运输、通信和教育等科研领域，可以完成试验设计、统计分析、图表制作、时间序列分析、运筹决策、风险分析和数据挖掘等工作，已被全球 100 多个国家和地区使用。

SAS 软件系统从 SAS6.12 版发展到 SAS8.2、SAS9.2 和 SAS9.4 等版本，其中 SAS9.2 及其以前的版本具有点菜单和编程两种统计分析模式。之后，SAS 公司调整战略，将点菜单的功能取消，将其放入公司旗下的另一个低端产品 JMP 中，此后的 SAS 版本大多只有编程模式，但 SAS 的试验设计和统计分析功能大多已经模块化封装，即使寥寥几个语句，也可完成复杂的数据分析功能。

SAS 软件系统已经成为国际上的标准软件系统。1978 年，北京大学概率论系把它当作重点开发项目引入我国，经过 40 多年的应用、改进和不断完善，SAS 软件已经成为科研工作者必需且应该掌握的利器。

SAS 软件是比较高端的商业软件，价格昂贵，一般由单位统一购买、安装和使用。如果是苹果电脑，可以先安装 Windows 虚拟机，再安装 SAS 软件，但可能会由于缺少 Java 虚拟机，一些统计分析功能无法作图。

对于个人电脑而言，有时会因操作系统的兼容问题而无法安装，可以选择使用 SAS 的网络版。SAS 网络版(https://welcome.oda.sas.com)完全开放，可以免费注册使用，注册时须填写个人信息并提供注册邮箱，在 SAS 公司发送用户的注册邮件内点击确认注册链接后方可使用，可以进行文档的上传及下载、数据库和数据集的管理、Excel 文档数据的导入和数据的统计分析。

1.2 SAS 的数据库

SAS 软件可以存储数据和分析数据，数据在 SAS 软件内的存储方式为数据库和数据集，数据库存于 SAS 资源管理器的逻辑库内，逻辑库是数据库的集合，数据集存在数据库内，数据库是数据集的集合。

SAS 安装好后已经默认存在一些数据库，如 Maps 是地图数据库，Sashelp 是帮助示例库，这些数据库内已经存在一些数据集，用户不可更改或删除里面的数据。Sasuser 是供用户使用的数据库，这几个数据库均是永久库，存储在里面的数据集在 SAS 软件的生命周期内一直存在。Work 是临时库，主要用于存放一些调试数据和中间过程数据等临时使用的数据，其中存储的数据只有在当次 SAS 运行时间内存在，一旦 SAS 软件关闭，Work 库里的数据就会被清空。

数据库建立时必须和操作系统的一个文件夹相关联，其实质就是把这个文件夹映射成 SAS 软件的一个数据库。

用户可以直接使用 SAS 的数据库 Sasuser，也可以建立自己的数据库。数据库一旦建立成功，属于永久库，可以永久使用，新建数据库的方式有以下两种：

①在数据库的空白处点击右键，弹出 “新建逻辑库”窗口（图 1.1），在“名称”处输入用户定义的数据库名字，在“路径”处输入或点击“浏览”选择操作系统的文件夹，需要注意的是该文件夹必须已经存在。勾选“启动时启用”，SAS 每次启动时自动建立该数据库和物理文件夹的映射关系。不勾选时，下次 SAS 启动时，该数据库就不会被映射，但存储于该数据库的数据会一直存在，可以在每次 SAS 启动时用同样的方法重新建立该数据库映射关系，再使用里面的数据。这种方式在实验室的公用计算机上非常适用，一个用户在使用计算机时看不到其他用户的数据库，有利于保护每个用户数据库的安全。如果是个人计算机，独立使用，具有私密性，建议勾选“启动时启用”，即每次打开 SAS 软件，数据库已存在，可以非常方便地直接使用。

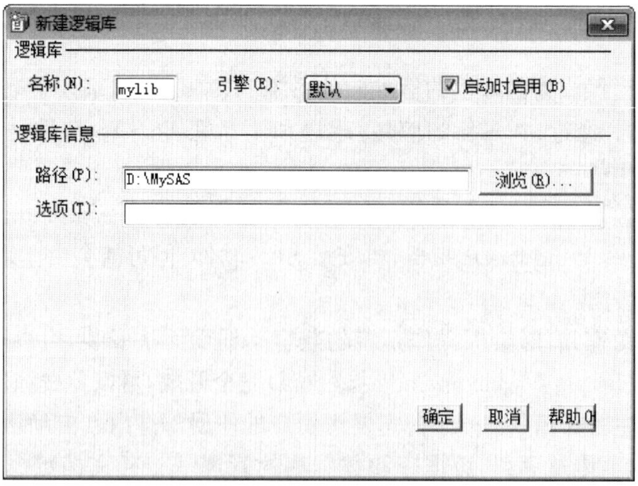

图 1.1 “新建数据库”窗口

②在程序编辑器窗口，运行如下命令 Libname 建立数据库：

```
Libname mylib 'D:\MySAS';
```

其中 mylib 为数据库名，字符串'D:\MySAS'为操作系统的 D 盘内的文件夹 MySAS，意为将文件夹 D:\MySAS 映射为 SAS 的数据库 mylib。用 Libname 命令建立的数据库映射，只在 SAS 系统运行期间存在，关闭 SAS 系统时，数据库映射关系消失，但物理数据文件会一直存在，下次启动 SAS 系统时，重新运行上面的 Libname 命令建立这个数据库，即可使用里面的数据。

1.3　SAS 的数据集

SAS 的数据集是存放具体试验数据的位置，数据集必须存在于某一数据库内。一个数据集对应于操作系统的指定文件夹内的一个文件，SAS 数据库系统的层次结构和操作系统的层次结构对应关系如表 1.1 所示：

表 1.1　SAS 软件的数据和操作系统的对应关系

SAS 软件	操作系统
SAS 资源管理器	Windows 资源管理器
逻辑库	
数据库	文件夹
数据集	文件

数据集通常以若干行和列的二维表格形式存储数据。数据集的行称为观测，或称为记录。数据集的列称为变量，试验数据中的试验指标和影响因子都是变量，需要放在数据集的列上。SAS 的变量类型有字符型、数值型和日期型，其中日期型数据的格式通常包含日期和时间，或二者中的一种，在表达前后顺序（如年月日和月日年）、简称或全称（如 9 月、Dec 和 December）等方面存在差异，非常复杂，使用时非常不方便。一般日期型数据用字符型表示，更为方便，如 5 月 15 日播种的玉米，播种时间可以用字符型数据“5 月 15 日”表示。所以，SAS 变量通常使用数值型和字符型两种类型。SAS 以统计分析数据为主，所以定义变量时默认为数值型，如果需要定义字符型变量，需要在变量名后加“$”符号。

需要注意的是，由于历史原因，字符型变量最早设定默认为不超过 8 个字符或 4 个汉字，如果字符数据超过默认长度，则默认只读入前 8 个字符或 4 个汉字，会导致数据读入不完整。如果要读入超长数据，则需按照字符数据中最长字符数定义字符变量的长度，短于该长度的字符数据按照实际长度读取。例如，几个水稻品种中最长的名字包含 15 个字符，需要定义字符型变量水稻（rice）为 rice$15.，rice 和 $ 之间有无空格均可，但 15 后面需要加小数点。

通常数据集采用两段式命名方式，中间用小数点分开，前段为数据库名，后段为数据集名。如果数据集只使用一段命名，则默认为临时库 Work 内数据集。如下为一些数据集名称示例：

```
Sasuser.rice 为数据库 Sasuser 内的数据集 rice;
Mylib.wheat 为数据库 Mylib 内数据集 wheat;
```

maize 为临时库 Work 内的数据集 maize。

数据集的建立通常使用以下两种方式。

1.3.1 外部数据文件导入

点文件(File)菜单→导入数据(Import Data),打开数据导入向导(图 1.2)→Standard Data Source 可以导入以下类型的标准数据源。

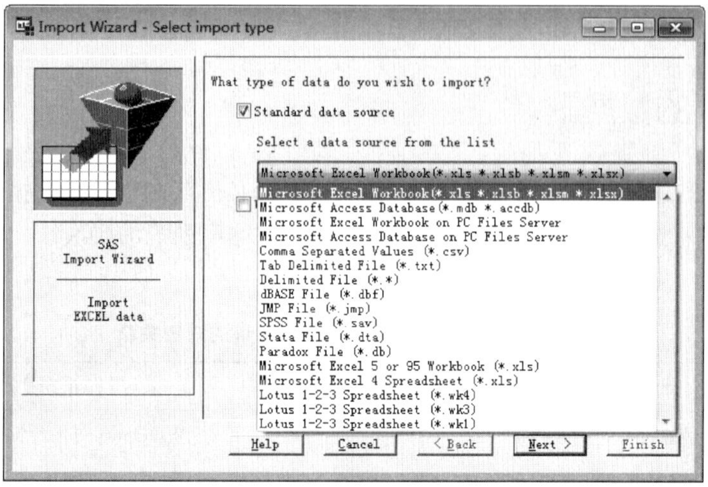

图 1.2 数据导入向导

①Microsoft Excel workbook(*.xls, *.xlsx)微软 Excel 格式的数据;

②Microsoft Access database(*.mdb)微软 Access 格式的数据;

③dBase File(*.dbf)dBase 或 Foxpro 格式的数据;

④Comma Seprated Valules(*.csv)逗号分割的文本格式数据;

⑤Table Delimited File(*.txt)制表符分割的文本格式数据;

⑥Delimited File(*. *)空格、制表符或自定义分隔字符的文本格式数据;

⑦SPSS File(*.sav)SPSS 格式的数据;

⑧Stata File(*.dta)Stata 格式的数据。

选择要导入的数据源文档,指定要存放的数据库,输入数据集名即可导入。需要注意的是,导入数据之前,外部数据文件一定要关闭以解除锁定,数据要有变量名称。有些类型的数据源由于版本的兼容性问题而不能导入,如 Excel 数据有 xls 和 xlsx 两种格式,不能顺利导入时可以先另存为或导出为空格、逗号或制表符(Tab)分隔的文本格式数据,再导入 SAS 软件,因为文本格式是所有分析软件均强烈支持的通用格式。

1.3.2 数据步 Data 建立数据集

试用下面 10 个玉米品种(*maize*)的产量比较试验数据为例,数据建立 SAS 数据集进行练习,参试的 10 个玉米品种使用随机区组(*Block*)设计,设 3 个重复区组,各小区产量(*yield*, kg)如表 1.2 所示。

表 1.2 玉米的产量数据

Block	*maize*									
	A	B	C	D	E	F	G	H	I	J
1	500	480	520	540	560	500	480	600	620	400
2	450	451	453	485	510	450	430	550	570	350
3	480	462	480	510	525	473	450	580	560	360

需要注意的的是，表 1.2 的数据不能原样输入 SAS 软件，即使能正常输入也不能进行统计分析，必须将这种数据转化成行是观测、列是变量的数据形式。具体转化方法是将试验指标、试验因子和非试验因子都作为变量，放在数据集的列上，本例的非试验因子是区组 *Block*、试验因子是玉米品种 *maize* 以及试验指标是产量 *yield*，共计 3 个变量，如第 1 区组的玉米品种 A 产量是 500kg 为第一个观测，依次类推。玉米产量数据输入数据库 Sasuser 的数据集 *maize* 的 SAS 程序如下：

```
Data Sasuser.maize;
  Input Block maize $  yield;
Cards;
1  A  500
1  B  480
1  C  520
1  D  540
1  E  560
1  F  500
1  G  480
1  H  600
1  I  620
1  J  400
2  A  450
2  B  451
2  C  453
2  D  485
2  E  510
2  F  450
2  G  430
2  H  550
2  I  570
2  J  350
3  A  480
3  B  462
3  C  480
3  D  510
```

```
3  E  525
3  F  473
3  G  450
3  H  580
3  I  560
3  J  360
;
Run;
```

程序简要说明：

Data Sasuser.maize 定义数据集 maize 存于数据库 Sasuser 内。Input 定义了 3 个输入变量，Block 为区组，maize 为玉米品种，yield 为玉米产量。其中的两个 maize，第一个为数据集名，另一个为变量名，互不冲突，变量玉米品种 maize 为字符型数据，需要在 maize 后加符号 $ 。

* ……；中间的内容为 SAS 的注释信息，称为单行注释，必须放在一行中使用，对程序起到注释说明的作用，在 SAS 程序运行期间注释信息直接跳过而不会运行。注释语句还可在调试 SAS 程序过程中使用，如暂停某一行语句的运行，可以直接在该语句前加 *，或者需要观察中间运行的结果是否正确，需要增加一些输出语句，暂时不需要这些语句时，前面加 * 注释掉。另一种为块注释，也称为多行注释，在首行的最前面加/ *，最后一行结尾加 * /。块注释常在说明信息比较多时使用，如一段程序的开头，用以说明程序的开发者、开发单位、开发日期、实现的功能、输入数据和输出结果等信息。

需要读入的数据必须放在 Cards；和一个分号“；”之间，且 Cards；和分号“；”需要分别独立占用一行，其中关键字 Cards 也完全可以用 Datalines 代替。数据之间的分隔符用空格或制表符均可，其中空格为一个或多个都可以，建议一般情况下数据用一个分隔符。

在 Data 步中读入数据时，如果个别数据缺失，该缺失数据的位置不能空缺或用空格代替，否则会导致数据读入错位或数据读入过程错误，不管是数值型还是字符型数据都必须在该位置上用小数点作为占位符，表示该数据缺失。

1.4 SAS 程序的结构

SAS 程序由数据步和过程步组成。

①数据步：以 Data 语句开头，其作用是建立 SAS 数据集，为分析准备数据。

②过程步：以 Proc 语句开头，其作用是激活并运行 SAS 过程，Proc 为 Procedure（过程）的缩写。

通常，一个 SAS 程序中可包含多个 SAS 数据步，也可包含多个 SAS 过程步。最少需要一个数据步或一个过程步。

每一个完整的 SAS 语句用一个分号（英文半角）结束，一行中可写多个 SAS 语句，一个 SAS 语句可写成多行。程序最后以单词 Run 结尾。

程序的运行需要点击菜单中“提交”图标（奔跑的人形图标），或者点击下拉菜单“运行”中的第一项“提交”方可运行 SAS 程序。SAS 默认运行当前程序编辑窗口中所有的程序，若要运行当前窗口部分程序，需要鼠标选中需要运行的部分程序，然后按照前述方法运行。

1.5 SAS的命名规则

数据库、数据集和变量的名称必须以字母开头，其后可由字母、数字和下划线组成，长度不超过32个英文字符。切勿以数字开头，尽量不要使用SAS的关键字，也不要使用汉字命名。不建议以单个字母命名，为了便于识读，建议使用有意义的英文单词或者汉语拼音命名。

SAS语句大小写不敏感，即不区分大小写，如 *Rice* 和 *rice* 会被认为是同一个变量，但是建议SAS关键字的首字母大写。

如下面都是合法的名字：

maize，*rice1*，*rice2*，*wheat_HeBei*，*wheat_HeNan*

关键字：SAS程序中保留使用的控制语句、过程名和参数等。

如：Data、Proc、Ttest、Anova、Class、Var、Input、Run 等。

关键字、变量以及数字之间最少需要一个空格分隔。

需要注意的是，数据集的变量名称不区分大小写，但是变量为字符型变量时，变量的取值是区分大小写的，如玉米品种(*variety*)这个变量的取值 Zhengdan958 和 zhengdan958，会被认为是两个不同的玉米品种。变量的取值可以是中文，如玉米品种(*variety*)可以取值：郑单958。

1.6 数据集操作

1.6.1 建立数据集

为了便于理解，示例数据选取中外历史上一些著名数学家的信息作为演示。

```
Data mathematician;
  Input ID name $ &30. sex $  nationality $  birth_year age;
Cards;
1  祖冲之  男 中国 429 71
2  华罗庚  男 中国 1910 75
3  LeonhardEuler  男 瑞士 1707 76
4  Isaac Newton  男 英国 1643 84
5  Emmy Noether  女 德国 1882 53
6  Mary Cartwright  女 英国 1900 98
7  Johann Carl Friedrich Gauss  男 德国 1777 78
8  Andrey Kolmogorov  男 苏联 1903 84
;
Run;
```

程序简要说明：

Data 定义数据集 mathematician 存于临时数据库 Work 中，Input 定义了6个输入变量，

变量后有符号 $ 的为字符型变量，其中人名数据超出 8 个字符的长度，且外国人名中间有一个或多个空格，最长的人名（含空格）长度为 27 个字符，需要对字符变量 name 重新定义长度为 30，为了读入包含一个或多个空格的字符串，还需要在 $ 符号后再加一个连字符号 &，如 name $ &30.，需要强调的是，带空格的人名之后的数据需要两个以上的空格分隔，表示 name 数据的结束，如“Leonhard Euler”和“男”之间有两个空格；其他字符型变量如性别（sex）和国籍（nationality）均不超过 8 个字符，不需重新定义长度。

成功运行上述程序后，因为仅仅是建立数据集，结果窗口并没有任何显示，需要到 SAS 软件的“资源管理器”窗口进入临时库 Work，双击数据集 mathematician 即可打开数据视图窗口查看数据读入是否正确，需要强调的是数据视图窗口查看后立即关闭，否则被其查看锁定后会影响其他数据操作。其次也可以运行以下程序，查看数据集 mathematician 的内容。

```
Proc Print data = mathematician;
Run;
```

程序运行结果：

读入 SAS 的数学家信息数据集 mathematician 如表 1.3 所示。

表 1.3　数学家信息数据集

Obs	*ID*	*name*	*sex*	*nationality*	*birth_year*	*age*
1	1	祖冲之	男	中国	429	71
2	2	华罗庚	男	中国	1910	75
3	3	Leonhard Euler	男	瑞士	1707	76
4	4	Isaac Newton	男	英国	1643	84
5	5	Emmy Noether	女	德国	1882	53
6	6	Mary Cartwright	女	英国	1900	98
7	7	Johann Carl FriedrichGauss	男	德国	1777	78
8	8	Andrey Kolmogorov	男	苏联	1903	84

如果数据读入不正确，请重新调试 SAS 程序后运行，直到数据正确读入数据集。

1.6.2　数据集的复制

SAS 读入或导入的初始数据集包含有最原始的信息，不能轻易改动里面的数据。在数据分析过程中，有时会需要先对数据整理或清洗后才能进行分析，整理或清洗数据通常需要改动数据，不适宜在原始数据上进行，可以事先将原始数据集复制完全相同的一份进行整理或清洗，然后进行统计分析。数据集的复制可以在同一个数据库内实现，但数据集的名称必须更改；数据集的复制可以在不同数据库中实现，数据集的名称可以相同，也可以不同。

在相同数据库（Work）内复制数据集不能重名，SAS 程序如下：

```
Data mathematician01;
  Set mathematician;
Run;
```

在不同数据库间复制同名数据集，将 Work 库中数据集 mathematician 复制到 Sasuser 库，数据集名称不变，SAS 程序如下：

```
Data Sasuser.mathematician;
  Set mathematician;
Run;
```

程序简要说明：

Data 和 Set 语句成对使用，Set 定义源数据集 mathematician，Data 指定数据复制后的目的数据集。

程序运行结果：

数据集复制后数据内容不变，如表 1.3 所示。

1.6.3 变量重命名

有时需要更改变量的名称，比如几个同类数据集合并，需要对应的变量名完全一致，不一致时需要对变量更改为统一的变量名。如将数据集 mathematician 中的变量序号 *ID* 改为 *No*，性别 *sex* 改为 *gender*，SAS 程序如下：

```
Data mathematician02;
  Rename ID = No sex = gender;
  Set mathematician;
Run;
```

程序简要说明：

Data 指定变量重命名后的数据存放数据集 mathematician02，Rename 指定变量重命名，格式为：旧名＝新名。

程序运行结果：

变量重命名后的数学家信息数据集 mathematician02 如表 1.4 所示。

表 1.4 变量重命名的数学家信息数据集

Obs	*No*	*name*	*gender*	*nationality*	*birth_year*	*age*
1	1	祖冲之	男	中国	429	71
2	2	华罗庚	男	中国	1910	75
3	3	Leonhard Euler	男	瑞士	1707	76
4	4	Isaac Newton	男	英国	1643	84
5	5	Emmy Noether	女	德国	1882	53
6	6	Mary Cartwright	女	英国	1900	98
7	7	Johann Carl Friedrich Gauss	男	德国	1777	78
8	8	Andrey Kolmogorov	男	苏联	1903	84

1.6.4 变量重排序

如果需要调整数据集内变量的前后顺序，如数据集 mathematician 中需要 *nationality* 排

在 *sex* 前面，只需重排此处前面的所有变量，后面未涉及的变量自动按原顺序排列，SAS 程序如下：

```
Data mathematician03;
  Retain ID name nationality sex;
  Set mathematician;
Run;
```

程序简要说明：

Data 指定变量重排后数据存放的数据集 mathematician03，Retain 指定重排涉及所有变量的新顺序。

程序运行结果：

变量重排序后的数学家信息数据集 mathematician03 如表 1.5 所示。

表 1.5　变量重排顺序后的数学家信息数据集

Obs	*ID*	*name*	*nationality*	*sex*	*birth_year*	*age*
1	1	祖冲之	中国	男	429	71
2	2	华罗庚	中国	男	1910	75
3	3	Leonhard Euler	瑞士	男	1707	76
4	4	Isaac Newton	英国	男	1643	84
5	5	Emmy Noether	德国	女	1882	53
6	6	Mary Cartwright	英国	女	1900	98
7	7	Johann Carl Friedrich Gauss	德国	男	1777	78
8	8	Andrey Kolmogorov	苏联	男	1903	84

1.6.5　列拆分

对变量较多的数据集进行分析时，有时仅用到其中的一部分变量，为了减少其他无关变量的干扰，可以从原始数据中拆分出一部分变量进行分析，因为变量在数据集的列上，即是列拆分。

如对数据集 mathematician 中的数学家的 *nationality* 和 *age* 进行分析，而不需要 *sex* 和 *birth_year* 时，可以有两种方法可以实现，一是采用 keep 参数的保留变量法，保留需要分析的变量，SAS 程序如下：

```
Data mathematician04;
  Set mathematician (keep = ID name nationality age);
Run;
```

二是采用 drop 参数的去除变量法，去除不需要分析的变量，SAS 程序如下：

```
Data mathematician05;
  Set mathematician (drop = sex birth_year);
Run;
```

程序简要说明：

keep 指定变量拆分时要保留的变量，drop 指定变量拆分时不需要的变量。

程序运行结果：

变量拆分后的数学家信息数据集 mathematician04 和 mathematician05 内容完全相同，如表 1.6 所示。

表 1.6 变量拆分后的数学家信息数据集 1

Obs	*ID*	*name*	*nationality*	*age*
1	1	祖冲之	中国	71
2	2	华罗庚	中国	75
3	3	Leonhard Euler	瑞士	76
4	4	Isaac Newton	英国	84
5	5	Emmy Noether	德国	53
6	6	Mary Cartwright	英国	98
7	7	Johann Carl Friedrich Gauss	德国	78
8	8	Andrey Kolmogorov	苏联	84

如仅需要研究数学家的 *ID*、*name*、*sex* 和 *birth_year* 信息，而不需要 *nationality* 和 *age* 时，SAS 程序如下：

```
Data mathematician06;
  Set mathematician (drop = nationality age);
Run;
```

程序运行结果：变量拆分后数学家信息数据集 mathematician06 如表 1.7 所示。

表 1.7 变量拆分后的数学家信息数据集 2

Obs	*ID*	*name*	*sex*	*birth_year*
1	1	祖冲之	男	429
2	2	华罗庚	男	1910
3	3	Leonhard Euler	男	1707
4	4	Isaac Newton	男	1643
5	5	Emmy Noether	女	1882
6	6	Mary Cartwright	女	1900
7	7	Johann Carl Friedrich Gauss	男	1777
8	8	Andrey Kolmogorov	男	1903

1.6.6 行拆分

对数据集进行分析时，有时需要对其中满足某些特定条件的部分观测进行分析，需要对数据的部分观测提取后进行分析，因为观测在数据集的行上，即是行拆分。

如需要对中国的数学家信息进行筛选后分析，SAS 程序如下：

```
Data mathematician07;
  Set mathematician;
  If nationality='中国';
Run;
```

程序简要说明：

If 指定筛选条件，必须放置于 Set 语句之后，筛选条件 nationality='中国'，中国需要单引号引起来。

程序运行结果：

中国数学家信息数据集 mathematician07 如表 1.8 所示。

表 1.8　中国数学家信息数据集

Obs	*ID*	*name*	*sex*	*nationality*	*birth_year*	*age*
1	1	祖冲之	男	中国	429	71
2	2	华罗庚	男	中国	1910	75

如需要对外国的数学家信息进行筛选后分析，SAS 程序如下：

```
Data mathematician08;
  Set mathematician;
  If nationality^='中国';
Run;
```

程序简要说明：

If 指定筛选条件，nationality 不是'中国'即是外国，^=为不等于运算符，此处等价于逻辑"非"运算符 Not( )，需要将否定的条件放在括号内，本例筛选条件等价于 Not(nationality='中国')。

程序运行结果：

外国数学家信息数据集 mathematician08 如表 1.9 所示。

表 1.9　外国数学家信息数据集

Obs	*ID*	*name*	*sex*	*nationality*	*birth_year*	*age*
1	3	Leonhard Euler	男	瑞士	1707	76
2	4	Isaac Newton	男	英国	1643	84
3	5	Emmy Noether	女	德国	1882	53
4	6	Mary Cartwright	女	英国	1900	98
5	7	Johann Carl Friedrich Gauss	男	德国	1777	78
6	8	Andrey Kolmogorov	男	苏联	1903	84

如需要对年龄在 80 岁(含)以下的数学家信息进行筛选后分析,SAS 程序如下:

```
Data mathematician09;
  Set mathematician;
  if age <= 80;
Run;
```

程序简要说明:

If 指定筛选条件,age 小于等于 80 岁,<=为小于等于运算符。

程序运行结果:

80 岁(含)以下数学家信息数据集 mathematician09 如表 1.10 所示。

表 1.10　80 岁(含)以下数学家信息数据集

Obs	*ID*	*name*	*sex*	*nationality*	*birth_year*	*age*
1	1	祖冲之	男	中国	429	71
2	2	华罗庚	男	中国	1910	75
3	3	Leonhard Euler	男	瑞士	1707	76
4	5	Emmy Noether	女	德国	1882	53
5	7	Johann Carl Friedrich Gauss	男	德国	1777	78

如需要对 1600 年后出生的外国男数学家信息进行筛选后分析,则必须几个条件组合起来进行逻辑运算实现,SAS 程序如下:

```
Data mathematician10;
  Set mathematician;
  If sex='男' And nationality^='中国' And birth_year > 1600;
Run;
```

程序简要说明:

If 指定筛选条件,And 为逻辑运算"与",同时满足 And 两侧的条件;若是满足二者之一的条件,则需要逻辑"或"运算符 Or 连接。

程序运行结果:

组合条件筛选的数学家信息数据集 mathematician10 如表 1.11 所示。

表 1.11　组合条件筛选的数学家信息数据集

Obs	*ID*	*name*	*sex*	*nationality*	*birth_year*	*age*
1	3	Leonhard Euler	男	瑞士	1707	76
2	4	IsaacNewton	男	英国	1643	84
3	7	Johann Carl Friedrich Gauss	男	德国	1777	78
4	8	Andrey Kolmogorov	男	苏联	1903	84

1.6.7 行列拆分

如果分析数据时既需要满足特定条件的部分观测进行筛选后分析，也仅用到其中的一部分变量，则可以同时实施行拆分和列拆分。如需要对数据集 mathematician 中的男数学家的 *nationality* 和 *age* 进行分析，而不需要 *birth_year* 信息，SAS 程序如下：

```
Data mathematician11;
  Set mathematician (drop = birth_year);
  If sex = '男';
Run;
```

程序运行结果：

行列同时拆分的数学家信息数据集 mathematician11 如表 1.12 所示。

表 1.12 行列同时拆分的数学家信息数据集

Obs	*ID*	*name*	*sex*	*nationality*	*age*
1	1	祖冲之	男	中国	71
2	2	华罗庚	男	中国	75
3	3	Leonhard Euler	男	瑞士	76
4	4	IsaacNewton	男	英国	84
5	7	Johann Carl Friedrich Gauss	男	德国	78
6	8	Andrey Kolmogorov	男	苏联	84

1.6.8 行合并

数据集的行合并就是将不同数据集的观测或记录合并成一个新数据集，需要合并的所有数据集的变量名称和数据类型必须一致才有意义，可以同时合并两个或更多个数据集，按照提供的数据集顺序前后依次合并。

如需要将分别统计的中国(mathematician07)和外国(mathematician08)数学家的信息合并到一起进行分析，SAS 程序如下：

```
Data mathematician12;
  Set mathematician07 mathematician08;
Run;
```

程序运行结果：

行合并后的中外数学家信息如表 1.3 所示。

在行合并同时也可以按条件进行数据筛选，如需要对年龄大于等于 75 岁的中外数学家信息进行合并后分析，SAS 程序如下：

```
Data mathematician13;
  Set mathematician07 mathematician08;
  If age > = 75;
```

```
Run;
```

程序运行结果：

年龄大于等于75岁的中外数学家信息数据集 mathematician13 如表1.13所示。

表1.13 按条件行合并的数学家信息数据集

Obs	*ID*	*name*	*sex*	*nationality*	*birth_year*	*age*
1	2	华罗庚	男	中国	1910	75
2	3	Leonhard Euler	男	瑞士	1707	76
3	4	Isaac Newton	男	英国	1643	84
4	6	Mary Cartwright	女	英国	1900	98
5	7	Johann CarlFriedrich Gauss	男	德国	1777	78
6	8	Andrey Kolmogorov	男	苏联	1903	84

1.6.9 列合并

数据集的列合并就是将相关数据集的变量合并在一起形成一个新数据集，列合并需要按照主键完成合并过程，即同一个研究对象的不同指标合并起来才有意义，以避免数据张冠李戴而形成垃圾数据，且每一个需要列合并的数据集的主键需要提前排序。

如对同一批研究对象做了不同的研究，研究的指标（变量）不尽相同，形成了不同的数据集，现需要将这些研究对象的数据合并在一起进行分析，或者对同一批研究对象追加了新的研究指标，也需要和原来的数据合并在一起，都需要列合并。

数据集 mathematician05 中包含中外数学家的 *ID*、*name*、*nationality* 和 *age* 信息，而数据集 mathematician06 中包含同一批数学家的 *ID*、*name*、*sex* 和 *birth_year* 信息，需要将这两个数据集中的变量合并到一个数据集中。

对这两个数据集按主键ID进行排序，SAS程序如下：

```
Proc Sort data = mathematician05;
  By ID;
Run;
Proc Sortdata = mathematician06;
  By ID;
Run;
Data mathematician14;
  Merge mathematician05 mathematician06;
  By ID;
Run;
```

程序简要说明：

Sort为排序过程，By ID为按照主键ID进行相关操作，Merge为数据集的列合并。

程序运行结果：

组合条件下的数学家信息数据集 mathematician14 如表1.14所示。

表 1.14 列合并的数学家信息数据集

Obs	*ID*	*name*	*nationality*	*age*	*sex*	*birth_year*
1	1	祖冲之	中国	71	男	429
2	2	华罗庚	中国	75	男	1910
3	3	Leonhard Euler	瑞士	76	男	1707
4	4	Isaac Newton	英国	84	男	1643
5	5	Emmy Noether	德国	53	女	1882
6	6	Mary Cartwright	英国	98	女	1900
7	7	Johann Carl Friedrich Gauss	德国	78	男	1777
8	8	Andrey Kolmogorov	苏联	84	男	1903

如果列合并后的变量顺序不够理想，可以参照前述变量重排序过程进行调整。

1.6.10 数据修改

SAS 的数据集在数据读入或导入之后，发现数据有错误需要修改，一种方法是修改源数据，然后依照前述方法重新读入或导入，另一种方法是直接在数据集内修改数据。这里仅介绍如何直接修改数据集，分以下几种情况分别介绍。

第一种情况是修改少量错误数据，如数学家 Andrey Kolmogorov 的国籍信息需要修改为“俄罗斯”，如果数据集中没有重名可以通过姓名 *name*='Andrey Kolmogorov'定位修改其国籍信息，如果有重名情况存在，则只能通过主键人员编号 *ID*=8 进行定位修改其国籍信息。这种情况可以通过 SAS 的 SQL 过程实现，SAS 程序如下：

```
Proc SQL;
  Update mathematician
  Set nationality = '俄罗斯'
  Where name = 'Andrey Kolmogorov';
   * Where ID = 8;
Quit;
```

程序简要说明：

SQL 为运行结构化查询语言的过程，可以运行通用的结构化查询语言对数据进行操作，Update 设定需要更新的数据集，Set 设定要修改的数据，Where 设定条件定位到相应的数据，Quit 为退出 SQL 过程，因为 SQL 过程是交互操作过程，运行后会一直处于加载状态，可以交互执行多次 SQL 操作，需要用 Quit 命令强制退出。

程序运行结果：

修改后的数学家信息的数据集 mathematician 如表 1.15 所示。

表 1.15　修改后的数学家信息数据集

Obs	*ID*	*name*	*sex*	*nationality*	*birth_year*	*age*
1	1	祖冲之	男	中国	429	71
2	2	华罗庚	男	中国	1910	75
3	3	Leonhard Euler	男	瑞士	1707	76
4	4	Isaac Newton	男	英国	1643	84
5	5	Emmy Noether	女	德国	1882	53
6	6	Mary Cartwright	女	英国	1900	98
7	7	Johann Carl Friedrich Gauss	男	德国	1777	78
8	8	Andrey Kolmogorov	男	俄罗斯	1903	84

第二种情况是修改大量错误数据，需要多次编辑运行不同的 SQL 程序，运行效率比较低，此时可以采用 Data 步的 Update 功能通过一次运行来实现。如 Andrey Kolmogorov 需要更改国籍为“俄国”，华罗庚的年龄要修改为 74 岁，Mary Cartwright 的年龄要修改为 97 岁，Johann Carl Friedrich Gauss 的年龄要修改为 77 岁，由于需要修改的数据比较多，必须首先建立一个更新数据集，去更新数学家信息数据集。SAS 程序如下：

```
Data newdata;
  Input ID nationality $  age;
Cards;
8 俄国 .
2 . 74
6 . 97
7 . 77
;
Run;
Proc Sort data = newdata;
  By ID;
Run;
Proc Sort data = mathematician;
  By ID;
Run;
Data mathematician;
  Update mathematician newdata;
  By ID;
Run;
```

程序简要说明：

newdata 为更新数据集，Sort 为排序过程，更新数据集 newdata 和原始数据集 mathematician 均需要按主键 ID 排序，Update 设定数据集更新操作，原始数据集在前，更新数据集在后，

By ID 按照主键 ID 进行数据修改操作。

程序运行结果：

再次修改后的数学家信息的数据集 mathematician 如表 1.16 所示。

表 1.16 再次修改后的数学家信息数据集

Obs	*ID*	*name*	*sex*	*nationality*	*birth_year*	*age*
1	1	祖冲之	男	中国	429	71
2	2	华罗庚	男	中国	1910	74
3	3	Leonhard Euler	男	瑞士	1707	76
4	4	Isaac Newton	男	英国	1643	84
5	5	Emmy Noether	女	德国	1882	53
6	6	Mary Cartwright	女	英国	1900	97
7	7	Johann Carl Friedrich Gauss	男	德国	1777	77
8	8	Andrey Kolmogorov	男	俄国	1903	84

1.7 SAS 中运行 R 程序

R 语言里很多实用的算法，推陈出新很快，受到了大量用户的欢迎，相对而言 SAS 系统里的分析方法成熟，多数都是几年前乃至几十年前提出的算法。统计分析中有时需要 R 语言新颖的算法和美观的图表制作，所以 SAS 软件提供了支持 R 语言的接口，允许 R 语言程序在 SAS 软件内直接运行，并得出运行的结果。需要注意的是，SAS 和 R 软件的同时期版本才能相互支持，SAS 公司官方为 SAS 软件支持的 R 软件的版本给出了大致对应关系，如表 1.17 所示。此表仅供参考，可能存在出入，实际匹配与否，需要安装测试。

表 1.17 SAS 和 R 软件对应支持版本

SAS 版本	SAS IML 版本	SAS/IML Studio 版本	发行时间	R 版本
9.2	N/A	3.2	2009 年 7 月	2.6.1～2.11.1
9.22	9.22	3.3	2010 年 11 月	2.9.1～ 2.11.1
9.3	9.3	3.4	2011 年 7 月	2.9.1～ 2.15.3
9.3M2	12.1	12.1	2012 年 8 月	2.9.1～ 2.15.3
9.4	12.3	12.3	2013 年 7 月	2.13.0～ 3.0.1
9.4M1	13.1	13.1	2013 年 12 月	2.13.0～ 3.4.1
9.4M2	13.2	13.2	2014 年 8 月	2.13.0～ 3.6.1
9.4M3	14.1	14.1	2015 年 8 月	2.13.0～ 4.0.2
9.4M4	14.2	14.2	2016 年 11 月	2.13.0～4.0.2
9.4M5	14.3	14.3	2017 年 9 月	2.13.0～ 4.0.2

续表1.17

SAS 版本	SAS IML 版本	SAS/IML Studio 版本	发行时间	R 版本
9.4M6	15.1	15.1	2018 年 11 月	2.13.0～4.0.2
9.4M7	15.2	N/A	2020 年 8 月	4.0.0～4.2.0
9.4M8	15.3	N/A	2022 年 8 月	4.0.0～4.2.0

在 SAS 中有几种调用 R 语言的方法，其中最常用 SAS/IML 调用 R 语言。IML（或 iml，SAS 中大小写均可）为 Interactive Matrix Language（交互式矩阵语言）的缩写，是 SAS 中主要用于数据分析计算的标准化模块，操作对象是矩阵数据，使数据处理变得简单、快捷而高效。

R 是一个开源性质的软件，也是以处理矩阵数据的语言为基础，这使其与 SAS/IML 有了很多共同点，使 SAS 调用 R 语言成为可能。具体设置如下。

①检查 SAS 安装点的许可证限制。

```
Proc Options restrict;
Run;
```

日志窗口的运行结果显示：

```
SAS (R) PROPRIETARY SOFTWARE RELEASE 9.4 TS1M3
SAS 选项受您的软件安装点管理员限制
您的软件安装点管理员尚未限定任何 SAS 选项。
```

结果说明：

尚未限定任何 SAS 选项，说明可以设置 R 语言（Rlang）。

②检查是否禁止 SAS 调用 R 语言。

```
Proc Options option = Rlang;
Run;
```

日志窗口的运行结果显示：

```
SAS (R) PROPRIETARY SOFTWARE RELEASE 9.4   TS1M3
RLANG        禁止 SAS 执行 R 语言语句。
```

结果说明：

SAS 禁止调用 R 语言，需要配置 sasv9.cfg 文档。如果允许 SAS 执行 R 语言语句，说明文档 sasv9.cfg 配置正确，已经支持运行 R 语言。

③修改 SAS 配置文件支持 R 语言。

进入 SAS 配置文件路径，视各计算机实际安装 SAS 软件的路径而定，如：

```
C:\Program Files\SASHome\SASFoundation\9.4\nls\zh\sasv9.cfg
```

或

```
C:\Program Files\SASHome\SASFoundation\9.4\sasv9.cfg
```

或者这两处的文档 sasv9.cfg 都做同样配置，即用记事本或其他文本编辑器打开文档

sasv9.cfg,在文档最前面插入一行如下的代码:

```
-RLANG
```

保存配置文件,并重新启动 SAS。

④再次检查 SAS 是否禁止调用 R 语言。

```
Proc Options option = Rlang;
Run;
```

日志窗口的运行结果显示:

```
SAS (R) PROPRIETARY SOFTWARE RELEASE 9.4 TS1M3
RLANG       允许 SAS 执行 R 语言语句。
```

结果说明:

SAS 软件允许调用和运行 R 语言,但还需要注意符合表 1.3 中支持的 R 软件的版本方可。

⑤使用 SAS 调用 R 语言。

首先用 SAS 查看一下 R 的版本:

```
Proc IML;
  Submit /R;
    R.Version()
  Endsubmit;
Run;
```

程序简要说明:

SAS 通过 Proc iml(交互矩阵语言)过程调用 R 语言,所有的 R 语言语句放在 Submit /R;和 Endsubmit;之间。程序运行结果的结尾附近出现 R 语言的版本信息,如:"R version 4.0.3 (2020—10—10)",说明 R 语言已经成功运行。

其次调用 R 语言绘制一个热图:

```
Proc IML;
  Submit/R;

  x = as.matrix(mtcars)
  rc = rainbow(nrow(x), start = 0, end = 0.8)
  cc = rainbow(ncol(x), start = 0, end = 0.8)
  heatmap(x, col = cm.colors(256), scale = "column",
        RowSideColors = rc, ColSideColors = cc, margins = c(6, 8),
        xlab = "specification variables", ylab = "Car Models")

  Endsubmit;
Run;
```

程序运行结果如图 1.3 所示。

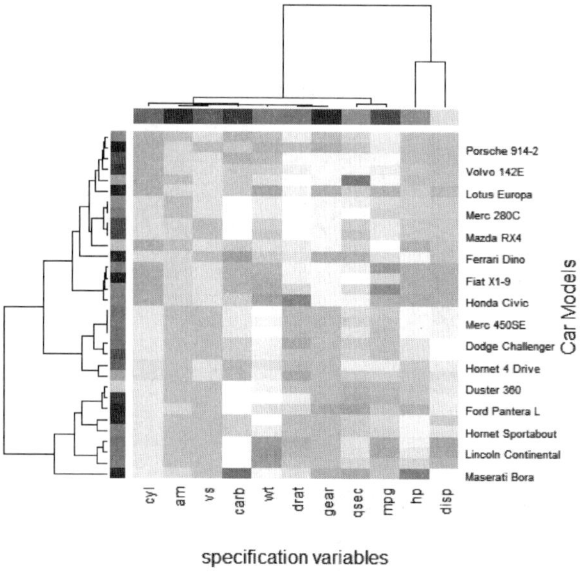

图 1.3 SAS 调用 R 程序绘制热图

⑥SAS 系统与 R 语言传递数据。

SAS 和 R 同为数据分析软件，都有原始数据和分析结果数据，存在数据的传输和共享问题，比如，SAS 存储的原始数据需要 R 语言算法进行分析，生成的结果还要传给 SAS。SAS 提供了和 R 语言之间的数据传递方式，如表 1.18 所示。

表 1.18 SAS 和 R 语言之间的数据传输

SAS 数据类型	传输方向	传输函数名	R 数据类型
SAS data set	→	ExportDataSetToR	R data frame
SAS data set	←	ImportDataSetFromR	R data frame
SAS/IML matrix	→	ExportMatrixToR	Rmatrix
SAS/IML matrix	←	ImportMatrixFromR	Rmatrix

所有数据传递函数用法如下示例，函数的第一个参数为 SAS 的数据名，第二个参数为 R 的数据名，其中的 Run 可以用 Call 替换。

```
/ * 例如:SAS 传递数据集 Sashelp.Class 给 R 的数据框 Class * /
Run ExportDataSetToR("Sashelp.Class", "Class" );
/ * 例如:R 传递数据框 Class 给 SAS 数据集 student * /
Run ImportDataSetFromR("student", "Class");
/ * 例如:SAS 传递 IML 矩阵 X 给 R 的矩阵 Y * /
Run ExportMatrixToR(X, "Y" );
/ * 例如:R 传递 R 的矩阵 A 给 SAS/IML 矩阵 B * /
Run ImportMatrixFromR(B, "A");
```

例如，传递 SAS 的某班级学生信息数据集 Sashelp.Class 给 R 的数据框 Class，并计算所有学生的平均年龄。则程序如下：

```
Proc IML;
  Run ExportDataSetToR("Sashelp.Class", "Class" );
  Submit/R;
    print('平均年龄:')
    mean(Class $ Age)
  Endsubmit;
Run;
```

程序运行结果为：

```
"平均年龄:"
13.31579
```

以学生的体重为因变量，身高为自变量做一元线性回归分析，程序如下：

```
Proc IML;
  Run ExportDataSetToR("Sashelp.Class", "Class" );
  Submit/R;
    Model = lm(Weight~Height, data = class)
    summary(Model);
  Endsubmit;
Run;
```

回归分析结果：

```
Call:
lm(formula = Weight~ Height, data = class)

Residuals:
      Min        1Q   Median      3Q      Max
 -17.6807   -6.0642   0.5115  9.2846  18.3698

Coefficients:
              Estimate  Std.Error t value Pr(>|t|)
(Intercept)  -143.0269   32.2746   -4.432 0.000366 ***
Height          3.8990    0.5161    7.555 7.89e-07 ***

Signif.codes:  0 '***' 0.001 '**' 0.01 '*' 0.05 '.' 0.1 ' ' 1

Residual standard error: 11.23 on 17 degrees of freedom
Multiple R-squared:  0.7705,     Adjusted R-squared:  0.757
F-statistic: 57.08 on 1 and 17 DF,  p-value: 7.887e-07
```

第 2 章　试验设计概述

试验设计是统计学中偏重于应用的一门分支学科，与科学研究和生产实践密切相关，是提高科学生产力的重要方法。在科学研究中，经常需要研究事物的科学规律，利用得到的规律进一步指导科研活动，服务人类的生产和生活。在科学实践研究中要想获得客观结论，就要做到科学合理的试验设计，精细周密的试验实施，尽量消耗较少的人力、物力和时间，最大限度地获得丰富可靠的试验数据，使用科学合理的统计分析方法对试验数据进行分析处理，从而得出正确、可靠的结论。所以，试验设计方法是科研人员必须而且应该掌握的基本技能，是科学研究工作成功的关键因素。

2.1　科学试验概述

科学研究是人类对客观物质世界的一种认识活动，科学试验是人类在认识和探索客观物质世界的自然规律中必不可少的研究方法。科学试验不仅是科学理论发展的动力，而且是检验科学理论的标准。

今天的科学试验越来越成为千百万科研人员认识自然和改造自然的一项独立的社会活动，除极少数的纯理论研究外，绝大多数的科学技术和科学成果都来源于科学试验，是推动人类社会生产力发展的重要动力。

2.2　科学试验的基本要求

为了保证科学试验的质量，在试验中应该尽可能地控制和排除非试验因素的干扰，合理地进行试验设计，准确地进行试验，从而提高试验数据的可靠性，使试验结果在科学试验和生产实际中充分发挥作用。因而，科学试验的基本要求如下。

2.2.1　试验要具有代表性

试验的代表性包括生物学和环境条件两个方面。生物学的代表性是指主要研究对象的生物品种、个体应具有足够的代表性。例如，进行品种比较试验时，所选择的个体必须能够代表该品种，不能选择性状特殊的个体，在保证试验结果具有一定可靠性的条件下，确定适当的样本数量。环境条件的代表性是指所选择的环境能够代表将来计划推广此试验结果的自然生产条件，如气候、土壤、水肥、培养、饲养、生产设备和管理水平等具有足够的代表性。代表性决定了试验结果的可靠性和可利用性,如果一个科学试验没有充分的代表性,再好的试验结果也不能推广和利用,便失去了实用价值。

2.2.2 试验要具有正确性

试验的正确性包含试验的准确性和精确性。在进行试验的过程中,应该严格执行各项试验要求,将非试验因素的干扰控制在最低水平,以避免系统误差,尽量降低试验误差,最大限度地提高试验的正确性。

2.2.3 试验要具有重演性

重演性是指在相同或相似的试验条件下,重复进行同一试验,能够获得与原试验类似的结果,即试验结果须能经受起再试验的检验。重演性反映了试验结果的规律性,只有试验结果反映了真实的客观规律,能够重演,才具有科学价值。由于生物个体差异和试验误差的存在,为了保证试验结果的重演性,必须认真选择试验对象,严格把控试验过程中的各个环节,在条件允许的情况下,可以进行多年或多点试验,这样所获得的试验结果才具有较好的重演性。

2.2.4 试验条件的一致性

在每个试验中,除了要比较的处理因子外,其他非试验因素、技术措施和环境条件要尽量控制在一致或相近的条件下。尽量排除各种试验和非试验因素的干扰,以便让要分析的因子获得比较高的准确性和可靠性。

2.3 试验设计的发展历程

试验设计源于农业试验,是统计分析方法与科学试验方法相互交叉而形成的一门学科,是数理统计学的一个重要分支。

试验设计是在20世纪20年代由英国统计学家和数学家费舍尔(Fisher)创立的,他在《研究工作中的统计方法》一书中提出了“试验设计”的概念和方差分析方法,并将其应用于农业和生物学试验,取得了巨大的成功,因此费舍尔被称为试验设计的奠基人。他在1935年出版了《试验设计》一书,系统地介绍了试验设计的基本原理和方法,阐述了随机、重复和局部控制的原理,标志着“试验设计”学科的诞生。其后又有许多学者也进行了大量的开拓性工作,提出了很多新的试验设计方法。

20世纪30年代,英国纺织业中开始采用试验设计方法。第二次世界大战(以下简称二战)中,美国的军工企业也开始使用试验设计方法。二战以后,美国和欧洲国家在机械、化工、冶金、建筑、电子和医药等众多行业纷纷使用试验设计方法,使试验设计成为理、工、农、医等各个科研领域、各类科学试验的通用技术。

20世纪50年代,日本统计学家田口玄一(Taguchi)创立了正交试验设计,将其应用于工业生产,并为正交试验设计的推广和应用做出了巨大的贡献。田口玄一曾经说过,不懂试验设计的工程师只能算半个工程师。日本的电器公司采用正交试验设计后大获成功,产品质量大大提高,他们的电器产品很快就击败了美国的电器产品。

我国于20世纪40年代后期开始研究试验设计这门学科,1948年,范福仁先生在国内出版了《田间试验设计与分析》一书。50 年代后期，在统计学家许宝禄的引导下，我国学者才深入试验设计这个领域。60 年代末，在正交试验设计领域，国内学者大力推广简单易学、行之有效的正交试验设计方法，编制了一套简单适用的正交表。1978 年，方开泰教授和王元教授创立了均匀设计方法，将其应用在科学研究的各行各业，并取得了很多成果。

近些年来，随着计算机技术的发展，出现了各种统计分析软件，如 SAS、SPSS、R、Stata 和 Design-Experts 等，使试验设计和统计分析工作简单易行，极大地促进了试验设计和统计分析学科的发展。

至今，统计学家和各领域的科研工作者共同发现了很多非常有效的试验设计方法，试验设计也在众多的科研领域发挥着巨大的作用。试验设计是一项通用的技术，是当代科研工作人员必须掌握的必备技能。

不同的试验设计方法通常对应着不同的统计分析方法，不做试验设计就安排试验，试验误差很难控制，试验方法也不科学，通常很难对得到的试验数据进行有效的统计分析，而进行试验设计可以多、快、好、省地进行科学研究。可以说，一个良好的试验设计就等于试验成功了一半。

2.4 试验设计的基本概念

2.4.1 试验

目的在于回答一个或几个精心构思的问题的实践活动，称为试验(Experiment)。

有人也称试验为实验，但严格意义上讲，试验和实验还是有很大区别：试验意为对未知方法和结论的探索和研究；实验意为对已知方法和结论的验证。

一项试验必须有明确的目的，即明确需要解决的问题。例如，为提高某产品的产量或质量而寻找最佳的工艺条件等。

2.4.2 试验设计

在明确所要考察的因子及研究目的后，对试验进行科学合理的安排，以达到最佳的试验效果，即试验设计(DOE，Design of Experiments)。

试验设计属于一般研究方法中的科学试验方法的范畴，是由试验方法与数学方法，特别是统计分析方法相互交叉而形成的一门学科。

试验设计是试验过程的依据，是试验数据处理的前提，也是提高科学研究水平的一种重要技术手段和方法。试验设计和试验结果的统计分析是密切相关的，只有按照科学的试验设计方法得到的数据才能进行科学的统计分析，才能得到正确、客观的分析结论。

在进行具体的试验之前，需要对试验的有关影响因素和环节做出全面的研究和安排，从而制定出行之有效的试验方案。

一个科学且完善的试验设计能够合理地安排各种试验因子，严格地控制试验误差，而且能够有效地分析试验数据，从而用较少的人力、物力、财力和时间最大限度地获取丰富且可靠的试验资料和科研成果。反之，如果试验设计存在缺陷，就必然会造成不必要的浪费，乃至不可挽回的损失，大大降低研究结果的价值。

2.4.3 试验指标

用于衡量试验结果好坏程度的特性值即试验指标，又称响应变量(Response Variable)。

试验指标分为两类：定量指标和定性指标。试验结果能够以数值表示的指标为定量指标，如作物的株高、茎围、产量、蛋白质的含量等。试验结果呈现属性变化，不能用测量或称量的方法表示，而只能按类别和等级来表示的指标为定性指标，如种子与否发芽、花的颜色、药物的疗效、风害程度等。

鉴于定量指标含有的信息更丰富，所以在试验设计中要尽量选用定量指标，不得已时才选用定性指标。

例如，某地大豆增产试验中，考察磷肥施加量对大豆产量的影响，每试验小区的施磷肥量分别为(0、1、2、3)kg，这个试验中大豆的产量就是试验指标。

2.4.4 试验对象

试验所用的试验材料称为试验对象，也称受试对象。

试验对象的选择是否合适直接关系到试验的代表性和先进性，以及他人对试验新颖性和创新性的评价。一个完整的试验设计所需的试验材料总数称为样本总量。例如，在上例大豆增产试验中，大豆就是试验对象。

2.4.5 试验因子

对试验指标产生影响，在试验中需要加以考虑的因素即试验因子(Factor)，简称因子或因素。

只有一个试验因子的试验称为单因子试验，包含两个或两个以上试验因子的试验称为复因子试验，或称为多因子试验。

在上面的大豆增产试验中，施加磷肥就是影响产量的试验因子，该试验为单因子试验。

需要注意的是，影响试验结果的因子往往很多，但在试验时仅能挑选出一部分重要的可控因子进行试验。挑选试验因子时，首先可以借鉴已有试验的结果或经验进行选择，其次可以依据专业背景知识进行选择，最后可以将试验分为不同的阶段进行，在试验的初级阶段进行探索性试验，从中挑选出主要的试验因子，然后再做进一步的高级阶段的试验。

试验因子数不可太多，以免试验设计过于复杂，以至于试验难以完成。

2.4.6 水平

在安排试验时，每个因子的不同状态取值或具体措施称为该因子的水平(Level)。

因子的水平有定量水平和定性水平两种，如果因子的水平以数值的形式来表示，则该因子的水平为定量水平；如果因子的水平以类别的形式来表示，则该因子的水平为定性水平。

例如，在上面的大豆增产试验中，试验共有四种施加磷肥的量(0、1、2、3)kg，每一个具体的施肥取值就是一个水平，施肥这个因子共有四个水平，即定量水平。再如不同的玉米品种的产量比较试验，"不同的玉米品种"就是定性水平。

确定因子的各个水平时，既要根据试验目的和实践经验来确定，又要考虑到因子的水平数对试验处理数的影响。试验处理数过少则试验精度低，试验处理数过多则又难以实现。例如，某三因子五水平的试验，不考虑重复的完全试验的处理数达到 $5^3=125$ 个，试验处理数就可能多到难以完成。

另外，定量水平的间距过小，容易掩盖不同水平间的差异；水平间距过大，则可能遗漏某些水平的试验效应。

2.4.7　处理

按照因子的给定水平对试验对象所做的操作即处理(Treatment)。

在单因子试验中，该因子的每一个水平就是一个处理；在复因子试验中，不同因子的不同水平的组合称为一个处理，或处理组合。

在上面的大豆增产试验中，每一种施加磷肥量的水平所做的施肥操作就是一个处理。

2.4.8　自由度

在统计学上，自由度(df，Degree of Freedom)是一个应用广泛的概念，一般指数据中独立或能自由变化的数据的个数。在方差分析中，因子的自由度是指在不同水平下的试验指标均值能自由变动的个数。例如，因子 A 的水平数为 4，由于存在一个约束，即因子的 4 个水平的平均值等于效应的总平均值，所以它的自由度 $df_A=4-1=3$。一般建议误差项的自由度不低于 10。

2.4.9　对照

对照(Control)是指在比较试验中，设置不施加试验条件的处理，用于鉴别和区分真正要考察的试验处理。

俗话说有比较才能有鉴别，对照是比较的基础，对照本身也是一种处理，在统计分析中作为试验因子的一个水平。对照的种类很多，可以根据研究的目的、对象和内容进行设置。

①空白对照。对照组不施加任何处理因素。这种方法简单易行，但在动物或医学试验中，对照组和试验组的动物在情绪上容易出现差异，从而影响试验效应的测定。

②试验(条件)对照。对照组不施加任何处理因素，但施加与处理组相同的试验条件。凡是对试验效应产生影响的试验条件，都应该使用这种方法。例如，考察某种注射药剂对试验动物的作用时，对照组的动物也要以相同给药方式注射相同剂量的生理盐水。

③标准对照。用现有的国家、行业标准或公认的常规量作为对照。

④自身对照。对照和处理在同一试验对象上进行，即对同一个试验对象施加某种处理前的试验效应作为施加处理后的对照。在动物或医学试验中常用，这种对照的试验条件一般比较均匀，试验误差较小。

⑤相互对照。有些试验中不单独设置或不适宜设置对照组，而是各处理之间相互比较，即相互作为对照。

⑥历史对照或中外对照。用试验结果与历史上或国外同类试验结果相比较，但组间均匀性比较差，一般不采用。

2.5　试验设计的类型

根据不同的试验目的和方式，试验设计可以划分成以下三种类型。

```
Proc Plan;
  Factors n = 15;
Run;
```

程序运行结果如下：

```
2  7  15  12  14  3  13  5  6  11  8  10  1  9  4
```

由于存在随机性，每一次的运行结果都会有所不同，有时候可能会出现几个连续的数字序列，则说明随机性不甚理想，可以再次运行程序，直到对结果满意为止。

2.7.3　区组

区组（Block）又称为局部控制，是根据试验条件的不均匀性，人为地把时间、空间、试验材料和试验设备等试验条件划分成若干个区组。使区组内的试验条件相同或相近，而区组之间的试验条件允许存在较大差异。

相同的试验条件通常难以得到，这时需要对试验条件人为地划分成区组，实行区组控制。所以区组因素也是影响试验指标的因素，但并不是真正要研究、考察的因素，因此也称非试验因素。

通常情况下，一个区组中应该安排所有的试验处理（组合），一个区组就可以看作一次重复，安排几个区组就相当于安排了几次重复，只不过各次重复之间可能存在一些试验条件上的差异。

区组能够分离试验条件等非试验因素引起的变异，进而减少试验误差，提高试验精度，保证分析结果的可靠性。

2.8　有效数字

2.8.1　有效位数

一个有效数字的有效位数是指从左边第一个不为零的数字到末尾数字的位数。

人们在进行生产与科学试验时，需要把测试数据记录下来并进行整理计算。有人误认为小数点后的位数越多越准确，其实不然，小数点后的位数不是准确性的标准，因为它除了测量精度以外，还与所使用的单位大小有关。例如，170.5 cm 与 1.705 m 的准确性是完全一样的，小数点的位置不影响数据的精度和有效位数。

另外，由于测量仪器的精度与试验观测者感官功能的限制，测量的准确度是有限的。因而，在试验过程中，若结果位数超出了测量所能达到的准确度的限度，数据的精度将是虚假的。相反，若写出数字的位数低于测得的位数时，将降低数据的精确度。

确定试验数据有效位数的正确做法是，除最末一位数字是测量时的可疑值或估计值外，其余各位数字都是准确可靠的，通常最末一位可疑数字可以有一个单位的误差，这样的数字才称作有效数字。

例如，测量长度用的钢尺最小刻度为 1 mm，当用钢尺测量某一物体长度为 11.5 mm 时，前两位数字是准确的，而第三位是估计值，但也是有效数字。此时，该数称作三位有效数字。

一般第一个非 0 数字前的所有 0 都不是有效数字，第一个非 0 数字后所有的数字都是有效数字，包括最末位的 0。例如，29 mm 和 29.0 mm 并不等价，前者为两位有效数字，后者为三位有效数字，它们是用不同精度的仪器测得的，所以数字末尾不能随便加减 0。

2.8.2　舍入法则

例如，一个数值 5.337，若保留两位有效数字，则常是把第三位的数（此为 3），按古典的“四舍五入”法则进行处理，故舍弃 3，而得 5.3。

设某一数值要保留 n 位有效位，则按古典的“四舍五入”法则对第 $n+1$ 位的数进行处理。无论进位或舍弃，都必然会带来舍入误差 ε，第 $n+1$ 位数及其舍入误差如表 2.1 所示。

表 2.1　第 $n+1$ 位数字及其舍入误差

$n+1$ 位数字	0	1	2	3	4	5	6	7	8	9
舍入误差	0	−1	−2	−3	−4	5	4	3	2	1

舍入误差 ε 是一个离散型的随机变量，用大写字母 X 表示。第 $n+1$ 位的数可能取值为 0,1,2,3,4,5,6,7,8,9，这 10 个数值可能出现的概率都是相等的，即：

$$P(X=0,-1,-2,-3,-4,5,4,3,2,1)=\frac{1}{10}$$

$$P_i=P(\xi=x_i)=\frac{1}{10},\quad i=1,2,\cdots,10$$

相应的 $x_i=0,-1,-2,-3,-4,5,4,3,2,1$，因此，古典的“四舍五入”法则的舍入误差 ε 的期望值 μ_x 为：

$$\mu_x=E(X)=\sum_{i=0}^{9}P_i x_i=0.5$$

所以，古典的“四舍五入”法则的舍入误差的期望值等于第 $n+1$ 位单位的 1/2，显然存在数据结果增大的趋势。舍入误差是人为引入误差，引入一种人为的误差总是希望它在多次实践中的均值基本上等于零。

从上述的分析可以看出，古典的“四舍五入”法则并不具有期望的性质。当第 $n+1$ 位出现了除 5 以外的其他数字时，其舍入误差在很多次实践中平均起来都可以抵消。只是在第 $n+1$ 位是 5 时，其舍入误差是 5，无法相消，这就是古典“四舍五入”法则的症结所在。

如果规定：当第 n 位上的数是偶数（包括 0）时，第 $n+1$ 位上的 5 予以舍弃，此时舍入误差为 −5，单位是第 $n+1$ 的单位；当第 n 位上的数是奇数时，第 $n+1$ 位上的 5 就进入，使第 n 位增加 1 单位，此时舍入误差为 +5，单位是第 $n+1$ 位的单位。由于第 n 位上出现偶数或奇数的概率各为 1/2，其相应舍入误差为 −5 或 +5 的概率也各为 1/2，从而很多次实践后平均起来可以相消。这样就修正了古典的“四舍五入”法则，使其具有期望的性质。

为了适应生产与科学技术工作的需要，我国科学技术委员会于 2008 年正式颁布了《数值修约规则与极限数值的表示和判定》(GB/T 8170—2008)，通称为“四舍六入五单双”法则。概括说明如下：

四舍六入五考虑，五后非零必进一，五后皆零视奇偶，五前为偶应舍弃，五前为奇则进一，不论数字多少位，都要一次修约成。

这一法则的具体运用，分述如下：

①若被舍弃的第一位数字小于 5，则其前一位保持不变。如 28.234 5 只取三位有效数字时，其被舍弃的第一位数字为 3，小于 5，则有效数字应为 28.2。

②若被舍弃的第一位数字大于 5，则其前一位数字加 1。如 28.264 5 只取三位有效数字时，其被舍弃的第一位数字为 6，大于 5，则有效数字应为 28.3。

③若被舍弃的第一位数字等于 5，而其后数字全部为 0 或无数字，则视被保留的末位数字为奇数或偶数而定进或舍。如 28.350 和 28.250，只取三位有效数字时，则分别应为 28.4 和 28.2。

④若被舍弃的第一位数字为 5，而其后面的数字并非全部为 0，则进一。如 28.250 1，只取三位有效数字时，则进一，成为 28.3。

⑤若被舍弃的数字包括几位数字时，不得对该数字进行连续的修约，而应根据以上各条做一次处理。如 2.154 546，只取三位有效数字时，应为 2.15，而不得按 2.154 546→2.154 55→2.154 6→2.155→2.16 方法错误地连续进位至 2.16。

⑥整数的修约也应遵照上述规则进行处理，如 23 438，只取三位有效数字时，则应为 23 400 或 2.34×10^4。

⑦负数修约时，取其绝对值按照上述规定进行修约，最后再加上负号。

2.8.3 有效数字的运算

在测量过程中，一次测量数据的有效数字位数与所用仪器的精度相一致。然而，在多个有效数字的运算过程中，为了减少数据精度的损失，须遵循“先运算，后修约”的原则。

①在加减计算中，首先转化为量纲相同，运算结果所保留的小数点后的位数，应与参与运算各数中小数点后位数最少的相同。

例如，23.62＋0.008 3＋1.643＝25.271 3，修约为 25.27。

②在乘除计算中，运算结果的有效数位应与参与运算各数中有效数字最少的数位为准。

例如，0.012 1×25.643×1.057 8＝0.328。

③在乘方、开放运算中，运算结果的有效数位，应与其底数相同。

例如，$2.435^2=5.929$。

④在对数计算中，运算结果的有效数位应与其真数相同。

例如，ln6.84＝1.92。

⑤在计算均值时，若为四个或多于四个数相平均，则平均数的有效位数可增加一位。

⑥常数 π，e 及 $\sqrt{2}$，$\sqrt{3}$ 等可以根据需要确定有效位数。

一般试验中，取 2～4 位有效数字就可以了。从有效数字的运算可以看出，每一个参与运算的数据对最终结果的精度的影响是不一样的，其中精度低的对数据的影响相对较大。所以在试验过程中，应尽量使用精度一致的仪器设备，一两个高精度的仪器无助于整个试验结果精度的提高。

2.9 异常数据的处理

在试验中，由于受到人为因素和试验环境因素的影响，所获取的数据与实际值偏离很大，从而成为异常数据。对试验数据进行检查、鉴别异常数据是试验中的一项重要任务，至今仍未得到很好的解决。

对于异常数据的处理应该慎重，一般处理的原则为：

①在试验过程中，若发现异常数据，应立即停止试验，分析异常数据产生的原因，及时纠正错误。

②在试验结束后，发现异常数据，应先分析异常数据产生的原因，再决定取舍。如有可能，可以补做试验。

③在分析结果时，可利用统计判别法鉴别异常数据，对鉴别出的异常数据予以剔除。统计判别法的基本方法为，给定一个置信概率(如 0.95)，并确定一个置信限，凡超过此限的误差，就认为它不属于随机误差范围，而是异常数据，应予剔除。现介绍几种鉴别异常数据的方法。

2.9.1 拉依达准则

如果实验数据服从正态分布或近似正态分布。$\bar{x}$与 S 分别表示数据的平均值和标准差，d_p表示可疑数据 x_p 与平均值之间的差值，在 0.01 显著水平下，则应满足：

$$|d_p| = |x_p - \bar{x}| > 3S$$

应将 x_p 作为异常数据予以剔除。拉依达准则适用于试验数据较多($n>50$)的情况。

2.9.2 格拉布斯准则

$\bar{x}$ 表示数据的平均值，d_p 表示可疑数据 x_p 与平均值之间的差值，在 α 水平下，则应满足：

$$|d_p| = |x_p - \bar{x}| > G_{(\alpha,n)} S$$

应将 x_p 作为异常数据予以剔除，式中检验系数 $G_{(\alpha,n)}$ 为格拉布斯临界值，可以查相关表格得到。格拉布斯准则可以在试验数据较少($n<50$)的情况。

2.9.3 t 检验准则

先剔除一个可疑的测量值，然后按 t 分布检验被剔除的测量值是否含有粗大误差。

设有 n 个试验数据 $x_1, x_2, \cdots, x_j, \cdots, x_n$，若认为测量值 x_j 为可疑的数据，将其剔除后计算平均值和标准差。

$$\bar{x}^* = \sum_{i=1, i\neq j} \frac{x_i}{n-1}, \quad \sigma^* = \left(\sum_{i=1, i\neq j} \frac{(x_i - \bar{x}^*)^2}{n-2} \right)^{1/2}$$

在 α 水平下，若存在：

$$|x_j - \bar{x}^*| > K_{(n,\alpha)} \sigma^*$$

应将 x_j 作为异常数据予以剔除，式中$K_{(n,\alpha)}$ 检验系数的临界值，可以查相关表格得到。格拉布斯准则可以在试验数据较少($n<50$)的情况。

此外，还有狄克逊准则、肖维勒准则、奈尔准则等方法，具体可以参考试验设计相关资料。

2.10 试验设计的阶段

一般的试验可以由浅入深分为初级试验和高级试验两个阶段，对应的试验设计也分为初级试验设计和高级试验设计。

2.10.1 初级试验设计阶段

该阶段是对各种处理进行探索性试验，主要包括对比试验和筛选试验等，目的是在众多处理中明确关键因子和优良水平。其特点是处理数多、重复数少、试验误差大、精度低，仅适用于初步探索性研究。

2.10.2 高级试验设计阶段

该阶段是对各种处理进行比较精密的试验，主要有析因试验和优化试验等，以深入分析主要因子的效应、交互效应以及寻找最佳的试验条件。其特点是处理数少、重复数多、试验误差小、精度高，适用于深入的分析研究。

2.11 试验方案的制定与实施

制定试验方案是进行科学试验前的准备工作，是对科学试验各个环节的有力把控，详尽的试验方案是科学试验顺利实施的保证，其基本步骤如下：

①根据研究的问题，确定研究的对象和目标，明确试验的目的与任务。

②选择的试验指标一定要对所研究的问题提供重要信息。

③选择试验因子及其水平时，如果需要，可先做主次因子的筛选试验。

④根据因子、水平及重复数，人力、物力、时间等因素，选择合适的试验设计方案。

⑤按试验计划认真完成每一个试验，记录试验结果。

⑥对试验数据进行适当整理和统计分析，获得一些统计分析的结果。

⑦验证试验，确认无误时再写试验报告，提出今后的行动建议。

第 3 章　常用试验设计

3.1　完全随机设计

3.1.1　完全随机设计方法

完全随机设计(CRD,Complete Random Design)是按照完全随机化的原则来安排各个试验处理单元的试验设计方法,能保证每个试验单元都有均等的机会接受任何一种处理。完全随机设计要求试验条件均匀一致,或者试验条件应该比较接近,所以一般适用于试验条件易于控制或差别不大的实验室、网室、温室的试验。

完全随机设计无论设计还是分析都比较灵活、简便,易于掌握,方便实施。无论单因子试验还是复因子试验皆可以采用完全随机设计。每一处理的重复数可以相等或不等,建议尽量安排成等重复的平衡设计,十分方便后期的统计分析。

完全随机设计应用了重复和随机两大试验设计原则,因此能使试验结果受非试验因素的影响程度基本一致,真实地反映出试验处理的效应。由于该设计没有对试验条件实施局部控制,当试验条件存在些许差异时,试验精度较低。

完全随机设计的试验设置的重复数宜适当多些,但试验成本也会随之增加,故试验设计要求根据实际情况决定重复数,既能保证试验精度,又不至于产生过多试验成本。一般试验设计的重复次数建议 3～5 次为宜,处理数比较多时可以设置 2 次重复,也可以根据误差项自由度不低于 10 的原则估算重复次数。

3.1.2　完全随机设计的实现

1.单因子两处理的完全随机设计

【例 3.1】 现要考察两种不同配方的饲料(*Fodder*,F1 和 F2)对绵羊羔羊增重产生的效果,选择同品种、同年龄、体重接近的健康绵羊 20 只,随机平均分成两组参与试验。

使用 SAS 程序实现单因子两处理完全随机设计:

```
*SD3.1;
Proc Factex;
  Factors Fodder /nlev = 2;
  Output out = crd  Fodder cvals = ('F1' 'F2')  designrep = 10 randomize;
```

```
Run;
Factors Sheep /nlev = 20;
  Output out = rand randomize;
Run;
Data crd;
  Merge rand crd;
  Sheep = Sheep + 1;
Proc Print data = crd;
Run;
```

程序简要说明：

Factex 为因子设计过程，Factors 定义因子 Fodder 及其水平数 nlev=2，Output 定义设计结果的数据集 crd，cvals 赋予因子 Fodder 字符串值，designrep 定义重复数，randomize 实现随机性；Data 定义数据集 crd，Merge 为数据集列合并，Print 为输出过程，输出设计结果数据集 crd。

程序运行结果如表 3.1 所示：

表 3.1　绵羊羔羊试验完全随机设计表

No.	*Sheep*	*Fodder*	No.	*Sheep*	*Fodder*
1	4	F2	11	3	F1
2	13	F2	12	11	F2
3	2	F2	13	15	F1
4	18	F1	14	5	F2
5	9	F2	15	12	F1
6	20	F2	16	19	F2
7	6	F1	17	10	F1
8	7	F1	18	16	F2
9	1	F1	19	8	F1
10	17	F2	20	14	F1

2.单因子三处理以上的完全随机设计

【例 3.2】 某水稻施肥(*Fertilizer*)盆栽试验，设 4 个处理，AMMONIA：氨水；NH4HCO3：碳酸氢铵；UREA：尿素；NONE：不施肥，施肥量折合每盆纯氮 1.2g。每一处理为 5 盆，共 20 盆，随机放置于同一网室中，试验采用完全随机设计。

使用 SAS 程序实现单因子四处理完全随机设计程序：

```
* SD3.2;
Proc Factex;
  Factors Fertilizer /nlev = 4;
  Output out = crd Fertilizer cvals = ("AMMONIA" "NH4HCO3" "UREA" "NONE")
```

```
    designrep = 5 randomize;
Run;
  Factors Unit /nlev = 20;
  Output out = rand randomize;
Run;
Datacrd;
  Merge randcrd;
  Unit = Unit + 1;
Proc Print data = crd;
Run;
```

程序简要说明：

Factex 为因子设计过程，Factors 定义因子 Fertilizer 及其水平数 nlev=4，Output 定义设计结果的数据集 crd，cvals 赋予因子 Fertilizer 字符串值，designrep 定义重复数，randomize 实现随机性，Unit 定义总试验单元数；Data 定义数据集，Merge 为数据集列合并，Print 为输出过程，输出设计结果数据集 crd。

程序运行结果如表 3.2 所示：

表 3.2 水稻施肥盆栽试验完全随机设计表

No.	*Unit*	*Fertilizer*	No.	*Unit*	*Fertilizer*
1	2	AMMONIA	11	1	NONE
2	9	UREA	12	18	NH4HCO3
3	6	UREA	13	5	AMMONIA
4	20	NONE	14	17	UREA
5	12	NH4HCO3	15	19	NH4HCO3
6	16	UREA	16	13	AMMONIA
7	8	NH4HCO3	17	15	AMMONIA
8	14	UREA	18	4	NONE
9	3	AMMONIA	19	11	NH4HCO3
10	10	NONE	20	7	NONE

3.复因子的完全随机设计

【例 3.3】 有一大豆产量试验，考察三个大豆品种（*Soybean*，S1、S2、S3）和两种播种期（*Date*，D1、D2）条件下大豆的产量，每一处理组合重复三次，试验条件比较均匀，采用完全随机设计。

使用 SAS 程序实现两因子完全随机设计：

```
* SD3.3;
Proc Plan;
  Factors rep = 3 Soybean = 3 Date = 2 /noprint;   * rep 为重复数;
```

```
  Output out = crd
    Soybean cvals = ('S1' 'S2' 'S3')
    Date    cvals = ('D1' 'D2');
Run;
Proc Plan;
  Factors Unit = 18 /noprint;    * 18 为总的试验处理数 ;
  Output out = random;
Run;
Data crd;
  Merge random crd (drop = rep);
Run;
Proc Sort data = crd;
  by Unit;
Proc Print data = crd noobs;
Run;
```

程序简要说明：

Plan 为试验设计过程，Factors 定义因子及其水平，Output 定义设计结果输出项，cvals 赋予因子字符串值，Unit 定义总试验单元数，Data 定义数据集 crd，Merge 为数据集列合并，Sort 为排序过程，Print 为输出过程，输出设计结果数据集 crd，noobs 定义不显示观测号。

程序运行结果如表 3.3 所示：

表 3.3　大豆产量试验完全随机设计表

Unit	*Soybean*	*Date*	*Unit*	*Soybean*	*Date*
1	S1	D2	10	S3	D2
2	S3	D2	11	S2	D1
3	S1	D1	12	S2	D2
4	S3	D1	13	S2	D1
5	S2	D1	14	S3	D1
6	S3	D1	15	S1	D2
7	S2	D2	16	S1	D1
8	S2	D2	17	S3	D2
9	S1	D1	18	S1	D2

3.1.3　完全随机设计的统计分析

1.统计分析方法

对于完全随机设计试验的统计分析，由于试验因子及处理数不同，统计分析方法也不同。

(1)单因子两处理的试验

两处理的单因子试验属于非配对的设计，其统计分析方法适用于成组法 t 检验。

(2)单因子多处理的试验

单因子多处理(处理数多于2)的试验结果使用单因子的方差分析,因子记为A,有a个水平,重复数为r,则其方差分析的数学模型为:

$$y_{ij}=\mu+\alpha_i+\varepsilon_{ij},\quad i=1,2,\cdots,a;j=1,2,\cdots,r$$

式中,y_{ij}为试验指标的观测值,μ为总平均数,α_i为因子A的第i水平效应,ε_{ij}为随机误差,服从$N(0,\sigma^2)$。其方差分析如表3.4所示。

表3.4 单因子完全随机设计的方差分析表

变异来源	自由度(df)	平方和(SS)	均方(MS)	F统计量	显著性
A	$a-1$	SS_A	MS_A	MS_A/MS_E	
误差(E)	$(r-1)a$	SS_E	MS_E		
总和	$ar-1$	SS_T			

(3)复因子试验

复因子试验的试验结果适用于复因子的方差分析,设有两个因子A和B,分别有a和b个水平,重复数为r,考虑交互作用$A\times B$,则其方差分析的数学模型为:

$$y_{ijk}=\mu+\alpha_i+\beta_j+\alpha\beta_{ij}+\varepsilon_{ijk},\quad i=1,2,\cdots,a;j=1,2,\cdots,b;k=1,2,\cdots,r$$

式中,y_{ijk}为试验指标的观测值,μ为总平均数,α_i为因子A的第i水平效应,β_j为因子B的第j水平效应,$\alpha\beta_{ij}$为因子A与B的交互效应$A\times B$,ε_{ijk}为随机误差,服从$N(0,\sigma^2)$。其方差分析如表3.5所示。

表3.5 两因子完全随机设计的方差分析表

变异来源	自由度(df)	平方和(SS)	均方(MS)	F统计量	显著性
A	$a-1$	SS_A	MS_A	MS_A/MS_E	
B	$b-1$	SS_B	MS_B	MS_B/MS_E	
$A\times B$	$(a-1)(b-1)$	SS_{AB}	MS_{AB}	MS_{AB}/MS_E	
误差(E)	$(r-1)ab$	SS_E	MS_E		
总和	$abr-1$	SS_T			

2.统计分析实例

(1)例3.1中的绵羊羔羊饲料试验的统计分析

试验数据如表3.6所示。

表3.6 绵羊羔羊饲料试验数据 kg

Sheep	4	13	2	18	9	20	6	7	1	17
Fodder	F2	F2	F2	F1	F2	F2	F1	F1	F1	F2
Weight	8.0	6.5	9.0	5.5	8.5	6.5	4.0	6.5	3.5	5.5

续表3.6 kg

Sheep	3	11	15	5	12	19	10	16	8	14
Fodder	F1	F2	F1	F2	F1	F2	F1	F2	F1	F1
Weight	3.5	7.5	7.0	5.0	4.5	8.5	6.0	9.0	5.0	5.5

由于本试验为单因子两处理的完全随机设计试验，它的统计分析方法应该使用成组法 t 检验，其 SAS 程序分析如下：

```
* SA3.1;
Data sheep;
  Input  Fodder $  Weight @@;
Cards;
F2  8.0  F2  6.5
F2  9.0  F1  5.5
F2  8.5  F2  6.5
F1  4.0  F1  6.5
F1  3.5  F2  5.5
F1  3.5  F2  7.5
F1  7.0  F2  5.0
F1  4.5  F2  8.5
F1  6.0  F2  9.0
F1  5.0  F1  5.5
;
Proc TTest data = sheep;
  Class Fodder;
  Var weight;
Run;
```

程序简要说明：

Data 定义数据集 sheep，Input 定义两个变量 Fodder 和 Weight，TTest 为 t 检验过程，Class 指定因子 Fodder，Var 指定试验指标 weight。

程序主要运行结果：

```
                    TTEST 过程
                   变量:Weight
Fodder  N    均值    标准差   标准误差   最小值    最大值
  F1   10  5.1000   1.2202    0.3859   3.5000    7.0000
  F2   10  7.4000   1.4491    0.4583   5.0000    9.0000

         方法         方差     自由度    t 值    Pr>|t|
         汇总         等于       18     -3.84    0.0012
     Satterthwaite   不等于    17.493   -3.84    0.0013
```

```
                方差等价
方法    分子自由度  分母自由度  F 值   Pr>F
折叠的 F    9          9       1.41  0.6167
```

成组法 t 检验，首先要分析两种饲料(*Fodder*)增重效果的方差是否具有齐性，即方差是否相等。因为 $F=1.41, df_1=9, df_2=9, P=0.617>0.05$，所以两种饲料增重效果的方差没有显著差异，即认为方差相等。

接下来，分析两种饲料(*Fodder*)增重效果的均值是否具有显著差异，需要用方差"等于"的 t 检验，$t=-3.84, df=18, P=0.0012<0.01$，所以两种饲料增重的均值存在极显著差异。由于饲料 F1 的增重均值 5.1 小于 F2 的增重均值 7.4，所以饲料 F2 的增重效果极显著大于饲料 F1。

(2)例 3.2 中的水稻施肥(*Fertilizer*)盆栽试验的统计分析

试验数据(经过整理)如表 3.7 所示。

表 3.7 水稻施肥盆栽试验数据 g/盆

Fertilizer	*Yield*				
AMMONIA	27	24	21	26	24
NH4HCO3	31	28	25	30	27
UREA	32	33	31	28	30
NONE	21	22	16	21	18

由于本试验为单因子四个处理的完全随机设计试验，它的统计分析方法应该使用单因子的方差分析，其 SAS 程序如下：

```
*SA3.2;
Data rice;
  Input  Fertilizer $ Yield;
Cards;
AMMONIA   27
NH4HCO3   31
UREA   32
NONE   21
AMMONIA   24
NH4HCO3   28
UREA   33
NONE   22
AMMONIA   21
NH4HCO3   25
UREA   31
NONE   16
AMMONIA   26
NH4HCO3   30
```

```
UREA   28
NONE   21
AMMONIA   24
NH4HCO3   27
UREA   30
NONE   18
;
Proc Anova data = rice;
  Class Fertilizer;
  Model Yield = Fertilizer;
  Means Fertilizer /Duncan hovtest = bartlett;
Run;
```

程序简要说明：

Data 数据步定义数据集 rice，Input 定义两个变量 Fertilizer 和 Yield；Anova 为方差分析过程，Class 指定因子 Fertilizer，Mode 指定方差分析的模型为"试验指标＝各项效应"的形式，Means 指定用 Duncan 法对变量 Fertilizer 进行均值比较，hovtest 指定方差齐性检验的方法为 Bartlett 检验。

程序主要运行结果：

①方差齐性检验

"Yield"的 Bartlett 方差齐性检验

源	自由度	卡方	Pr>卡方
Fertilizer	3	0.2748	0.9647

Bartlett 方差齐性检验的卡方值＝0.275，$df=3$，$p=0.965>0.05$，说明四种施肥方式产量的方差具有齐性。

②方差分析

ANOVA 过程

因变量:Yield 的方差分析表

源	自由度	平方和	均方	F 值	Pr>F
Fertilizer	3	355.7500000	118.5833333	22.59	<.0001
误差	16	84.0000000	5.2500000		
校正合计	19	439.7500000			

Duncan's Multiple Range Test for Yield

Alpha	0.05
Error Degrees of Freedom	16
Error Mean Square	5.25

Number of Means	2	3	4
Critical Range	3.072	3.221	3.315

```
Duncan 分组    均值    N  Fertilizer
   A         30.800  5    UREA
   A         28.200  5   NH4HCO3
   B         24.400  5   AMMONIA
   C         19.600  5    NONE
```

从方差分析表得到，施肥（*Fertilizer*）处理的 F 检验，$F=22.59$，$df_1=3$，$df_2=16$，$P<0.0001$，说明四种施肥方式的产量间存在极显著差异。

采用 Duncan 法均值比较，尿素（UREA）的产量均值（30.80）和碳酸氢铵（NH4HCO3）的产量均值（28.20）无显著差异，但它们的产量显著高于氨水（AMMONIA）和对照（NONE），对照 NONE 的产量均值显著小于其他施肥处理。所以，推荐施肥处理使用尿素（UREA）或碳酸氢铵（NH4HCO3）。

（3）例 3.3 大豆产量试验的统计分析

试验数据（经过整理）如表 3.8 所示。

表 3.8　大豆试验产量数据 kg

Unit	*Soybean*	*Date*	*Yield*	*Unit*	*Soybean*	*Date*	*Yield*
1	S1	D2	12	10	S3	D2	13
2	S3	D2	14	11	S2	D1	14
3	S1	D1	12	12	S2	D2	12
4	S3	D1	14	13	S2	D1	14
5	S2	D1	13	14	S3	D1	15
6	S3	D1	15	15	S1	D2	12
7	S2	D2	13	16	S1	D1	11
8	S2	D2	13	17	S3	D2	14
9	S1	D1	13	18	S1	D2	11

由于本试验为两因子的完全随机设计试验，统计分析方法应该使用复因子的方差分析，其 SAS 程序如下：

```
*SA3.3;
Data soybean;
  Input Soybean $ Date $ Yield;
Cards;
S1  D2  12
S3  D2  14
S1  D1  12
S3  D1  14
S2  D1  13
S3  D1  15
```

```
S2  D2  13
S2  D2  13
S1  D1  13
S3  D2  13
S2  D1  14
S2  D2  12
S2  D1  14
S3  D1  15
S1  D2  12
S1  D1  11
S3  D2  14
S1  D2  11
;
Proc Anova data = soybean;
  Class Soybean Date;
  Model Yield = Soybean Date Soybean * Date;
Run;
```

程序简要说明：

Data 数据步定义数据集 soybean，Input 定义三个变量 Soybean、Date 和 Yield；Anova 为方差分析过程，Class 指定因子 Soybean 和 Date，Mode 指定方差分析的模型为“试验指标＝各项效应”的形式，其中 Soybean * Date 为交互作用。

程序主要运行结果：

ANOVA 过程

因变量:Yield

源	自由度	平方和	均方	F 值	Pr>F
模型	5	19.611111	3.922222	8.83	0.0010
误差	12	5.333333	0.444444		
校正合计	17	24.944444			

源	自由度	Anova 平方和	均方	F 值	Pr>F
Soybean	2	16.444444	8.222222	18.50	0.0002
Date	1	2.722222	2.722222	6.13	0.0292
Soybean * Date	2	0.444444	0.222222	0.50	0.6186

从方差分析表得到，大豆品种（*Soybean*）的 F 检验，$F=18.50$，$df_1=2$，$df_2=12$，$P=0.000\,2<0.01$，三个大豆品种的产量间存在极显著差异。播期（*Date*）的 F 检验，$F=6.13$，$df_1=1$，$df_2=12$，$P=0.029<0.05$，两个播期的产量间存在显著差异。大豆品种和播期的交互作用（*Soybean * Date*）的 F 检验，$F=0.5$，$df_1=2$，$df_2=12$，$P=0.619>0.05$，大豆品种和播期不存在显著的交互作用，应该去除交互作用重新进行方差分析和均值比较。修改 SAS 程序如下：

```
Proc Anova data = soybean;
  Class Soybean Date;
```

```
  Model Yield = Soybean Date;
  Means Soybean Date /duncan;
Run;
```

程序简要说明：

Model 中去掉交互作用项 Soybean * Date，Means 指定采用 Duncan 法对因子 Soybean 和 Date 进行均值比较。

程序主要运行结果：

ANOVA 过程

因变量：Yield

源	自由度	平方和	均方	F 值	Pr>F
模型	3	19.16666667	6.38888889	15.48	0.0001
误差	14	5.77777778	0.41269841		
校正合计	17	24.94444444			

R 方	变异系数	均方根误差	Yield 均值
0.768374	4.920634	0.642416	13.05556

源	自由度	Anova 平方和	均方	F 值	Pr>F
Soybean	2	16.44444444	8.22222222	19.92	<.0001
Date	1	2.72222222	2.72222222	6.60	0.0223

Duncan's Multiple Range Test for Yield

Alpha	0.05
Error Degrees of Freedom	14
Error Mean Square	0.412698

Number of Means	2	3
Critical Range	.7955	.8336

Duncan 分组	均值	N	Soybean
A	14.1667	6	S3
B	13.1667	6	S2
C	11.8333	6	S1

Duncan's Multiple Range Test for Yield

Alpha	0.05
Error Degrees of Freedom	14
Error Mean Square	0.412698

Number of Means	2
Critical Range	.6495

Duncan 分组	均值	N	Date
A	13.4444	9	D1
B	12.6667	9	D2

均值比较采用了 Duncan 法，大豆的三个品种间（*Soybean*）的产量均存在显著差异，品种 D3 的产量最高（14.167），品种 D1 的产量最低（11.833）。大豆的两个播期（*Date*）中，播期 D1

的产量(13.444)显著高于播期D2的产量(12.667)。

从方差分析表得到,大豆品种(*Soybean*)的F检验,$F=19.92$,$df_1=2$,$df_2=14$,$P<0.0001$,三个大豆品种的产量间存在极显著差异。播期(*Date*)的F检验,$F=6.60$,$df_1=1$,$df_2=14$,$P=0.022<0.05$,两个播期的产量间存在显著差异。

均值比较采用了Duncan法,大豆的三个品种间(*Soybean*)的产量均存在显著差异,品种D3的产量最高(14.167),品种D1的产量最低(11.833)。大豆的两个播期(*Date*)中,播期D1的产量(13.444)显著高于播期D2的产量(12.667)。应该选择大豆品种D3在播期D1播种,大豆能高产。

3.1.4 完全随机设计的优缺点

完全随机设计是一种最简单的设计方法,主要优缺点如下。

主要优点:①设计容易。处理数和重复数都不受限制,适用于试验对象、试验条件差异比较小的试验。②分析简单。无论所获得的试验资料各处理重复数相等与否,都可以进行统计分析。

主要缺点:①由于未使用试验设计三大原则中的局部控制原则,非试验因素的影响被归入误差项,从而使试验误差增加,试验精度降低。②不适用于试验对象、试验条件差异较大的情况。

3.2 配对设计

3.2.1 配对设计方法

配对设计(PD,Paired Design)是指根据试验条件将受试对象按相同、相近的特征、性质或条件配成对子,再将每对中两个受试对象分别随机地施加两个不同处理(含对照),从而考察处理间是否存在显著差异。同一配对内要求条件尽量一致或接近,而不同配对之间允许有一些差异。

配对设计适用于单因子试验的两个处理间或一个新处理与一个旧处理的比较,设计比较灵活、简便,易于掌握,方便实施。具体配对方式如下。

1.自身配对

自身配对指在同一试验对象上安排的两种处理。例如,同一试验对象前后不同试验期安排的处理之间的比较,同一试验对象不同部位、不同器官的比较,同一标本不同检测方法的比较。

2.同源配对

同源配对指将非处理条件相近的试验对象组成对子,分别施加不同的处理。例如,在动物试验中,常将种系、窝别、性别相同,年龄、体重相近的动物配成对。

配对设计中,一对相当于一个区组,所以配对设计完全贯彻了重复、随机化和区组控制三大试验设计原则,因此试验精度比较高,无论初级试验还是高级试验均可采用。

配对设计的配对数量不低于10对,以10~20对为宜。如果本身试验误差比较大,可以适当增加配对数。

3.2.2 配对设计的实现

【例 3.4】 两种苹果保鲜方法(*Fresh*,F1 和 F2)比较试验,苹果保鲜的一项重要指标就是果肉硬度。虽然苹果个体间存在差异,但源于同一株的苹果非常近似,而不同株的苹果之间可能存在一些差异。本试验从 10 株苹果树上采下苹果,每一株的苹果随机分成两份,一份采用保鲜方法 F1,另一份采用保鲜方法 F2,即为配对设计。

使用 SAS 程序实现配对设计:

```
*SD3.4;
Proc Plan;
  Factors Pairs = 10 ordered Fresh = 2 /noprint;
  Output out = pair1   Fresh cvals = ('F1' 'F2');
Run;
Proc Transpose data = pair1 out = pair2(drop = _NAME_) prefix = Unit;
  By Pairs;
  Var Fresh;
Run;
Proc Print data = pair2 noobs;
Run;
```

程序简要说明:

Plan 为试验设计过程,Factors 定义因子及其水平数,ordered 指定其前面因子的水平按顺序生成,noprint 不显示当前设计内容,Output 指定输出数据集到 pair1,cvals 赋予因子 Fresh 的水平为字符串;Transpose 为数据转置过程,按照 Pairs 对 Fresh 进行转置,结果输出到数据集 pair2;Print 为输出过程,输出设计结果数据集 pair2,noobs 不显示观测号。

程序运行结果如表 3.9 所示:

表 3.9 苹果保鲜方法比较试验配对法设计表

Pairs	*Unit*1	*Unit*2
1	F1	F2
2	F2	F1
3	F1	F2
4	F2	F1
5	F1	F2
6	F2	F1
7	F2	F1
8	F1	F2
9	F2	F1
10	F1	F2

3.2.3 配对设计的统计分析

配对法设计试验数据的统计分析，需要采用配对法 t 检验。在试验设计和实施以及数据整理的过程中，配对处理数据必须一一对应，不能错乱和缺失，如有一个数据缺失，则这一对数据都要废弃。

如果记 n 对试验数据中第 i 对试验指标的配对差值为：

$$d_i = y_{i1} - y_{i2}, \quad i = 1, 2, \cdots, n$$

配对差值的平均值为：

$$\bar{d} = \frac{1}{n}\sum_{i=1}^{n} d_i$$

配对差值的标准差为：

$$S_d = \sqrt{\frac{\sum_{i=1}^{n}(d_i - \bar{d})^2}{n-1}}$$

配对法 t 检验的统计量：

$$t = \frac{\bar{d}}{S_d/\sqrt{n}}$$

统计量 t 的自由度：$df = n - 1$。

例 3.4 两种苹果保鲜方法试验测得的果肉硬度，具体数据见表 3.10。试验数据的整理可以按顺序进行，例如：苹果树的编号可以按照顺序整理，保鲜方法 F1 和 F2 测得的果肉硬度各占一列，与先后顺序无关。

表 3.10 配对法设计苹果保鲜方法比较试验数据 10^5 Pa

Pairs	*F1*	*F2*
1	17.0	12.5
2	15.0	15.5
3	14.0	12.5
4	17.0	16.0
5	16.0	14.0
6	14.0	13.0
7	16.0	15.0
8	15.0	15.0
9	18.5	17.0
10	17.0	16.0

由于本试验是配对法设计试验，所有统计分析方法采用配对法 t 检验，其 SAS 程序分析如下：

```
*SA3.4;
Data pairs;
  Input  F1 F2;
Cards;
17.0  12.5
15.0  15.5
14.0  12.5
17.0  16.0
16.0  14.0
14.0  13.0
16.0  15.0
15.0  15.0
18.5  17.0
17.0  16.0
;
Proc TTest data = pairs;
  Paired  F1 * F2 ;
Run;
```

程序简要说明：

Data 定义数据集 pairs，Input 定义两个变量 F1 和 F2，为试验的两个处理对应的苹果果肉硬度值，硬度数据需要按配对使用；TTest 为 t 检验过程，Paired 指定配对的两个变量 F1 * F2。

程序主要运行结果：

```
                    TTEST 过程
                   差分:F1 - F2
   N    均值     标准差   标准误差    最小值    最大值
  10   1.3000   1.3375    0.4230    -0.5000   4.5000

               自由度   t值   Pr>|t|
                 9     3.07   0.0133
```

从 SAS 的配对法 t 检验输出结果看到，统计量 $t=3.07$，$df=9$，$P=0.013<0.05$，所以两种保鲜方法的果肉硬度均值存在显著差异。由于两种保鲜方法果肉硬度之差(F1－F2)的均值为 1.3，所以保鲜方法 F1 的果肉硬度显著大于保鲜方法 F2，即保鲜方法 F1 更优。

3.2.4 配对设计的优缺点

配对设计是一种简便易行的设计方法，主要优缺点如下。

主要优点：①设计简单，易于掌握，实施方便。②对试验条件要求不高，不同配对间允许有差异。③处理间可比性强，试验精度比较高。④在使用自身配对时，可以大大节约样本量。

主要缺点：①只局限于两个处理，不适用于多个处理的情况。②不能用于更加复杂的复因子试验。

3.3 拉丁方设计

拉丁方设计(LSD,Latin Square Design)是从横行和直列两个方向设置双重区组控制,使得横行和直列两向皆成区组,是比随机区组多一个区组的设计。在拉丁方设计中,每一行或每一列都成为一个完全区组,而每一处理在每一行或每一列都只出现一次,也就是说,在拉丁方设计中,试验处理数=横行区组数=直列区组数=试验处理的重复数。

在对拉丁方设计试验结果进行统计分析时,由于能将横行、直列二个区组间的变异从试验误差中分离出来,因此拉丁方设计的试验误差比较小,试验精度比较高。统计学家 Cochran 经过 8 年的田间试验研究表明,拉丁方试验的误差方差约为随机区组试验的 73%。

拉丁方最早是一种游戏,在 18 世纪,欧洲的普鲁士国王腓特烈大帝要举行一次阅兵式,要求部队排成 6×6 的方阵,每个方阵的行和列都要由 6 种部队的 6 种军官组成,不得重复和空缺。大臣们向当时的数学家欧拉请教,最终促使拉丁方问世。由于拉丁方中的排列通常使用拉丁字母表示,所以统计学家 Fisher 便称其为“拉丁方”,并首次使用拉丁方来设计试验,并成为了一种试验设计方法。趣味游戏数独其实就是 9 阶拉丁方,只不过是在普通的 9 阶拉丁方基础上,还要加上 3×3 的方块也不能重复的限制,算是一种特殊的 9 阶拉丁方。

拉丁方的横行、直列既可以作为物理的行列,又可以安排其他的因子。所以横行、直列和处理三个方面可以是两个区组控制和一个因子,也可以是一个区组控制和两个因子,或者同时安排三个因子。拉丁方设计不能考察交互作用,所以同时安排多个因子时,要求因子间不能存在交互作用。

拉丁方的横行、直列和处理间都存在相互正交的关系,其中的均衡分布思想也是正交设计、均匀设计等新设计方法的思想基础。

3.3.1 拉丁方简介

1.拉丁方

以 n 个拉丁字母 A,B,C ……为元素,制作一个 n 阶方阵,若这 n 个拉丁方字母在这 n 阶方阵的每一行、每一列都出现,且只出现一次,则称该方阵为 n 阶拉丁方或 $n\times n$ 拉丁方。

例如,4 阶拉丁方:

$$\begin{matrix} A & B & C & D \\ B & C & D & A \\ C & D & A & B \\ D & A & B & C \end{matrix}$$

第一行和第一列都按照相同的拉丁字母的自然顺序排列的拉丁方,称标准拉丁方(简称标准方)。每一种拉丁方的数量(s)很多,但标准方(k)却比较少。例如,4 阶拉丁方所有的排列有 576 种,但 4 阶标准拉丁方只有 4 种。在进行拉丁方设计时,通常选择一种标准方,随机变换标准方的横行和直列,便可得到普通排列的拉丁方进行试验设计,每个 n 阶标准方可以变化出 $r=n!(n-1)!$ 个排列方式,n 阶拉丁方所有的排列方式有 $s=kn!(n-1)!$。下面列出常用拉丁方的标准方数和拉丁方总数,具体如表 3.11 所示。

表 3.11　常见拉丁方的标准方数和拉丁方总数

阶数 n	标准方数 k	每个标准方的变化数 r	拉丁方总数 s
3	1	12	12
4	4	144	576
5	56	2 880	161 280
6	9 048	86 400	812 851 200
7	16 942 080	3 628 800	6 147 941 904 000
8	535 281 401 856	203 212 800	108 776 032 459 082 956 800

2.常用拉丁方

在科学试验中，最常用的有 3～8 阶拉丁方。下面列出一部分标准拉丁方，供设计拉丁方时选用。其余的拉丁方可查阅本教材附表 1。

3 阶

A	*B*	*C*
B	*C*	*A*
C	*A*	*B*

4 阶

(1)

A	*B*	*C*	*D*
B	*A*	*D*	*C*
C	*D*	*B*	*A*
D	*C*	*A*	*B*

(2)

A	*B*	*C*	*D*
B	*C*	*D*	*A*
C	*D*	*A*	*B*
D	*A*	*B*	*C*

(3)

A	*B*	*C*	*D*
B	*D*	*A*	*C*
C	*A*	*D*	*B*
D	*C*	*B*	*A*

(4)

A	*B*	*C*	*D*
B	*A*	*D*	*C*
C	*D*	*A*	*B*
D	*C*	*B*	*A*

5 阶

(1)

A	*B*	*C*	*D*	*E*
B	*A*	*E*	*C*	*D*
C	*D*	*A*	*E*	*B*
D	*E*	*B*	*A*	*C*
E	*C*	*D*	*B*	*A*

(2)

A	*B*	*C*	*D*	*E*
B	*A*	*D*	*E*	*C*
C	*E*	*B*	*A*	*D*
D	*C*	*E*	*B*	*A*
E	*D*	*A*	*C*	*B*

(3)

A	*B*	*C*	*D*	*E*
B	*A*	*E*	*C*	*D*
C	*E*	*D*	*A*	*B*
D	*C*	*B*	*E*	*A*
E	*D*	*A*	*B*	*C*

(4)

A	*B*	*C*	*D*	*E*
B	*A*	*D*	*E*	*C*
C	*D*	*E*	*A*	*B*
D	*E*	*B*	*C*	*A*
E	*C*	*A*	*B*	*D*

6 阶

A	*B*	*C*	*D*	*E*	*F*
B	*F*	*D*	*C*	*A*	*E*
C	*D*	*E*	*F*	*B*	*A*
D	*A*	*F*	*E*	*C*	*B*
E	*C*	*A*	*B*	*F*	*D*
F	*E*	*B*	*A*	*D*	*C*

7 阶

A	*B*	*C*	*D*	*E*	*F*	*G*
B	*C*	*D*	*E*	*F*	*G*	*A*
C	*D*	*E*	*F*	*G*	*A*	*B*
D	*E*	*F*	*G*	*A*	*B*	*C*
E	*F*	*G*	*A*	*B*	*C*	*D*
F	*G*	*A*	*B*	*C*	*D*	*E*
G	*A*	*B*	*C*	*D*	*E*	*F*

8 阶

A	*B*	*C*	*D*	*E*	*F*	*G*	*H*
B	*C*	*D*	*E*	*F*	*G*	*H*	*A*
C	*D*	*E*	*F*	*G*	*H*	*A*	*B*
D	*E*	*F*	*G*	*H*	*A*	*B*	*C*
E	*F*	*G*	*H*	*A*	*B*	*C*	*D*
F	*G*	*H*	*A*	*B*	*C*	*D*	*E*
G	*H*	*A*	*B*	*C*	*D*	*E*	*F*
H	*A*	*B*	*C*	*D*	*E*	*F*	*G*

为了比较精确地估计试验误差和检验处理的效应，要求误差项自由度最好不低于 10。对于 3 阶和 4 阶的拉丁方，由于总的处理数较少，误差项自由度太小，影响 F 检验的稳健性。例

如，3 阶拉丁方总自由度为 9－1＝8，去掉行自由度 2、列自由度 2 和处理的自由度 2，误差项自由度只有 2；4 阶拉丁方总自由度为 16－1＝15，去掉行自由度 3、列自由度 3 和处理的自由度 3，误差项自由度只有 6。所以使用 3 阶和 4 阶的拉丁方进行试验设计时，经常两个、三个或者更多个同阶拉丁方同时使用，以增加误差项自由度，即多重拉丁方设计。

但当拉丁方设计处理数大于 8 个时，其误差项自由度足够大，但试验总处理数会变得很多，不便于实施，也较少使用。

3.3.2 拉丁方设计的实现

在农业或生物学试验中，如果要控制来自两个方面的系统误差，就经常采用拉丁方设计。特别是动物试验中，接受试验的动物数量受到限制时，比较适合采用拉丁方设计。下面结合具体例子说明拉丁方设计方法。

【例 3.5】 为了研究 5 种不同温度（*Temp*）对蛋鸡产蛋量的影响，将鸡舍的 5 种温度设为 *A*、*B*、*C*、*D*、*E*，有 5 群鸡（*Hens*）参与试验，按照时间顺序把鸡群的产蛋期（*Period*）分为 5 期。由于各鸡群和产蛋期的不同对产蛋量有一定的影响，因此采用拉丁方设计，把鸡群和产蛋期作为区组设置，以便控制这两个方面的误差。拉丁方具体设计步骤如下。

1.选择拉丁方

选择拉丁方时应根据试验的处理数和横行、直列数先确定使用几阶拉丁方，再选择相应的标准拉丁方。

本例试验处理因素为温度，处理数为 5；将鸡群作为直列区组因素，直列区组数为 5；将产蛋期作为横行区组因素，横行区组数也为 5。即试验处理数、直列区组数和横行区组数都为 5，故应选取 5 阶拉丁方。选取前面列出的第 2 个 5 阶标准拉丁方，即：

$$
\begin{matrix}
A & B & C & D & E \\
B & A & D & E & C \\
C & E & B & A & D \\
D & C & E & B & A \\
E & D & A & C & B
\end{matrix}
$$

2.随机排列

在选定标准拉丁方之后，还应该对横行、直列和试验处理的顺序进行随机排列。

下面对选定的 5 阶标准拉丁方进行随机排列。建议用随机抽签法或程序法，比如用 SAS 软件随机生成五个数的程序：Proc Plan；Factors n＝5；Run；运行 3 次生成 3 个五位数字，例如：13542，41523，34521。然后将上面选定的 5 阶标准拉丁方的直列、横行及处理按这 3 个五位数的顺序重新随机排列。

①直列随机：将拉丁方的各直列顺序按 13542 顺序重排。

②横行随机：将直列重排后的拉丁方的各横行按 41523 顺序重排。

选择拉丁方	1	2	3	4	5
1	*A*	*B*	*C*	*D*	*E*
2	*B*	*A*	*D*	*E*	*C*
3	*C*	*E*	*B*	*A*	*D*
4	*D*	*C*	*E*	*B*	*A*
5	*E*	*D*	*A*	*C*	*B*

直列随机	1	3	5	4	2
1	*A*	*C*	*E*	*D*	*B*
2	*B*	*D*	*C*	*E*	*A*
3	*C*	*B*	*D*	*A*	*E*
4	*D*	*E*	*A*	*B*	*C*
5	*E*	*A*	*B*	*C*	*D*

横行随机	1	3	5	4	2
4	*D*	*E*	*A*	*B*	*C*
1	*A*	*C*	*E*	*D*	*B*
5	*E*	*A*	*B*	*C*	*D*
2	*B*	*D*	*C*	*E*	*A*
3	*C*	*B*	*D*	*A*	*E*

③处理随机：将 5 种不同温度按第三个 5 位数 34521 顺序排列，即 $A=3, B=4, C=5, D=2, E=1$，也就是说，拉丁方中的 *A* 表示第 3 种温度，*B* 表示第 4 种温度等，依此类推。最后把 1,2,3,4,5 替换成 *A*,*B*,*C*,*D*,*E*，从而得到 5 阶拉丁方设计，如表 3.12 所示。

表 3.12　5 种不同温度对鸡产蛋量影响的拉丁方设计

Period	*Hens*				
	1	2	3	4	5
1	(2)*B*	(1)*A*	(3)*C*	(4)*D*	(5)*E*
2	(3)*C*	(5)*E*	(1)*A*	(2)*B*	(4)*D*
3	(1)*A*	(3)*C*	(4)*D*	(5)*E*	(2)*B*
4	(4)*D*	(2)*B*	(5)*E*	(1)*A*	(3)*C*
5	(5)*E*	(4)*D*	(2)*B*	(3)*C*	(1)*A*

注：括号内的数字由上次随机的字母变换得到。

由表 3.12 可以看出，第一鸡群在第 1 个产蛋期用第 2 种温度 *B* 水平，第二鸡群在第 1 个产蛋期用第 1 种温度 *A* 水平……试验严格按设计方案实施。

3.拉丁方设计的程序实现

使用 SAS 程序实现 5 阶拉丁方设计：

```
* SD3.5;
Proc Plan;
  Factors Rows = 5 ordered Cols = 5 ordered / noprint;
  Freatments Treat = 5 cyclic;
  Output out = Latin
         Rows  cvals = ('Row1' 'Row2' 'Row3' 'Row4' 'Row5') random
         Cols  cvals = ('Col1' 'Col2' 'Col3' 'Col4' 'Col5') random
         Treat  cvals = ('A' 'B' 'C' 'D' 'E') random;
Run;
Proc Sort data = Latin out = Latin;
  By Rows Cols;
Run;
Proc Transpose data = Latin(rename = (Cols = _NAME_))
      Out = LatinSquare(drop = _NAME_);
```

```
    By Rows;
    Var Treat;
Run;
Proc Print data = LatinSquare noobs;
Run;
```

程序简要说明：

Plan 为试验设计过程，Factors 定义因子及其水平数，Treatments 定义处理及其处理数，Output 输出设计数据集 Latin，cvals 赋予因子水平为字符串，random 表示随机化；Sort 为排序过程，按照 Rows 和 Cols 进行排序；Transpose 为数据转置过程，按照行 Rows 对处理 Treat 进行转置；Print 为输出过程，输出拉丁方设计结果 LatinSquare。

程序运行结果如表 3.13 所示：

表 3.13 5 阶拉丁方设计表

Rows	*Col*1	*Col*2	*Col*3	*Col*4	*Col*5
*Row*1	*B*	*A*	*C*	*D*	*E*
*Row*2	*C*	*E*	*A*	*B*	*D*
*Row*3	*A*	*C*	*D*	*E*	*B*
*Row*4	*D*	*B*	*E*	*A*	*C*
*Row*5	*E*	*D*	*B*	*C*	*A*

3.3.3 拉丁方设计的统计分析

拉丁方设计试验数据的统计分析是将两个区组因素与一个试验因素放在一起，看作三因素试验的方差分析，不考虑 3 个因素之间的交互作用。将横行区组因素记为 A，直列区组因素记为 B，试验处理记为 T，横行区组数、直列区组数与处理数记为 r，对拉丁方试验结果进行方差分析的数学模型为：

$$y_{ijk}=\mu+\alpha_i+\beta_j+\gamma_k+\varepsilon_{ijk}, \quad i=j=k=1,2,\cdots,r$$

式中，y_{ijk} 为试验指标，μ 为总平均数，α_i 为横行区组 A 第 i 行的效应，β_j 为直列区组 B 第 j 列的效应，γ_k 为第 k 处理 T 的效应，ε_{ijk} 为随机误差，服从 $N(0,\sigma^2)$。其方差分析如表 3.14 所示。

表 3.14 拉丁方设计的方差分析表

变异来源	自由度(df)	平方和(SS)	均方(MS)	F 统计量	显著性
A	$r-1$	SS_A	MS_A	MS_A/MS_E	
B	$r-1$	SS_B	MS_B	MS_B/MS_E	
T	$r-1$	SS_T	MS_T	MS_T/MS_E	
误差(E)	$(r-1)(r-2)$	SS_E	MS_E		
总和	r^2-1	SS_T			

例 3.5 的试验结果数据如表 3.15 所示。

表 3.15　5 种不同温度对母鸡产蛋量影响试验结果　　kg

Period	*Hens*				
	一	二	三	四	五
1	*B*(23)	*A*(21)	*C*(24)	*D*(21)	*E*(19)
2	*C*(22)	*E*(20)	*A*(20)	*B*(22)	*D*(22)
3	*A*(20)	*C*(25)	*D*(26)	*E*(22)	*B*(23)
4	*D*(25)	*B*(22)	*E*(23)	*A*(21)	*C*(23)
5	*E*(19)	*D*(23)	*B*(24)	*C*(22)	*A*(19)

注:括号内数字为产蛋量。

本例试验采用拉丁方设计,其方差分析的 SAS 程序:

```
* SA3.5;
Data hens;
  Input Period Hens Temp $  eggs;
Cards;
1  1  B  23
1  2  A  21
1  3  C  24
1  4  D  21
1  5  E  19
2  1  C  22
2  2  E  20
2  3  A  20
2  4  B  22
2  5  D  22
3  1  A  20
3  2  C  25
3  3  D  26
3  4  E  22
3  5  B  23
4  1  D  25
4  2  B  22
4  3  E  23
4  4  A  21
4  5  C  23
5  1  E  19
5  2  D  23
5  3  B  24
5  4  C  22
5  5  A  19
```

```
;
Proc Anova data = hens;
Class Period Hens Temp;
  Model eggs = Period Hens Temp;
  Means Temp /duncan;
Run;
```

程序简要说明:

Data 定义数据集 hens,Input 定义三个因子 Period(产蛋期),Hens(鸡群)和 Temp(温度)及试验指标 eggs(产蛋量);Anova 为方差分析过程,Class 指定因子 Period Hens Temp,Model 指定方差分析的模型为"试验指标＝各项效应"的形式,Means 指定采用 Duncan 法对 Temp 进行均值比较。

程序主要运行结果:

ANOVA 过程

因变量:eggs

源	自由度	平方和	均方	F 值	Pr>F
模型	12	76.4800000	6.3733333	6.13	0.0019
误差	12	12.4800000	1.0400000		
校正合计	24	88.9600000			

源	自由度	Anova 平方和	均方	F 值	Pr>F
Period	4	16.16000000	4.04000000	3.88	0.0300
Hens	4	14.16000000	3.54000000	3.40	0.0443
Temp	4	46.16000000	11.54000000	11.10	0.0005

经 F 检验,在 0.05 显著水平下,产蛋期间($Period, df=4, F=3.88, P=0.030$)和鸡群间($Hens, df=4, F=3.40, P=0.044$)差异均显著,温度间差异极显著($Temp, df=4, F=11.10, P=0.0005$)。因在拉丁方设计中,横行、直列区组因素是为了控制和降低试验误差而设置的非试验因素,真正要考察的因子是温度对产蛋的影响,所以即使显著,一般也不对区组因素进行多重比较,下面仅对不同温度的蛋量进行多重比较。

Duncan's Multiple Range Test for eggs

Alpha	0.05
Error Degrees of Freedom	12
Error Mean Square	1.04000

Number of Means	2	3	4	5
Critical Range	1.405	1.471	1.511	1.537

Duncan 分组	均值	N	Temp
A	23.4000	5	C
A	23.2000	5	B
A	22.8000	5	D
B	20.6000	5	E
B	20.2000	5	A

不同温度平均产蛋量之间多重比较结果表明：在 0.05 的显著水平下，温度 C、B、D 的平均产蛋量显著地高于 E、A 的平均产蛋量，温度 C、B、D 间的平均产蛋量差异不显著，温度 E、A 间的平均产蛋量差异不显著。所以蛋鸡适宜的产蛋温度水平为 C、B、D。

3.3.4 拉丁方设计的优缺点

1.主要优点

拉丁方设计在不增加试验单元的情况下，比随机区组设计多设置了一个区组因素，能将横行和直列两个区组间的变异从试验误差中分离出来，因而试验误差比随机区组设计小，试验的精度比较高。试验结果的统计分析比较简便，使用一般的方差分析。

2.主要缺点

在拉丁设计中，横行区组数、直列区组数、试验处理数与试验处理的重复数必须相等，缺乏伸缩性，实际使用时会受到一定限制。若处理数少，则重复数也少，估计试验误差的自由度就小，从而影响检验的灵敏度；若处理数多，则重复数也多，横行、直列区组数也多，从而导致试验工作量大，且同一区组内试验动物的初始条件也难以保证一致。

当安排多个因子时，区组因素相应减少，对试验条件的均匀一致性要求会比较高。

应当注意的是，在进行拉丁方试验时，某些动物试验中，如奶牛的泌乳阶段，试验因子的各处理要在不同阶段逐个实施。如果前一阶段有残效，那么后一阶段的试验就会产生系统误差而影响试验的准确性，此时应根据实际情况，安排适当的试验间歇期以消除残效。

3.4 希腊拉丁方设计

3.4.1 正交拉丁方组

正交拉丁方是指当两个同阶的拉丁方上下叠加起来时，如果一个拉丁方中的每个字母与另一个拉丁方中的每个字母相遇且仅相遇一次，则称两个拉丁方互为正交拉丁方。例如，下面左侧两个拉丁方叠加成右侧的组合形式，则左侧两个互为正交拉丁方，具体为：

$$\begin{matrix} A & B & C \\ B & C & A \\ C & A & B \end{matrix} \qquad \begin{matrix} \alpha & \beta & \gamma \\ \gamma & \alpha & \beta \\ \beta & \gamma & \alpha \end{matrix} \qquad \begin{matrix} A\alpha & B\beta & C\gamma \\ B\gamma & C\alpha & A\beta \\ C\beta & A\gamma & B\alpha \end{matrix}$$

正交拉丁方组是指由同阶的所有相互正交的拉丁方组成的一组拉丁方，也称正交拉丁方完全组。找到正交拉丁方并不是一件容易的事情，经过众多数学家的不懈努力，现在清楚各阶拉丁方中的正交拉丁方。除 2 阶和 6 阶拉丁方之外，n 阶拉丁方都存在正交的拉丁方组，其数量一般不超过 $n-1$ 个，当 n 为素数或素数的整数次幂时，此 n 阶的正交拉丁方组正好有 $n-1$ 个正交拉丁方。常见的正交拉丁方组所包含的拉丁方组数如表 3.16 所示，具体的正交拉丁方组详见本教材附表 2。

表 3.16 常见正交拉丁方的拉丁方组数

阶数	2	3	4	5	6	7	8	9	10	12
正交拉丁方组数	0	2	3	4	0	6	7	8	2	5

前面提到的，普鲁士国王要举行一次阅兵式，要求部队排成 6×6 的方阵，每个方阵的行和列都要由 6 种部队的 6 种军官组成，这里有横行、直列、部队和军官四个方面的因素需要安排，显然这是一个 6 阶希腊拉丁方设计，但 6 阶拉丁方不存在正交的拉丁方，也就不存在 6 阶希腊拉丁方，这显然是一个不可能完成的任务。

3.4.2 希腊拉丁方设计

希腊拉丁方设计（GLSD，Graeco-Latin Square Design）是指合用两个相互正交的拉丁方来进行试验设计的方法。可以使用附表 2 的正交拉丁方组来进行希腊拉丁方设计，下面是由两个 4 阶正交拉丁方构成的一个 4 阶希腊拉丁方设计，具体如表 3.17 所示。

表 3.17 4 阶希腊拉丁方设计表

行	列			
1	$A\alpha$	$B\beta$	$C\gamma$	$D\delta$
2	$B\delta$	$A\gamma$	$D\beta$	$C\alpha$
3	$C\beta$	$D\alpha$	$A\delta$	$B\gamma$
4	$D\gamma$	$C\delta$	$B\alpha$	$A\beta$

希腊拉丁方设计由横行、直列、拉丁字母处理和希腊字母处理四个方面组成，比拉丁方多一组处理，多安排一个因子。希腊拉丁方设计可以安排两个区组和两个因子，也可以安排一个区组和三个因子，还可以安排四个因子进行设计，其他的性质和拉丁方设计一样。

【例 3.6】 现想了解某生化反应中，不同反应时间（*Time*，水平：A,B,C,D,E）对生化反应物产量（*Yield*）的影响。据经验，反应物产量还会受到原料批次（*Material*）、酸性浓度（*Acid*）和催化剂浓度（*Catalyzer*）等因子的影响，每个因子都设定为 5 个水平。

本例共考虑 4 个因子，可以使用希腊拉丁方设计，即安排 5 种不同批次原料在 5 个横行区组，安排 5 种不同酸性浓度在 5 个直列区组，安排 5 种不同的催化剂浓度为 5 个希腊字母（α，β，γ，δ，ε），使用 5 阶正交拉丁方组的前两个拉丁方构成希腊拉丁方设计，具体设计方案如表 3.18 所示。对横行、直列和处理组合进行随机化后，即可安排试验。

表 3.18 5 阶希腊拉丁方设计表

Material	*Acid*				
1	$A\alpha$	$B\beta$	$C\gamma$	$D\delta$	$E\varepsilon$
2	$B\gamma$	$C\delta$	$D\varepsilon$	$E\alpha$	$A\beta$
3	$C\varepsilon$	$D\alpha$	$E\beta$	$A\gamma$	$B\delta$
4	$D\beta$	$E\gamma$	$A\delta$	$B\varepsilon$	$C\alpha$
5	$E\delta$	$A\varepsilon$	$B\alpha$	$C\beta$	$D\gamma$

使用 SAS 程序实现希腊拉丁方设计：

```
* SD3.6;
* 生成 5 阶希腊拉丁方数据 ;
Proc Factex;
  Factors Row ColumnFactor1 Factor2 / nlev = 5;
  Size design = 25;
  Model resolution = 3;
  Output out = OrthArray Row nvals = (1 2 3 4 5)  Column nvals = (1 2 3 4 5)
          Factor1 cvals = ('A' 'B' 'C' 'D' 'E') Factor2 cvals = ('α' 'β' 'γ' 'δ' 'ε') randomize;
Run;
* 行列排序;
Proc Sort data = OrthArray;
  By Row Column;
Run;
* 拉丁方合成希腊拉丁方;
Data OrthArray;
  Set OrthArray;
  Factor = cat(Factor1, Factor2);
Run;
* 输出 5 阶希腊拉丁方;
Proc Transpose data = OrthArray(rename = (Column = _NAME_))
      out = GLatinSquare(drop = _NAME_);
  By Row;
  VarFactor;
Run;
Proc Print data = GLatinSquare noobs;
Run;
```

程序简要说明：

Factex 为析因设计过程，Factors 定义因子 Row Column Factor1 Factor2 及其水平，Size 定义设计的大小，Model resolution 定义模型的分辨度，Output 输出设计结果，nvals 赋予因子水平为数字，cvals 赋予因子水平为字符串；Sort 为排序过程，按照 Row Column 对数据集排序；cat 为字符合并函数；Transpose 为数据转置过程，按照行 Row 对数据 Factor 转置排列；Print 为输出过程，输出希腊拉丁方设计结果 GLatinSquare。

程序运行结果如表 3.19 所示：

表 3.19 随机化后的 5 阶希腊拉丁方设计表

Row	1	2	3	4	5
1	$C\beta$	$D\alpha$	$A\varepsilon$	$E\gamma$	$B\delta$
2	$D\varepsilon$	$A\gamma$	$E\delta$	$B\beta$	$C\alpha$
3	$A\delta$	$E\beta$	$B\alpha$	$C\varepsilon$	$D\gamma$

续表3.19

Row	1	2	3	4	5
4	$E\ \alpha$	$B\ \varepsilon$	$C\ \gamma$	$D\ \delta$	$A\ \beta$
5	$B\ \gamma$	$C\ \delta$	$D\ \beta$	$A\ \alpha$	$E\ \varepsilon$

除此之外，还可以把更多的正交拉丁方组合在一起构成超希腊拉丁方设计，用以安排更多的因子，每多一个正交拉丁方就可以多安排一个因子。希腊拉丁方和超希腊拉丁方试验设计虽然可以安排更多的试验因子而总试验次数不变，但误差项的自由度就会相应减少，从而降低了试验的灵敏度，需要特别关注。

3.4.3 希腊拉丁方设计的统计分析

希腊拉丁方设计的数据的统计分析和拉丁方设计一样需要采用方差分析，只不过分析时多一个影响因子。将横行区组因素记为 A，直列区组因素记为 B，两个试验因子分别记为 T 和 F，横行区组数、直列区组数与两个因子的水平数都记为 r，拉丁方试验结果进行方差分析的数学模型为：

$$y_{ijkl}=\mu+\alpha_i+\beta_j+\gamma_k+\tau_l+\varepsilon_{ijkl},\quad i=j=k=l=1,2,\cdots,r$$

式中，y_{ijkl} 为试验指标的观测值，μ 为总平均数，α_i 为第 i 个横行区组 A_i 的效应，β_j 为第 j 个直列区组 B_j 的效应，γ_k 为第 k 水平因子 T_k 的效应，τ_l 为第 l 水平因子 F_l 的效应，ε_{ijkl} 为随机误差，服从 $N(0,\sigma^2)$。其方差分析如表 3.20 所示。

表 3.20　希腊拉丁方设计的方差分析表

变异来源	自由度(df)	平方和(SS)	均方(MS)	F 统计量	显著性
A	$r-1$	SS_A	MS_A	MS_A/MS_E	
B	$r-1$	SS_B	MS_B	MS_B/MS_E	
T	$r-1$	SS_T	MS_T	MS_T/MS_E	
F	$r-1$	SS_F	MS_F	MS_F/MS_E	
误差(E)	$(r-1)(r-3)$	SS_E	MS_E		
总和	r^2-1	SS_T			

例 3.6 试验数据如表 3.21 所示。

表 3.21　5 阶希腊拉丁方设计试验数据　　g

Material	*Acid*				
1	$C\beta$ (26)	$D\alpha$ (16)	$A\varepsilon$ (19)	$E\gamma$ (16)	$B\delta$ (13)
2	$D\varepsilon$ (18)	$A\gamma$ (21)	$E\delta$ (18)	$B\beta$ (11)	$C\alpha$ (21)
3	$A\delta$ (20)	$E\beta$ (12)	$B\alpha$ (16)	$C\varepsilon$ (25)	$D\gamma$ (13)
4	$E\alpha$ (15)	$B\varepsilon$ (15)	$C\gamma$ (23)	$D\delta$ (14)	$A\beta$ (17)
5	$B\gamma$ (10)	$C\delta$ (24)	$D\beta$ (17)	$A\alpha$ (17)	$E\varepsilon$ (14)

使用SAS程序进行希腊拉丁方设计的方差分析：

```
*SA3.6;
Data biochemistry;
  Input Material Acid Time$ Catalyzer$ Yield;
Cards;
1 1 C β 26
1 2 D α 16
1 3 A ε 19
1 4 E γ 16
1 5 B δ 13
2 1 D ε 18
2 2 A γ 21
2 3 E δ 18
2 4 B β 11
2 5 C α 21
3 1 A δ 20
3 2 E β 12
3 3 B α 16
3 4 C ε 25
3 5 D γ 13
4 1 E α 15
4 2 B ε 15
4 3 C γ 23
4 4 D δ 14
4 5 A β 17
5 1 B γ 10
5 2 C δ 24
5 3 D β 17
5 4 A α 17
5 5 E ε 14
;
Proc Anova data=biochemistry;
  Class Material Acid Time Catalyzer;
  Model Yield=Material Acid Time Catalyzer;
  Means Time /duncan;
Run;
```

程序简要说明：

Data定义数据集biochemistry，Input定义四个因子Material，Acid，Time和Catalyzer及试验指标Yield；Anova为方差分析过程，Class指定因子Material，Acid，Time和Catalyzer，Model指定方差分析的模型为"试验指标＝各项效应"的形式，Means指定采用Duncan法对Time进行均值比较。

程序的主要运行结果：

ANOVA 过程

因变量:Yield

源	自由度	平方和	均方	F 值	Pr>F
模型	16	402.24000	25.14000	4.54	0.0181
误差	8	44.32000	5.54000		
校正合计	24	446.56000			

源	自由度	Anova 平方和	均方	F 值	Pr>F
Material	4	8.96000	2.24000	0.40	0.8009
Acid	4	26.96000	6.74000	1.22	0.3756
Time	4	355.76000	88.94000	16.05	0.0007
Catalyzer	4	10.56000	2.64000	0.48	0.7527

Duncan's Multiple Range Test for Yield

Alpha	0.05
Error Degrees of Freedom	8
Error Mean Square	5.54

Number of Means	2	3	4	5
Critical Range	3.433	3.577	3.658	3.706

Duncan 分组		均值	N	Time
	A	23.800	5	C
	B	18.800	5	A
C	B	15.600	5	D
C		15.000	5	E
C		13.000	5	B

从方差分析表可看出，除反应时间（*Time*，$F=16.05$，$P=0.000\,7<0.01$）的水平间差异达到极显著外，其他因子都不显著。对反应时间进行均值多重比较，在 0.05 的显著水平下，可看到反应时间在水平 C 下的产量显著高于水平 A、D、E 和 B，而水平 A 和 D 间的产量，水平 D、E 和 B 间的产量均不存在显著差异，最佳的反应时间水平为 C。

3.5 析因设计

3.5.1 析因设计概述

析因设计（FD，Factorial Design）是指在一个试验中研究两个或更多个因子的主效应及其交互作用，从而安排所有因子各水平之间的全部处理组合的试验设计，也称为因子设计，或复因子试验设计（Multiple Factor Experiment Design）。因此，析因设计是一种全面实施的试验设计，故又称为全面试验设计。

析因设计的全部处理组合数为所有因子水平数的乘积，如果安排重复，则总的试验单元数等于处理组合数乘以重复数。例如，某试验有两个因子 A 和 B，它们的水平分别为 3 和 4，重复 3 次，则每个重复包含 $3\times4=12$ 个处理组合，总的试验单元数为 $12\times3=36$ 个。

析因设计是所有试验设计类型中最为保守的设计，优点是所获得的信息量很多，可以全面地分析各因子的主效应和各级交互作用。但缺点是随着因子数的增加，总处理组合数也呈指数般急剧增加，在实际应用中给试验的安排带来很大困难，有可能需要耗费大量的人力、物力、财力和时间，有时多到难以承受。例如，5 因子 3 水平的试验，处理组合数 $3^5=243$，即使安排两次重复，总的试验单元数也达到 $243\times2=486$，已经很难承受了，而且可能会因为高级交互作用不显著而明显降低试验效率。

当复因子试验中因子数和水平数较少时，总的试验次数也较少，而又期望获取尽可能多的交互作用的信息，可以使用析因设计。当复因子试验中因子数或水平数较多时，由于处理组合急剧增加，便不能使用析因设计，后面会有更好的解决复因子试验设计的方法。

析因设计的试验本身处理组合很多，可以适当设置重复数，既保证试验精度，又不至于产生过多试验成本。一般的析因设计的重复次数建议 3～5 次为宜，处理组合数比较多时可以设置 2 次重复，也可以根据误差项自由度不低于 10 的原则估算重复次数。如果处理组合数太多，也可以不设置重复。

析因设计可以使用完全随机的方法，处理的组合数不太多时也可以使用随机区组设计的方法。

析因设计的复因子试验比单因子试验更为有效，不仅能分析各因子水平间的比较问题，而且还能分析因子间的交互作用，为最优处理组合的选取提供科学的依据。析因设计的复因子试验处理组合数众多，相当于增加了各因子的重复数从而降低了试验误差，提高了试验精度。

3.5.2 主效应与交互作用

科学试验的主要目的是探究各试验因子对试验指标的影响程度，这种影响程度称为试验效应。试验效应反映的是试验因子对试验指标的增加或减少作用，也有可能不起明显的作用，即试验效应不显著。

在复因子试验中，不但可以分析各因子的简单效应(Simple Effect)，还可以分析各因子自己的主效应(Main Effect)和因子之间的交互作用(Interaction)。简单效应是指其他因子处于某一固定水平时，当前因子的不同水平对试验指标的影响大小。主效应是指一个因子各简单效应的平均值，反映这个因子对试验指标的平均影响程度。交互作用是指两个因子简单效应间的差数的平均值，简称互作，反映一个因子的各水平在其他因子的不同水平中反应不一致的现象。若这个差数显著大于 0，则称为正交互作用；若这个差数显著小于 0，则称为负交互作用；若这个差数与 0 没有显著差异，则称为没有交互作用。下面用最简单的两个因子、两个水平的例子来说明这个问题。

【例 3.7】 某品种小麦施氮肥(N)和磷肥(P)的产量试验中，每种施肥都有两个水平，即氮肥：N_1为不施氮肥，N_2为施氮肥 20 kg/亩(667 m^2)；磷肥：P_1为不施磷肥，P_2为施磷肥 15 kg/亩(667 m^2)。试验共有 N_1P_1、N_1P_2、N_2P_1和 N_2P_2四个处理，共安排 3 个重复，12 个试验小区。最终得到四个处理的平均产量(Y)如表 3.22 所示。

表 3.22　小麦氮肥磷肥析因设计试验结果　　kg/小区

		磷肥水平		磷肥效应
		P_1	P_2	
氮肥水平	N_1	10	20	10
	N_2	22	42	20
氮肥效应		12	22	5

氮肥有两个简单效应，一个简单效应是磷肥在 P_1 水平下，氮肥在 N_2 水平下和 N_1 水平下的产量差，即 22－10＝12；另一个简单效应是磷肥在 P_2 水平下，氮肥 N_2 水平下和 N_1 水平下的产量差，即 42－20＝22。

氮肥的主效应为它的两个简单效应的平均值，记为 N：(12＋22)/2＝17。

同样，磷肥也有两个简单效应，一个简单效应是氮肥在 N_1 水平下，磷肥在 P_2 水平下和 P_1 水平下的产量差，即 20－10＝10；另一个简单效应是氮肥在 N_2 水平下，磷肥在 P_2 水平下和 P_1 水平下的产量差，即 42－22＝20。

磷肥的主效应为它的两个简单效应的平均值，记为 P：(10＋20)/2＝15。

氮肥和磷肥的交互作用记为 $N \times P$，在不引起歧义时可以简记为 NP。可以通过氮肥或磷肥的简单效应的差值的平均值计算，即 $N \times P$：(22－12)/2＝5，或(20－10)/2＝5，假设 5 在 0.05 水平下显著大于 0，则氮肥和磷肥存在显著的正交互作用。

将试验数据作图，氮肥两水平(N_1 和 N_2)放在横轴，试验指标小麦产量放在纵轴，氮肥处于 N_1 水平，磷肥分别处于 P_1 和 P_2 水平时，小麦产量分别为 10 和 20，在坐标系内相应位置标出这两个点。同理，氮肥处于 N_2 水平，磷肥分别处于 P_1 和 P_2 水平时，小麦产量分别为 22 和 42，在坐标系内标出这两个点。连接下方的两个点即为磷肥 P_1 的效应，连接上方的两个点即为磷肥 P_2 的效应。具体如图 3.1 所示。

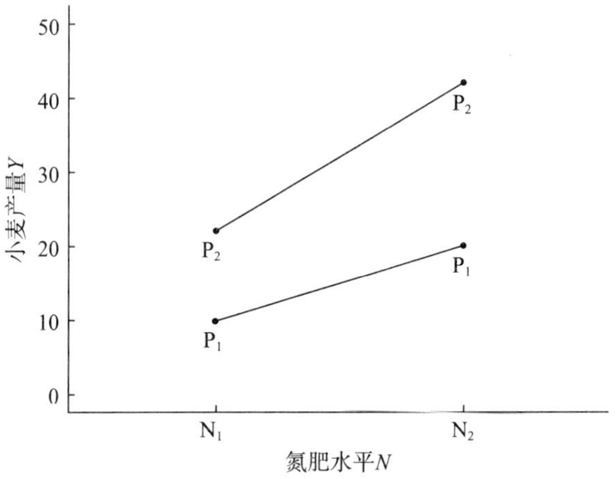

图 3.1　小麦氮肥磷肥交互作用

从交互作用图上分析，如果图中的连线平行或近似平行，则因子之间交互作用不显著；如果连线显著不平行，则因子之间存在显著的交互作用。

最简单的交互作用是两个因子的交互作用，称为一级交互作用或一阶交互作用，三个因子的交互作用称为二级交互作用，同理，更高级的交互作用可以类推。一般三个因子及其以上的交互作用就称为高级交互作用，高级交互作用分析起来非常复杂，而且在专业上很难进行解释。

在科研实践中，一般认为更为复杂的高级交互作用很小，或者是不存在的，一般不予分析。实际主要考虑各因子的主效应和部分一级交互作用，具体考察哪些一级交互作用还要依赖专业知识或预试验来决定，或者先假定一级交互作用存在，对其进行方差分析，如果交互作用不显著，可将其归入误差项。

3.5.3 析因设计的实现

【例 3.8】 某果树有四个果树品种(*Fruit*，F1，F1，F3，F4)和两种栽培方法(*Plant*，P1，P2)，进行产量比较试验，考虑各因子的主效应和交互作用，采用析因设计，设置三次重复。

使用 SAS 程序实现两因子的析因设计：

```
*SD3.8;
Proc Plan;
  Factors rep=3 Fruit=4 Plant=2 /noprint;   *rep 为重复数;
  Output out=crd
    Fruit cvals=('F1' 'F2' 'F3' 'F4')
    Plant cvals=('P1' 'P2');
Run;
Proc Plan;
  Factors unit=24 /noprint;   *24 为总的试验处理数 ;
  Output out=random;
Run;
Data crd;
  Merge random crd (drop=rep);
Run;
Proc Sort data=crd;
  By unit;
Proc Print data=crd noobs;
Run;
```

程序简要说明：

Plan 为试验设计过程，Factors 定义因子及其水平数，其中 rep 为重复数，out 指定输出数据集 crd，cvals 赋予因子水平为字符串；Merge 对数据集 random 和 crd 进行列合并，Sort 为排序过程，按变量 unit 进行排序，Print 为输出过程，输出设计结果 crd。

程序运行结果如表 3.23 所示：

表 3.23 果树产量析因设计表

Unit	*Fruit*	*Plant*	*Unit*	*Fruit*	*Plant*	*Unit*	*Fruit*	*Plant*
1	F3	P1	9	F2	P1	17	F2	P1
2	F4	P1	10	F4	P2	18	F2	P2
3	F4	P2	11	F3	P2	19	F4	P1
4	F1	P1	12	F2	P2	20	F1	P2
5	F1	P2	13	F2	P1	21	F3	P1
6	F2	P2	14	F3	P2	22	F1	P1
7	F3	P1	15	F1	P2	23	F4	P1
8	F3	P2	16	F1	P1	24	F4	P2

3.5.4 析因设计的统计分析

析因设计试验数据的统计分析需要采用复因子的方差分析，那就要进行各项因子和各级交互作用自由度的分解。因子的自由度等于因子水平数减 1，交互作用的自由度等于构成这个交互作用的所有因子的自由度的乘积。例如，A 因子 3 水平，B 因子 4 水平，则有 A 因子的自由度 $df_A=3-1=2$，B 因子的自由度 $df_B=4-1=3$，交互作用 $A\times B$ 的自由度为：

$$df_{AB}=df_A\times df_B=2\times3=6$$

对于没有重复的析因设计试验，各因子的处理组合只安排一次，则此试验的总自由度正好等于所有因子的主效应和各级交互作用的自由度之和。

比如刚才的例子，A 因子 3 水平，B 因子 4 水平，处理组合有 $3\times4=12$ 个，试验总自由度 $df_T=12-1=11$，各因子(A 和 B)和交互作用($A\times B$)自由度之和为：

$$df_A+df_B+df_{AB}=2+3+6=11$$

即等式：

$$df_T=df_A+df_B+df_{AB}=11$$

对于三个因子及其以上的析因设计也同样成立，再如，A 因子 2 水平，B 因子 3 水平，C 因子 4 水平时，则有 A 因子的自由度 $df_A=2-1=1$，B 因子的自由度 $df_B=3-1=2$，C 因子的自由度 $df_C=4-1=3$。三个一级交互作用如下：

$$df_{AB}=df_A\times df_B=1\times2=2$$
$$df_{AC}=df_A\times df_C=1\times3=3$$
$$df_{BC}=df_B\times df_C=2\times3=6$$

三个因子的二级交互作用：

$$df_{ABC}=df_A\times df_B\times df_C=1\times2\times3=6$$

所有三个因子的主效应和其所有交互作用的自由度之和：

$$df_A+df_B+df_C+df_{AB}+df_{AC}+df_{BC}+df_{ABC}=1+2+3+2+3+6+6=23$$

三个因子析因设计试验的总自由度 df_T 等于处理组合数减 1，即 $2\times3\times4-1=24-1=23$，正好等于所有因子的主效应和其所有交互作用的自由度之和。

因此，析因设计一般要设置重复，如果分析没有设置重复的析因试验各因子的主效应和各级交互作用，误差项的自由度就等于试验的总自由度减去所有因子的主效应和其所有交互作用的自由度之和，正好等于 0，也就是没有误差项，那么就不能进行方差分析。除非有不显著的高级交互作用作为误差项，才可进行方差分析。

而设置重复的析因设计的试验则存在真正的误差项，可以分析各因子的主效应和所有的各级交互作用，实际应用时通常只分析主效应和低阶交互作用。

如果因子间交互作用不显著，则各因子独立起作用，各自的效应可以累加，最优处理组合即是各因子最优水平的组合；如果因子间交互作用显著，则各因子相互影响，各自的效应不能简单累加，各因子最优水平的组合通常不是最优处理组合，最优处理组合必须从交互作用的处理组合中比较得到。

现以两因子随机区组设计的统计分析为例，假设因子 A 有 a 个水平，因子 B 有 b 个水平，设置重复 r 次，则其统计分析模型为：

$$y_{ijk}=\mu+\alpha_i+\beta_j+\alpha\beta_{ij}+\varepsilon_{ijk},\quad i=1,2,\cdots,a;j=1,2,\cdots,b;k=1,2,\cdots,r$$

式中，y_{ijk} 为试验指标观测值，μ 为总平均值，α_i 为因子 A 的第 i 水平效应，β_j 为因子 B 的第 j 水平效应，$\alpha\beta_{ij}$ 为因子 A 和 B 交互效应 $A\times B$，ε_{ijk} 为随机误差，服从 $N(0,\sigma^2)$。其方差分析如表 3.24 所示。

表 3.24 两因子析因设计的方差分析表

变异来源	自由度(df)	平方和(SS)	均方(MS)	F 统计量	显著性
A	$a-1$	SS_A	MS_A	MS_A/MS_E	
B	$b-1$	SS_B	MS_B	MS_B/MS_E	
$A\times B$	$(a-1)(b-1)$	SS_{AB}	MS_{AB}	MS_{AB}/MS_E	
误差(E)	$(r-1)ab$	SS_E	MS_E		
总和	$abr-1$	SS_T			

下面以例 3.8 为例，果树产量三次重复试验数据经过整理如表 3.25 所示。

表 3.25 果树产量析因设计试验数据 kg

Fruit	*Plant*	
	P1	P2
F1	60.0 65.0 72.5	32.5 25.0 27.5
F2	50.0 47.5 62.5	65.0 70.0 75.0
F3	80.0 77.5 70.0	92.5 87.5 80.0
F4	95.0 90.0 85.0	75.0 87.5 80.0

使用 SAS 程序实现析因设计的方差分析：

```
*SA3.8;
Data fruit;
  Input Fruit $  Plant $  Yield;
Cards;
F1  P1  60.0
F1  P1  65.0
F1  P1  72.5
F1  P2  32.5
F1  P2  25.0
F1  P2  27.5
F2  P1  50.0
F2  P1  47.5
F2  P1  62.5
F2  P2  65.0
F2  P2  70.0
F2  P2  75.0
F3  P1  80.0
F3  P1  77.5
F3  P1  70.0
F3  P2  92.5
F3  P2  87.5
F3  P2  80.0
F4  P1  95.0
F4  P1  90.0
F4  P1  85.0
F4  P2  75.0
F4  P2  87.5
F4  P2  80.0
;
Proc GLM data = fruit;
  Class Fruit Plant;
  Model Yield = Fruit Plant Fruit * Plant;
  Means Fruit /duncan;
  LSmeans Fruit * Plant / PDiff;
Run;
```

程序简要说明：

Data 定义数据集 fruit，Input 定义三个变量 Fruit，Plant 和试验指标 Yield；GLM 为一般线性模型过程，在此用于进行方差分析，Class 指定因子 Fruit 和 Plant，Model 指定方差分析的模型为“试验指标＝各项效应”的形式，其中 Fruit * Plant 为交互作用 Fruit×Plant；Means 指定采用 Duncan 法对 Fruit 进行均值比较，LSmeans 为最小二乘法对交互作用 Fruit * Plant 进行均值比较，PDiff 输出两个处理组合均值比较的 P 值。

程序运行结果：

GLM 过程

因变量：Yield

源	自由度	平方和	均方	F 值	Pr>F
模型	7	8549.739583	1221.391369	35.53	<.0001
误差	16	550.000000	34.375000		
校正合计	23	9099.739583			

源	自由度	III 型 平方和	均方	F 值	Pr>F
Fruit	3	5721.614583	1907.204861	55.48	<.0001
Plant	1	137.760417	137.760417	4.01	0.0625
Fruit * Plant	3	2690.364583	896.788194	26.09	<.0001

Duncan's Multiple Range Test for Yield

Alpha	0.05
Error Degrees of Freedom	16
Error Mean Square	34.3750

Number of Means	2	3	4
Critical Range	7.176	7.525	7.743

Duncan 分组	均值	N	Fruit
A	85.417	6	F4
A	81.250	6	F3
B	61.667	6	F2
C	47.083	6	F1

最小二乘均值

Fruit	Plant	Yield LSMEAN	LSMEAN 号
F1	P1	65.8333333	1
F1	P2	28.3333333	2
F2	P1	53.3333333	3
F2	P2	70.0000000	4
F3	P1	75.8333333	5
F3	P2	86.6666667	6
F4	P1	90.0000000	7
F4	P2	80.8333333	8

效应“Fruit * Plant”的最小二乘均值

Pr>|t|(针对 H0)：LSMean(i) = LSMean(j)

i/j	1	2	3	4	5	6	7	8
1		<.0001	0.0189	0.3970	0.0530	0.0005	0.0001	0.0064
2	<.0001		<.0001	<.0001	<.0001	<.0001	<.0001	<.0001
3	0.0189	<.0001		0.0031	0.0002	<.0001	<.0001	<.0001
4	0.3970	<.0001	0.0031		0.2407	0.0031	0.0007	0.0379

5	0.0530	<.0001	0.0002	0.2407		0.0379	0.0092	0.3118
6	0.0005	<.0001	<.0001	0.0031	0.0379		0.4962	0.2407
7	0.0001	<.0001	<.0001	0.0007	0.0092	0.4962		0.0736
8	0.0064	<.0001	<.0001	0.0379	0.3118	0.2407	0.0736	

方差分析的 F 检验可得到结论：果树品种(*Fruit*)间 $df=3, F=55.48, P<0.000\ 1$，产量存在极显著差异；种植方法(*Plant*)间 $df=1, F=4.01, P=0.063>0.05$，产量不存在显著差异；果树品种和种植方法的交互作用($Fruit\times Plant$) $df=3, F=26.09, P<0.000\ 1$，存在极显著互作，即不同的果树品种适合不同的种植方法。

对果树品种(*Fruit*)进行 Duncan 法均值比较得到：在 0.05 水平下，品种 F4 和 F3 之间产量(85.42 和 81.25)差异不显著，但显著高于品种 F2 和 F1，品种 F2 的产量显著高于品种 F1。

对果树品种和种植方法的交互作用($Fruit\times Plant$)进行均值比较得到：在 0.05 水平下，产量最高的处理组合 F4P1 的产量(90.00)，F3P2 的产量(86.67)和 F4P2 的产量(80.83)不存在显著差异，但其产量显著高于其他的处理组合，优先考虑果树品种 F4 和种植方法 P1，其次可以考虑果树品种 F3 和种植方法 P2。

3.6 交叉设计

3.6.1 交叉设计概述

交叉设计(COD，Cross-Over Design)也称为交替设计(Change-Over Design)或反转设计，是指在同一试验中将研究对象随机分组，交叉互换处理，分期反复进行两次或两次以上的试验设计方法。

各种动物试验为了提高精度，要求选用在遗传及生理上相同或相似的试验动物作为试验对象，但这在实践中往往不易满足。例如，有些试验动物获取困难、数量较少，试验动物个体间差异较大、试验误差大，或者试验动物昂贵、成本较高时，采用交叉设计具有比较大的优越性。交叉设计的使用范围已涉及畜牧、兽医、医学、心理学等诸多领域。

例如，进行奶牛的泌乳试验时，要选择若干头品种、性别、年龄、胎次等条件都相同的奶牛是很困难的，为了较好地消除试验动物个体之间以及试验时期存在的差异对试验结果的影响，可考虑采用交叉设计。

3.6.2 交叉设计的实现

常用的交叉设计有 2×2 交叉和 3×3 交叉。

2×2 交叉设计是指有两个试验处理、安排两期试验的设计。具体方法是在第一个试验周期将试验对象随机地分成两组，分别随机安排两个处理，第一个试验周期结束以后，可以适当设置间歇期，然后安排第二个周期试验，将两组试验对象的两个处理对换再次进行试验。如表 3.26 所示。

表 3.26　2×2 交叉设计表

组别	试验周期	
	Ⅰ	Ⅱ
1	处理 1	处理 2
2	处理 2	处理 1

3×3 交叉设计是指有三个试验处理、安排三期试验的交叉设计。处理的前后顺序有 123，132，213，231，312，321 六种，为了消除处理的前后顺序不同带来的影响，完整的试验设计应将试验对象随机地分成六组，每一组安排一种处理顺序，试验分三期进行。如表 3.27 所示。

表 3.27　3×3 交叉设计表

组别	试验周期		
	Ⅰ	Ⅱ	Ⅲ
1	处理 1	处理 2	处理 3
2	处理 1	处理 3	处理 2
3	处理 2	处理 1	处理 3
4	处理 2	处理 3	处理 1
5	处理 3	处理 1	处理 2
6	处理 3	处理 2	处理 1

如果能确定三个处理的前后顺序对试验影响不大，或试验对象数量有限时，分组数可以少于六组。例如，可以选择表 3.27 中的 1、4、5 组或 2、3、6 组来进行部分 3×3 交叉设计，使其构成一个 3 阶的拉丁方结构，具有更好的均衡性和可比性。

现在以 2×2 交叉设计为例，阐述如何将试验对象随机分成两组，安排试验时再将组别和试验顺序随机化。

【例 3.9】 某奶牛场进行奶牛(*Cow*)泌乳试验，研究两种处理(*Treat*)的饲料对奶牛产奶量的影响。试验采用 2×2 交叉设计，将 10 头奶牛随机分成两组(*Block*)，对每组奶牛在不同时期(*Period*)交叉安排两种处理，即在泌乳的第三个月和第四个月两个时期测量平均产奶量(kg)。具体设计如下：

使用 SAS 程序实现交叉设计的分组：

```
*SD3.9;
Proc Plan;
  Factors rep = 5  Block = 2 /noprint;  * rep 重复,Block 为分组数 ;
  Output out = cod Block cvals = ('Block1' 'Block2');
Run;
Proc Plan;
  Factors cow = 10 /noprint;      * 总处理数 2×5 = 10 ;
  Output out = rand;
```

```
Run;
Data cod;
  Merge cod(drop = rep) rand ;
Proc Sort data = cod;
  By descending Block;
Proc Print data = cod noobs;
Run;
```

程序简要说明：

Plan 为试验设计过程，Factors 定义因子及其水平数，其中 rep 为重复数，Block 为分组数，out 指定输出数据集 cod，cvals 赋予因子水平为字符串；merge 对数据集 cod 和 rand 进行列合并，Sort 为排序过程，按变量 Block 对 cod 进行倒序 descending 排序，Print 为输出过程，输出设计结果 cod。

程序运行结果如表 3.28 所示：

表 3.28　奶牛泌乳试验交叉设计表

Block	*Cow*
Block1	1
Block1	4
Block1	5
Block1	9
Block1	10
Block2	2
Block2	3
Block2	6
Block2	7
Block2	8

3.6.3　交叉设计的统计分析

对交叉设计的试验数据进行统计分析，常见的有配对法 t 检验和方差分析方法，但配对法 t 检验只适用于 2×2 的交叉设计，只考虑两个处理之间的差异，而试验周期效应、前后顺序效应和个体差异则无法考虑，会自然归入试验误差，使试验误差增大，试验精度降低。所以建议使用方差分析，以便克服上述问题，提高试验精度。

以常见的 2×2 交叉设计为例，假设参与试验的处理(*Treat*)有 2 个水平，分两个试验期(*Period*)进行试验，参与试验的对象(*Subject*)随机分成两组，第一组有试验个体 n_1个，第二组有试验个体 n_2个，尽可能使两组的试验对象个体数量相等，每一组在每一试验期安排不同的处理，形成两种不同的试验顺序(*Order*)。其方差分析的统计分析模型为：

$$y_{ijkl}=\mu+\tau_i+\beta_k+sub\ (\beta)_{jk}+t_l+\varepsilon_{ijkl},i=1,2,\cdots,a;j=1,2,\cdots,n_k;k=1,2,\cdots,b;l=1,2,\cdots,a$$

式中，y_{ijkl} 为试验指标的观测值，μ 为总平均值，τ_i 为第 i 个处理效应，β_k 为第 k 个顺序效应，$sub(\beta)_{jk}$ 为第 k 个顺序下的第 j 个体效应，t_l 为第 l 个试验期效应，ε_{ijkl} 为随机误差，服从 $N(0,\sigma^2)$。其方差分析如表 3.29 所示。

表 3.29　2×2 交叉设计的方差分析表

变异来源	自由度(df)	平方和(SS)	均方(MS)	F 统计量	显著性
Order	1	SS_{Order}	MS_{Order}	MS_{Order}/MS_{Sub}	
Subject	$n-2$	SS_{Sub}	MS_{Sub}		
Period	1	SS_P	MS_P	MS_P/MS_E	
Treat	1	SS_T	MS_T	MS_{AB}/MS_E	
误差(E)	$n-2$	SS_E	MS_E		
总和	$2n-1$	SS_T			

例如，对例 3.9 某奶牛场奶牛泌乳试验进行分析，试验数据如表 3.30 所示。

表 3.30　奶牛泌乳 2×2 的交叉设计试验数据　　kg

Block 1	(*Order* 1)					
Period	*Treat*	Cow1	Cow4	Cow5	Cow9	Cow10
1	1	31	34	43	28	25
2	2	27	25	38	20	19
Block 2	(*Order* 2)					
Period	*Treat*	Cow2	Cow3	Cow6	Cow7	Cow8
1	2	22	40	40	33	18
2	1	21	39	41	34	20

使用 SAS 程序进行交叉设计的方差分析：

```
* SA3.9;
Data cows;
  Input Period Treat Order Cow Milk @@;
Datalines;
1  1  1  1  31    1  2  2  2  22
2  2  1  1  27    2  1  2  2  21
1  1  1  4  34    1  2  2  3  40
2  2  1  4  25    2  1  2  3  39
1  1  1  5  43    1  2  2  6  40
2  2  1  5  38    2  1  2  6  41
1  1  1  9  28    1  2  2  7  33
2  2  1  9  20    2  1  2  7  34
1  1  1  10 25    1  2  2  8  18
2  2  1  10 19    2  1  2  8  20
```

```
;
Proc Mixed Data = cows;
  Class   Treat Cow Period Order;
  Model   Milk = Order Treat Period;
  Random   Cow(Order) ;
  Lsmeans Treat/ PDIFF;
Run;
```

程序简要说明：

Data 定义数据集 cows，Input 定义五个变量 Period，Treat，Order，Cow 和 Milk；Mixed 为混合模型过程，在此用于进行方差分析，Class 指定影响因素 Period，Treat，Order 和 Cow，Model 指定方差分析的模型为“试验指标＝各项效应”的形式，Random 指定 Cow 为随机效应，LSmeans 为最小二乘法对 Treat 进行均值比较，PDiff 输出两个处理均值比较的 P 值。

程序主要运行结果：

Mixed 过程

分类水平信息

分类	水平	值
Treat	2	1 2
Cow	10	1 2 3 4 5 6 7 8 9 10
Period	2	1 2
Order	2	1 2

协方差参数估计

协方差参数	估计
Cow(Order)	75.4000
Residual	1.5250

固定效应的 3 型检验

效应	分子自由度	分母自由度	F 值	Pr>F
Order	1	8	0.11	0.7527
Treat	1	8	37.90	0.0003
Period	1	8	29.51	0.0006

最小二乘法均值

效应	Treat	估计	标准误差	自由度	t 值	Pr>|t|
Treat	1	31.6000	2.7735	8	11.39	<.0001
Treat	2	28.2000	2.7735	8	10.17	<.0001

最小二乘法均值的比较

效应	Treat	_Treat	估计	标准误差	自由度	t 值	Pr>|t|
Treat	1	2	3.4000	0.5523	8	6.16	0.0003

此处用 Mixed 过程进行交叉设计的方差分析，给出随机效应(*Cow* 和 *Residual*)的方差分量的估计，分别为 75.40 和 1.525，并给出了固定效应的 F 检验，其中顺序效应不显著(*Order*，$df=1,F=0.11,P=0.753>0.05$)，饲料处理效应(*Treat*，$df=1,F=37.90,P=0.000\ 3<0.01$)和试验周期效应(*Period*，$df=1,F=29.51,P=0.000\ 6<0.01$)都是极显著的。在此主

要关注饲料的处理效应，对其进行最小二乘均值比较，处理1和处理2的 t 检验（$t=6.16$，$P=0.0003<0.01$）显示存在极显著差异，即处理1的均值估计31.60极显著高于处理2的均值估计28.20。

3.6.4 交叉设计的优缺点

主要优点：交叉设计可以消除个体间及试验周期间的差异对试验结果造成的影响，进一步突出处理效应，提高试验的精度。因此，交叉设计特别适用于个体差异较大的动物试验，以自身作为对照，样本量少，但精度较高，如兽医学试验中的大动物试验等。

主要缺点：交叉设计安排的处理数比较少，一般只能局限在2～3个处理内，处理数更多时不便于使用；与其他复因子试验相比，交叉设计不能得到因素之间交互作用的信息，因此交叉设计适用范围有一定的局限性；可能会产生部分效应的混杂现象，统计分析也比较复杂。

在应用交叉设计时，还应注意：

①在交叉设计试验中，必须确保处理效应、试验周期以及试验对象个体之间不存在交互作用，如果存在些许交互作用，就会使试验误差增大，从而降低试验的精确性。

②在交叉设计试验中，试验处理前后顺序轮流更换时，要注意处理间是否存在残效，如果前一种处理有残存效应，会影响到后续处理的试验效果。如果残效可以消除，那么可适当设置预试期或间歇期以降低残效。若存在残效不能消除的处理，或者带有破坏性且不能恢复的试验操作，如切除或宰杀等，则不宜使用交叉设计。

3.7 嵌套设计

3.7.1 嵌套设计概述

嵌套设计（HD，Hierarchal Design）是指一个因子的效应嵌套在另一个因子之下，也称巢式设计（Nested Design）、系统分组设计或组内又分亚组的设计。

根据试验中因子数的不同，嵌套设计通常分为二级嵌套（一个因子嵌套在另一个因子之下）、三级嵌套（三个因子逐级嵌套）等。因子之间的地位不是平等的，通常更侧重于研究上一级因子。

区分嵌套设计与析因设计的关键是看因子之间的地位是否平等，析因设计的各因子地位是平等的，而嵌套设计的各因子地位不平等。嵌套设计的主要应用情形有以下两种。

1.情形一

受试对象本身具有按其隶属关系进行组内再分亚组的关系。例如，某品种作物在不同地区的几个农场里进行产量比较；幼畜的出生体重受父系和母系影响的大小；四种培养液的作物培养试验，每种培养液种三盆，每盆种作物四株等自然形式嵌套设计；比较两种药剂A和B的药效，各有两种不同的剂量，药剂A有两种剂量2 mg/kg和4 mg/kg，药剂B有两种剂量10 mg/kg和20 mg/kg，剂量嵌套在药剂之下；要比较甲、乙两种水稻品种的产量，同时还要考虑合适的接茬时间，如果甲品种的两次接茬时间早一些为好，比如接茬时间为D1和D2，但乙品种的三次接茬时间晚一些为好，比如接茬时间为D3、D4和D5，接茬时间就嵌套在品种之下。在此情况下，一级因子和二级因子不再平等，更侧重于研究一级因子。

【例 3.10】 选取某种植物 3 个品种（*Plant*：A，B，C）的各一株，在每一株内选取 2 片叶子（*Leaf*），用取样器从每一片叶子上选取同样大小的两块（重复）检测可溶性蛋白质含量（*Weight*）的差异。如表 3.31 所示。

表 3.31 植物叶片取样试验 mg

Plant	*Leaf*	*Weight*	
A	A1	12.3	12.1
	A2	12.7	12.8
B	B1	14.7	14.5
	B2	14.6	14.4
C	C1	28.1	28.8
	C2	23.1	23.4

【例 3.11】 考察三头大约克公猪（*Sire*）和不同母猪（*Dam*）所生的仔猪断奶体重（*Weight*），每窝随机抽取 6 头仔猪测量，试分析这三头公猪对仔猪断奶的影响。如表 3.32 所示。

表 3.32 仔猪断奶体重试验 kg

Sire	*Dam*	*Weight*					
A	A1	21	16.5	17.5	19.5	20	19
	A2	14	15.5	16.5	18	16	15
B	B1	24	22.5	24	20	22	23
	B2	19	19.5	20	23.5	19	21
	B3	16	16	15.5	20.5	14	17.5
C	C1	15	13	13.5	12.5	16.5	13.5
	C2	19	21	21.5	19	15.5	21
	C3	22.5	21	21.5	19	14.5	20

【例 3.12】 纳塔是一种由微生物经液态发酵生成的凝胶，用于各种纳塔食品。现研究三种无机盐的不同添加量对纳塔产量（*Y*）的影响，无机盐（*A*）为一级因子，3 水平，添加浓度（*B*）为二级因子，4 水平，安排两次重复。如表 3.33 所示。

表 3.33 无机盐影响纳塔产量试验 g

A	*B*	*Y*	
KH_2PO_4	0	25.38	31.04
	0.2%	48.12	46.70
	0.4%	40.35	45.50
	0.6%	40.00	39.80

续表3.33　　g

A	B	Y	
$MgSO_4$	0	27.66	28.35
	0.01%	38.58	37.22
	0.02%	42.50	40.60
	0.04%	36.42	37.21
$FeSO_4$	0	30.90	31.08
	0.000 5%	53.15	55.29
	0.001 0%	45.39	42.23
	0.001 5%	38.19	37.42

2.情形二

受试对象本身并非具有系统再分组的嵌套关系，而是各因子之间在专业上有主次之分。

【例 3.13】 为了研究某种抗菌药的效果，考虑 3 个因子对小鼠进行试验。药剂(*Drug*)可分为 D1(对照组不用抗菌药)、D2(试验组用抗菌药)，小鼠代次(*Generation*)可分为 G1(第 1 代)、G2(第 2 代)、G3(第 3 代)，性别(*Sex*)可分为 M(雄性)、F(雌性)。让第 1 代小鼠被这种细菌感染，按雌雄分别统计对照组和试验组小鼠的存活率，对第 2 代小鼠重复上面的试验，直到第 3 代，观测小鼠的存活率(*Y*)，重复两次。由专业知识得知，3 个因子的主次顺序为 *Drug*>*Generation*>*Sex*，可以看成嵌套设计。如表 3.34 所示。

表 3.34　小鼠抗菌药效试验　　%

Drug	*Generation*	*Sex*	*Y*	
D1	G1	M	28	23
		F	33	27
	G2	M	15	11
		F	26	22
	G3	M	26	20
		F	18	11
D2	G1	M	56	51
		F	62	60
	G2	M	48	44
		F	66	61
	G3	M	70	65
		F	49	55

3.7.2 嵌套设计的实现

1.两因子的嵌套设计

例 3.10 的某植物三个品种的试验，叶片(*Leaf*)嵌套在植株(*Plant*)之下，自然形成两个因子的嵌套设计。

使用 SAS 软件实现两因子的嵌套设计：

```
* SD3.10;
Proc Plan;
  Factors Plant = 3 Leaf = 2 Rep = 2 / noprint;
  Output out = nested
    Plant cvals = ('A' 'B' 'C')
    Leaf nvals = (1 2)
    Rep nvals = (1 2);
Run;
Proc Print data = nested;
Run;
```

程序简要说明：

Plan 为试验设计过程，Factors 定义因子及其水平数，其中 Rep 为重复数，Output 输出设计数据集 nested，cvals 赋予因子水平为字符串，nvals 赋予因子水平为数值；Print 为输出过程，输出设计结果 nested。

程序运行结果如表 3.35 所示。

表 3.35 植物叶片取样试验两因子的嵌套设计表 mg

Obs	*Plant*	*Leaf*	*Rep*
1	B	1	1
2	B	1	2
3	B	2	1
4	B	2	2
5	A	2	1
6	A	2	2
7	A	1	2
8	A	1	1
9	C	2	1
10	C	2	2
11	C	1	2
12	C	1	1

2.三因子的嵌套设计

例 3.13 的小鼠抗菌药物试验，小鼠代次（*Generation*）嵌套在药剂（*Drug*）之下，性别（*Sex*）嵌套在小鼠代次因子之下，使用三个因子的嵌套设计。

使用 SAS 软件实现三因子的嵌套设计：

```
* SD3.11;
Proc Plan;
  Factors Drug = 2 Generation = 3 Sex = 2 Rep = 2 / noprint;
  Output out = nested
    Drug cvals = ('D1' 'D2')
    Generation cvals = ('G1' 'G2' 'G3')
    Sex cvals = ('M' 'F')
    Rep nvals = (1 2);
Run;
Proc Print data = nested;
Run;
```

程序简要说明：

Plan 为试验设计过程，Factors 定义因子及其水平数，其中 Rep 为重复数，Output 输出设计数据集 nested，cvals 赋予因子水平为字符串，nvals 赋予因子水平为数值；Print 为输出过程，输出设计结果 nested。

程序运行结果如表 3.36 所示：

表 3.36　小鼠抗菌药效试验三因子的嵌套设计

Obs	*Drug*	*Generation*	*Sex*	*Rep*
1	D2	G2	M	1
2	D2	G2	M	2
3	D2	G2	F	1
4	D2	G2	F	2
5	D2	G3	M	2
6	D2	G3	M	1
7	D2	G3	F	2
8	D2	G3	F	1
9	D2	G1	M	1
10	D2	G1	M	2
11	D2	G1	F	2
12	D2	G1	F	1
13	D1	G1	M	1
14	D1	G1	M	2

续表3.36

Obs	Drug	Generation	Sex	Rep
15	D1	G1	F	2
16	D1	G1	F	1
17	D1	G2	F	2
18	D1	G2	F	1
19	D1	G2	M	2
20	D1	G2	M	1
21	D1	G3	F	1
22	D1	G3	F	2
23	D1	G3	M	2
24	D1	G3	M	1

3.7.3 嵌套设计的统计分析

嵌套设计的试验数据需用方差分析的方法进行统计分析，与一般方差分析不同，嵌套设计中对上级因子的效应进行检验的误差项是下级因子的效应项。

1.两因子的嵌套设计

对于二级嵌套的试验设计，以 A 表示一级因子，有 a 个水平，B 表示二级因子，有 b 个水平，整个试验重复 r 次，则它的统计分析模型为：

$$y_{ijk}=\mu+\alpha_i+\beta_{j(i)}+\varepsilon_{ijk},\quad i=1,2,\cdots,a;j=1,2,\cdots,b;k=1,2,\cdots,r$$

式中，y_{ijk} 为试验指标观测值，μ 为总平均值，α_i 为因子 A 第 i 水平的效应，$\beta_{j(i)}$ 为因子 B 第 j 水平的效应，且因子 B 效应嵌套在因子 A 的效应之下，ε_{ijk} 为随机误差，服从 $N(0,\sigma^2)$。其方差分析如表 3.37 所示。

表 3.37 二级嵌套设计的方差分析表

变异来源	自由度(df)	平方和(SS)	均方(MS)	F 统计量	显著性
A	$a-1$	SS_A	MS_A	$MS_A/MS_{B(A)}$	
$B(A)$	$a(b-1)$	$SS_{B(A)}$	$MS_{B(A)}$	$MS_{B(A)}/MS_E$	
误差(E)	$ab(r-1)$	SS_E	MS_E		
总和	$abr-1$	SS_T			

例 3.10 为二级嵌套的试验数据，如表 3.31 所示(经整理数据)。使用 SAS 程序进行嵌套设计的的方差分析过程有 Nested 和 GLM，各有优缺点。

①Nested 过程更简单，但受到数据中变量的水平顺序的影响，必须先用 Sort 过程对因子别进行排序整理，且不能进行因子的均值比较。

②GLM 过程不需要排序整理，但程序相对复杂，但容易进行因子的均值比较。

使用 SAS 程序进行方差分析的程序：

```
*SA3.10;
Data plants;
  Input Plant $ Leaf $ Weight @@;
Cards;
A  A1  12.3  A  A1  12.1
B  B1  14.6  B  B1  14.4
C  C1  23.1  C  C1  23.4
A  A2  12.7  A  A2  12.8
B  B2  14.7  B  B2  14.5
C  C2  28.1  C  C2  28.8
;
Proc Sort data = plants;
  By Plant Leaf;
Run;
Proc Nested data = plants;
  Class Plant Leaf;
  Var Weight;
Run;
或
Proc GLM data = plants;
  Class Plant Leaf;
  Model Weight = Plant Leaf(Plant);
  Test H = Plant  E = Leaf(Plant);
  Means Plant / Duncan E = Leaf(Plant);
Run;
```

程序简要说明：

Data 定义数据集 plants，Input 定义三个变量 Plant，Peaf 和 Weight；Sort 为排序过程，按 Plant 和 Leaf 顺序对数据集 plants 进行排序；Nested 为嵌套设计的方差分析过程，Class 指定因子 Plant 和 Leaf，Var 指定分析的变量 Weight；GLM 为一般线性模型过程，在此用于嵌套设计的方差分析，Model 指定方差分析的模型为"试验指标＝各项效应"的形式，其中 Leaf (Plant)为 Leaf 嵌套在 Plant 之下的效应，Test 指定以 E＝Leaf(Plant)为误差项检验 H＝Plant 的效应，Means 为均值比较，采用 Duncan 法以 E=1 Leaf(Plant)为误差项对 Plant 进行均值比较。

Nested 过程的主要分析结果：

NESTED 过程

变量"Weight"的嵌套随机效应方差分析

方差源	自由度	平方和	F 值	Pr>F	误差项	均方	方差分量	占合计百分比
合计	11	442.2225				40.2020	54.1233	100.00
Plant	2	414.5150	22.73	0.0154	leaf	207.2575	49.5350	91.522
Leaf	3	27.3525	154.10	<.0001	误差	9.1175	4.5292	8.368
误差	6	0.3550				0.0592	0.0592	0.109

GLM 过程的主要分析结果：

GLM 过程

因变量:Weight

源	自由度	平方和	均方	F 值	Pr>F
模型	5	441.867500	88.3735	1493.64	<.0001
误差	6	0.3550000	0.05917		
校正合计	11	442.222500			

源	自由度	III 型平方和	均方	F 值	Pr>F
Plant	2	414.5150	207.2575	3502.94	<.0001
Leaf(Plant)	3	27.3525	9.1175	154.10	<.0001

使用 III 型 MS 作为 leaf(plant)的误差项的假设检验

源	自由度	III 型平方和	均方	F 值	Pr>F
Plant	2	414.5150	207.2575	22.73	0.0154

从方差分析表看出，植物品种间存在显著差异（*Plant*，$df=2$，$F=22.73$，$P=0.015<0.05$），嵌套在植株下的叶片间存在极显著差异[*Leaf*（*Plant*），$df=3$，$F=154.10$，$P<0.000\,1$]。但此处更关注上级因子植物品种（*Plant*）间的差异，故对其进行均值比较。

Duncan's Multiple Range Test for Weight

Alpha	0.05
Error Degrees of Freedom	3
Error Mean Square	9.1175

Number of Means	2	3
Critical Range	6.795	6.817

Duncan 分组	均值	N	Plant
A	25.850	4	C
B	14.550	4	B
B	12.475	4	A

通过植物品种（*Plant*）间的 Dancun 法均值比较，得到品种 C 的可溶性蛋白质显著高于品种 A 和 B，品种 A 和 B 之间的可溶性蛋白质不存在显著差异。

2.三因子的嵌套设计

对于二级嵌套的试验设计，以 A 表示一级因子，有 a 个水平，B 表示二级因子，有 b 个水平，C 表示二级因子，有 c 个水平，整个试验重复 r 次，则它的统计分析模型为：

$$y_{ijlk}=\mu+\alpha_i+\beta_{j(i)}+\gamma_{l(j)}+\varepsilon_{ijlk}(i=1,2,\cdots,a;j=1,2,\cdots,b;l=1,2,\cdots,c;k=1,2,\cdots,r)$$

式中，y_{ijlk} 为试验指标观测值，μ 为总平均值，α_i 因子 A 的效应，$\beta_{j(i)}$ 因子 B 效应，且因子 B 效应嵌套在因子 A 的效应之下，$\gamma_{l(j)}$ 因子 C 效应，且因子 C 效应嵌套在因子 B 的效应之下，ε_{ijk} 随机误差。其方差分析表如表 3.38 所示。

表 3.38　三级嵌套的方差分析表

变异来源	自由度(df)	平方和(SS)	均方(MS)	F 统计量	显著性
A	$a-1$	SS_A	MS_A	$MS_A/MS_{B(A)}$	
$B(A)$	$a(b-1)$	$SS_{B(A)}$	$MS_{B(A)}$	$MS_{B(A)}/MS_{C(B)}$	
$C(B)$	$ab(c-1)$	$SS_{C(B)}$	$MS_{C(B)}$	$M_{C(B)}/MS_E$	
误差(E)	$abc(r-1)$	SS_E	MS_E		
总和	$abcr-1$	SS_T			

例 3.13 小白鼠抗菌药效试验为三级嵌套设计，数据如表 3.34 所示(经整理数据)。使用 SAS 程序进行方差分析的程序：

```
*SA3.11;
Data mice;
  Input Drug $ Generation $ Sex $ rep Y @@;
Cards;
D1  G1  M  1  28
D1  G1  F  1  33
D1  G2  M  1  15
D1  G2  F  1  26
D1  G3  M  1  26
D1  G3  F  1  18
D2  G1  M  1  56
D2  G1  F  1  62
D2  G2  M  1  48
D2  G2  F  1  66
D2  G3  M  1  70
D2  G3  F  1  49
D1  G1  M  2  23
D1  G1  F  2  27
D1  G2  M  2  11
D1  G2  F  2  22
D1  G3  M  2  20
D1  G3  F  2  11
D2  G1  M  2  51
D2  G1  F  2  60
D2  G2  M  2  44
D2  G2  F  2  61
D2  G3  M  2  65
D2  G3  F  2  55
;
Proc Sort data = mice;
```

```
    By Drug Generation Sex;
  Run;
  Proc Nested data = mice;
    Class Drug Generation Sex;
    Var Y;
  Run;
  或
  Proc GLM data = mice;
    Class  Drug Generation Sex;
    Model  Y = Drug Generation(Drug) Sex(Drug Generation);
    Test  H = Drug  E = Generation(Drug);
    Test  H = Generation(Drug)  E = Sex(Drug Generation);
    Means Drug / Duncan E = Generation(Drug);
    * LSMeans Sex(Drug Generation)/ pdiff;
  Run;
```

程序简要说明参考 * SA3.10。

Nested 过程的主要分析结果：

NESTED 过程

变量"Y"的嵌套随机效应方差分析

方差源	自由度	平方和	F 值	Pr>F	误差项	均方	方差分量	百分比
合计	23	8839.958				384.35	701.88	100.00
Drug	1	7597.042	111.65	0.0005	Generation	7597.04	627.42	89.39
Generation	4	272.167	0.50	0.7382	Sex	68.04	-17.00	0.00
Sex	6	816.250	10.57	0.0003	误差	136.04	61.58	8.77
误差	12	154.500				12.88	12.88	1.83

GLM 过程的主要分析结果：

GLM 过程

因变量:Y

源	自由度	平方和	均方	F 值	Pr>F
模型	11	8685.4583	789.5871	61.33	<.0001
误差	12	154.5000	12.8750		
校正合计	23	8839.9583			

源	自由度	型平方和	均方	F 值	Pr>F
Drug	1	7597.042	7597.0417	111.65	0.0005
Generation(Drug)	4	272.167	68.04167	0.50	0.7382
Sex(Drug * Generation)	6	816.250	136.0417	10.57	0.0003

从方差分析表看出，药物两水平间存在极显著差异($Drug, df=1, F=111.65, P=0.000\,5<0.01$)，小白鼠代次间没有显著差异[$Generation(Drug), df=4, F=0.50, P=0.738>0.05$]，小白鼠的性别间存在极显著差异[$Sex(Generation), df=6, F=10.57, P=0.000\,3<0.01$]。但这里更关注的是上级因子药物($Drug$)间的差异，故对其进行均值比较。

```
Duncan's Multiple Range Test for Y
Alpha                          0.05
Error Degrees of Freedom       4
Error Mean Square              68.0417
Number of Means                2
Critical Range                 9.350
```

Duncan 分组	均值	N	Drug
A	57.250	12	D2
B	21.667	12	D1

通过药物(*Drug*)间的 Dancun 法均值比较,得到用药 D2(57.250)要显著好于对照 D1(21.667)。

3.7.4 嵌套设计的注意事项

嵌套设计中需要注意:

①在试验中应该注意甄别,有的试验是自然形成的嵌套设计,不能简单作为重复处理。如每处理重复若干盆(箱、笼),每盆(箱、笼)重复若干株(只)等。

②在嵌套设计中,两个因子之间不能自由交错地组成各种处理组合,因而不能考察因子之间的交互作用。所以,凡是交互作用比较重要的试验,都不宜使用这种设计。

第 4 章 Plackett-Burman 设计

4.1 Plackett-Burman 设计概述

某些试验中，可能有许多与试验指标有关的因子，甚至达到十几个或更多，而它们的重要性却各不相同，同时研究众多因子会使试验规模过于庞大，浪费不必要的试验资源，甚至无法安排众多的试验处理。所以，在试验的初始阶段往往需要进行因子的筛选试验，从众多潜在的因子中筛选出少数对试验指标有重要影响的因子，再进行下一步的深入研究。

1946 年，Plackett（英国）和 Burman（英国）在英国"供应部"工作期间提出一种二水平部分析因设计，主要是针对因子数较多时，从中快速地筛选出少数重要因子的试验设计方法，这种试验设计方法以两人的名字组合命名，称为 Plackett-Burman 设计，简称 PB 设计。

Plackett-Burman 设计是二水平的部分试验设计，只能分析主效应，不能分析交互效应，通过对每个因子的两个水平之间的差异显著性分析来确定因子是否为重要因子，从而达到因子筛选的目的。

通常用参数 N 来定义 Plackett-Burman 设计，即参数为 N 的 Plackett-Burman 设计。N 表示设计矩阵的行数，也是后续安排试验的试验次数。N 次试验理论上至多可研究 $N-1$ 个因子，但实际使用时，安排的因子数一般不多于 $N-4$ 个。

Plackett-Burman 设计中每个因子取高水平（+）和低水平（−）两个水平，通常低水平为原始条件，高水平取低水平的 1.25～1.5 倍，一般不超过 2 倍，或依据实际条件做预实验来确定。

需要注意的是，因子的水平高低差值不应过大，如果一个因子高低水平的差值过大，有可能会产生较大的主效应，进而掩盖其他因子的重要性。反之，因子的高低水平差值也不应过小，小到不能体现出高低水平间的差异，同样会遗漏掉一些重要的因子。

因为 Plackett-Burman 设计的试验因子很多，试验次数相对较少，所以不能考察因子间的交互作用，结果可能会遗漏某些存在显著交互作用的因子。

4.2 Plackett-Burman 设计的实现

Plackett-Burman 试验设计按规则生成，排列可能具有不唯一性，其试验次数 N 的取值必为 4 的倍数，但 N 为 2 的整数次幂的时候除外，如 8，16，32 和 64 等。常用的试验次数 N 有：$N=12,20,24,28,36,40,44,48$ 等。

Plackett-Burman 试验设计为每个因子均为两水平的设计矩阵，该矩阵有 N 行、$N-1$ 列。设计矩阵具有不唯一性，但都遵循一定的原则，其中除了一个都是低水平(－)的行以外，其他 $N-1$ 行都满足如下规则：

①每行高水平(＋)的数目为 $N/2$ 个。

②每行低水平(－)的数目为 $N/2-1$ 个。

③每列包含的高水平和低水平数相等，各为 $N/2$ 个。

表 4.1 为一个 $N=12$ 的 Plackett-Burman 设计示例，表中高水平用 1 表示，低水平用 －1 表示。

表 4.1 $N=12$ 的 Plackett-Burman 设计示例

N	$X1$	$X2$	$X3$	$X4$	$X5$	$X6$	$X7$	$X8$	$X9$	$X10$	$X11$
1	1	−1	1	−1	−1	−1	1	1	1	−1	1
2	1	1	−1	1	−1	−1	−1	1	1	1	−1
3	−1	1	1	−1	1	−1	−1	−1	1	1	1
4	1	−1	1	1	−1	1	−1	−1	−1	1	1
5	1	1	−1	1	1	−1	1	−1	−1	−1	1
6	1	1	1	−1	1	1	−1	1	−1	−1	−1
7	−1	1	1	1	−1	1	1	−1	1	−1	−1
8	−1	−1	1	1	1	−1	1	1	−1	1	−1
9	−1	−1	−1	1	1	1	−1	1	1	−1	1
10	1	−1	−1	−1	1	1	1	−1	1	1	−1
11	−1	1	−1	−1	−1	1	1	1	−1	1	1
12	−1	−1	−1	−1	−1	−1	−1	−1	−1	−1	−1

Plackett-Burman 试验设计矩阵可以手工构造，也可以由统计或试验设计软件生成，但均需遵循上述原则。

Plackett-Burman 设计矩阵的所有列都处于同等的地位，任何一个因子都可以随机地安排到任意一列上，没有安排任何因子的列称为空白列。一般设计矩阵应保留三个及以上的空白列，用以估计试验误差。后续安排试验时，对 N 次试验应该随机确定试验顺序。

4.2.1 手工构造 Plackett-Burman 设计

手工构造 Plackett-Burman 设计需要按照基本行进行变换得到，表 4.2 列出了一些常见的 Plackett-Burman 设计的基本行。因为 Plackett-Burman 设计具有不唯一性，所以有的设计列出了两个基本行，使用任何一个作为基本行均能生成 Plackett-Burman 设计矩阵。

表 4.2 常见 Plackett-Burman 设计的基本行

N	基本行排列方法
12	+ + − + + + − − − + −
	+ − + − − − + + + − +
20	+ + − − + + + + − + − + − − − − + + −
	+ − + + − − − − + − + − + + + + − − +
24	+ + + + + − + − + + − − + + − − + − + − − − −
	+ − − − − + − + − − + + − − + + − + − + + + +
36	− + − + + + − − − + + + + + − + + + − − + − − − − + − + − + + − − + −

根据因子数选定 $N \geqslant$ 因子数+4 的 Plackett-Burman 设计，再根据 N 值从表 4.2 中任选一个基本行作为 Plackett-Burman 设计矩阵的第一行。

从第二行开始，将上一行复制下来，整体向后移动一位，将最后多出的一位移动到本行的第一位。按照相同的方法生成到第 $N-1$ 行。

最后一行，也就是第 N 行，全部安排为低水平(−)。

这样即完成了参数为 N 的 Plackett-Burman 设计。例如，表 4.1 的 $N=12$ 的 Plackett-Burman 设计可以由表 4.2 的 $N=12$ 的第二行作基本行(+ − + − − − + + + − +)生成。

4.2.2 软件生成 Plackett-Burman 设计

【例 4.1】 在某微生物培养条件优化应用试验中，初步考虑影响微生物有用代谢产物(Y)的因素有 8 个，即发酵温度(A,℃)、培养基起始 pH(B)、摇瓶转速(D,r/min)、豆饼粉质量百分数(E,%)、玉米浆质量百分数(G,%)、可溶性淀粉质量百分数(H,%)、K_2HPO_4质量百分数(J,%)、$NaNO_3$质量百分数(K,%)，因子水平及其编码如表 4.3 所示。试筛选出几个重要因子，进行下一步的研究。

表 4.3 因子水平及其编码表

水平	A	B	D	E	G	H	J	K
−1	25	6.0	120	2	5	3	0.2	0.3
1	30	6.5	160	4	7	5	0.3	0.5

使用 SAS 程序实现 Plackett-Burman 设计：

```
* SD4.1;
* 本试验为 8 因子的 Plackett-Burman 设计;
%adxgen;
%adxff;
%adxinit;
%adxpbd(pb,8);
Proc Print data = pb;
```

```
Run;
```

程序简要说明：

%引导 SAS 的宏语句，是 SAS 编制好的内置命令集合，直接调用即可运行；%adxpbd( )为进行 Plackett-Burman 设计的宏函数，参数 pb 是 Plackett-Burman 设计的数据集名，参数 8 指定试验因子数 Factor=8，因子的前缀名默认为 t，Print 为输出过程，输出设计结果 pb。

试验因子数确定时应注意，因子数取 8～11，16～27，32～47 时为 Plackett-Burman 设计表，其中因子数取 11，19，23，27，35，39，43，47 时为完整的 Plackett-Burman 设计表，因子数取 2～7，12～15，28～31 时为两水平正交设计表，因子数取 7，15，31 时为两水平完整正交设计表。

程序运行结果如表 4.4 所示：

表 4.4 N=12 的 Plackett-Burman 设计表

Obs	*t*1	*t*2	*t*3	*t*4	*t*5	*t*6	*t*7	*t*8
1	1	−1	1	−1	−1	−1	1	1
2	1	1	−1	1	−1	−1	−1	1
3	−1	1	1	−1	1	−1	−1	−1
4	1	−1	1	1	−1	1	−1	−1
5	1	1	−1	1	1	−1	1	−1
6	1	1	1	−1	1	1	−1	1
7	−1	1	1	1	−1	1	1	−1
8	−1	−1	1	1	1	−1	1	1
9	−1	−1	−1	1	1	1	−1	1
10	1	−1	−1	−1	1	1	1	−1
11	−1	1	−1	−1	−1	1	1	1
12	−1	−1	−1	−1	−1	−1	−1	−1

将 Plackett-Burman 设计表 4.4 中的列名 $t1$～$t8$ 更改为示例中因子名，试验实施时 12 次试验应该随机安排。

4.3 Plackett-Burman 设计的统计分析

参数为 N 的 Plackett-Burman 设计中，每个因子高低水平分别出现 $N/2$ 次，可以计算这个因子的效应，当某个因子处于高(低)水平时，其余因子均各出现高低水平 $N/4$ 次，所以，其他因子的效应将正负抵消而消除，这样可以只考察这个因子的效应，所有空白列的效应用以估计试验误差。

对 Plackett-Burman 设计的试验数据可以进行多元线性回归分析或方差分析，一般选择可信度大于 90%(不低于 85%)或者显著水平达到 0.1(不超过 0.15)的因子作为重要因子，显著水平最多也可以放宽到 0.2。

假设影响试验指标(y)的变量有 p 个,分别记为 $x_1, x_2, \cdots, x_p$,则其多元线性回归分析模型为:

$$y_i = \beta_0 + \beta_1 x_{1i} + \beta_2 x_{2i} + \cdots + \beta_p x_{pi} + \varepsilon_i, \quad i = 1, 2, \cdots, n$$

式中,y_i 为试验指标,$\beta_0, \beta_1, \beta_2, \cdots, \beta_p$ 为回归参数,$\varepsilon_i \sim N(0, \sigma^2)$ 为随机误差。

如果采用方差分析,则其模型为:

$$y_{ij} = \mu + x_{1j} + x_{2j} + \cdots + x_{pj} + \varepsilon_{ij}, \quad i = 1, 2, \cdots, n; \quad j = 1, 2$$

式中,y_{ij} 为试验指标观测值,μ 为总平均值,x_{1j} 为因子 x_1 的效应,x_{2j} 为因子 x_2 的效应,x_{pj} 为因子 x_p 的效应,$\varepsilon_{ij} \sim N(0, \sigma^2)$ 为随机误差。

例 4.1 的微生物培养试验,选用试验次数 $N=12$ 的试验设计,对 8 个因子进行考察,因子 A、B、D、E、G、H、J 和 K 分别安排于设计表中的 1~8 列,Y 为试验指标。每个因子"-1"取低水平,"1"取高水平。12 次试验随机安排,具体如表 4.5 所示。

表 4.5 Plackett-Burman 设计的微生物培养试验设计方案 g

N	A	B	D	E	G	H	J	K	Y
1	−1	1	−1	1	−1	−1	1	1	73.1
2	1	−1	1	−1	−1	−1	1	1	72.5
3	−1	−1	1	1	1	1	1	−1	80.3
4	1	1	−1	1	−1	1	−1	−1	69.6
5	1	1	1	−1	−1	1	1	−1	69.9
6	−1	1	1	−1	1	−1	−1	−1	73.4
7	−1	−1	−1	−1	−1	−1	−1	−1	65.7
8	−1	−1	1	1	−1	1	−1	1	73.7
9	1	−1	−1	−1	1	1	−1	1	75.1
10	−1	1	−1	−1	1	1	1	1	79.6
11	1	1	1	1	1	−1	−1	1	75.1
12	1	−1	−1	1	1	−1	1	−1	79.4

例 4.1Plackett-Burman 设计试验数据如表 4.5 所示。使用 SAS 程序实现统计分析:

```
*SA4.1;
Data PB;
  Input A B D E G H J K  Y;
Cards;
-1   1  -1   1  -1  -1   1   1  73.1
 1  -1   1  -1  -1  -1   1   1  72.5
-1  -1   1   1   1   1   1  -1  80.3
 1   1  -1   1  -1   1  -1  -1  69.6
 1   1   1  -1  -1   1   1  -1  69.9
```

```
-1    1    1   -1    1   -1   -1   -1  73.4
-1   -1   -1   -1   -1   -1   -1   -1  65.7
-1   -1    1    1   -1    1   -1    1  73.7
 1   -1   -1   -1    1    1   -1    1  75.1
-1    1   -1   -1    1    1    1    1  79.6
 1    1    1    1    1   -1   -1    1  75.1
 1   -1   -1    1    1   -1    1   -1  79.4
  ;
  Proc Reg data = PB;
    Model Y = A B D E G H J K;
  Run;
  * 或;
  Proc GLM data = PB;
    Class A B D E G H J K;
    Model Y = A B D E G H J K;
  Run;
```

程序简要说明：

Data 定义数据集 PB，Input 定义变量 A、B、D、E、G、H、J、K 和 Y；Reg 为线性回归过程，Model 指定回归分析的模型为“试验指标＝各项因子”的形式；GLM 为一般线性模型过程，在此用于方差分析，Class 指定试验因子，Model 指定方差分析的模型为“试验指标＝各项效应”的形式。

回归分析 Reg 过程主要运行结果：

REG 过程

因变量：Y

方差分析

源	自由度	平方和	均方	F 值	Pr>F
模型	8	204.120	25.515	10.86	0.0377
误差	3	7.050	2.350		
校正合计	11	211.170			

均方根误差	1.53297	R 方	0.9666
因变量均值	73.95000	调整 R 方	0.8776
变异系数	2.07298		

参数估计

变量	自由度	参数估计	标准误差	t 值	Pr>|t|
Intercept	1	73.95000	0.44253	167.11	<.0001
A	1	−0.35000	0.44253	−0.79	0.4868
B	1	−0.50000	0.44253	−1.13	0.3407
D	1	0.20000	0.44253	0.45	0.6820
E	1	1.25000	0.44253	2.82	0.0665
G	1	3.20000	0.44253	7.23	0.0055
H	1	0.75000	0.44253	1.69	0.1887
J	1	1.85000	0.44253	4.18	0.0249
K	1	0.90000	0.44253	2.03	0.1349

分析结果表明，豆饼粉质量百分数（E，$t=2.82$，$P=0.067<0.1$）、玉米浆质量百分数（G，$t=7.23$，$P=0.0055<0.01$）、K_2HPO_4 质量百分数（J，$t=4.18$，$P=0.025<0.05$）三个因子均在 0.1 的显著水平下是显著的。

方差分析 GLM 过程主要运行结果：

GLM 过程

因变量：Y

源	自由度	平方和	均方	F 值	Pr>F
模型	8	204.1200000	25.5150000	10.86	0.0377
误差	3	7.0500000	2.3500000		
校正合计	11	211.1700000			

源	自由度	III 型平方和	均方	F 值	Pr>F
A	1	1.4700000	1.4700000	0.63	0.4868
B	1	3.0000000	3.0000000	1.28	0.3407
D	1	0.4800000	0.4800000	0.20	0.6820
E	1	18.7500000	18.7500000	7.98	0.0665
G	1	122.8800000	122.8800000	52.29	0.0055
H	1	6.7500000	6.7500000	2.87	0.1887
J	1	41.0700000	41.0700000	17.48	0.0249
K	1	9.7200000	9.7200000	4.14	0.1349

分析结果表明，豆饼粉质量百分数（E，$df=1$，$F=7.98$，$P=0.067<0.1$）、玉米浆质量百分数（G，$df=1$，$F=52.29$，$P=0.0055<0.01$）、K_2HPO_4 质量百分数（J，$df=1$，$F=17.48$，$P=0.025<0.05$）三个因子均在 0.1 的显著水平下是显著的，和回归分析结论相同。因此，可以筛选出这三个因子进行更进一步的深入研究。

第 5 章　区组设计

5.1　随机区组设计

5.1.1　随机区组设计概述

随机区组设计(RBD,Randomized Block Design)全称为随机完全区组设计(RCBD,Randomized Complete Block Design),也称随机单位组设计,是由于试验条件的不均匀性,根据局部控制和随机排列的原则,将试验条件划分成若干个区组,在区组内随机安排各个处理的试验设计方法。

划分区组的原则是使区组内试验条件尽可能相同或相近,而区组之间可以存在较大差异。区组的容量能安排所有的处理(组合),所以称其为随机完全区组设计,简称随机区组设计。一个完全区组就可以看作一次重复,安排几个区组就相当于安排了几次重复。如果区组的容量不够大,安排不下所有的处理(组合),则称其为不完全区组设计,一个不完全区组就不能看作一次重复,后续会有专门的章节介绍不完全区组设计。

随机区组设计最早起源于农业试验,由试验设计的创始人 Fisher 提出并使用,同时也将区组控制作为试验设计的三大原则之一。随机区组设计是一种相对简单而实用的试验设计方法,也是一般的科学试验中常用的方法,除了农学、生物学研究,目前其他各行各业、各个专业领域都在使用随机区组设计方法。

在科学试验中,相同的试验条件通常难以达到,但根据试验条件的不均匀性,可以人为地把时间、空间、试验材料和试验设备等试验条件划分成若干个区组,使区组内的试验条件相同或相近,而区组之间的试验条件允许存在较大的差异。区组也会影响试验指标,但并不是真正要研究的因素,通常称其为非试验因素。但是,划分区组能够从试验误差中分离出因试验条件的不均匀性引起的变异,进而减少试验误差,提高试验精度,保证分析结果的正确性。

在农学试验中,可以根据试验场地地势高低、作物长势、含水量,乃至土地肥力的差异等,划分成若干区组,使区组内地势等高、作物长势、含水量和土地肥力接近,而区组之间可以存在差异。不同的温室、网室和培养箱等也可以划分成区组。

【例 5.1】 比较 4 个大豆品种(*Soybean*:A、B、C、D)的产量试验,安排 5 次重复,由于土地肥力在左右方向不一致,可以按左右方向将土地分为 5 个区组,每个区组内划分 4 个小区并随机安排 4 个大豆品种。这就是单因子、4 处理、5 区组的随机区组设计,如图 5.1 所示。

区组1	区组2	区组3	区组4	区组5
B	A	D	B	C
D	C	A	C	B
A	D	B	D	A
C	B	C	A	D

图 5.1　大豆产量试验的随机区组设计

在畜牧兽医学试验中，将同窝别、同性别、体重基本相同的动物划分到一个区组，不同窝别、不同性别、不同体重的动物应该划分到不同的区组。根据实际情况，不同试验场、畜舍、池塘等也可以划分成区组。

【例 5.2】 为了比较 5 种不同添加剂配成的饲料(*Fodder*:A1、A2、A3、A4、A5)对仔猪的增重效果，从 4 头母猪所产的仔猪中，每窝选出同性别、体重相近的仔猪各 5 头，每窝形成一个区组，共 4 个区组，20 头仔猪，每一区组内的 5 头仔猪随机饲喂 5 种不同的饲料。这就是单因子、5 处理、4 区组的随机区组设计(明道绪，2002)。

随机区组设计的区组中，既可以安排单因子试验的不同处理，也可以安排复因子试验的处理组合。即随机区组设计可以进行单因子试验，也可以进行复因子试验。

【例 5.3】 某试验考察橡胶树两个品种(*A*:A1，A2)在三种种植密度(*B*:B1 ∶ 3 m×6 m，B2 ∶ 3.5 m×6 m，B3 ∶ 4 m×6 m)下的橡胶产量，每个试验小区的面积为 1 亩，采用随机区组设计，重复 4 次。试验安排如图 5.2 所示(韩汉鹏，2006)。

区组1	A1B1	A2B2	A2B3	A1B3	A1B2	A2B1
区组2	A2B3	A1B2	A1B3	A2B1	A2B2	A1B1
区组3	A1B3	A2B1	A1B2	A2B2	A1B1	A2B3
区组4	A2B1	A1B2	A2B2	A2B3	A1B1	A1B3

图 5.2　随机区组设计的橡胶产量试验排列方式

在随机区组设计中需要注意以下问题：

①随机区组设计的试验设置的区组数，也就是重复数的设置应该适当，一般试验设计的区组数建议 3～5 个为宜，也可以根据误差项自由度不低于 10 的原则估算区组数。

②区组容量的设置应该适当，区组容量太大时将很难保证区组内的一致性，则区组控制失败，所以区组的容量一般建议不超过 15 个，只有试验条件比较均匀，才可以根据实际情况酌情增加。

5.1.2　随机区组设计的实现

随机区组设计按照试验条件的不均匀性划分区组，使区组内试验条件相同或相近，但区组的试验编号以及区组内各处理的排列方式应该按照随机原则安排。下面分别介绍单因子的随机区组设计和两因子的随机区组设计，三因子以上的随机区组设计可以参照两因子试验进行设计。

1.单因子的随机区组设计

【例 5.2】 仔猪饲料(*Fodder*:A1、A2、A3、A4、A5)的增重效果试验,4 头母猪所产的仔猪形成 4 个区组,每窝安排相近的仔猪各 5 头随机饲喂 5 种不同的饲料。此为单因子、5 处理、4 区组的随机区组设计,使用 SAS 程序设计如下:

```
* SD5.2;
Proc Plan;
  Factors Block = 4 Fodder = 5 /noprint;
  Output out = block
    Fodder cvals = ('A' 'D' 'C' 'D' 'E');
Run;
Proc Print data = block;
Run;
```

程序简要说明:

Plan 为试验设计过程,Factors 定义因子及其水平数,Output 输出试验设计结果,cvals 定义因子 Fodder 的值为字符型,Print 为输出过程,输出区组设计数据集 block。

程序运行结果如表 5.1 所示:

表 5.1　单因子随机区组设计

No.	*Block*	*Fodder*
1	3	A2
2	3	A1
3	3	A5
4	3	A4
5	3	A3
6	2	A3
7	2	A2
8	2	A4
9	2	A1
10	2	A5
11	4	A2
12	4	A5
13	4	A4
14	4	A3
15	4	A1
16	1	A5

续表5.1

No.	*Block*	*Fodder*
17	1	A2
18	1	A3
19	1	A1
20	1	A4

2.复因子的随机区组设计

【例 5.3】 考察橡胶树两个品种(*A*:A1、A2)在三种种植密度(*B*:B1、B2、B3)下的橡胶产量试验,安排 4 个随机区组。此为两因子、4 区组的随机区组设计,使用 SAS 程序设计如下:

```
* SD5.3;
Proc Factex;
  Factors Block / nlev = 4;
  Output out = block randomize Block nvals = (1 2 3 4);
Run;
Factors A B/ nlev = 3;
  Output out = RCBD Designrep = block randomize
  A Cvals = ('A1' 'A2' 'A3')
  B Cvals = ('B1' 'B2' 'B3');
Run;
Data RBD;
  Set RCBD;
  If A in ('A1' 'A2');
Run;
Proc Print data = RBD;
Run;
```

程序简要说明:

Factex 为析因设计过程,Factors 定义区组变量 Block 及其水平数 nlev=4,Output 定义输出数据集,randomize 定义设计过程随机化,nvals 定义区组 Block 为数值型水平,Factors A B/ nlev=3 同时定义因子 A 和 B 均为 3 水平,因不能分别因子定义水平数,此处按较大的水平数 3 定义,Designrep 指定设计的重复;Set 定义源数据集 RCBD,If A in ('A1' 'A2')只保留因子 A 的两个实际水平值;Print 为输出过程,输出设计数据集 RBD。

程序运行结果如表 5.2 所示:

表 5.2 两因子随机区组设计

No.	*Block*	*A*	*B*
1	2	A2	B1
2	2	A1	B3

续表5.2

No.	*Block*	*A*	*B*
3	2	A1	B2
4	2	A2	B2
5	2	A1	B1
6	2	A2	B3
7	3	A2	B3
8	3	A1	B1
9	3	A1	B2
10	3	A2	B2
11	3	A2	B1
12	3	A1	B3
13	4	A1	B1
14	4	A2	B1
15	4	A2	B2
16	4	A1	B2
17	4	A2	B3
18	4	A1	B3
19	1	A2	B2
20	1	A1	B1
21	1	A2	B1
22	1	A1	B3
23	1	A1	B2
24	1	A2	B3

5.1.3　随机区组设计的统计分析

随机区组设计的试验的统计分析需使用方差分析，变异来源有区组、各个因子、因子间的交互作用。区组仅是因为试验条件的不均匀性等限制而划分的，一般不需要考虑区组和因子的交互作用，如果是单因子的试验则不须考虑任何交互作用。下面分别介绍单因子随机区组设计的方差分析和两因子随机区组设计的方差分析，三因子以上的随机区组设计的方差分析可以参照两因子的方差分析。

1.单因子随机区组设计的统计分析

单因子随机区组设计的统计分析，假设因子 A 有 a 个水平，设置 r 个区组 $Block$，则其统计分析模型为：

$$y_{ij}=\mu+\gamma_j+\alpha_i+\varepsilon_{ij}, \quad i=1,2,\cdots,a;j=1,2,\cdots,r$$

式中，y_{ij} 为试验指标的观测值，μ 为总平均值，γ_j 为第 j 个区组 *Block* 的效应，α_i 为因子 A 第 i 个水平的效应，ε_{ij} 为随机误差，服从 $N(0,\sigma^2)$。其方差分析如表 5.3 所示。

表 5.3 单因子随机区组设计的方差分析表

变异来源	自由度(df)	平方和(SS)	均方(MS)	F 统计量	显著性
Block	$r-1$	SS_R	MS_R	MS_R/MS_E	
A	$a-1$	SS_A	MS_A	MS_A/MS_E	
误差(E)	$(r-1)(a-1)$	SS_E	MS_E		
总和	$ar-1$	SS_T			

例 5.2 中的仔猪饲料(*Fodder*:A1、A2、A3、A4、A5)的增重效果试验，为单因子、5 处理、4 区组的随机区组设计，试验数据经整理如表 5.4 所示。

表 5.4 单因子随机区组设计的仔猪增重试验数据 g/天

Fodder	*Block*			
	Block1	Block2	Block3	Block4
A1	205	168	222	230
A2	230	198	242	255
A3	252	248	305	260
A4	200	158	183	196
A5	265	275	315	282

使用 SAS 程序进行方差分析的程序：

```
*SA5.2;
Data pig;
  Input Block Fodder $  Weight @@;
Cards;
1   A1  205  2   A1  168  3   A1  222  4   A1  230
1   A2  230  2   A2  198  3   A2  242  4   A2  255
1   A3  252  2   A3  248  3   A3  305  4   A3  260
1   A4  200  2   A4  158  3   A4  183  4   A4  196
1   A5  265  2   A5  275  3   A5  315  4   A5  282
;
Proc GLM data = pig;
  Class Block Fodder;
  Model Weight = Block Fodder;
  Means Fodder/duncan;
Run;
```

程序简要说明：

Data 定义数据集 pig，Input 定义三个变量 Block，Fodder 和 Weight；GLM 为一般线性模型过程，在此用于方差分析，Class 指定因子 Block 和 Fodder，Model 指定方差分析的模型为“试验指标＝各项效应”的形式，Means 为均值比较，采用 Duncan 法对 Fodder 进行均值比较。

程序主要运行结果：

GLM 过程

因变量：Weight

源	自由度	平方和	均方	F 值	Pr＞F
模型	7	32797.35000	4685.33571	18.17	＜.0001
误差	12	3093.60000	257.80000		
校正合计	19	35890.95000			

R 方	变异系数	均方根误差	Weight 均值
0.913806	6.848433	16.05615	234.4500

源	自由度	III 型平方和	均方	F 值	Pr＞F
Block	3	5530.15000	1843.38333	7.15	0.0052
Fodder	4	27267.20000	6816.80000	26.44	＜.0001

Duncan's Multiple Range Test for Weight

Alpha	0.05
Error Degrees of Freedom	12
Error Mean Square	257.8

Number of Means	2	3	4	5
Critical Range	24.74	25.89	26.59	27.06

Duncan 分组	均值	N	Fodder
A	284.25	4	A5
A	266.25	4	A3
B	231.25	4	A2
C	206.25	4	A1
C	184.25	4	A4

通过区组设计的方差分析，其中区组效应达极显著（$Block$，$df=3$，$F=7.15$，$P=0.005<0.01$），说明仔猪窝别之间存在极显著差异，将窝别的变异从试验误差中分离出来达到了区组控制的目的，因为窝别之间的差异客观存在，不是考察的主要目的，所以一般不做均值比较。饲料效应达极显著（$Fodder$，$df=4$，$F=26.44$，$P<0.0001$），即不同饲料之间存在极显著差异，需对其进行均值比较。

对饲料效应进行 Duncan 法均值比较，在 0.05 显著水平下，说明饲料 A5 和 A3 对仔猪的增重效果显著高于饲料 A2、A1 和 A4；饲料 A2 对仔猪的增重效果显著高于饲料 A1 和 A4；饲料 A5 和 A3 之间增重效果无显著差异；饲料 A1 和 A4 之间增重效果无显著差异。优先考虑增重效果最好的饲料 A5 和 A3。

2.两因子随机区组设计的分析

两因子随机区组设计的统计分析，假设因子 A 有 a 个水平，因子 B 有 b 个水平，设置 r 个

区组 *Block*，则其统计分析模型为：

$$y_{ijk}=\mu+\gamma_k+\alpha_i+\beta_j+\alpha\beta_{ij}+\varepsilon_{ijk},\quad i=1,2,\cdots,a;j=1,2,\cdots,b;k=1,2,\cdots,r$$

式中，y_{ijk} 为试验指标观测值，μ 为总平均值，γ_k 为第 k 个区组 *Block* 的效应，α_i 为因子 A 的第 i 个水平效应，β_j 为因子 B 的第 j 个水平效应，$\alpha\beta_{ij}$ 为因子 A 和 B 的交互效应，ε_{ijk} 为随机误差，服从 $N(0,\sigma^2)$。其方差分析如表 5.5 所示。

表 5.5 两因子随机区组设计的方差分析表

变异来源	自由度(df)	平方和(SS)	均方(MS)	F 统计量	显著性
Block	$r-1$	SS_R	MS_R	MS_R/MS_E	
A	$a-1$	SS_A	MS_A	MS_A/MS_E	
B	$b-1$	SS_B	MS_B	MS_B/MS_E	
$A\times B$	$(a-1)(b-1)$	SS_{AB}	MS_{AB}	MS_{AB}/MS_E	
误差(E)	$(r-1)(ab-1)$	SS_E	MS_E		
总和	$abr-1$	SS_T			

例 5.3 考察橡胶树不同品种(A)和不同种植密度(B)影响橡胶产量的试验，为两因子、4 区组的随机区组设计，试验数据经整理如表 5.6 所示。

表 5.6 两因子随机区组设计的橡胶树产量试验数据 kg

Block	*A*1			*A*2		
	B1	B2	B3	B1	B2	B3
1	56	60	66	65	60	53
2	45	50	57	61	58	53
3	43	45	50	60	56	48
4	46	48	50	63	60	55

使用 SAS 程序进行方差分析的程序：

```
*SA5.3;
Data rubber;
  Input Block  A$   B$   Weight @@;
Cards;
1    A1  B1  56  2    A1  B1  45  3    A1  B1  43  4    A1  B1  46
1    A1  B2  60  2    A1  B2  50  3    A1  B2  45  4    A1  B2  48
1    A1  B3  66  2    A1  B3  57  3    A1  B3  50  4    A1  B3  50
1    A2  B1  65  2    A2  B1  61  3    A2  B1  60  4    A2  B1  63
1    A2  B2  60  2    A2  B2  58  3    A2  B2  56  4    A2  B2  60
1    A2  B3  53  2    A2  B3  53  3    A2  B3  48  4    A2  B3  55
;
```

```
Proc GLM data = rubber;
  Class Block A B;
  Model Weight = Block A B A * B;
  Means A B /duncan;
  LSMeans A * B/pdiff;
Run;
```

程序简要说明：

Data 定义数据集 rubber，Input 定义变量 Block，A，B 和 Weight；GLM 为一般线性模型过程，在此用于方差分析，Class 指定因子 Block，A 和 B，Model 指定方差分析的模型为"试验指标＝各项效应"的形式，其中 A * B 为因子 A 和 B 的交互作用，Means 为均值比较，采用 Duncan 法对 A 和 B 进行均值比较，LSMeans 为最小二乘均值比较，用于交互作用 A * B 的均值比较。

程序主要运行结果：

GLM 过程

因变量:Weight

源	自由度	平方和	均方	F 值	Pr>F
模型	8	874.333333	109.29167	10.14	<.0001
误差	15	161.666667	10.777778		
校正合计	23	1036.00000			

源	自由度	III 型平方和	均方	F 值	Pr>F
Block	3	291.3333333	97.1111111	9.01	0.0012
A	1	240.6666667	240.6666667	22.33	0.0003
B	2	3.2500000	1.6250000	0.15	0.8613
A * B	2	339.0833333	169.5416667	15.73	0.0002

Duncan's Multiple Range Test for Weight

Alpha	0.05
Error Degrees of Freedom	15
Error Mean Square	10.77778
Number of Means	2
Critical Range	2.857

Duncan 分组	均值	N	A
A	57.667	12	A2
B	51.333	12	A1

最小二乘均值比较

A	B	Weight LSMEAN	LSMEAN 号
A1	B1	47.5000000	1
A1	B2	50.7500000	2
A1	B3	55.7500000	3
A2	B1	62.2500000	4
A2	B2	58.5000000	5
A2	B3	52.2500000	6

效应“A * B”的最小二乘均值
Pr>|t|(针对 H0):LSMean(i)=LSMean(j)
因变量:Weight

i/j	1	2	3	4	5	6
1		0.1819	0.0029	<.0001	0.0003	0.0587
2	0.1819		0.0479	0.0002	0.0045	0.5279
3	0.0029	0.0479		0.0135	0.2546	0.1524
4	<.0001	0.0002	0.0135		0.1271	0.0006
5	0.0003	0.0045	0.2546	0.1271		0.0167
6	0.0587	0.5279	0.1524	0.0006	0.0167	

从区组设计的方差分析可得,区组效应达极显著($Block, df=3, F=9.01, P=0.001<0.01$),说明区组之间存在极显著差异,将区组变异从试验误差中分离出来达到了区组控制的目的。橡胶品种效应达极显著($A, df=1, F=22.33, P=0.000\ 3<0.01$),种植密度效应未达显著($B, df=2, F=0.15, P=0.861>0.05$),而品种和种植密度的交互效应达极显著($A*B, df=2, F=15.73, P=0.000\ 2<0.01$)。因此需要对品种和种植密度的交互效应进行均值比较,确定适宜的橡胶品种和种植密度。

对品种效应进行 Duncan 法均值比较:在 0.05 的显著水平下,品种 A2 的橡胶产量显著高于品种 A1。编号分别为 4 和 5 的品种和种植密度的交互效应 A2B1 和 A2B2 的产量显著高于 A2B3、A1B2 和 A1B1,但 A2B1 和 A2B2 两者之间产量差异不显著,从橡胶高产角度考虑,优先选择品种 A2 和种植密度 B1 或者品种 A2 和种植密度 B2。

5.1.4 随机区组设计的特点

随机区组设计有很多优点:

①设计比较简单,易于掌握。

②富于伸缩性,单因子、复因子试验都可以采用。

③能提供无偏的误差估计,有效地降低试验误差,试验精度比较高。

④对试验条件要求不严格,允许试验条件存在一定的差异。

随机区组设计不足之处是区组的容量不能太多,如果处理数过多,很难保证处理内的均质性,区组控制容易失败。

5.2 双向区组设计

5.2.1 双向区组设计概述

由于试验条件本身不均匀,对试验条件加以区组控制的常用试验设计方法有随机区组设计和拉丁方设计。一般而言,能横竖两个方向实现区组控制的拉丁方设计的试验精度要高于随机区组设计,但拉丁方设计的要求过于严苛,需要处理数等于重复数、行数和列数,处理数比较大时,重复数也必然相应加大。例如,拉丁方设计在处理数 r 达到 8 以上时,重复数也要达到 8 以上,而按平方增长的总处理数 r^2 必然达到 64 以上,试验处理工作量的快速增加已经成为难以承受之重,不再适合采用拉丁方设计。

在处理数比较大时，能不能使用横竖两个方向的控制，而又适当减少重复数呢？1990 年前后，中国学者凌树洪(1989)和牛玉刚(1994)等提出了双向随机区组设计，简称双向区组设计(TDBD，Two Directions Block Design)。双向区组设计主要是基于试验设计中的平衡原理，可以看作裂区设计、不完全区组设计和行列设计的拓展。

双向区组设计可以在通常的随机区组设计的基础上加以变化而成，可以控制试验条件横向(*Row*)和竖向(*Column*)两个方向的差异，但又不像拉丁方设计那样严苛，双向区组设计的重复数要小于处理数，整个试验单元的数量比拉丁方要少得多。双向区组设计拥有很高的试验精度，却又具有较少的重复数和总试验单元数，使用起来比较灵活方便，区组控制也容易实施，因此具有较大的实用意义和推广价值。

双向区组设计的主要参数有 r,c,b,m,t，其中 r 为横向区组数，c 为竖向区组数，b 为重复内亚区组数，m 为亚区组中试验单元数，$t=bm$ 为试验处理数，即处理数为亚区数与亚区组内试验单元数的乘积。

处理数 t 只要是合数都可以安排成双向区组设计，比如 t 常见的取值有 6，8，9，10，12，14，15，16，18，20，24，26，28，30，32，36 等。一些常见的双向区组设计如表 5.7 至表 5.11 所示。

当试验有 6 个，9 个，12 个，15 个，18 个，21 个和 24 个等处理均为 3 的倍数时，可以设置 3 个重复，均可以仿照表 5.7 和表 5.9 的方式排列。

当试验有 8 个，12 个，16 个，20 个，24 个，28 个和 32 个等处理均为 4 的倍数时，可以设置 4 个重复，均可以仿照表 5.8 和表 5.10 的方式排列。

当试验有 10 个，15 个，20 个，25 个，30 个和 35 个等处理均为 5 的倍数时，可以设置 5 个重复，均可以仿照表 5.11 的方式排列。

表 5.7　6 个处理 3 次重复的双向区组设计(3,3,3,2,6)

横向区组	竖向区组					
	1		2		3	
1	1	3	2	5	4	6
2	4	5	1	6	2	3
3	6	2	4	3	5	1

表 5.8　8 个处理 4 次重复的双向区组设计(4,4,4,2,8)

横向区组	竖向区组							
	1		2		3		4	
1	2	1	6	5	4	3	7	8
2	3	4	7	8	1	2	5	6
3	5	6	3	4	7	8	1	2
4	7	8	1	2	5	6	3	4

表 5.9　9个处理3次重复的双向区组设计(3,3,3,3,9)

横向区组	竖向区组								
	1			2			3		
1	5	3	9	6	4	2	8	1	7
2	1	2	4	7	8	9	3	5	6
3	6	7	8	1	3	5	2	4	9

表 5.10　12个处理4次重复的双向区组设计(4,4,4,3,12)

横向区组	竖向区组											
	1			2			3			4		
1	6	3	4	12	9	10	2	5	1	8	11	7
2	9	11	12	5	7	8	3	4	6	2	10	1
3	1	2	10	4	6	11	7	8	9	3	5	12
4	5	7	8	1	2	3	10	11	12	4	6	9

表 5.11　10个处理5次重复的双向区组设计(5,5,5,2,10)

横向区组	竖向区组									
	1		2		3		4		5	
1	5	10	8	4	7	9	6	2	3	1
2	1	2	9	10	3	6	7	8	4	5
3	3	4	6	5	2	8	1	9	7	10
4	6	7	1	2	4	5	3	10	8	9
5	8	9	3	7	1	10	4	5	2	6

当试验处理数为素数时,如7,11,13,17,19,23和29等,均无法安排成双向区组设计,此时可适当增加或减少一些处理,比如,对比较重要的处理安排重复或增加一些有潜在影响的处理从而增加处理数,对不太重要的处理可以直接删除,使最终的处理数等于某个适当的合数时,再进行双向区组设计。

双向区组设计类似于拉丁方设计,双向区组可以作为物理的横向区组和竖向区组,也可以安排一个或两个因子,加上处理因素最多可以同时安排三个因子,而且因子间不能存在交互作用。

双向区组设计可以进行单因子试验,也可以安排复因子试验,只要把复因子的处理组合数当作单因子的处理数即可进行双向区组设计。

5.2.2　双向区组设计的实现

1.单因子双向区组设计

【例5.4】　安徽某地进行棉花新品种(*Cotton*)区域试验,供试品种6个(品种1:安农121,

品种2:皖73-10,品种3:兵413,品种4:岱15,品种5:岱16,品种6:徐州142),由于试验地为长条台地,土地肥力可能不均匀,为了更有效地利用区组来控制土壤差异,可以采用双向随机区组设计,即6个处理、3次重复的双向区组设计(3,3,3,2,6),每试验小区大小约20m×15m(凌树洪,1989)。

使用SAS程序进行双向区组设计:

```
*SD5.4;
/*1.准备设计矩阵*/
%Let r=3;   ** 行数,重复数;
%Let b=2;   ** 区块的列数;
%Let n=6;   ** 处理数,必为 r×b 之积;
** 生成一列 n 个随机数;
Proc Plan;
  Factors A=&n / noprint;
  Output out=a;
Run;
** 随机数列转置成行;
Proc Transpose data=a prefix=C out=indata(drop=_NAME_);
  Var A;
Run;
** 定义设计矩阵 r*N;
Proc IML;
  Edit indata;
  S=J(&r-1,&n,.);
  Append from S;
Run;
Quit;
/*2.将设计矩阵赋值给宏变量 C_1_1 至 C_9_9*/
%Macro store_initial_values;
  /*储存初值到宏变量 C_i_j */
  Data _null_;
      set indata;
      array C{&n};
      do j=1 to &n;
          i=_N_;
          call symput(compress('C_'||put(i,best.)||'_'  put(j,best.)),
               put(C[j],best.));
      end;
  Run;
%Mend store_initial_values;
** 调用宏函数;
%store_initial_values;
```

```
/*3.利用 CLP 过程求解设计矩阵*/
%Macro solve;
  Proc CLP out=outdata;
   /*VAR 语句 声明求解变量 X_1_1 至 X_9_9  取值范围为[1,9] */
   /*alldiff 语句:约束条件:行约束,每行元素互不相同,
     如 X_1_1:X_1_9 的取值互不相同 */
   %do i=1 %to &r;
      var (X_&i._1-X_&i._&n)=[1,&n];
      alldiff(X_&i._1-X_&i._&n);
   %end;
   /*alldiff 语句:约束条件:块约束,块矩阵元素互不相同,
     如 X_1_1:X_3_3 的取值互不相同。*/
   %do s=0 %to 0;
     %do t=0 %to &r-1;
        alldiff(
        %do i=&r*&s+1 %to &r*&s+&r;
           %do j=&b*&t+1 %to &b*&t+&b;
              X_&i._&j
           %end;
        %end;
        );
     %end;
   %end;
   /*lincon 语句:初值约束,已知变量约束如 X_1_3=C_1_3=5 */
   /*如果 C_i_j 非缺失,则 X_i_j=C_i_j  */
   %do i=1 %to &r;
     %do j=1 %to &n;
        %if &&C_&i._&j ne . %then %do;
           lincon X_&i._&j=&&C_&i._&j;
        %end;
     %end;
   %end;
  Run;
  %put &_ORCLP_;
 %Mend solve;
 %solve;
/*4.整理输出结果*/
Proc IML;
  Use outdata;
  Read all into A;
  r=&r;
  c=&n;
```

```
    D = J(r,c);
    do i = 1 to r;
      do j = 1 to c;
        D[i,j] = A[(i - 1) * c + j];
      end;
    end;
    Create Design from D;
    Append from D;
Run;
Quit;
/ * 5.输出结果 * /
Proc Print data = Design;
Run;
```

程序简要说明：

Plan 为试验设计过程，Factors 定义因子及其水平，Transpose 为排序过程，CLP 为带约束的规划求解过程，IML 为矩阵运算过程，Print 为输出过程，输出设计结果 Design。

程序运行结果如表 5.12 所示：

表 5.12　6 个棉花品种 3 次重复的双向区组设计(3,3,3,2,6)

横向区组	竖向区组					
	1		2		3	
1	1	6	3	5	2	4
2	2	5	6	4	1	3
3	3	4	2	1	6	5

2.两因子双向区组设计

两因子双向区组设计的试验，只需将两因子的处理组合当作单因子的处理，即可使用同样的方法进行双向区组设计。

设因子 A 有 a 个水平，因子 B 有 b 个水平，则总共有 $a\times b$ 个处理组合，可以按照单因子 $a\times b$ 个处理而重新编号，处理组合可按顺序编号，也可随机编号。两因子双向区组设计试验的重复数应该取两因子中水平较多因子的水平数，即 $r=max\{a,b\}$。为讨论方便，取水平多的因子为 A 因子，则重复数 $r=a$，这时可作出 $a\times b\times r$ 型的双因子双向随机区组试验设计。该设计中各因子水平数不宜过多，一般要求因子的最高水平数不超过 5，最高不超过 8，当一个因子水平数较大时，另一个因子水平数应较小，以避免处理组合数过多导致区组过大，区组控制容易失败。

【例 5.5】 有一早稻栽培试验，第一个因子为稻苗秧龄(*Days*)，3 个水平分别为 Days1：20 天；Days2：30 天；Days3：40 天。第二个因子为种植密度(*Density*)，3 个水平分别为 Density1：16.7cm×6.7cm；Density2：16.7cm×13.3cm；Density3：20cm×16.7cm。两个因子共有 9 个处理组合，需安排 3 次重复，小区面积 13.4m^2(单鉴华，1994)。

欲要进行两因子双向随机区组设计，则需要对 9 个处理组合进行编号，如表 5.13 所示。

表 5.13 早稻栽培试验两因子处理组合编号

Days×*Density*	Density1	Density2	Density3
Days1	1	2	3
Days2	4	5	6
Days3	7	8	9

使用 SAS 进行两因子双向区组设计的程序，可以参照单因子双向区组设计，只需改动前面的几个设计矩阵参数。改动“准备设计矩阵”部分如下：

```
* SD5.5;
/* 1.准备设计矩阵 */
%Let r = 3;  ** 行数,重复数;
%Let b = 3;  ** 区块的列数;
%Let n = 9;  ** 处理数,必为 r×b 之积;
```

程序运行结果如表 5.14 所示：

表 5.14 早稻栽培试验的两因子双向区组设计(3,3,3,3,9)

横向区组	竖向区组								
	1			2			3		
1	1	5	9	6	8	2	7	3	4
2	6	8	3	7	1	4	2	5	9
3	7	2	4	3	5	9	6	8	1

5.2.3 双向区组设计的统计分析

1.单因子双向随机区组设计的分析

单因子双向区组设计的统计分析与拉丁方设计的统计分析一样使用方差分析，将横向区组因素记为 R，竖向区组因素记为 C，试验处理记为 T，横向区组数与竖向区组数记为 r，处理数记为 t，则其试验数据进行方差分析的数学模型为：

$$y_{ijk}=\mu+\alpha_i+\beta_j+\gamma_k+\varepsilon_{ijk}, \quad i=j=1,2,\cdots,r;k=1,2,\cdots,t$$

式中，y_{ijk} 为试验指标的观测值，μ 为总平均数，α_i 为第 i 横向区组 R_i 的效应，β_j 为第 j 竖向区组 C_j 的效应，γ_k 为第 k 处理 T_k 的效应，ε_{ijk} 为随机误差，服从 $N(0,\sigma^2)$。其方差分析如表 5.15 所示。

表 5.15 单因子双向区组设计的方差分析表

变异来源	自由度(df)	平方和(SS)	均方(MS)	F 统计量	显著性
R	$r-1$	SS_R	MS_R	MS_R/MS_E	
C	$r-1$	SS_C	MS_C	MS_C/MS_E	
T	$t-1$	SS_T	MS_T	MS_T/MS_E	
误差(E)	$(r-1)(t-2)$	SS_E	MS_E		
总和	$rt-1$	SS_T			

对例 5.4 中的棉花 6 个新品种区域试验采用单因子双向随机区组设计，试验数据如表 5.16 所示。

表 5.16 6 个棉花品种 3 次重复的双向区组设计试验数据 kg

横向区组	竖向区组					
	1		2		3	
1	(1)172.5	(6)182.0	(3)149.0	(5)139.0	(2)159.5	(4)142.5
2	(2)155.0	(5)187.0	(6)164.5	(4)204.0	(1)210.5	(3)172.0
3	(3)177.5	(4)176.0	(1)207.5	(2)196.0	(5)203.0	(6)215.0

单因子双向随机区组设计的方差分析的 SAS 程序：

```
* SA5.4;
Data Cotton;
  Input Row Column Cotton Yield;
Cards;
1  1  1  172.5
1  1  6  182.0
1  2  3  149.0
1  2  5  139.0
1  3  2  159.5
1  3  4  142.5
2  1  2  155.0
2  1  5  187.0
2  2  4  164.5
2  2  6  204.0
2  3  1  210.5
2  3  3  172.0
3  1  3  177.5
3  1  4  176.0
3  2  1  207.5
3  2  2  196.0
3  3  5  203.0
```

```
3  3  6  215.0
;
Proc GLM data = Cotton;
  Class Row Column Cotton;
  Model Yield = Row Column Cotton;
  Means Cotton /duncan;
Run;
```

程序简要说明：

Data 定义数据集 Cotton，Input 定义变量 Row，Column，Cotton 和 Yield；GLM 为一般线性模型过程，在此用于方差分析，Class 指定因子 Row，Column 和 Cotton，Model 指定方差分析的模型为“试验指标＝各项效应”的形式，Means 为均值比较，采用 Duncan 法对 Cotton 进行均值比较。

程序主要运行结果：

GLM 过程

因变量：Yield

源	自由度	平方和	均方	F 值	Pr>F
模型	9	8845.291667	982.810185	8.60	0.0030
误差	8	914.444444	114.305556		
校正合计	17	9759.736111			

R 方	变异系数	均方根误差	Yield 均值
0.906304	5.990500	10.69138	178.4722

源	自由度	III 型平方和	均方	F 值	Pr>F
Row	2	4550.361111	2275.180556	19.90	0.0008
Column	2	259.027778	129.513889	1.13	0.3688
Cotton	5	4035.902778	807.180556	7.06	0.0083

Duncan's Multiple Range Test for Yield

Alpha	0.05
Error Degrees of Freedom	8
Error Mean Square	114.3056

Number of Means	2	3	4	5	6
Critical Range	20.13	20.98	21.45	21.73	21.91

Duncan 分组	均值	N	Cotton
A	200.333	3	6
A	196.833	3	1
B	176.333	3	5
B	170.167	3	2
B	166.167	3	3
B	161.000	3	4

分析结果表明：横向区组间产量有极显著差异（$Row, df=2, F=19.90, P=0.0008<$

0.01)，而竖向区组间产量无显著差异(*Column*，$df=2$，$F=1.13$，$P=0.369>0.05$)，棉花品种间产量有极显著差异(*Cotton*，$df=5$，$F=7.06$，$P=0.008<0.01$)。

在本试验中，横向排列区组间差异显著，从试验误差中分离出来，降低了试验误差，双向区组起到局部控制作用。接下来，需要对棉花品种效应进行均值间的多重比较。

从棉花品种(*Cotton*)的 Duncan 法均值比较来看：在 0.05 的显著水平下，棉花品种 6 和品种 1 的产量无显著差异，但它们的产量显著高于其他 4 个棉花品种。其他 4 个棉花品种间产量无显著差异。所以在当地适合种植的棉花品种是品种 6(徐州 142)或品种 1(安农 121)。

2.两因子双向随机区组设计的分析

两因子双向区组设计的统计分析同样采用方差分析，将横向区组因素记为 R，竖向区组因素记为 C，横向区组数与竖向区组数记为 r，两个试验因子分别记为 A 和 B，处理数分别记为 a 和 b，则其试验数据进行方差分析的数学模型为：

$$y_{ijkl}=\mu+\gamma_i+\tau_j+\alpha_k+\beta_l+\alpha\beta_{kl}+\varepsilon_{ijkl},\quad i=j=1,2,\cdots,r;k=1,2,\cdots,a;l=1,2,\cdots,b$$

式中，y_{ijkl} 为试验指标，μ 为总平均数，γ_i 为第 i 横向区组 R_i 的效应，τ_j 为第 j 竖向区组 C_j 的效应，α_k 为因子 A 第 k 个水平的效应，β_l 为因子 B 第 l 个水平的效应，$\alpha\beta_{kl}$ 为因子 A 和 B 的交互效应 $A\times B$，ε_{ijkl} 为随机误差，服从 $N(0,\sigma^2)$。其方差分析如表 5.17 所示。

表 5.17　单因子双向区组设计的方差分析表

变异来源	自由度(df)	平方和(SS)	均方(MS)	F 统计量	显著性
R	$r-1$	SS_R	MS_R	MS_R/MS_E	
C	$r-1$	SS_C	MS_C	MS_C/MS_E	
A	$a-1$	SS_A	MS_A	MS_A/MS_E	
B	$b-1$	SS_B	MS_B	MS_B/MS_E	
$A\times B$	$(a-1)(b-1)$	SS_{AB}	MS_{AB}	MS_{AB}/MS_E	
误差(E)	$(r-1)(ab-2)$	SS_E	MS_E		
总和	$rab-1$	SS_T			

对例 5.5 中的早稻不同秧龄和不同种植密度的栽培试验采用两因子双向随机区组设计，试验数据如表 5.18 所示。

表 5.18　早稻栽培试验的两因子双向区组设计试验数据　　kg

横向区组	竖向区组								
	1			2			3		
1	(1)9.0	(5)9.0	(9)9.6	(6)8.3	(8)8.0	(2)9.8	(7)7.3	(3)10.7	(4)9.0
2	(6)8.3	(8)9.0	(3)10.3	(7)7.5	(1)9.1	(4)9.1	(2)9.7	(5)8.6	(9)8.0
3	(7)8.6	(2)9.2	(4)9.5	(3)10.7	(5)8.8	(9)8.7	(6)7.8	(8)7.5	(1)8.0

两因子双向随机区组设计的方差分析的 SAS 程序：

```
*SA5.5;
Data rice;
  Input Row Column Days Density Yield;
Cards;
1  1  1  1   9.0
1  1  2  2   9.0
1  1  3  3   9.6
1  2  2  3   8.3
1  2  3  2   8.0
1  2  1  2   9.8
1  3  3  1   7.3
1  3  1  3  10.7
1  3  2  1   9.0
2  1  2  3   8.3
2  1  3  2   9.0
2  1  1  3  10.3
2  2  3  1   7.5
2  2  1  1   9.1
2  2  2  1   9.1
2  3  1  2   9.7
2  3  2  2   8.6
2  3  3  3   8.0
3  1  3  1   8.6
3  1  1  2   9.2
3  1  2  1   9.5
3  2  1  3  10.7
3  2  2  2   8.8
3  2  3  3   8.7
3  3  2  3   7.8
3  3  3  2   7.5
3  3  1  1   8.0
;
Proc GLM data=rice;
  Class Row Column Days Density;
  Model Yield=Row Column Days Density Days*Density;
  Means Days Density /duncan;
  LSmeans Days*Density /pdiff;
Run;
```

程序简要说明：

Data 定义数据集 rice，Input 定义变量 Row，Column，Days，Density 和 Yield；GLM 为一般线性模型过程，在此用于方差分析，Class 指定因子 Row，Column，Days 和 Density，Model 指定方差分析的模型为“试验指标＝各项效应”的形式，其中 Days * Density 为因子 Days 和

Density 的交互作用，Means 为均值比较，采用 Duncan 法对 Days 和 Density 进行均值比较，LSmeans 为最小二乘均值比较，用于对交互作用 Days * Density 进行均值比较。

程序主要运行结果：

GLM 过程

因变量:Yield

源	自由度	平方和	均方	F 值	Pr>F
模型	12	19.24444444	1.60370370	8.25	0.0002
误差	14	2.72222222	0.19444444		
校正合计	26	21.96666667			

R方	变异系数	均方根误差	Yield 均值
0.876075	4.979457	0.440959	8.855556

源	自由度	III 型平方和	均方	F 值	Pr>F
Row	2	0.20222222	0.10111111	0.52	0.6056
Column	2	1.94888889	0.97444444	5.01	0.0228
Days	2	8.68666667	4.34333333	22.34	<.0001
Density	2	1.56222222	0.78111111	4.02	0.0418
Days * Density	4	6.84444444	1.71111111	8.80	0.0009

Duncan's Multiple Range Test for Yield

Alpha	0.05
Error Degrees of Freedom	14
Error MeanSquare	0.194444

Number of Means	2	3
Critical Range	.4458	.4672

Duncan 分组	均值	N	Days
A	9.6111	9	1
B	8.7111	9	2
C	8.2444	9	3

Duncan's Multiple Range Test for Yield

Alpha	0.05
Error Degrees of Freedom	14
Error Mean Square	0.194444

Number of Means	2	3
Critical Range	.4458	.4672

Duncan 分组		均值	N	Density
	A	9.1556	9	3
B	A	8.8444	9	2
B		8.5667	9	1

最小二乘均值

Days	Density	Yield LSMEAN	LSMEAN 号
1	1	8.7000000	1
1	2	9.5666667	2
1	3	10.5666667	3
2	1	9.2000000	4
2	2	8.8000000	5
2	3	8.1333333	6
3	1	7.8000000	7
3	2	8.1666667	8
3	3	8.7666667	9

效应"Days * Density"的最小二乘均值

Pr>|t|(针对 H0):LSMean(i) = LSMean(j)

因变量:Yield

i/j	1	2	3	4	5	6	7	8	9
1		0.0304	0.0001	0.1866	0.7853	0.1378	0.0255	0.1607	0.8558
2	0.0304		0.0148	0.3258	0.0515	0.0014	0.0002	0.0016	0.0433
3	0.0001	0.0148		0.0020	0.0002	<.0001	<.0001	<.0001	0.0002
4	0.1866	0.3258	0.0020		0.2853	0.0103	0.0016	0.0124	0.2487
5	0.7853	0.0515	0.0002	0.2853		0.0853	0.0148	0.1004	0.9275
6	0.1378	0.0014	<.0001	0.0103	0.0853		0.3702	0.9275	0.1004
7	0.0255	0.0002	<.0001	0.0016	0.0148	0.3702		0.3258	0.0178
8	0.1607	0.0016	<.0001	0.0124	0.1004	0.9275	0.3258		0.1178
9	0.8558	0.0433	0.0002	0.2487	0.9275	0.1004	0.0178	0.1178	

分析结果表明:横向区组间无显著差异($Row, df=2, F=0.52, P=0.606>0.05$),而竖向区组间存在显著差异($Column, df=2, F=5.01, P=0.023<0.05$),秧龄间存在极显著差异($Days, df=2, F=22.34, P<0.000\ 1$),种植密度间存在显著差异($Density, df=2, F=4.02, P=0.042<0.05$),秧龄和种植密度交互作用极显著($Days \times Density, df=4, F=8.80, P=0.000\ 9<0.01$)。

在该试验中,竖向排列区组间差异显著,从试验误差中分离出来,降低了试验误差,双向区组起到局部控制作用。接下来,需要对各项显著的效应进行均值间的多重比较。

从秧龄(*Days*)的 Duncan 法均值比较来看,在 0.05 的显著水平下,秧龄 1(20 d)的产量显著高于秧龄 2(30 d),秧龄 2(30 d)的产量显著高于秧龄 3(40 d)。种植密度(*Density*)的 Duncan 法均值比较来看,种植密度 3(20 cm×16.7 cm)的产量显著高于种植密度 1(16.7 cm×6.7 cm),其他种植密度间无显著差异。

秧龄和种植密度间存在极显著的交互作用,说明不同的秧龄适合不同的种植密度,所以需要秧龄和种植密度的交互作用进行均值比较。在 0.05 的显著水平下,均值比较结果表明,编号为 3 的组合秧龄 1(20 d)和种植密度 3(20 cm×16.7 cm)组合下的产量(10.567)显著高于其他组合的产量。

第 6 章　裂区设计

6.1　裂区设计

6.1.1　裂区设计概述

裂区设计(SPD,Split Plot Design)适用于两因子的试验。将一个试验因子按照随机区组设计,每一个试验单元称为主区(Main Plot),也称整区。将整区分裂成更小的小区,称为裂区(Split Plot),列区内可以安排进另一个试验因子,以便研究这两个因子单独的主效应和交互作用。这种将整区分成裂区进行试验设计的方法称为裂区设计。

裂区设计要先设置若干区组,在区组内安排第一个因子的各个水平形成主区,在主区内安排第二个因子,这样每个区组内都安排有两个因子的所有处理组合。每个区组本质上就是一个重复,可以分析两个因子的交互作用。

裂区设计和两因子随机区组设计粗看有些相似,但还是存在着本质区别。

区别一:两因子(设为 A 和 B)随机区组设计在每一区组内两因子的 ab 个处理组合是完全随机化的。而裂区设计的随机化过程只能在 A 因子的 a 个处理和 B 因子的 b 个处理之间进行,不能完全自由组合,不是完全随机化,从而丧失了一部分自由度。

区别二:进行方差分析时,两因子随机区组设计只有一个误差项,裂区设计却有两个误差项,区组和整区因子用整区的误差项来考察,而裂区因子和交互作用则用裂区的误差项来考察,并且裂区部分的误差项自由度以不低于 10 为宜。

【例 6.1】　不同喷雾方式杀灭白茅效果的比较试验,草甘膦的剂量(A)有 A1:75 g/hm^2,A2:100 g/hm^2,A3:120 g/hm^2,A4:150 g/hm^2 共 4 个水平,喷雾方式(B)有 B1:静电喷雾和 B2:非静电喷雾共 2 个水平,试验安排 4 个重复区组。因喷雾方式需要较大的试验面积,草甘膦的剂量可以在各区组内随机配置实施,故本试验采用裂区设计,即喷雾方式放在主区、剂量放在裂区,其排列方式如图 6.1 所示(韩汉鹏,2006)。

对于两个因子的试验,满足以下几种情况时适宜采用裂区设计。

①当两个因子的处理需要的操作单元大小不相同时,适宜采用裂区设计,操作单元要求大的因子放在整区,操作单元要求小的因子放在裂区。例如,田间试验的耕地、灌溉、施肥等需要的操作单元相对较大时更容易操作,宜放于主区,而品种、喷药、种植密度以及便于实施的田间管理方式等需要的操作单元相对较小,则可以设置于裂区。还有某些生产工艺中,一批次可以

同时安排多个处理的设备也自然形成主区，如一窑、一炉等。

②在原有的一个因子试验的基础上，再追加一个新的试验因子时，适宜采用裂区设计，原来的因子的试验自然形成整区，新追加的因子只能放在裂区。如某地果树品种的产量比较试验，果树种植几年挂果后，同时还想研究施肥方式对果树产量的影响等。

③参与试验的两个因子需要分阶段实施，必须第一阶段安排第一个因子，下一个阶段才能安排第二个因子，第一个因子不同处理水平形成的批次可以分成若干份，之后用于安排第二个因子的处理时会自然形成裂区设计。

④当参与试验的两个因子有主次之分，要求精度不一样时，宜采用裂区设计，精度要求低的次要因子放在整区，精度要求高的主要因子放在裂区。只有这样，主要因子的各水平的重复数才会多于次要因子的各个水平的重复数，才能获得较高的精度。

区组1	静电B1	A2B1	A4B1	A1B1	A3B1	非静电B2	A2B2	A1B2	A3B2	A4B2
区组2	非静电B2	A3B2	A1B2	A4B2	A2B2	静电B1	A3B1	A2B1	A4B1	A1B1
区组3	非静电B2	A1B2	A4B2	A3B2	A2B2	静电B1	A4B1	A1B1	A2B1	A3B1
区组4	静电B1	A3B1	A2B1	A4B1	A1B1	非静电B2	A1B2	A4B2	A3B2	A2B2

图 6.1　灭茅试验裂区设计排列方式

【例 6.2】 欲研究蛇毒的抗肿瘤作用，肿瘤采用四种不同的瘤株（A），蛇毒使用四种不同的浓度（B，含对照）。选用 48 只小鼠，根据试验条件划分为 3 个区组，每区组 16 只，每区组随机地分成 4 个小组，每小组 4 只小鼠，按小组分别接种四种不同的瘤株。待它们生长一段时间后，每小组 4 只小鼠各随机注射四种浓度的蛇毒处理，处理后测量相应的瘤重。第一阶段培养的瘤株可以看作整区，第二阶段注射的蛇毒浓度可以看作副区，从而形成裂区设计。

裂区设计在主区和副区的排列方式可以随机排列，建议按照拉丁方的排列方式，可以避免某些主区、副区方向上因随机造成的不均匀性，从而提高试验精度。例如，在图 6.1 的裂区设计排列方式上，第 1 列内 A3 水平出现了两次，却缺少 A4 水平，而第 2 列内 A4 水平出现了两次，却缺少 A3 水平。

裂区设计一般指两个因子（记为 A 和 B）的试验设计，假设因子 A 设置在主区，则另一个因子 B 设置在裂区。如果因子 B 还可以分裂为更小的小区，则称为再裂区，可以安排第三个因子 C，并称为再裂区设计，或三裂区设计。再裂区设计和裂区设计原理相同，只不过多一层再裂区因子。但无论是试验设计的安排，还是数据的统计分析都更加复杂，所以再裂区设计在实际应用中比较少见。

6.1.2　裂区设计的实现

【例 6.3】 有一个小麦在不同中耕次数（A）和施肥量（B）下的产量试验，因子 A 有 A1、A2、A3 三个水平，因子 B 有 B1、B2、B3、B4 四个水平，采用裂区设计，需要面积比较大的因子 A 安排在主区，因子 B 安排在副区，副区计产面积 33 m^2，设置 3 个重复区组（盖钧镒，2000）。

使用 SAS 程序实现裂区设计：

```
*SD6.3;
Proc Plan;
   Factors  Block = 3  A = 3  B = 4 / noprint;
   Output out = split
      A cvals = ('A1' 'A2' 'A3')
      B cvals = ('B1' 'B2' 'B3' 'B4');
Run;
Proc Print data = split noobs;
Run;
```

程序简要说明：

Plan 为试验设计过程，Factors 定义区组(Block)和因子(A 和 B)及其水平数，Output 输出试验设计结果，cvals 定义因子 A 和 B 为字符型，Print 为输出过程，输出设计结果 split。

程序运行结果如表 6.1 所示：

表 6.1　小麦产量试验裂区设计表

Block	*A*	*B*	*Block*	*A*	*B*	*Block*	*A*	*B*
2	A2	B2	3	A1	B1	1	A3	B3
2	A2	B1	3	A1	B2	1	A3	B2
2	A2	B3	3	A1	B3	1	A3	B1
2	A2	B4	3	A1	B4	1	A3	B4
2	A3	B3	3	A3	B3	1	A1	B3
2	A3	B1	3	A3	B4	1	A1	B4
2	A3	B2	3	A3	B2	1	A1	B2
2	A3	B4	3	A3	B1	1	A1	B1
2	A1	B3	3	A2	B2	1	A2	B4
2	A1	B4	3	A2	B3	1	A2	B1
2	A1	B1	3	A2	B1	1	A2	B3
2	A1	B2	3	A2	B4	1	A2	B2

将表 6.1 转换成田间的排列方式，如图 6.2 所示：

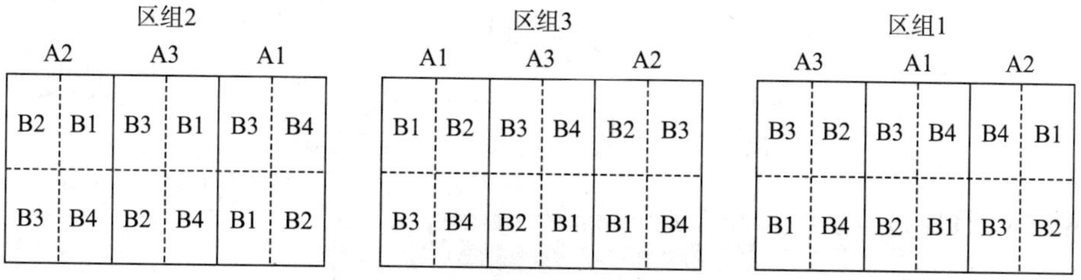

图 6.2　小麦产量试验裂区设计田间排列

6.1.3 裂区设计的统计分析

两个因子裂区设计的试验数据需要采用裂区设计的方差分析，主区效应的检验需要用主区的误差项，裂区效应的检验需要用裂区的误差项。

假设主区因子为 A，有 a 个水平，裂区因子为 B，有 b 个水平，设置 r 个重复区组 $Block$，则该试验共有 abr 个观测值。则其统计分析模型为：

$$y_{ijk}=\mu+\gamma_k+\alpha_i+\delta_{ik}+\beta_j+\alpha\beta_{ij}+\varepsilon_{ijk},\quad i=1,2,\cdots,a;j=1,2,\cdots,b;k=1,2,\cdots,r$$

式中，y_{ijk} 为试验指标观测值，μ 为总平均值，γ_k 为第 k 个区组 $Block$ 的效应，α_i 为因子 A 第 i 个水平的效应，δ_{ik} 为主区随机误差，服从 $N(0,\sigma_\delta^2)$，β_j 为因子 B 第 j 个水平的效应，$\alpha\beta_{ij}$ 为因子 A 和 B 的交互效应，ε_{ijk} 为副区随机误差，服从 $N(0,\sigma_\varepsilon^2)$。其方差分析如表 6.2 所示。

表 6.2 裂区设计的方差分析表

变异来源	自由度(df)	平方和(SS)	均方(MS)	F 统计量	显著性
$Block$	$r-1$	SS_R	MS_R	MS_R/MS_{Ea}	
A	$a-1$	SS_A	MS_A	MS_A/MS_{Ea}	
误差(E_a)	$(r-1)(a-1)$	SS_{Ea}	MS_{Ea}		
主区总和	$ar-1$	SS_{Ta}			
B	$b-1$	SS_B	MS_B	MS_B/MS_E	
$A\times B$	$(a-1)(b-1)$	SS_{AB}	MS_{AB}	MS_{AB}/MS_E	
误差(E)	$a(r-1)(b-1)$	SS_E	MS_E		
裂区总和	$abr-1$	SS_T			

裂区设计的方差分析表 6.3 中，上半部分为主区部分的方差分析，下半部分为裂区部分的方差分析。在主区的方差分析中，考察的效应有区组($Block$)和主区因子(A)，主区误差项为 E_a。在裂区的方差分析中，考察的效应有副区因子(B)和两因子的交互作用($A\times B$)，裂区误差项为 E。

对于例 6.3 的小麦产量试验，其产量(kg)的试验数据如图 6.3 所示。

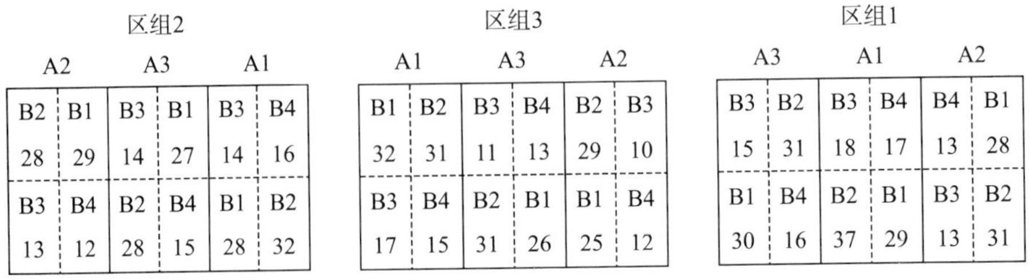

图 6.3 裂区设计的小麦产量试验数据

使用 SAS 程序进行裂区设计方差分析：

```
* SA6.3;
Data wheat;
```

```
  Input  Block A$ B$ Weight @@;
Cards;
2    A2  B2  28  3    A1  B1  32  1    A3  B3  15
2    A2  B1  29  3    A1  B2  31  1    A3  B2  31
2    A2  B3  13  3    A1  B3  17  1    A3  B1  30
2    A2  B4  14  3    A1  B4  15  1    A3  B4  16
2    A3  B3  14  3    A3  B3  11  1    A1  B3  18
2    A3  B1  27  3    A3  B4  13  1    A1  B4  17
2    A3  B2  28  3    A3  B2  31  1    A1  B2  37
2    A3  B4  15  3    A3  B1  26  1    A1  B1  29
2    A1  B3  14  3    A2  B2  29  1    A2  B4  13
2    A1  B4  16  3    A2  B3  10  1    A2  B1  28
2    A1  B1  28  3    A2  B1  25  1    A2  B3  13
2    A1  B2  32  3    A2  B4  12  1    A2  B2  31
;
Proc Mixed data = wheat;
  Class  Block A B;
  Model Weight = A B A * B;
  Random Block Block * A;
  LSMeans A B /pdiff;
Run;
或
Proc Anova data = wheat;
  Class  Block A B;
  Model Weight = Block A Block * A B A * B;
  Test H = Block A  E = Block * A;
  Means A /duncan E = Block * A;
  Means B /duncan;
Run;
```

程序简要说明：

Data 定义数据集 wheat，Input 定义变量 Block，A，B 和 Weight；Mixed 过程和 Anova 过程都可以进行裂区设计的方差分析，Mixed 过程语句比较简洁，用 Random Block Block * A 指定误差项，均值比较只能采用最小二乘法(LSMeans)；Anova 过程语句稍复杂，主区部分效应检验需要 Test H=Block A 指定，误差项为 E=Block * A，且输出结果有更好的易读性，Class 定义因子，Model 指定方差分析的模型为"试验指标=各项效应"的形式，Means 为均值比较，LSmeans 为最小二乘均值比较。推荐用 Anova 过程进行裂区设计的方差分析。

Anova 过程的主要运行结果：

ANOVA 过程

因变量：Weight

源	自由度	平方和	均方	F 值	Pr>F
模型	17	2273.722222	133.748366	52.53	<.0001
误差	18	45.833333	2.546296		
校正合计	35	2319.555556			

源	自由度	Anova 平方和	均方	F 值	Pr>F
Block	2	30.888889	15.444444	6.07	0.0097
A	2	74.055556	37.027778	14.54	0.0002
Block * A	4	12.611111	3.152778	1.24	0.3301
B	3	2150.000000	716.666667	281.45	<.0001
A * B	6	6.166667	1.027778	0.40	0.8669

使用 Anova MS 作为 Block * A 的误差项的假设检验

源	自由度	Anova 平方和	均方	F 值	Pr>F
Block	2	30.888889	15.444444	4.90	0.0840
A	2	74.055556	37.027778	11.74	0.0212

Duncan's Multiple Range Test for Weight

Alpha	0.05
Error Degrees of Freedom	4
Error MeanSquare	3.152778

Number of Means	2	3
Critical Range	2.013	2.057

Duncan 分组	均值	N	A
A	23.8333	12	A1
B	21.4167	12	A3
B	20.4167	12	A2

Alpha	0.05
Error Degrees of Freedom	18
Error Mean Square	2.546296

Number of Means	2	3	4
Critical Range	1.580	1.658	1.707

Duncan 分组	均值	N	B
A	30.8889	9	B2
B	28.2222	9	B1
C	14.5556	9	B4
C	13.8889	9	B3

分析结果表明：

①主区效应：区组间产量不存在显著差异（*Block*，$df=2$，$F=4.90$，$P=0.084>0.05$），中耕次数间产量存在显著差异（A，$df=2$，$F=11.74$，$P=0.021<0.05$）；主区误差项（Block * A）自由度为 4，平方和为 12.611，均方为 3.153。

②裂区效应：施肥量间产量存在极显著差异（B，$df=3$，$F=281.45$，$P<0.0001$），中耕次数和施肥量间交互作用间产量不存在显著差异（$A\times B$，$df=6$，$F=0.40$，$P=0.867>0.05$）。裂区误差项的自由度为 18，平方和为 45.833，均方为 2.546。

从 Duncan 法均值比较来看：在 0.05 的显著水平下，中耕次数 A1 显著优于 A3 和 A2，A3 和 A2 间不存在显著差异；施肥量 B2 显著优于 B1、B4 和 B3，B1 显著优于 B4 和 B3，B4 和 B3

不存在显著差异，最终选择中耕次数 A1 水平和施肥量 B2 水平，小麦将获得最高产量。

6.2 条区设计

6.2.1 条区设计概述

条区设计（SD，Strip Design）是横向、竖向都安排列成区组的两因子的试验设计方法，又称两因子互为区组的裂区设计。条区设计属于裂区设计的一种衍生设计，当两个试验因子都需要较大的试验单元，并且两因子的交互作用比较重要时，可以采用条区设计。

条区设计时，可以先将每个试验区划分成若干横向区组，安排一个因子的各个水平，接下来再将试验区划分成若干竖向区组，安排另一个因子的各个水平。

【例 6.4】 假设有两个试验因子，因子 A 有 3 个水平，因子 B 有 5 个水平，设置 3 个重复区组，两个因子都需要较大的操作单元，需要采用条区设计。其排列方式如图 6.4 所示。

		B4	B2	B3	B1	B5
	A3	A3 B4	A3 B2	A3 B3	A3 B1	A3 B5
重复1	A1	A1 B4	A1 B2	A1 B3	A1 B1	A1 B5
	A2	A2 B4	A2 B2	A2 B3	A2 B1	A2 B5

		B2	B5	B1	B3	B4
	A2	A2 B2	A2 B5	A2 B1	A2 B3	A2 B4
重复2	A3	A3 B2	A3 B5	A3 B1	A3 B3	A3 B4
	A1	A1 B2	A1 B5	A1 B1	A1 B3	A1 B4

		B1	B4	B3	B5	B2
	A1	A1 B1	A1 B4	A1 B3	A1 B5	A1 B2
重复3	A2	A2 B1	A2 B4	A2 B3	A2 B5	A2 B2
	A3	A3 B1	A3 B4	A3 B3	A3 B5	A3 B2

图 6.4 条区设计排列方式

行区组和列区组可以随机排列，建议按照拉丁方的排列方式，以免某些区组在方向上产生因随机造成的不均匀性，从而提高试验精度。例如，在图 6.4 的条区设计排列方式上，第 3 列内 B3 水平出现了两次，从而带来系统误差。

条区设计能估计三种试验误差，分别用于检验两个因子的主效应和交互作用，但对两个因子的主效应检验精度没有一般随机区组设计的高，但其交互作用的检验精度却较高。

条区设计主要应用在下列情况的试验中：

①从操作管理或观察测量等角度考虑，两个因子均需要较大的操作单元时，可使用条区设计。如田间试验的耕地、灌溉、施肥和喷药等。

②当试验的主要目的不是要考察两个因子的主效应，而是要考察两个因子的交互作用时，可使用条区设计。

6.2.2 条区设计的实现

【例 6.5】 有一甘薯垄宽(*Width*)和栽培期(*Date*)的两因子试验,垄宽具有三水平:W1=50 cm,W2=60 cm,W3=70 cm,栽培期具有三个水平:D1=5 月 16 日,D2=6 月 6 日,D3=6 月 26 日,两因子均作为随机区组的条区设计排列,栽培期设置为横向区组,垄宽设置为竖向区组总共设置 4 个重复区组(盖钧镒,2000)。

使用 SAS 程序实现条区设计:

```
*SD6.5;
Proc Plan;
  Factors Row = 3 ordered Col = 3 ordered / noprint;
  Output out = Strip1 Row Col;
  Factors Date = 3 width = 3 / noprint;
  Output out = Strip2
         Date cvals = ('D1' 'D2' 'D3')
         Width cvals = ('W1' 'W2' 'W3');
Run;
Data Strip2(drop = Date Width);
  Set Strip2;
  Treat = cat(Date,width);
Run;
Data Strip;
  Merge Strip1 Strip2;
Run;
Proc Transpose data = Strip(rename = (Col = _NAME_))
       out = Stripd(drop = _NAME_);
  By Row;
  Var Treat;
Run;
Proc Print data = Stripd noobs;
Run;
```

程序简要说明:

Plan 为试验设计过程,第一个 Factors 定义横向区组 Row 和竖向区组 Col 及其水平数,默认为数值水平,ordered 指定按顺序生成水平,Output 输出试验设计结果;第二个 Factors 定义横向区组因子栽培期(Date)和竖向区组因子垄宽(Width)及其水平数,cvals 定义因子为字符型水平值及其具体值;cat( )函数为字符串合并函数,Merge 为竖向合并数据集,Transpose 为数据转置过程,Print 为输出过程,输出条区设计数据集 Stripd。

此段 SAS 程序每运行一次生成一个重复区组的设计,重复运行 4 次即可得到 4 个重复区组。程序运行结果如图 6.5 所示:

区组1

	W1	W3	W2
D2	D2W1	D2W3	D2W2
D1	D1W1	D1W3	D1W2
D3	D3W1	D3W3	D3W2

区组2

	W2	W1	W3
D1	D1W2	D1W1	D1W3
D3	D3W2	D3W1	D3W3
D2	D2W2	D2W1	D2W3

区组3

	W2	W3	W1
D3	D3W2	D3W3	D3W1
D1	D1W2	D1W3	D1W1
D2	D2W2	D2W3	D2W1

区组4

	W3	W1	W2
D1	D1W3	D1W1	D1W2
D2	D2W3	D2W1	D2W2
D3	D3W3	D3W1	D3W2

图 6.5　甘薯产量试验条区设计田间排列

6.2.3　条区设计的统计分析

条区设计试验的统计分析需采用方差分析，其方差分析表由三部分构成，分别是横向区组效应的检验、竖向区组效应的检验和交互作用的检验，每一部分均有需要检验的效应项和误差项。

设有两个试验因子的条区设计，横向区组因子 A，有 a 个水平，竖向区组因子为 B，有 b 个水平，设置 r 个重复区组 $Block$，则该试验共有 rab 个观测值。则其统计分析模型为：

$$y_{ijk}=\mu+\gamma_k+\alpha_i+\delta_{ik}+\beta_j+\varphi_{jk}+\alpha\beta_{ij}+\varepsilon_{ijk},\quad i=1,2,\cdots,a;j=1,2,\cdots,b;k=1,2,\cdots,r$$

式中，y_{ijk} 为试验指标观测值，μ 为总平均值，γ_k 为第 k 个区组 $Block$ 的效应，α_i 为横向区组因子 A 第 i 个水平的效应，δ_{ik} 为横向区组误差，服从 $N(0,\sigma_\delta^{\ 2})$，β_j 为竖向区组因子 B 第 j 个水平的效应，φ_{jk} 为竖向区组误差，服从 $N(0,\sigma_\varphi^{\ 2})$，$\alpha\beta_{ij}$ 为因子 A 和 B 的交互效应，ε_{ijk} 为交互作用随机误差，服从 $N(0,\sigma_\varepsilon^{\ 2})$。其方差分析如表 6.3 所示。

表 6.3　条区设计的方差分析表

变异来源	自由度(df)	平方和(SS)	均方(MS)	F 统计量	显著性
$Block$	$r-1$	SS_R	MS_R		
A	$a-1$	SS_A	MS_A	MS_A/MS_{Ea}	
误差(E_a)	$(r-1)(a-1)$	SS_{Ea}	MS_{Ea}		
B	$b-1$	SS_B	MS_B	MS_B/MS_{Eb}	
误差(E_b)	$(r-1)(b-1)$	SS_{Eb}	MS_{Eb}		
$A\times B$	$(a-1)(b-1)$	SS_{AB}	MS_{AB}	MS_{AB}/MS_E	
误差(E)	$(r-1)(a-1)(b-1)$	SS_E	MS_E		
裂区总和	$abr-1$	SS_T			

条区设计的方差分析表 6.3 中，上半部分为横向区组的方差分析，考察的效应为横向区组因子(A)，其误差项为 E_a；中间部分为竖向区组的方差分析，考察的效应为竖向区组因子(B)，

其误差项为 E_b；下半部分为交互作用部分的方差分析，考察的效应为交互作用($A\times B$)，其误差项为 E。

对于例 6.5 的甘薯产量试验，其产量(kg/80m^2)数据如图 6.6 所示。

区组1

	W1	W3	W2
D2	376	455	480
D1	386	476	496
D3	355	433	446

区组2

	W2	W1	W3
D1	549	396	492
D3	533	388	482
D2	540	406	512

区组3

	W2	W3	W1
D3	413	334	201
D1	469	436	298
D2	436	398	280

区组4

	W3	W1	W2
D1	458	366	474
D2	434	356	465
D3	413	333	425

图 6.6　甘薯产量试验的试验数据

对于图 6.6 的甘薯产量试验数据，整理成可以分析的试验数据如表 6.4 所示。

表 6.4　甘薯产量试验条区设计的试验数据

Block	*Date*	*Width*	*Yield*
1	D2	W1	376
1	D2	W3	455
1	D2	W2	480
1	D1	W1	386
1	D1	W3	476
1	D1	W2	496
1	D3	W1	355
1	D3	W3	433
1	D3	W2	446
2	D1	W2	549
2	D1	W1	396
2	D1	W3	492
2	D3	W2	533
2	D3	W1	388
2	D3	W3	482
2	D2	W2	540
2	D2	W1	406
2	D2	W3	512

续表6.4

Block	*Date*	*Width*	*Yield*
3	D3	W2	413
3	D3	W3	334
3	D3	W1	201
3	D1	W2	469
3	D1	W3	436
3	D1	W1	298
3	D2	W2	436
3	D2	W3	398
3	D2	W1	280
4	D1	W3	458
4	D1	W1	366
4	D1	W2	474
4	D2	W3	434
4	D2	W1	356
4	D2	W2	465
4	D3	W3	413
4	D3	W1	333
4	D3	W2	425

使用 SAS 程序进行条区设计方差分析：

```
*SA6.5;
Data sweet_potato;
  Input Block Date$ Width$ Yield;
Cards;
1    D2  W1  376
1    D2  W3  455
1    D2  W2  480
1    D1  W1  386
1    D1  W3  476
1    D1  W2  496
1    D3  W1  355
1    D3  W3  433
1    D3  W2  446
2    D1  W2  549
2    D1  W1  396
2    D1  W3  492
```

```
2     D3   W2   533
2     D3   W1   388
2     D3   W3   482
2     D2   W2   540
2     D2   W1   406
2     D2   W3   512
3     D3   W2   413
3     D3   W3   334
3     D3   W1   201
3     D1   W2   469
3     D1   W3   436
3     D1   W1   298
3     D2   W2   436
3     D2   W3   398
3     D2   W1   280
4     D1   W3   458
4     D1   W1   366
4     D1   W2   474
4     D2   W3   434
4     D2   W1   356
4     D2   W2   465
4     D3   W3   413
4     D3   W1   333
4     D3   W2   425
;
Proc Mixed data = sweet_potato;
  Class Block Width Date;
  Model Yield = Width Date Width * Date;
  Random Block Block * Width Block * Date;
  LSMeans Width B /pdiff;
Run;
或
Proc Anova data = sweet_potato;
  Class Block Width Date;
  Model Yield = Block Width Date Block * Width Block * Date Width  * Date;
  Test H = Width E = Block * Width;
  Test H = Date E = Block * Date;
  Means Width /duncan E = Block * Width;
  Means Date /duncan E = Block * Date;
Run;
```

程序简要说明：

Data 定义数据集 sweet_potato，Input 定义变量 Block，Date，Width 和 Yield；Mixed 过程

和 Anova 过程都可以完成条区设计的方差分析，Mixed 过程语句比较简洁，误差项用 Random Block Block * Width Block * Date 指定，均值比较只能采用最小二乘法(LSMeans)；Anova 过程语句稍复杂，竖向区组部分效应检验需要 Test H=Width 指定，误差项为 E=Block * Width，横向区组部分效应检验需要 Test H=Date 指定，误差项为 E=Block * Date，Model 指定方差分析的模型为“试验指标=各项效应”的形式，可以用 Means 进行主效应的均值比较，输出结果有更好的易读性。

Anova 过程的主要运行结果：

ANOVA 过程

因变量:Yield

源	自由度	平方和	均方	F 值	Pr>F
模型	23	197995.500	8608.500	74.40	<.0001
误差	12	1388.3889	115.6991		
校正合计	35	199383.8889			

R 方	变异系数	均方根误差	Yield 均值
0.993037	2.549234	10.75635	421.9444

源	自由度	Anova 平方和	均方	F 值	Pr>F
Block	3	61176.5556	20392.1852	176.25	<.0001
Width	2	113104.3889	56552.1944	488.79	<.0001
Date	2	12846.8889	6423.4444	55.52	<.0001
Block * Width	6	6444.2778	1074.0463	9.28	0.0006
Block * Date	6	4227.7778	704.6296	6.09	0.0040
Width * Date	4	195.6111	48.9028	0.42	0.7894

使用 Anova MS 作为 Block * Width 的误差项的假设检验

源	自由度	Anova 平方和	均方	F 值	Pr>F
Width	2	113104.3889	56552.1944	52.65	0.0002

使用 Anova MS 作为 Block * Date 的误差项的假设检验

源	自由度	Anova 平方和	均方	F 值	Pr>F
Date	2	12846.88889	6423.44444	9.12	0.0152

Duncan's Multiple Range Test for Yield

Alpha	0.05
Error Degrees of Freedom	6
Error Mean Square	1074.046

Number of Means	2	3
Critical Range	32.74	33.93

Duncan 分组	均值	N	Width
A	477.17	12	W2
B	443.58	12	W3
C	345.08	12	W1

```
Alpha                          0.05
Error Degrees of Freedom          6
Error Mean Square          704.6296

  Number of Means      2       3
  Critical Range   26.52   27.48

  Duncan 分组    均值    N   Date
       A       441.33   12   D1
       A       428.17   12   D2
       B       396.33   12   D3
```

程序分析结果表明:横向区组因子栽培期间产量存在显著差异($Date, df=2, F=9.12, P=0.015<0.05$)。横向区组的误差项为 Block * Date,自由度为 6,平方和为 4 227.778,均方为 704.630。

竖向区组因子垄宽间产量存在极显著差异($Width, df=2, F=52.65, P=0.000\ 2<0.01$)。竖向区组的误差项为 Block * Width,自由度为 6,平方和为 6 444.277 8,均方为 1 074.046 3。

垄宽和栽培期的交互作用不显著($Width \times Date, df=4, F=0.42, P=0.789>0.05$),其误差项自由度为 12,平方和为 1 388.388 9,均方为 115.699 1,此误差项均方明显小于横向区组和竖向区组的误差项均方。

从 Duncan 法均值比较来看:在 0.05 的显著水平下,垄宽 W2 的产量显著优于 W3 和 W1,W3 的产量显著优于 W1,最佳垄宽为 W2(60cm)。栽培期 D1 和 D2 的产量不存在显著差异,但它们的产量显著优于 D3,栽培期选择在 D1(5 月 16 日)和 D2(6 月 6 日)之间均可。

第 7 章　不完全区组设计

根据局部控制的原则，在一些试验条件本身存在不均匀性，需要进行设置区组的科学试验中，如果区组的容量足够大，可以容纳所有的处理时，就按照前述区组设计的方法进行试验设计。但由于试验条件的限制，区组容量不够大，不能容纳全部处理时，可以按照一定的规则在每个区组中只安排一部分处理，这样的试验设计被称为不完全区组设计（IBD，Incomplete Block Design）。

应用不完全区组设计的主要原因有以下两种：

①试验处理过多，若安排在一个区组，则区组容量过大，试验误差也会随着区组增大而不断加大，最终导致区组控制失败。

②受试验条件本身的限制，区组容量有限，不能容纳所有的处理。

本章着重介绍比较常用的三种不完全区组设计方法：平衡不完全区组设计、格子设计和尤敦方设计。

7.1　平衡不完全区组设计

7.1.1　平衡不完全区组设计概述

在试验设计中，平衡性是指任何两个处理共同出现在同一区组中的次数相同，或两个处理相遇在同一区组中的次数相同。试验的平衡性是一种优良性质，在试验设计中应尽量满足平衡性，这对试验设计的精度和统计分析的功效均大有益处，满足平衡性的设计称为平衡设计。前述的完全随机设计、随机完全区组设计、拉丁方设计和双向区组设计等均属于平衡设计。

在不完全区组设计中，完全满足平衡性的设计称为平衡不完全区组设计（BIBD，Balanced Incomplete Block Design），也简称为 BIB 设计。满足部分平衡性的设计称为部分平衡不完全区组设计（PBIBD，Partial Balanced Incomplete Block Design）。

平衡不完全区组设计有 5 个参数描述，如下所示：

t：试验中的处理数；

k：区组容量，即不完全区组中的试验单元数；

b：试验中的不完全区组数；

r：每个处理的重复数；

λ：任意一对处理在同一区组中相遇的次数。

将 t 个处理安排进 b 个区组的平衡不完全区组设计，必须满足以下三个条件：

①每个区组都包含 k 个不同处理；

②每个处理都在 r 个不同区组中出现；

③任何一对处理都在 λ 个不同区组中相遇。

从这些条件中可以看出，t 个处理的重复数都相同，任一处理与其他处理在相同条件下进行比较的次数相同，这样每一个处理都可以得到公平的比较。

平衡不完全区组设计中 5 个参数必须满足如下三个关系式：

①总试验单元数 $n=tr=bk$

②$r(k-1)=\lambda(t-1)$

③$b\geqslant t\geqslant k, b\geqslant r\geqslant k$

平衡不完全区组设计的 5 个参数中，仅需确定 3 个便可以确定一个设计方案，其余 2 个参数可根据上述关系式计算出来。如 $t=6, k=3$ 时，有 $b=10$ 和 $b=20$ 两种平衡不完全区组设计可以选择。

当 $b=t$ 时，则称这样的平衡不完全区组设计为拜尔设计，或者称为对称的平衡不完全区组设计。

【例 7.1】 一个参数为 $t=6, k=3, b=10, r=5, \lambda=2$ 的平衡不完全区组设计，如表 7.1 所示。

表 7.1　6 处理 10 区组的平衡不完全区组设计表

		Block									
		1	2	3	4	5	6	7	8	9	10
Treat	A	A	A	A	A	A					
	B	B	B				B	B	B		
	C			C	C		C	C		C	
	D			D		D	D		D		D
	E	E				E		E		E	E
	F		F		F				F	F	F

在表 7.1 的平衡不完全区组设计表中，从行分析，该设计共有 6 个处理，每个处理均重复 5 次；从列分析，该设计共有 10 个区组，每个区组的容量均为 3；从处理对分析，每个处理对均出现在 2 个区组中，如 A 和 D 这对处理，它们同时出现在第 3 和第 5 区组中。

平衡不完全区组设计适用于单因子有多个处理且因子和区组间不存在显著交互作用的试验，而不能用于复因子的试验。

7.1.2　平衡不完全区组设计的实现

假设一个试验有 t 个处理，而每个区组仅能容纳 k 个处理（$k<t$），则理论上可以通过排列组合的方法构造出包含 b 个区组组成的平衡不完全区组设计，其中区组数量 b 为：

$$b=C_t^k=\frac{t!}{k!(t-k)!}$$

随着处理数 t 和区组容量 k 的增加，区组数量 b 迅速增加，如果 b 值不太大，可以用作平衡不完全区组设计，但当 b 值过大时，区组众多则不适合作为平衡不完全区组设计，这时就需要区组数量小一些的设计方案。一般而言，可以通过数学上的一些特定方法构造出区组数量少于理论值的平衡不完全区组设计。时至今日，统计学家们已经找到很多个这样的平衡不完全区组设计的实施方案。

例如，使用正交拉丁方组设计法、不完全区组循环设计法、不完全区组广义循环设计法、不完全区组互补设计法、不完全区组剩余设计法及衍生设计法等，均能得到一些区组数相对较少的平衡不完全区组设计。

一些常用的平衡不完全区组设计详见附表 3，可以直接查表进行设计。在具体试验实施时，将查表得到的设计作为基础方案，先进行区组的随机化以及区组内处理的随机化，之后才可安排试验。

此外，还可以使用软件实现一些常用的平衡不完全区组设计，使用软件设计得到的结果通常已经完成了随机化，可直接用于安排试验。在使用 SAS 软件进行设计时，需要提供 t，k，b 三个参数，可以确定唯一的一个平衡不完全区组设计。而使用 R 软件进行设计时，只需提供 t，k 两个参数，得到的是一个区组数 b 较小的平衡不完全区组设计。

需要说明的是，对于采用不同软件实现的平衡不完全区组设计方案，得到的设计方案之间，以及和教材的设计方案相比，可能会存在一些不同，这可能仅仅是处理的编码方式不同，但都满足平衡不完全区组设计的基本性质，在使用上没有本质区别。例如将一个设计方案中的编码 5 和编码 7 互换之后，可能与另一个设计方案相同。

【例 7.2】　某地现有 5 个玉米品种(*Treat*)进行产量比较试验，参与试验的农场有 10 个，由于试验条件的限制，每个农场只能安排 3 个玉米品种的试验，参与试验的每个农场的试验条件都被认可，但不同农场的试验条件却存在一些差异，因此可将每个农场看作一个区组，每个区组包含 3 个处理。本试验使用 $t=5$，$k=3$，$b=10$，$r=6$，$\lambda=3$ 的平衡不完全区组设计。

使用 SAS 程序实现 $t=5$，$k=3$，$b=10$ 的 BIB 设计：

1.使用 SAS 宏程序实现设计

```
* SD7.1;
% mktbsize(t = 5,k = 3,b = 6 to 20);
% mktbibd(t = 5,k = 3,b = 10);
Proc Print data = BIBD;
Run;
```

程序简要说明：

需要先运行内置宏程序%mktbsize( )，参数 t 为处理数，k 为区组容量，b 为区组数，在 b 的值在 6 到 20 范围内进行搜索，后运行内置宏程序%mktbibd( )，得到 b=10 的结果；Print 为输出过程，输出设计结果数据集 BIBD。

程序运行结果如表 7.2 所示，表中 *Obs* 为区组，x1～x3 为处理编号。

表 7.2　玉米品种产量比较试验的 BIB 设计表 1

Obs	x1	x2	x3
1	3	4	2
2	2	1	5
3	5	3	2
4	4	5	3
5	1	5	4
6	2	4	1
7	5	1	3
8	1	3	4
9	3	2	1
10	4	2	5

2.使用 SAS 的 Optex 过程实现设计

```
*SD7.2;
%Let t=5;
%Let k=3;
%Let b=10;
Data T;
  Do T=1 to &t;
    Output;
  End;
Run;
Proc Optex data=T noprint;
  Class T;
  Model T;
  Blocks structure=(&b)&k;
  Output out=BIB blockname=Block;
Run;
Proc Transpose data=BIB out=BIBD(drop=_NAME_) prefix=T;
  by Block;
  var T;
Run;
Proc Print data=BIBD noobs;
Run;
```

程序简要说明：

变量 t 为处理数，k 为区组容量，b 为区组数，Optex 为实现平衡不完全区组设计的优化过程，Transpose 为整理数据的转置过程，Print 为输出过程，输出设计结果数据集 BIBD。

程序运行结果如表7.3所示，表中 *Block* 为区组，T1～T3为处理编号。

表7.3　玉米品种产量比较试验的BIB设计表2

Block	T1	T2	T3
1	4	3	2
2	5	3	2
3	5	4	1
4	4	3	1
5	1	2	4
6	4	3	5
7	1	2	5
8	5	3	1
9	2	4	5
10	2	3	1

同理，在某些科学试验中，由于试验条件的限制，区组容量不够大，可以考虑采用平衡不完全区组设计。如试验材料或试剂的批次不同，每个批次的数量都不够多，或者不同来源的试验动物数量有限等，均可考虑平衡不完全区组设计。

【例7.3】 欲研究6种不同剂型(T)的药物治疗佝偻病的疗效，选择15窝小鼠参加试验，每窝取出4只合格的小鼠。由于每窝参试的小鼠数量少于药剂的水平数，因此只能采用平衡不完全区组设计，把每窝小鼠看成一个区组，每个区组包含4个处理。

这个平衡不完全区组设计试验的设计参数为：$t=6$，$k=4$，$b=15$，$r=10$，$\lambda=6$，使用SAS程序实现设计如下。

1.使用SAS宏程序实现设计

```
* SD7.3;
%mktbsize(t = 6, k = 4, b = 10 to 20);
%mktbibd(t = 6, k = 4, b = 15);
Proc Print data = BIBD;
Run;
```

程序说明同例7.2，试验设计方案如表7.4所示。

表7.4　小鼠佝偻病试验的BIB设计表1

Obs	x1	x2	x3	x4
1	4	5	6	1
2	1	2	6	4
3	5	1	2	3
4	6	3	2	1

续表7.4

Obs	x1	x2	x3	x4
5	2	4	3	6
6	5	6	4	2
7	3	1	5	6
8	4	1	2	5
9	6	4	5	3
10	2	3	1	4
11	5	6	1	2
12	4	6	3	1
13	3	5	6	2
14	1	4	5	3
15	3	2	4	5

2.使用 SAS 的 Optex 过程实现设计

```
* SD7.4;
%Let t=6;
%Let k=4;
%Let b=15;
Data T;
  Do T=1 to &t;
    Output;
  End;
Run;
Proc Optex data=T noprint;
  Class T;
  Model T;
  Blocks structure=(&b)&k;
  Output out=BIB blockname=Block;
Run;
Proc Transpose data=BIB out=BIBD(drop=_NAME_) prefix=T;
  by Block;
  var T;
Run;
Proc Print data=BIBD noobs;
Run;
```

程序说明同例 7.2,试验设计方案如表 7.5 所示。

表 7.5　小鼠佝偻病试验的 BIB 设计表 2

Block	T1	T2	T3	T4
1	4	1	3	5
2	3	6	2	5
3	3	2	4	6
4	3	2	1	5
5	4	6	1	5
6	4	6	2	1
7	4	5	2	6
8	6	1	2	3
9	5	3	6	1
10	1	4	6	3
11	2	5	4	1
12	2	4	5	3
13	5	1	2	6
14	6	3	4	5
15	1	4	3	2

7.1.3　平衡不完全区组设计的统计分析

平衡不完全区组设计的统计分析需用方差分析，假设因子 T 有 t 个处理，不完全区组 *Block* 有 b 个，区组的容量为 k，则其统计分析模型为：

$$y_{ij}=\mu+\beta_j+\tau_i+\varepsilon_{ij}, \quad i=1,2,\cdots,t;j=1,2,\cdots,b$$

式中，y_{ij} 为试验指标观测值，μ 为总平均值，β_j 为第 j 个区组的效应，τ_i 为因子第 i 个处理的效应，ε_{ij} 为随机误差，服从 $N(0,\sigma^2)$。其方差分析如表 7.6 所示。

表 7.6　平衡不完全区组设计的方差分析表

变异来源	自由度(df)	平方和(SS)	均方(MS)	F 统计量	显著性
Block	$b-1$	SS_B	MS_B		
T	$t-1$	SS_t(修正)	MS_t(修正)	MS_t/MS_E	
误差(E)	$b(k-1)-t+1$	SS_E	MS_E		
总和	$bk-1$	SS_T			

注：因为不同的处理出现在不同区组中，处理的平方和及均方的计算均需要修正。

由于平衡不完全区组设计的每个处理均和其他处理存在于不同的区组中，所以每个处理的效应中不可避免地混杂了区组效应，但可以用区组效应去矫正处理的效应，进而得到更接近于真实值的处理效应。矫正计算过程比较复杂，现在一般由统计软件进行平衡不完全区组设计的方差分析，同时自动进行矫正计算。

例 7.2 玉米品种产量比较试验的数据如表 7.7 所示。

表 7.7 BIB 设计作物品种试验数据 kg

Block	*T*1	*T*2	*T*3	*T*4	*T*5
1		21.3	16.0		13.1
2		30.9		46.6	35.6
3	60.2		39.1		33.2
4	54.2	51.0	33.1		
5		25.7	34.5	30.6	
6	44.3			31.6	14.0
7	28.1	36.6		46.6	
8	50.9		18.1	54.4	
9	58.7	42.6			38.6
10			39.4	55.3	44.6

使用 SAS 程序实现例 7.2 BIB 设计的方差分析：

```
* SA7.2;
Data maize;
  Input Block Treat Yield;
Cards;
1  1  54.2
1  2  51.0
1  3  33.1
2  2  25.7
2  3  34.5
2  4  30.6
3  3  39.4
3  4  55.3
3  5  44.6
4  1  44.3
4  4  31.6
4  5  14.0
5  1  58.7
5  2  42.6
5  5  38.6
6  1  28.1
6  2  36.6
6  4  46.6
7  2  21.3
```

```
7   3   16.0
7   5   13.1
8   1   50.9
8   3   18.1
8   4   45.4
9   2   30.9
9   4   46.6
9   5   35.6
10  1   60.2
10  3   39.1
10  5   33.2
;
Proc GLM data = maize;
  Class Block Treat;
  Model Yield = Block Treat /SS1;
  LSMeans Treat /pdiff;
Run;
```

程序简要说明：

Data 定义数据集 maize，Input 定义变量 Block，Treat 和 Yield；GLM 为一般线性模型过程，在此用于平衡不完全区组设计的方差分析，Class 指定试验因子，Model 指定方差分析的模型为“试验指标＝各项效应”的形式，SS1 为方差分析过程中需要计算第一种类型的平方和，LSMeans 指定使用最小二乘法进行均值比较，此方法可以对每个作物品种的平均产量进行自动矫正，并进行均值比较。

程序主要运行结果：

GLM 过程

因变量:Yield

源	自由度	平方和	均方	F 值	Pr>F
模型	13	4033.831000	310.294692	5.52	0.0009
误差	16	899.152000	56.197000		
校正合计	29	4932.983000			

R 方	变异系数	均方根误差	Yield 均值
0.817727	20.08161	7.496466	37.33000

源	自由度	I 型平方和	均方	F 值	Pr>F
Block	9	2458.503000	273.167000	4.86	0.0030
Treat	4	1575.328000	393.832000	7.01	0.0019

最小二乘均值

Treat	Yield LSMEAN	LSMEAN 号
1	48.1900000	1
2	36.0300000	2
3	28.9900000	3
4	44.6300000	4
5	28.8100000	5

效应"Treat"的最小二乘均值

Pr>|t|(针对 H0):LSMean(i) = LSMean(j)

因变量:Yield

i/j	1	2	3	4	5
1		0.0208	0.0009	0.4636	0.0009
2	0.0208		0.1570	0.0885	0.1473
3	0.0009	0.1570		0.0045	0.9702
4	0.4636	0.0885	0.0045		0.0042
5	0.0009	0.1473	0.9702	0.0042	

程序分析结果表明:区组间产量存在极显著差异($Block$,$df=9$,$F=4.86$,$P=0.003<0.01$),即 10 个农场间试验条件存在极显著差异;处理间产量存在极显著差异($Treat$,$df=4$,$F=7.01$,$P=0.002<0.01$),即 5 个玉米品种间产量(矫正后)存在极显著差异。

最小二乘法均值比较(LSMeans)结果显示,5 个玉米品种的产量已经进行过矫正,在 0.05 的显著水平下,品种 1 和品种 4 的产量不存在显著差异,但品种 1 的产量显著优于品种 2、品种 3 和品种 5,品种 4 的产量显著优于品种 3 和品种 5,优先推荐品种 1,其次为品种 4。

7.2 格子设计

在农业或生物学试验设计中,经常会遇到由于试验处理比较多,或者受试验条件有限,而在一个区组中容纳不了很多试验处理的情况。如果处理数在 20 个之内,可以考虑采用平衡不完全区组设计,如果处理数多于 20 个,这时只能考虑其他的试验设计方法安排试验。

例如,在作物育种试验中,可以有几十个乃至上百个品系、杂交子代或无性系,此时的处理数特别多。若采用完全区组设计,过多的处理数会导致区组过大,区组控制失败,带来很大的试验误差,即使采用平衡不完全区组设计也无法实现,此时只能采用一种新的试验设计方法——格子设计。

7.2.1 格子设计概述

格子设计(LD,Lattice Design)最早由英国统计学家 Frank Yates 于 1936 年提出,常用于植物育种中品系较多时的测试比较试验,现广泛用于各项农业育种试验中。

格子设计是不完全区组设计的一种,主要适用于单因子大量处理的比较试验,其处理数可以为十几、几十乃至上百个,基本原理是应用较小的区组,控制区组内的同质性来提高试验精度。格子设计试验的主要目的是从大量的处理中筛选出少量的优势处理,以便对少量优势处理进行更深入的研究。

格子设计特别适用于品种资源研究试验,育种的中间阶段具有很多新品系的比较试验,以及林木和果树育种的试验。尤其是需要较大试验单元,而区组容量有限时,格子设计更加具有实用价值。除了农业育种试验,在其他专业领域,只要存在大量处理,而又需要比较处理的优劣时,也可以借鉴格子设计。

格子设计按照处理数 t 和区组容量 k 的数量关系可以分为以下几种类型:

①当 $t=k^2$ 时,为平方格子设计;

②当 $t=k(k+1)$时，为矩形格子设计；

③当 $t=k^3$时，为立方格子设计；

④当 $t=k^4$时，为四维格子设计；

⑤当 $t=k(k+m)$时，为广义矩形格子设计。

在这些格子设计方法中，平方格子设计和矩形格子设计最为常用，下面主要介绍这两种格子设计方法。

7.2.2　平方格子设计

在格子设计中，不完全区组的容量为 k，若每一重复内含有 k^2个处理，则称其为平方格子设计(SLD，Square Lattice Design)。每一个重复由不同的构造方法分组而形成，即基本分组法。基本分组法包括按行分组法、按列分组法和正交拉丁方分组法。

采用基本分组法对平方格子设计进行处理分组以及重复设计，使每一对处理在同一区组中相遇一次，从而形成平衡平方格子设计，否则就是不平衡平方格子设计。

平衡平方格子设计和不平衡平方格子设计的主要区别在于：

①平衡平方格子设计的重复数比较严格，且重复数通常比较多，而不平衡平方格子设计的重复数可根据实际情况少量选取。

②在比较处理间的差异时，平衡平方格子设计的精度高于不平衡平方格子设计。

7.2.2.1　平衡格子设计

平衡平方格子设计简称平衡格子设计(BLD，Balanced Lattice Design)，其任意两个处理在同一区组中相遇的次数均相同，它需要由以下四个参数描述：

t：处理数；

k：不完全区组的容量；

r：重复次数；

b：不完全区组数。

平衡格子设计的参数严格满足以下三个条件：

①处理数 $t=k^2$；

②重复数 $r=k+1$；

③不完全区组数 $b=k\times r=k(k+1)$。

常用的平衡格子设计的参数如表7.8所示，具体设计方案见附表4平方格子设计表。

表7.8　常用平衡平方格子设计参数表

处理数 t	9	16	25	49	64	81	121
区组容量 k	3	4	5	7	8	9	11
重复数 r	4	5	6	8	9	10	12
区组数 b	12	20	30	56	72	90	132

需要注意的是，当处理数 $t=36$、区组容量 $k=6$ 时，不存在平衡格子设计，因为在构造平衡格子时，需要用到正交拉丁方组，而6阶拉丁方由于不存在正交拉丁方组，而无法构造平衡格子设计。当区组容量为10，12，14或15等非素数或素数整数幂时，其正交拉丁方组较少，也

无法构造平衡格子设计。

平衡格子处理数必为整数的平方数，如 9，16，25，49，64，81，121 等，若某个试验的处理数不是平方数，但向上接近某个平方数时，可以采用增加对照或较有希望的处理，从而向上凑成某个平方数。若其处理数向下接近平方数时，可以采用减少没有希望的处理，从而向下凑成某个平方数。

【例 7.4】 这是一个 $t=9,k=3,b=12,r=4$ 的平衡格子设计的例子，也称为 3×3 平衡平方格子设计，如表 7.9 所示。

表 7.9 3×3 平衡平方格子设计

区组	重复 1			区组	重复 2			区组	重复 3			区组	重复 4		
(1)	1	2	3	(4)	1	4	7	(7)	1	5	9	(10)	1	6	8
(2)	4	5	6	(5)	2	5	8	(8)	2	6	7	(11)	2	4	9
(3)	7	8	9	(6)	3	6	9	(9)	3	4	8	(12)	3	5	7

该平衡平方格子设计有 4 个重复，12 个不完全区组，每个重复包含 3 个不完全区组，每个不完全区组包含 3 个处理，每个重复有 9 个处理。

1.平衡格子设计的实现

对于平衡格子设计，当区组容量 k 为大于 2 的素数或素数的整数次幂时，如 3，4，5，7，8，9 等，可以通过附表 4 直接得到相应的平衡格子设计，也可以通过软件设计。

【例 7.5】 某地小麦品种产量比较试验，参与试验的小麦品种有 9 个，由于试验场地的土地肥力不均匀，不能安排容量足够大的区组，可以考虑采用 3×3 平衡平方格子设计。

(1)查表法

查阅附表 4.1 可得 3×3 平衡平方格子设计表，其参数为 $t=9,k=3,b=12,r=4$，并将其作为基础方案，如表 7.9 所示。然后要依次进行重复的随机化、重复内区组的随机化和区组内处理的随机化，之后才能用于安排试验。

①重复的随机化。对 4 个重复随机化得到重复编号顺序为：3、1、4、2，则得到结果如表 7.10 所示。

表 7.10 3×3 平衡平方格子设计

区组	重复 3			区组	重复 1			区组	重复 4			区组	重复 2		
(7)	1	5	9	(1)	1	2	3	(10)	1	6	8	(4)	1	4	7
(8)	2	6	7	(2)	4	5	6	(11)	2	4	9	(5)	2	5	8
(9)	3	4	8	(3)	7	8	9	(12)	3	5	7	(6)	3	6	9

②重复内区组的随机化。对 4 个重复内区组随机化得到编号顺序分别为：第一重复 9、8、7；第二重复 2、1、3；第三重复 11、12、10；第四重复 4、6、5。则得到结果如表 7.11 所示。

表 7.11　3×3 平衡平方格子设计

区组	重复 3			区组	重复 1			区组	重复 4			区组	重复 2		
(9)	3	4	8	(2)	4	5	6	(11)	2	4	9	(4)	1	4	7
(8)	2	6	7	(1)	1	2	3	(12)	3	5	7	(6)	3	6	9
(7)	1	5	9	(3)	7	8	9	(10)	1	6	8	(5)	2	5	8

③区组内处理的随机化。对区组内重复随机化得到结果如表 7.12 所示。

表 7.12　3×3 平衡平方格子设计

区组	重复 3			区组	重复 1			区组	重复 4			区组	重复 2		
(9)	8	3	4	(2)	4	6	5	(11)	4	9	2	(4)	4	1	7
(8)	2	7	6	(1)	3	2	1	(12)	3	5	7	(6)	3	9	6
(7)	5	9	1	(3)	8	9	7	(10)	6	8	1	(5)	8	5	2

表 7.12 的设计方案即为最终用于田间试验安排的 3×3 平衡平方格子设计试验方案。

(2)软件法

例 7.5 的 3×3 的平衡平方格子设计的 SAS 程序如下：

```
* SD7.5 ;
** 定义宏函数 Lattice(k) ;
% Macro Lattice(k);
% Let r = % eval(&k + 1);
% Let k2 = % eval(&k * &k);
% Let one = 1;
% If &k < 4 % then % let one = 2;

Proc Factex;
   Factors x1 - x&r / nlev = &k;
   Size design = &k2;
   Model r = 3;
   Output out = a;
Run;
Data b;
   Keep Rep Block Plot t;
   array x{&r} x1 - x&r;
   do Rep = 1 to &r;
      do Block = 1 to &k;
         Plot = 0;
         do n = 1 to &k2;
            set a point = n;
            if (x{rep} = Block - &one) then do;
               t = n;
```

```
                    Plot = Plot + 1;
                    output;
                end;
            end;
        end;
    end;
    stop;
Run;
Data _null_;
    array s{&k} s1 - s&k;
    file print;
    n = 1;
    do r = 1 to &r;
        put "Replication " r 2.0 ":";
        do b = 1 to &k;
            do p = 1 to &k;
                set b point = n;
                s{Plot} = t;
                n = n + 1;
            end;
            put "   Block " b 2.0 ":" (s1 - s&k) (4.0);
        end;
        put;
    end;
    stop;
Run;
%Mend Lattice;
** 调用宏函数 Lattice(k) ;
%Lattice(k = 3);
```

程序简要说明：

%Macro Lattice(k)定义名称为 Lattice 的宏函数，其参数 k 为区组容量，r 定义重复数；Factex 为析因设计过程，model r=3 定义分辨度为 3 的模型，%Mend Lattice 为宏函数 Lattice 的结束，%Lattice(k=3) 运行带参数 k 的宏函数 Lattice，其中参数 k 只能取大于 2 的素数或素数的整数次幂，如 3,4,5,7,8,9,11,13,16 等。

运行 SAS 程序得到 3×3 平衡平方格子设计的基础方案如下：

```
Replication  1:
  Block  1:  1  2  3
  Block  2:  4  5  6
  Block  3:  7  8  9
Replication  2:
  Block  1:  1  4  7
```

```
  Block 2: 2 5 8
  Block 3: 3 6 9
Replication 3:
  Block 1: 1 6 8
  Block 2: 3 5 7
  Block 3: 2 4 9
Replication 4:
  Block 1: 1 5 9
  Block 2: 3 4 8
  Block 3: 2 6 7
```

同样,依次进行重复的随机化、重复内区组的随机化和区组内处理的随机化后,方能用于安排试验。

2.平衡格子设计的统计分析

平衡格子设计也是不完全区组的一种,其分析方法需要采用方差分析,共有四种变异来源,即重复间变异、重复内区组间变异、处理间变异和误差变异。但是,其区组变异中混杂着处理效应,不同区组的处理不相同;而处理变异中也混杂着区组效应,不同处理可能在不同的区组。因此,在方差分析计算区组变异时需消去处理效应,以获得试验误差的无偏估计,而在多重比较时则需矫正各处理的产量,以消去区组效应。

上述原则适用于所有的格子设计,不同格子设计在分析上的差别仅是消去处理和区组效应的具体方法有所不同,具体的实现过程由软件自动实现。

平衡格子设计的方差分析表如表 7.13 所示。

表 7.13 平衡格子设计的方差分析表

变异来源	自由度(df)	平方和(SS)	均方(MS)	F 统计量
重复	$r-1$	SS_r	MS_r	
重复内区组(修正)	$r(k-1)$	SS_B(修正)	MS_B(修正)	
处理(未修正)	k^2-1	SS_t	MS_t	MS_t/MS_e
区组内误差	$(k-1)(rk-k-1)$	SS_e	MS_e	
随机完全区组误差	$(r-1)(k^2-1)$	SS_{EB}	MS_{EB}	
总和	rk^2-1	SS_T		

对于平衡格子设计的方差分析,由于处理数和不完全区组都很多,试验条件变异大,试验误差大,可能会影响处理间的显著性,试验的主要目的是从大量的处理中筛选出少量的优势处理,以便进行下一步的深入研究,所以通常更关注修正后处理的均值比较,可以直接从均值中筛选部分优良处理进行下一步试验。

例 7.5 的 3×3 平衡平方格子设计小麦品种产量比较试验的数据如表 7.14 所示,其中,括号内为品种编号,括号外为该品种的产量。

表 7.14　3×3 平衡平方格子设计小麦品种产量比较试验数据　　kg

区组	重复 3		
(9)	(8)17.2	(3)16.7	(4)15.0
(8)	(2)15.2	(7)16.2	(6)15.5
(7)	(5)12.7	(9)14.7	(1)14.7

区组	重复 1		
(2)	(4)19.2	(6)16.2	(5)18.2
(1)	(3)15.2	(2)13.0	(1)15.5
(3)	(8)15.2	(9)13.7	(7)18.2

区组	重复 4		
(11)	(4)16.2	(9)18.2	(2)15.5
(12)	(3)19.2	(5)16.5	(7)15.5
(10)	(6)14.2	(8)20.7	(1)14.0

区组	重复 2		
(4)	(4)17.2	(1)22.0	(7)17.5
(6)	(3)20.0	(9)15.5	(6)17.7
(5)	(8)18.7	(5)16.5	(2)15.2

例 7.5 的 3×3 平衡平方格子设计小麦品种比较试验方差分析的 SAS 程序：

```
*SA7.5;
Data wheat;
  Input Group Block Treatmnt Yield;
Cards;
3  1  8  17.2
3  1  3  16.7
3  1  4  15.0
3  2  2  15.2
3  2  7  16.2
3  2  6  15.5
3  3  5  12.7
3  3  9  14.7
3  3  1  14.7
1  1  4  19.2
1  1  6  16.2
1  1  5  18.2
1  2  3  15.2
1  2  2  13.0
1  2  1  15.5
1  3  8  15.2
1  3  9  13.7
1  3  7  18.2
4  1  4  16.2
4  1  9  18.2
4  1  2  15.5
4  2  3  19.2
4  2  5  16.5
4  2  7  15.5
4  3  6  14.2
```

```
4  3  8  20.7
4  3  1  14.0
2  1  4  17.2
2  1  1  22.0
2  1  7  17.5
2  2  3  20.0
2  2  9  15.5
2  2  6  17.7
2  3  8  18.7
2  3  5  16.5
2  3  2  15.2
;
Proc Lattice data = wheat;
  Var Yield;
Run;
```

程序简要说明：

Data 定义数据集 wheat，Input 定义变量 Group，Block，Treatmnt 和 Yield，变量 Group 为重复，Block 为不完全区组，Treatmnt 为处理，以上三个变量名为规定名称，不可改变，每一重复内的区组需要重新编号为 1～3。Yield 为小麦产量，Lattice 为格子设计的方差分析过程，Var 指定分析的试验指标变量。此分析方法可以对每个小麦品种的平均产量自动进行区组效应矫正。

程序主要运行结果：

The Lattice Procedure

Analysis of Variance forYield

Source	DF	Sum of Squares	Mean Square
Replications	3	30.0189	10.0063
Blocks within Replications (Adj.)	8	40.9115	5.1139
Component B	8	40.9115	5.1139
Treatments (Unadj.)	8	34.9456	4.3682
Intra Block Error	16	52.5896	3.2869
Randomized Complete Block Error	24	93.5011	3.8959
Total	35	158.47	4.5276

Additional Statistics forYield

Variance of Means in Same Block	1.8391
LSD at .01 Level	3.9610
LSD at.05 Level	2.8749
Efficiency Relative to RCBD	105.92

Adjusted Treatment

Means for Yield

```
Treatment    Mean
    1       16.8041
    2       14.7816
    3       17.9526
    4       16.4931
    5       15.9264
    6       15.6320
    7       16.7230
    8       18.2160
    9       15.6213
```

程序分析结果表明：误差项均方(3.287)和处理(小麦品种)间均方(4.368)相差不大，可能是由于试验条件变异大导致，可以不必关注。本试验的目的是在众多处理中筛选出少量的优选处理进行更进一步的深入研究，所以建议选择小麦品种 8(产量，18.216)和小麦品种 3(产量，17.953)等高产品种。

7.2.2.2　不平衡格子设计

不平衡平方格子设计简称不平衡格子设计(UBLD，UnBalanced Lattice Design)，也称为部分平衡格子设计(PBLD，Partial Balanced Lattice Design)。

不平衡格子设计不满足每一对处理在同一区组中相遇一次的条件，所以重复数没有严格的要求，可多可少，一般为了易于安排试验，通常采用较少重复数的不平衡格子设计。

常用的不平衡格子设计按照重复数分类可以分为：

①简单格子设计(Simple Lattice Design)：取平衡格子设计的前两个重复，如果加倍成四次、六次重复，则分别称为四次重复简单格子设计和六次重复简单格子设计。

②三重格子设计(Triple Lattice Design)：取平衡格子设计的前三个重复，如果加倍成六次、九次重复，则分别称为六次重复三重格子设计和九次重复三重格子设计。

③四重格子设计(Quadruple Lattice Design)：取平衡格子设计的前四个重复，如果加倍成八次重复，则称为八次重复四重格子设计。

④S 重格子设计(Multiple S Lattice Design)：取平衡格子的前 S 个重复构成的格子设计。

对于区组容量 $k=6$，10 和 12 等非素数或素数的整数次幂的平方格子，虽然不满足平衡性的条件，不存在平衡格子设计，但是存在不平衡的简单格子、三重格子或四重格子等设计。

1.不平衡格子设计的实现

【例 7.6】 某地安排一个 5×5 简单格子设计试验，安排 25 个大豆品种的产量比较试验，田间排列方式为 5×5 简单格子设计。

对于 5×5 简单格子设计的试验设计可以由以下两种方法实现：

(1)查表法

当区组容量 $k=6$，10 和 12 等非素数或素数的整数次幂时，可以直接查阅附表 4 中相应的不平衡格子设计表得到不平衡平方格子设计；当区组容量 k 为大于 2 的素数或素数的整数次幂时，可以查阅附表 4 中相应的平衡格子设计，按需要取前几个重复即可得到相应的不平衡格子设计。也可以通过软件实现大部分的不平衡格子设计。

对于查阅附表 4 得到的不平衡格子设计，同样要依次进行重复的随机化、重复内区组的随机化和区组内处理的随机化，之后才能用于安排试验。

对于例 7.6 的不平衡格子设计，查阅附表 4.3，可得 5×5 平衡平方格子设计表，取前 2 个重复即为简单格子设计，经过重复内区组的随机化和区组内处理的随机化，如表 7.15 所示。

表 7.15　5×5 简单格子设计大豆品种产量比较试验

区组	重复 1					区组	重复 2				
(1)	14	4	8	19	12	(6)	17	14	5	22	7
(2)	22	2	21	1	10	(7)	3	8	6	21	18
(3)	5	23	6	15	11	(8)	20	12	11	10	13
(4)	7	16	18	25	13	(9)	24	19	15	1	25
(5)	17	9	3	24	20	(10)	9	4	23	2	16

(2)软件法

使用 SAS 程序进行 5×5 简单格子设计，取重复数 $r=2$，设计程序如下：

```
* SD7.6;
** 定义宏函数 Lattice(k, r) ;
%Macro Lattice(k, r);
%Let r = %eval(&r);
%Let k2 = %eval(&k * &k);
%Let one = 1;
%If &k < 4 %then %let one = 2;

Proc Factex;
   Factors x1 - x&r / nlev = &k;
   Size design = &k2;
   Model r = 3;
   Output out = a;
Run;
Data b;
   Keep Rep Block Plot t;
   array x{&r} x1 - x&r;
   do Rep = 1 to &r;
      do Block = 1 to &k;
         Plot = 0;
         do n = 1 to &k2;
            set a point = n;
            if (x{rep} = Block - &one) then do;
               t = n;
               Plot = Plot + 1;
               output;
            end;
         end;
```

```
            end;
        end;
        stop;
    Run;
    Data _null_;
        array s{&k} s1-s&k;
        file print;
        n = 1;
        do r = 1 to &r;
            put "Replication " r 2.0 ":";
            do b = 1 to &k;
                do p = 1 to &k;
                    set b point = n;
                    s{Plot} = t;
                    n = n + 1;
                end;
                put "  Block " b 2.0 ":" (s1-s&k) (4.0);
            end;
            put;
        end;
        stop;
    Run;
    %Mend Lattice;
    ** 调用宏函数 Lattice(k, r) ;
    %Lattice(k = 5, r = 2);
```

程序简要说明：

%Macro Lattice(k, r)定义名称为 Lattice 的宏函数，其参数 k 为区组容量，r 定义重复数；其他参数和平衡格式相同，其中区组容量 k 只能取大于 2 的素数或素数的整数次幂，如 3，4，5，7，8，9，11，13，16 等，重复数 r 一般取 2～4。

运行 SAS 程序得到 5×5 简单格子设计的基础方案如下：

```
Replication  1:
  Block  1:   1   2   3   4   5
  Block  2:   6   7   8   9  10
  Block  3:  11  12  13  14  15
  Block  4:  16  17  18  19  20
  Block  5:  21  22  23  24  25

Replication  2:
  Block  1:  1   6  11  16  21
  Block  2:  2   7  12  17  22
  Block  3:  3   8  13  18  23
  Block  4:  4   9  14  19  24
  Block  5:  5  10  15  20  25
```

同理，依次进行重复的随机化、重复内区组的随机化和区组内处理的随机化后，方能用于安排试验。

【例 7.7】 某地进行 49 个玉米地方品种的产量比较试验，采用 7×7 三重格子设计。可以查阅附表 4.5，取 7×7 平衡平方格子设计表的前 3 个重复，经过重复内区组的随机化和区组内处理的随机化，如表 7.16 所示（刘德金，2005）。

表 7.16　7×7 三重格子设计玉米地方品种产量比较试验

区组	重复 1						
(2)	14	11	9	8	10	12	13
(7)	45	43	47	49	44	46	48
(5)	32	31	30	34	29	33	35
(1)	7	5	4	2	3	1	6
(6)	37	36	39	40	38	42	41
(4)	25	28	27	22	24	26	23
(3)	16	21	18	15	19	17	20

区组	重复 2						
(13)	27	13	6	20	48	34	41
(9)	16	2	30	23	37	44	9
(12)	5	19	12	33	47	40	26
(14)	14	42	21	7	28	49	35
(8)	8	29	36	15	22	43	1
(11)	46	39	25	32	18	4	11
(10)	38	45	31	17	24	10	3

区组	重复 3						
(16)	2	43	18	10	34	26	42
(18)	28	29	20	37	12	45	4
(20)	14	6	47	39	31	15	23
(21)	32	24	40	16	48	7	8
(19)	46	38	30	22	21	5	13
(17)	36	11	44	19	3	35	27
(15)	1	9	49	41	33	17	25

除查附表 4 外，同样使用 SAS 程序实现 7×7 三重格子设计，其设计程序如下：

```
* SD7.7;
```

```
*此处省略宏函数定义部分%Macro Lattice(k, r) ,同例 7.6 的设计程序;
*调用宏函数 Lattice(k, r) ;
%Lattice(k = 7, r = 3);
```

运行 SAS 程序得到 7×7 三重格子设计的基础方案如下:

```
Replication  1:
  Block  1:  1   2   3   4   5   6   7
  Block  2:  8   9   10  11  12  13  14
  Block  3:  15  16  17  18  19  20  21
  Block  4:  22  23  24  25  26  27  28
  Block  5:  29  30  31  32  33  34  35
  Block  6:  36  37  38  39  40  41  42
  Block  7:  43  44  45  46  47  48  49
Replication  2:
  Block  1:  1   8   15  22  29  36  43
  Block  2:  2   9   16  23  30  37  44
  Block  3:  3   10  17  24  31  38  45
  Block  4:  4   11  18  25  32  39  46
  Block  5:  5   12  19  26  33  40  47
  Block  6:  6   13  20  27  34  41  48
  Block  7:  7   14  21  28  35  42  49
Replication  3:
  Block  1:  1   14  20  26  32  38  44
  Block  2:  7   13  19  25  31  37  43
  Block  3:  6   12  18  24  30  36  49
  Block  4:  5   11  17  23  29  42  48
  Block  5:  4   10  16  22  35  41  47
  Block  6:  3   9   15  28  34  40  46
  Block  7:  2   8   21  27  33  39  45
```

同理,依次进行重复的随机化、重复内区组的随机化和区组内处理的随机化后,方能用于安排试验。

2.不平衡格子设计的统计分析

不平衡格子设计的统计分析和平衡格设计的统计分析方法完全一致,其统计分析的模型不再赘述,参见平衡格设计的统计分析部分。

例 7.6 的 5×5 简单格子设计的大豆品种产量比较试验的数据经整理如表 7.17 所示,其中括号内为品种编号,括号外为该品种的产量。

表 7.17 5×5 简单格子设计大豆品种产量比较试验数据 kg

区组	重复 1					区组	重复 2				
(1)	(1)6	(2)7	(3)5	(4)8	(5)6	(6)	(1)24	(6)13	(11)24	(16)11	(21)8
(2)	(6)16	(7)12	(8)12	(9)13	(10)8	(7)	(2)21	(7)11	(12)14	(17)11	(22)23
(3)	(11)17	(12)7	(13)7	(14)9	(15)14	(8)	(3)16	(8)4	(13)12	(18)12	(23)12
(4)	(16)18	(17)16	(18)13	(19)13	(20)14	(9)	(4)17	(9)10	(14)30	(19)9	(24)23
(5)	(21)14	(22)15	(23)11	(24)14	(25)14	(10)	(5)15	(10)15	(15)22	(20)16	(25)19

使用 SAS 程序实现例 7.6 的 5×5 简单格子设计的大豆品种比较试验的方差分析：

```
*SA7.6;
Data soybean;
  Input Group Block Treatmnt Yield @@;
Cards;
1 1 1  6  2 1 1  24
1 1 2  7  2 1 6  13
1 1 3  5  2 1 11 24
1 1 4  8  2 1 16 11
1 1 5  6  2 1 21 8
1 2 6  16 2 2 2  21
1 2 7  12 2 2 7  11
1 2 8  12 2 2 12 14
1 2 9  13 2 2 17 11
1 2 10 8  2 2 22 23
1 3 11 17 2 3 3  16
1 3 12 7  2 3 8  4
1 3 13 7  2 3 13 12
1 3 14 9  2 3 18 12
1 3 15 14 2 3 23 12
1 4 16 18 2 4 4  17
1 4 17 16 2 4 9  10
1 4 18 13 2 4 14 30
1 4 19 13 2 4 19 9
1 4 20 14 2 4 24 23
1 5 21 14 2 5 5  15
1 5 22 15 2 5 10 15
1 5 23 11 2 5 15 22
1 5 24 14 2 5 20 16
1 5 25 14 2 5 25 19
;
Proc lattice data=soybean;
  Var Yield;
```

```
Run;
```

程序说明参见程序SA7.6,主要运行结果如下:

The Lattice Procedure

Analysis of Variance forYield

Source	DF	Sum of Squares	Mean Square
Replications	1	212.18	212.18
Blocks within Replications (Adj.)	8	501.84	62.7300
Component B	8	501.84	62.7300
Treatments (Unadj.)	24	559.28	23.3033
Intra Block Error	16	218.48	13.6550
Randomized Complete Block Error	24	720.32	30.0133
Total	49	1491.78	30.4445

Additional Statistics forYield

Variance of Means in Same Block	15.7915
Variance of Means in Different Block	17.9280
Average of Variance	17.2159
LSD at .01 Level	12.1189
LSD at .05 Level	8.7959
Efficiency Relative to RCBD	174.34

Adjusted Treatment

Means for Yield

Treatment	Mean
1	19.0681
2	16.9728
3	14.6463
4	14.7687
5	12.8470
6	13.1701
7	9.0748
8	6.7483
9	8.3707
10	8.4489
11	23.5511
12	12.4558
13	12.6293
14	20.7517
15	19.3299
16	12.6224
17	10.5272
18	10.7007
19	7.3231
20	11.4013

```
21   11.6259
22   18.5306
23   12.2041
24   17.3265
25   15.4048
```

程序分析结果表明:本试验的目的是在众多处理中筛选出少量的优选处理进行更进一步的深入研究,所以本试验建议选择高产大豆品种 11(23.551)、品种 14(20.752)、品种 15(19.330)、品种 1(19.068)、品种 22(18.531)、品种 24(17.327)和品种 2(16.973)。

例 7.7 的 7×7 三重格子设计的玉米品种产量比较试验数据经整理如表 7.18 所示,其中括号内为品种编号,括号外为该品种的产量。

表 7.18 7×7 三重格子设计玉米品种产量比较试验数据 kg

区组	重复 1						
(2)	(14) 45	(11) 62	(9) 58	(8) 57	(10) 52	(12) 50	(13) 25
(7)	(45) 51	(43) 44	(47) 36	(49) 33	(44) 47	(46) 45	(48) 34
(5)	(32) 48	(31) 58	(30) 62	(34) 55	(29) 41	(33) 47	(35) 56
(1)	(7) 27	(5) 38	(4) 39	(2) 26	(3) 55	(1) 37	(6) 43
(6)	(37) 58	(36) 64	(39) 64	(40) 58	(38) 54	(42) 49	(41) 63
(4)	(25) 67	(28) 47	(27) 52	(22) 71	(24) 51	(26) 69	(23) 29
(3)	(16) 26	(21) 73	(18) 42	(15) 57	(19) 57	(17) 36	(20) 43

区组	重复 2						
(13)	(27) 49	(13) 35	(6) 43	(20) 38	(48) 42	(34) 45	(41) 54
(9)	(16) 37	(2) 26	(30) 60	(23) 29	(37) 51	(44) 45	(9) 58
(12)	(5) 48	(19) 40	(12) 43	(33) 48	(47) 36	(40) 59	(26) 61
(14)	(14) 45	(42) 53	(21) 57	(7) 40	(28) 48	(49) 39	(35) 53
(8)	(8) 52	(29) 51	(36) 55	(15) 43	(22) 59	(43) 50	(1) 41
(11)	(46) 49	(39) 56	(25) 66	(32) 53	(18) 36	(4) 40	(11) 63
(10)	(38) 49	(45) 41	(31) 47	(17) 37	(24) 47	(10) 31	(3) 52

区组	重复 3						
(16)	(2) 18	(43) 40	(18) 39	(10) 46	(34) 43	(26) 65	(42) 52
(18)	(28) 46	(29) 59	(20) 45	(37) 31	(12) 32	(45) 49	(4) 41
(20)	(14) 49	(6) 43	(47) 36	(39) 68	(31) 37	(15) 53	(23) 30
(21)	(32) 42	(24) 44	(40) 58	(16) 23	(48) 29	(7) 34	(8) 35
(19)	(46) 52	(38) 55	(30) 63	(22) 67	(21) 58	(5) 48	(13) 19

续表7.18

区组				重复 3			
(17)	(36) 63	(11) 63	(44) 51	(19) 54	(3) 57	(35) 46	(27) 52
(15)	(1) 46	(9) 52	(49) 41	(41) 63	(33) 43	(17) 42	(25) 60

例 7.7 的 7×7 三重格子设计的玉米品种比较试验统计分析，可以仿照前例自行练习，不再赘述。

7.2.3 矩形格子设计

1.矩形格子设计

在格子设计中，每个区组的容量为 k，每一重复内设置 $b=k+1$ 个区组，处理数为 $t=k(k+1)$时，相当于每一重复构成 $k(k+1)$的矩形，所以称这样的格子设计叫做矩形格子设计(RLD，Rectangular Lattice Design)。

矩形格子设计也是一种不平衡格子设计，即不满足任意两个处理在同一区组中相遇的次数相同的规则。

矩形格子设计同样由以下四个参数描述：

t：处理数；

k：不完全区组的容量；

r：重复次数；

b：不完全区组数。

矩形格子设计的参数严格满足以下三个条件：

①处理数 $t=k(k+1)$；

②重复数 $r=3$ 或 3 的倍数；

③不完全区组数 $b=r(k+1)$。

矩形格子设计的试验处理数为 $k(k+1)$个，常用的处理数有 12，20，30，42，56，72，90，110 等，这些处理数在 k^2 和$(k+1)^2$之间，即在两个相邻的平方数之间，可以作为平方格子设计的一种有益补充，相当于加密了格子设计的处理数。常见可用于格子设计的处理数：9，12，16，20，25，30，42，49，56，64，72，81，90，110，121，132，156，……，如此，在使用格子设计时，处理数的选择上更加灵活、方便。

矩形格子设计重复数一般为 3 或 3 的倍数，如 3，6，9 等，通常情况下使用 3 个重复，这 3 个重复分别定义为重复 X、重复 Y 和重复 Z。

常用的矩形格子设计的参数如表 7.19 所示。

表 7.19 常用矩形格子设计参数表

处理数 t	12	20	30	42	56	72	90	110	132
区组容量 k	3	4	5	6	7	8	9	10	11
重复数 r	3	3	3	3	3	3	3	3	3
区组数 b	12	15	18	21	24	27	30	33	36

2.矩形格子设计的实现

矩形格子设计可以由多种方法构造，其中一种方法是利用平衡格子设计矩形格子，另一种方法是利用拉丁方设计矩形格子，所以矩形格子设计的试验方案具有不唯一性。

本教材的附表5矩形格子设计表已经列出常用的矩形格子设计基础方案，使用时与平方格子设计一样，依次进行重复的随机化、重复内区组的随机化和区组内处理的随机化后，方能用于安排试验。

【例7.8】 这是一个 $t=12, k=3, b=12, r=3$ 的矩形格子设计的例子，也称为3×4矩形格子设计，其基础设计方案参阅附表5.1，具体如表7.20所示。

表7.20　3×4矩形格子设计

区组	重复X		
X1	1	2	3
X2	4	5	6
X3	7	8	9
X4	10	11	12

区组	重复Y		
Y1	1	8	11
Y2	2	5	12
Y3	3	6	9
Y4	4	7	10

区组	重复Z		
Z1	1	5	7
Z2	2	9	10
Z3	3	4	11
Z4	6	8	12

例7.8的矩形格子设计有3个重复，12个不完全区组，每个重复包含4个不完全区组，每个不完全区组包含3个处理，每个重复有12个处理。实施前需进行随机化处理。

3.矩形格子设计的统计分析

矩形格子的统计分析和平衡格设计的统计分析方法完全一致，其统计分析的模型不再赘述，参见平衡格设计的统计分析部分。

【例7.9】 某地20个牧草品系的产量比较试验，采用4×5矩形格子设计，设计方案参阅附表5.2，试验数据(kg/小区)经整理后如表7.21所示。

表7.21　4×5矩形格子设计牧草品系产量比较试验数据　　kg

区组	重复X			
X1	(1)15	(2)12	(3)17	(4)16
X2	(5)13	(6)16	(7)15	(8)16
X3	(9)12	(10)17	(11)13	(12)13
X4	(13)11	(14)12	(15)14	(16)13
X5	(17)7	(18)10	(19)18	(20)16

区组	重复Y			
Y1	(1)18	(10)16	(14)15	(18)16
Y2	(2)17	(6)14	(15)14	(19)13
Y3	(3)16	(7)13	(11)15	(20)16

续表7.21

区组	重复 Y			
Y4	(4)20	(8)13	(12)15	(16)16
Y5	(5)14	(9)13	(13)12	(17)7

区组	重复 Z			
Z1	(1)18	(6)17	(11)14	(13)13
Z2	(2)16	(8)14	(10)18	(17)7
Z3	(3)18	(5)16	(16)18	(18)13
Z4	(4)18	(9)15	(15)14	(20)10
Z5	(7)13	(12)12	(14)16	(19)12

使用SAS程序对例7.9 4×5矩形格子设计牧草产量比较试验进行方差分析：

```
* SA7.9;
Data pasture;
  Input Group Block Treatmnt Yield @@;
Cards;
1  1  1   15  2  1  5   14  3  1  7   13
1  1  2   12  2  1  9   13  3  1  12  12
1  1  3   17  2  1  13  12  3  1  14  16
1  1  4   16  2  1  17  7   3  1  19  12
1  2  5   13  2  2  1   18  3  2  4   18
1  2  6   16  2  2  10  16  3  2  9   15
1  2  7   15  2  2  14  15  3  2  15  14
1  2  8   16  2  2  18  16  3  2  20  10
1  3  9   12  2  3  2   17  3  3  3   18
1  3  10  17  2  3  6   14  3  3  5   16
1  3  11  13  2  3  15  14  3  3  16  18
1  3  12  13  2  3  19  13  3  3  18  13
1  4  13  11  2  4  3   16  3  4  2   16
1  4  14  12  2  4  7   13  3  4  8   14
1  4  15  14  2  4  11  15  3  4  10  18
1  4  16  13  2  4  20  16  3  4  17  7
1  5  17  7   2  5  4   20  3  5  1   18
1  5  18  10  2  5  8   13  3  5  6   17
1  5  19  18  2  5  12  15  3  5  11  14
1  5  20  16  2  5  16  16  3  5  13  13
;
Proc lattice data = pasture;
  Var Yield;
```

```
Run;
```

程序说明参见程序 SA7.6，主要运行结果如下：

```
                         The Lattice Procedure
                    Analysis of Variance for Yield
Source                                DF   Sum of Squares   Mean Square
Replications                           2       9.1000          4.5500
Blocks within Replications (Adj.)     12      52.1429          4.3452
Component B                           12      52.1429          4.3452
Treatments (Unadj.)                   19      307.65          16.1921
Intra Block Error                     26      84.7571          3.2599
Randomized Complete Block Error       38      136.90           3.6026
Total                                 59      453.65           7.6890

                   Additional Statistics for Yield
                Average of Variance            2.1733
                LSD at .01 Level               3.9974
                LSD at .05 Level               2.9844
                Efficiency Relative to RCBD    102.31

                     Treatment Means for Yield
                        Treatment     Mean
                            1       17.0000
                            2       15.0000
                            3       17.0000
                            4       18.0000
                            5       14.3333
                            6       15.6667
                            7       13.6667
                            8       14.3333
                            9       13.3333
                           10       17.0000
                           11       14.0000
                           12       13.3333
                           13       12.0000
                           14       14.3333
                           15       14.0000
                           16       15.6667
                           17        7.0000
                           18       13.0000
                           19       14.3333
                           20       14.0000
```

程序分析结果表明：处理间均方(16.192)远大于误差项均方(3.260)，说明处理间存在显著差异。本试验优先选择高产牧草品系 4(18.000)、品系 10(17.000)、品系 3(17.000)、品种 1

(17.0000)、品系 16(15.667)、品系 6(15.667)和品系 2(15.000)。

7.3 尤敦方设计

在三因子试验设计中,如果三个因子的水平数相等,可以使用拉丁方设计。但其中两个因子的水平数相等,第三个因子的水平数却少于前两个因子时,就不能使用拉丁方设计,而可以使用尤敦方设计(YSD, Youden Square Design)。所以,原则上来说,尤敦方设计和拉丁方设计的应用范围相似,即总试验处理数比较少,因子之间不能存在交互作用。

7.3.1 尤敦方设计概述

尤敦方设计来源于美国统计学家 Youden,并由此得名。尤敦方设计也经常被称作尤登方设计或尧敦方设计。

尤敦方设计是指从一个拉丁方设计中划去一列或几列,并将行看作区组,可以看作"不完全"拉丁方设计。同理,划去一行或几行,将列看作区组,也是尤敦方设计,只是在实际使用中更习惯划去列,所以一般情况下提到的尤敦方设计通常列数少于行数。

一个划去一列(行)的尤敦方设计,即变成一个平衡的不完全区组设计。但划去两列(行)及以上的尤敦方设计,通常不再是一个平衡的不完全区组设计,因为虽然每一个处理的重复数相同,但处理对的相遇次数不同。

常见的尤敦方设计是"不完全"拉丁方设计,列数 k 少于行数 b 和处理数 t,但行数 b 等于处理数 t,即 $k<b=t$。如表 7.22 为一个 $t=5, k=3$,即 5 行 3 列的尤敦方设计。

表 7.22 $t=5, k=3$ 的尤敦方设计表

行	列		
	1	2	3
1	E	C	B
2	C	D	E
3	A	B	D
4	D	A	C
5	B	E	A

7.3.2 尤敦方设计的实现

【例 7.10】 某养猪场考察 5 种不同配方的饲料(*Fodder*, A～E)对六周龄仔猪增重效果的试验,同时考察猪场现有 4 种饲养环境(*Environ*)对仔猪生长的影响,试验指标为仔猪的平均日增重。由于符合相近试验条件的仔猪数量有限,现从 5 窝(*Litter*)仔猪中各挑选出 4 只用于安排试验。采用尤敦方设计安排试验。

试验中 5 窝仔猪作为行区组效应,5 种配方的饲料作为处理效应,4 种饲养环境作为列区组效应,符合尤敦方设计的试验条件,即 $t=5, k=4$ 的尤敦方设计。

使用 SAS 程序实现尤敦方设计:

```
*SD7.10;
Proc Plan;
  Factors Rows = 5 ordered Cols = 4 ordered / noprint ;
  Treatments Treats = 5 cyclic ;
  Output out = Youden
  Rows cvals = ('Block1' 'Block2' 'Block3' 'Block4' 'Block5') random
  Cols cvals = (' Environ1'' Environ2'' Environ3'' Environ4') ordered
  Treats cvals = ('A' 'B' 'C' 'D' 'E') random;
Run ;
Proc Sort data = Youden out = Youden;
  By Rows Cols;
Run;
Proc Transpose data = Youden(rename = (Cols = _NAME_))
    out = YoudenSquare(drop = _NAME_);
  By Rows;
  Var Treats;
Run;
Proc Print data = YoudenSquare noobs;
Run;
```

程序简要说明：

Plan 为试验设计过程，Factors 定义因子及其水平，Rows 定义区组数，ordered 定义变量的水平顺序排列 Cols 定义区组容量，Treatments 定义处理数，cyclic 定义变量的水平循环排列，Sort 为排序过程，Transpose 为数据转置过程，Print 为输出过程，输出尤敦方设计结果 YoudenSquare。

程序运行结果如表 7.23 所示，表中括号内数据为试验结果。

表 7.23　$t=5, k=4$ 的尤敦方设计表（含试验结果）　　g/天

Rows	*Environ*1	*Environ*2	*Environ*3	*Environ*4
Block1	C (410)	D (420)	A (450)	B (430)
Block2	B (420)	E (490)	C (430)	D (410)
Block3	E (470)	C (410)	D (420)	A (450)
Block4	D (410)	A (460)	B (420)	E (480)
Block5	A (440)	B (430)	E (470)	C (410)

7.3.3　尤敦方设计的统计分析

尤敦方设计的试验数据按三因素试验的方差分析法进行统计分析，不考虑 3 个因素之间的交互作用。将横行区组因素记为 A，直列区组因素记为 B，试验处理记为 T，横行区组数与处理数记为 r，直列区组数记为 k，尤敦方设计试验结果进行方差分析的数学模型为：

$$y_{ijk}=\mu+\alpha_i+\beta_j+\gamma_k+\varepsilon_{ijk}, \quad i = k =1,2,\cdots,r;j==1,2,\cdots, k$$

式中，y_{ijk} 为试验指标，μ 为总平均数，α_i 为第 i 横行区组因素效应，β_j 为第 j 直列区组因素效应，γ_k 为第 k 个处理效应，ε_{ijk} 为随机误差，服从 $N(0,\sigma^2)$。其方差分析如表 7.24 所示。

表 7.24　尤敦方设计的方差分析表

变异来源	自由度(df)	平方和(SS)	均方(MS)	F 统计量	显著性
A	$r-1$	SS_A	MS_A	MS_A/MS_E	
B	$k-1$	SS_B	MS_B	MS_B/MS_E	
T	$r-1$	SS_T	MS_T	MS_T/MS_E	
误差(E)	$(k-2)(r-1)$	SS_E	MS_E		
总和	$rk-1$	SS_T			

例 7.10 的仔猪饲料增重试验，采用尤敦方设计，其仔猪的增重数据如表 7.23 中括号内的数据，使用 SAS 程序实现其方差分析如下：

```
*SA7.10;
Data pig;
  Input Litter Environ Fodder $  Weight;
Cards;
1  1  C  410
1  2  D  420
1  3  A  450
1  4  B  430
2  1  B  420
2  2  E  490
2  3  C  430
2  4  D  410
3  1  E  470
3  2  C  410
3  3  D  420
3  4  A  450
4  1  D  410
4  2  A  460
4  3  B  420
4  4  E  480
5  1  A  440
5  2  B  430
5  3  E  470
5  4  C  410
;
Proc GLM data = pig;
  Class Litter Environ Fodder;
  Model Weight = Litter Environ Fodder /SS3;
```

```
  LSMeans Fodder /pdiff;
Run;
```

程序简要说明：

Data 定义数据集 pig，Input 定义变量 Litter，Environ，Fodder 和 Weight；GLM 为一般线性模型过程，在此用于尤敦方设计的方差分析，Litter 为窝别效应，Environ 为环境效应，Fodder 为饲料效应，Class 指定试验因子，Model 指定方差分析的模型为"试验指标＝各项效应"的形式，SS3 指定采用第三种类型的平方和进行方差分析，LSMeans 为采用最小二乘法进行均值比较，可自动对处理效应进行矫正。

程序主要运行结果：

GLM 过程

因变量：Weight

源	自由度	平方和	均方	F 值	Pr>F
模型	11	12241.66667	1112.87879	21.54	<.0001
误差	8	413.33333	51.66667		
校正合计	19	12655.00000			

R 方	变异系数	均方根误差	Weight 均值
0.967338	1.646725	7.187953	436.5000

源	自由度	III 型平方和	均方	F 值	Pr>F
Litter	4	186.66667	46.66667	0.90	0.5055
Environ	3	375.00000	125.00000	2.42	0.1413
Fodder	4	11386.66667	2846.66667	55.10	<.0001

最小二乘均值

Fodder	Weight LSMEAN	LSMEAN 号
A	451.166667	1
B	424.500000	2
C	415.166667	3
D	413.833333	4
E	477.833333	5

效应"Fodder"的最小二乘均值

Pr>|t|（针对 H0）：LSMean(i) = LSMean(j)

因变量：Weight

i/j	1	2	3	4	5
1		0.0010	0.0001	0.0001	0.0010
2	0.0010		0.1133	0.0766	<.0001
3	0.0001	0.1133		0.8059	<.0001
4	0.0001	0.0766	0.8059		<.0001
5	0.0010	<.0001	<.0001	<.0001	

程序分析结果表明：在 0.05 的显著水平下，行区组效应未达显著（窝别 *Litter*，$df=4$，$F=0.90$，$P=0.506>0.05$），说明仔猪窝别之间不存在显著差异；列区组效应未达显著（饲养环境 *Environ*，$df=3$，$F=2.42$，$P=0.141>0.05$），说明仔猪场的饲养环境之间不存在显著差异；

饲料效应达极显著（*Fodder*，$df=4$，$F=55.10$，$P<0.0001$），5 种不同的饲料之间的增重效果存在极显著差异，需对其进行均值比较。

对饲料效应进行最小二乘法 LSmeans 均值比较，表明饲料 E 对仔猪的增重效果显著高于其他饲料；饲料 A 对仔猪的增重效果显著高于饲料 B、C 和 D；饲料 B、C 和 D 之间增重无显著差异。优先考虑增重效果最好的饲料 E。

第 8 章　正交设计

在复因子试验中，在因子数和水平数都不太多的情况下，可以考虑采用全面试验的析因设计等试验设计方法，这样能获得十分丰富的试验信息，分析结论也比较准确可靠。

当复因子试验中因子数或水平数比较多时，总的试验次数也急剧增加，有时候多到难以承受，例如有 5 个因子对指标有影响，每个因子取 3 个水平进行比较，那么就有 $3^5=243$ 个不同的处理组合。如果再加上重复，处理的数量就会更多，这在实际中往往是不可行的，因此只能从中选择一部分进行试验。正交设计就是常用的从全面试验的水平组合中挑选出一部分具有代表性的试验点进行试验的方法。

8.1　正交设计概述

正交设计（OD，Orthogonal Design）始于 20 世纪 50 年代，由日本统计学家田口玄一（Taguchi）创立，适用于 3 个或 3 个以上因子，是寻求最优水平组合的一种高效率的试验设计方法。日本很快普及并推广了正交设计方法，取得了丰硕的科研成果和经济效益。20 世纪 60—70 年代，我国统计学家也为正交设计做出了很多贡献，制作了很多方便实用的正交表，随后在各行各业逐步展开应用，目前正交设计法已经得到全世界科研人员的普遍认可和广泛应用。

正交设计是用于研究复因子试验的一种试验设计方法，是根据正交性的原理从全面试验的水平组合中挑选出一部分具有代表性的试验点进行试验的方法，是部分因子设计的一种。正交设计采用了水平组合均衡的原则，试验点具有“均衡分散”和“整齐可比”的特点，是一种方便、经济、高效的试验设计方法。

正交设计试验用具有“代表性”的部分试验代替全面试验的处理组合，试验重点在于如何科学合理地安排试验点，试验目的是选择各因子的最优水平组合。试验工作量的减少可以大大节约人力、物力、财力和时间，提高科研工作的效率。

正交设计试验的基本特点是用存在正交性质的部分试验来代替全面试验，分析部分试验结果，推断全面试验的情况。正是由于正交设计试验采用了部分试验，因此不像全面试验那样对各因子所有的主效应和交互作用都能进行分析，而是只能分析主效应和部分交互作用，有时还可能出现效应间的混杂现象，要慎重对待分析结果。

虽然正交设计试验有上述不足，但是能大大减少试验处理数，提高试验效率，能通过部分试验找到最优水平组合，因此具有较高的实用价值。

8.2 正交表

正交设计需要根据数学原理编制好的正交表安排试验，正交表的制作方法有多种，如正交拉丁方构造法、哈达玛(Hadamard)矩阵直积构造法等。

正交表常见的表达形式为 $L_n(q^p)$，其中，L 代表正交表，n 代表正交表的行数或试验方案数，q 代表水平数，p 代表正交表的列数。正交表的数量有很多，本教材附表 6 收录了部分常用的正交表，表 8.1 所示即是其中一张三水平正交表 $L_9(3^4)$。

表 8.1 正交表 $L_9(3^4)$

No.	1	2	3	4
1	1	1	1	1
2	1	2	2	2
3	1	3	3	3
4	2	1	2	3
5	2	2	3	1
6	2	3	1	2
7	3	1	3	2
8	3	2	1	3
9	3	3	2	1

正交表 $L_9(3^4)$ 一共有 4 列，理论上最多可以安排 4 个因子，每一列均有 3 个水平，总共要做 9 个不同处理组合的试验。

对于 3 个因子的试验，每个因子有 3 个水平，3 个因子全面试验的所有处理组合共有 $3^3=27$ 个，如果将 3 个因子放置于三维因子空间，这 27 个处理组合就是三维因子空间编码立方体的 27 个交点，如图 8.1 所示。

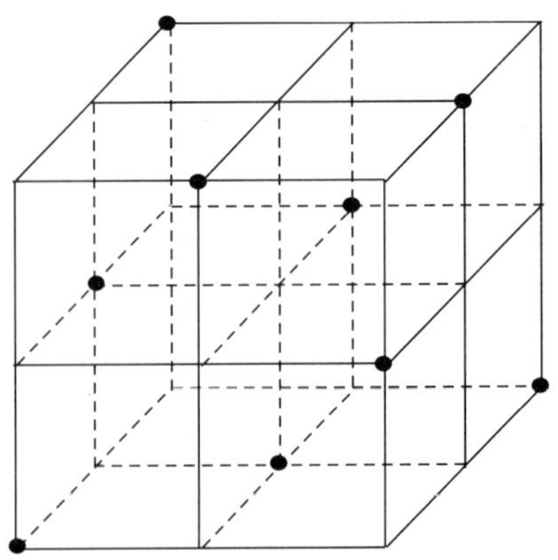

图 8.1 三因子三水平试验的试验点

如果采用正交表$L_9(3^4)$安排3个因子的试验，只需要安排9次试验，从27个处理组合中挑选出有代表性的9个，仅占全部试验的1/3，如图8.1中编码立方体的黑色圆点所示。在编码立方体中27条直线上，每条直线上有一个试验点，在前、中、后，左、中、右，上、中、下9个平面中，每个平面都包含3个试验点。可以看出，正交设计试验的这9个试验点具有均衡分散的特点，有很强的代表性，能够比较全面地反映因子空间的基本情况。

8.2.1　正交表的性质

1.正交表的正交性

正交表具有正交性，是因为正交表具有以下两个特征：

①正交表的任意一列中，每个水平的重复次数均相同。如在正交表$L_9(3^4)$中，任意一列的3个水平：1，2，3，均有3次重复。

②任意两列中出现的水平组合出现的次数均相同。如在正交表$L_9(3^4)$中，任意两列的水平组合有9个：(1，1)，(1，2)，(1，3)，(2，1)，(2，2)，(2，3)，(3，1)，(3，2)，(3，3)，每一种组合均出现一次。

这两个数学特征即是“均衡分散，整齐可比”的体现。

2.正交表的代表性

正交表任意一列中的各个水平都会出现，包含了所有因子的所有水平，任意两列的所有水平组合也同样都会出现，正交试验的试验点必然均衡地分布在全面试验点之中，具有很强的代表性。

3.正交表的综合可比性

正交表任意一列中的各个水平出现的次数都相等，任意两列间所有水平组合出现的次数也都相等，这就使任意一个因子各水平的试验条件相同，保证了在每一个因子各水平的效果比较中，最大限度地排除了其他因素的干扰，从而可以分析该因子不同水平的效应。

8.2.2　正交表的分类

按照正交表各列的水平数划分，可以分为等水平正交表和混合水平正交表。

1.等水平正交表

等水平正交表为表中各列的水平数均相等的正交表，这一类也是最常见、最常用的正交表。常见的正交表有$L_4(2^3)$，$L_8(2^7)$，$L_{12}(2^{11})$和$L_{16}(2^{15})$等2水平正交表，$L_9(3^4)$，$L_{18}(3^7)$和$L_{27}(3^{13})$等3水平正交表，$L_{16}(4^5)$和$L_{32}(4^9)$等4水平正交表，$L_{25}(5^6)$和$L_{50}(5^{11})$等5水平正交表。其中，$L_4(2^3)$是最小的正交表，但因其试验处理数太少，几乎没有实用价值。

对于等水平正交表$L_n(q^p)$，根据其是否满足以下两个关系式：

①$n=q^k, k=2,3,4,\cdots$

②$p=\dfrac{n-1}{q-1}$

又可以将其分成两类，如果等水平正交表完全满足上述两个关系式则称为完全正交表，如$L_8(2^7)$，$L_{16}(2^{15})$，$L_9(3^4)$，$L_{27}(3^{13})$，$L_{16}(4^5)$和$L_{25}(5^6)$等均是完全正交表。如果用完全正交表安排试验，将可以考察因子间的部分交互作用，这类正交表通常会附有一张交互作用列表、交互作用的简要说明或表头设计示例。

例如，表 8.2 所示的正交表 $L_8(2^7)$，由于满足关系式 $8=2^3$ 和 $7=(8-1)/(2-1)$，所以 $L_8(2^7)$ 是一张完全正交表。

表 8.2 正交表 $L_8(2^7)$

No.	1	2	3	4	5	6	7
1	1	1	1	1	1	1	1
2	1	1	1	2	2	2	2
3	1	2	2	1	1	2	2
4	1	2	2	2	2	1	1
5	2	1	2	1	2	1	2
6	2	1	2	2	1	2	1
7	2	2	1	1	2	2	1
8	2	2	1	2	1	1	2

如果等水平正交表不完全满足上述两个关系式，则称其为不完全正交表，如 $L_{12}(2^{11})$，$L_{18}(3^7)$、$L_{32}(4^9)$和 $L_{50}(5^{11})$等均是不完全正交表。不完全正交表一般不能考察交互作用，经常用于一些不存在交互作用的试验。

2.混合水平正交表

混合水平正交表为表中各列的水平数不完全相等的正交表，如 $L_8(4\times2^4)$，$L_{16}(4\times2^{12})$，$L_{16}(4^2\times2^9)$，$L_{16}(4^3\times2^6)$和 $L_{18}(2\times3^7)$等均是混合水平正交表。

例如，混合水平正交表 $L_8(4\times2^4)$ 有 1 个 4 水平列和 4 个 2 水平列，混合水平正交表 $L_{16}(4^2\times2^9)$ 有 2 个 4 水平列和 9 个 2 水平列，混合水平正交表 $L_{18}(2\times3^7)$有 1 个 2 水平列和 7 个 3 水平列，如表 8.3 所示。

表 8.3 混合水平正交表 $L_{18}(2\times3^7)$

No.	1	2	3	4	5	6	7	8
1	1	1	1	1	1	1	1	1
2	1	1	2	2	2	2	2	2
3	1	1	3	3	3	3	3	3
4	1	2	1	1	2	2	3	3
5	1	2	2	2	3	3	1	1
6	1	2	3	3	1	1	2	2
7	1	3	1	2	1	3	2	3
8	1	3	2	3	2	1	3	1
9	1	3	3	1	3	2	1	2

续表8.3

No.	1	2	3	4	5	6	7	8
10	2	1	1	3	3	2	2	1
11	2	1	2	1	1	3	3	2
12	2	1	3	2	2	1	1	3
13	2	2	1	2	3	1	3	2
14	2	2	2	3	1	2	1	3
15	2	2	3	1	2	3	2	1
16	2	3	1	3	2	3	1	2
17	2	3	2	1	3	1	2	3
18	2	3	3	2	1	2	3	1

在混合水平正交表中，有一部分能考察交互作用，特别是由原完全正交表改造而来的混合水平正交表，可以考察一部分因子的交互作用，但需要依据原完全正交表相应的交互作用列得到。

8.2.3 自由度和基本列

1.正交表的自由度

在使用正交表时，需要清楚与正交表有关的两个方面的自由度：

①正交表的自由度。正交表的自由度为正交表的行数减1，即$df_{表}=n-1$，其中n为正交表的行数。

例如：正交表$L_9(3^4)$的自由度$df_{表}=9-1=8$，正交表$L_{18}(2\times3^7)$的自由度$df_{表}=18-1=17$。

②列的自由度。正交表列的自由度为列的水平数减1，即$df_{列}=q-1$，其中q为列的水平数。

例如：正交表$L_9(3^4)$各列的自由度均为$df_{列}=3-1=2$，混合正交表$L_{18}(2\times3^7)$第1列的自由度$df_1=2-1=1$，第2列的自由度$df_2=3-1=2$。

2.正交表的基本列

对于等水平的完全正交表$L_n(q^p)$，由于$n=q^k$，其中k为正整数，则这个完全正交表的全部列可以被分为k个组，各组中包含的列数分别为$q^0,q^1,q^2,\cdots\cdots,q^{k-1}$个。

如正交表$L_8(2^7)$的7列被分为3个组：

第一组：有$2^0=1$列，即第1列；

第二组：有$2^1=2$列，即第2,3列；

第三组：有$2^2=4$列，即第4,5,6,7列。

又如正交表$L_{27}(3^{13})$的13列被分为3个组：

第一组：有$3^0=1$列，即第1列；

第二组：有$3^1=3$列，即第2,3,4列；

第三组：有 $3^2=9$ 列，即第 5,6,7,8,9,10,11,12,13 列。

按照上述方法将完全正交表的所有列分成 k 组，其中每一组的第一列均称为基本列，如正交表 $L_8(2^7)$ 有 3 个基本列，即第 1,2,4 列；正交表 $L_{16}(2^{15})$ 有 4 个基本列，即第 1,2 ,4,8 列；正交表 $L_{27}(3^{13})$ 有 3 个基本列，即第 1,2,5 列。详见附表 6 的正交表。

8.3 无交互作用的正交设计

8.3.1 无交互作用正交设计的实现

无交互作用的正交设计是指在正交设计时只考虑因子的主效应，而不考虑因子间交互作用的正交设计方法。

对于复因子试验，如果能根据预研究或相关文献确定各个因子之间不存在交互作用，或者交互作用很小，甚至可以忽略，就可以考虑采用无交互作用的正交设计。如果不确定各个因子之间是否存在交互作用，或可能存在潜在的交互作用，都需要依照存在交互作用的正交设计来安排试验，并有意将潜在的交互作用列避开。在分析的时候，若因子间交互作用显著，则分析其交互作用，否则将其归入误差项。

建议在使用完全正交表安排试验因子时，不管因子间是否存在交互作用，尽可能将因子先安排在基本列上，这样可以避开潜在的交互作用列。在统计分析的时候，可以检验因子间潜在的交互作用是否显著，一旦交互作用显著，还可以对其进行均值的多重比较，这样安排对设计和分析都非常有利。

【例 8.1】 山东某地的棉花产量试验，考察棉花品种(A)、种植密度(B)和打顶期(C)对皮棉产量的影响，每个因子均为 3 个水平，试验因子及其水平如表 8.4 所示。因子间不存在交互作用，试验指标为每小区的皮棉产量(Y:kg/小区)，欲采用正交设计进行试验。

表 8.4 棉花产量试验因子及其水平表

水平	棉花品种(A)	种植密度(B)	打顶期(C)
1	陕 721	6 000 株/亩	7 月 10 日
2	中棉 1 279	7 500 株/亩	7 月 20 日
3	中夏杂 06	9 000 株/亩	7 月 30 日

1.确定因子和水平

在例 8.1 中，确定影响当地皮棉产量的 3 个试验因子为棉花品种(A)、种植密度(B)和打顶期(C)，每因子均为 3 个水平，因子间不存在交互作用。

2.确定正交表及表头设计

本例所有的因子均为 3 水平，故需要从附表 6 正交设计表中选取 3 水平的正交表，又由于现在研究 3 个因子，所以选用附表 6.7 即正交表 $L_9(3^4)$ 安排本试验。

将试验因子安排到选定正交表的列上称为表头设计。在不考虑交互作用的情况下，原则上可以将因子任意的安排到等水平的列上，一个因子占用一列。本例将 3 个因子棉花品种

(*A*)、种植密度(*B*)和打顶期(*C*)分别放置到正交表 $L_9(3^4)$ 的第 1,2 和 4 列,如表 8.5 的表头所示。

表 8.5 棉花产量试验正交表 $L_9(3^4)$

No.	*A*	*B*		*C*	Y(kg)
	1	2	3	4	
1	1(陕 721)	1(6 000)	1	1(7 月 10 日)	5.96
2	1(陕 721)	2(7 500)	2	2(7 月 20 日)	5.15
3	1(陕 721)	3(9 000)	3	3(7 月 30 日)	5.87
4	2(中棉 1279)	1(6 000)	2	3(7 月 30 日)	4.52
5	2(中棉 1279)	2(7 500)	3	1(7 月 10 日)	5.18
6	2(中棉 1279)	3(9 000)	1	2(7 月 20 日)	4.56
7	3(中夏杂 06)	1(6 000)	3	2(7 月 20 日)	5.00
8	3(中夏杂 06)	2(7 500)	1	3(7 月 30 日)	5.67
9	3(中夏杂 06)	3(9 000)	2	1(7 月 10 日)	6.70

3.列出试验方案

只需将放置因子的列中的水平数字替换成相应的实际水平,没有安排因子的列不予考虑,直接忽略。

本例中,正交表第 1 列安排棉花品种(*A*),只需将其中的水平 1,2,3 分别替换为棉花品种陕 721、中棉 1279 和中夏杂 06;同理,正交表第 2 列安排种植密度(*B*),只需将其中的水平 1,2,3 分别替换为种植密度 6 000、7 500 和 9 000 株/亩;正交表第 4 列安排打顶期(*C*),只需将其中的水平 1,2,3 分别替换为时间 7 月 10 日、7 月 20 日和 7 月 30 日,最终得到试验方案如表 8.5 所示。

本例的正交设计试验方案共有 9 个试验处理组合,如其中的 5 号试验为棉花品种中棉 1279 在种植密度 7 500 株/亩下,7 月 10 日打顶,其余各试验号原理类似,不再赘述。

4.进行试验和收集数据

在进行正交设计的试验时,为了避免产生系统误差,9 个试验处理要随机化安排。要认真实施试验,准确测量数据,最终将棉花试验的皮棉产量(*Y*,kg/小区)和正交设计表整理在一起,如表 8.5 最后一列所示。

8.3.2 无交互作用正交设计的统计分析

对无交互作用的正交设计的试验数据进行分析,通常有两种分析方法,一是直观分析法,二是方差分析法。

直观分析法也称极差分析法,通过分析各个因子的极差来判断各个因子的影响程度。直观分析法只计算极差,计算比较简单,但只能比较相对大小,最大的缺陷是既无法检验各个因子的显著性,也无法判别因子的各水平之间是否存在显著差异。

方差分析法虽然计算比较复杂，但是能检验各个因子的显著性，也可以判别因子的各水平之间是否存在显著差异。方差分析法除了能完成直观分析法的所有功能外，还能实现更进一步的分析，而且其结论比直观分析更加准确和可靠。在计算机统计软件应用十分便捷的今天，计算复杂已不再是问题，因而正交设计的试验数据推荐采用方差分析法，本教材也只讲解方差分析法。

对例8.1正交设计的棉花产量试验的结果进行方差分析的数学模型为：

$$y_{ijk}=\mu+\alpha_i+\beta_j+\gamma_k+\varepsilon_{ijk},\quad i=k=j=1,2,3$$

式中，y_{ijk}为试验指标，μ为总平均数，α_i为因子A的第i水平效应，β_j为因子B的第j水平效应，γ_k为因子C的第k水平效应，ε_{ijk}为随机误差，服从$N(0,\sigma^2)$。其方差分析如表8.6所示。

表8.6　正交设计的棉花产量试验方差分析表

变异来源	自由度(df)	平方和(SS)	均方(MS)	F统计量	显著性
A	2	SS_A	MS_A	MS_A/MS_E	
B	2	SS_B	MS_B	MS_B/MS_E	
C	2	SS_C	MS_C	MS_C/MS_E	
误差(E)	2	SS_E	MS_E		
总和	8	SS_T			

使用SAS程序实现例8.1无交互作用的正交设计的方差分析：

```
*SA8.1;
Data cotton;
  Input  A  B  C  Y;
Cards;
1  1  1  5.96
1  2  2  5.15
1  3  3  5.87
2  1  3  4.52
2  2  1  5.18
2  3  2  4.56
3  1  2  5.00
3  2  3  5.67
3  3  1  6.70
;
Proc Anova data=cotton;
  Class  A  B  C;
  Model  Y=A  B  C;
  Means  A  B  C / LSD;
Run;
```

程序简要说明：

Data 定义数据集 cotton，Input 定义变量 A，B，C 和 Y；Anova 为方差分析过程，Class 指定因子 A，B 和 C，Model 指定方差分析的模型为"试验指标＝各项效应"的形式，Means 为均值比较，LSD 为采用最小显著差数法对因子 A，B 和 C 进行均值比较。

程序主要运行结果：

ANOVA 过程

因变量：Y

源	自由度	平方和	均方	F 值	Pr＞F
模型	6	4.03113333	0.67185556	78.33	0.0127
误差	2	0.01715556	0.00857778		
校正合计	8	4.04828889			

源	自由度	Anova 平方和	均方	F 值	Pr＞F
A	2	1.91362222	0.95681111	111.55	0.0089
B	2	0.47442222	0.23721111	27.65	0.0349
C	2	1.64308889	0.82154444	95.78	0.0103

t Tests (LSD) for Y

Alpha	0.05
Error Degrees of Freedom	2
Error Mean Square	0.008578
Critical Value of t	4.30265
Least Significant Difference	0.3254

t 分组	均值	N	A
A	5.79000	3	3
A	5.66000	3	1
B	4.75333	3	2

t 分组	均值	N	B
A	5.71000	3	3
B	5.33333	3	2
B	5.16000	3	1

t 分组	均值	N	C
A	5.94667	3	1
B	5.35333	3	2
C	4.90333	3	3

程序分析结果表明：棉花品种间产量存在极显著差异（$A,df=2,F=111.55,P=0.009<0.01$），种植密度间产量存在显著差异（$B,df=2,F=27.65,P=0.035<0.05$），打顶期间产量存在显著差异（$C,df=2,F=95.78,P=0.010<0.01$）。

从 LSD 法均值比较来看，在 0.05 的显著水平下，棉花品种 A3（中夏杂 06）和 A1（陕 721）之间的产量不存在显著差异，但显著高于 A2（中棉 1279）。种植密度 B3（9 000 株/hm^2）的产量显著高于 B2（7 500 株/hm^2）和 B1（6 000 株/hm^2），而 B2（7 500 株/hm^2）和 B1（6 000 株/hm^2）间产量不存在显著差异。打顶期 C1（7 月 10 日）的产量显著高于 C3（7 月 30 日），C3（7 月 30 日）

的产量显著高于 C2(7 月 20 日)。

所以,种植棉花品种中夏杂 06 或陕 721,种植密度 9 000 株/hm^2,于 7 月 10 日打顶,皮棉产量最高。

8.4 有交互作用的正交设计

8.4.1 有交互作用正交设计的实现

有交互作用的正交设计是指在正交设计时除了考虑各因子的主效应外,还可以考虑部分因子间交互作用的正交设计方法。

根据交互作用产生的原理可以知道,交互作用主要存在于低阶交互作用当中,而高阶交互作用很小,小到可以忽略,众多科学试验也印证了这一点。所以在进行科学试验的时候,通常只考虑部分一阶交互作用,二阶及其以上的交互作用只有在特殊情况下才会考虑。

有交互作用的正交设计与无交互作用的正交设计相比,主要区别在于正交表的表头设计上,表头除了要安排各个因子以外,还要安排一些需要考察的交互作用。

下面通过例子来说明有交互作用的正交设计的试验如何实施。

【例 8.2】 某地水稻栽培试验,确定影响水稻产量的 3 个试验因子为水稻品种(*Rice*)、种植密度(*Density*)和施氮肥量(*Nitrogen*),每个因子均为 2 个水平,试验因子及其水平如表 8.7 所示,需要考察 3 个因子间所有的一阶交互作用,欲选用正交设计进行试验。

表 8.7 水稻产量试验因子及其水平表

水平	水稻品种(*Rice*)	种植密度(*Density*)	施氮肥量(*Nitrogen*)
1	铁大	16.7cm×13.3cm	150.0 kg/hm^2
2	双广	16.7cm×16.7cm	187.5 kg/hm^2

1.确定因子和水平

本例中,影响水稻产量的 3 个试验因子为水稻品种(*Rice*)、种植密度(*Density*)和施氮肥量(*Nitrogen*),每个因子均为 2 个水平。

2.确定正交表及表头设计

有交互作用的正交设计在表头设计时需要遵循以下三条原则:

①试验因子的自由度应该等于所在列的自由度。只要试验因子的水平数等于所在列的水平数,它们的自由度必然会相等,这一原则比较容易遵循。

②交互作用的自由度应该等于所在列的自由度,或其之和。两个因子的交互作用的自由度等于两个因子的自由度的乘积,交互作用有可能占用正交表的一列,也有可能占用两列、三列乃至更多列,但需要保证交互作用所占列的自由度之和等于交互作用的自由度。

③所有因子和交互作用的自由度之和不能超过所选正交表的自由度。正交设计的误差项的自由度通常来自空白列,所以正交表的列一般不应该排满,否则便没有误差项,无法进行方差分析。若正交表的列都被排满,可以通过设置重复来产生误差项,从而能正常进行方差

分析。

在进行有交互作用的正交设计时，应该先安排存在交互作用的因子，后安排无交互作用的因子。在进行正交表的表头设计时，可能在某一列上不可避免地出现两项效应，例如，两项不同的交互作用或一个因子与另一项交互作用，这种现象称为混杂。当一列出现混杂现象，而且这一列的效应显著时，则难以断定是哪个效应显著，给统计分析带来困难。

为了避免混杂现象带来的困扰，在使用完全正交表进行表头设计时，应该将存在交互作用的因子先安排在基本列上，则可以有效避免混杂现象。

本例所有的因子均为 2 水平，故需要从附表 6 正交设计表中选取 2 水平的正交表，又由于现在需要研究 3 个试验因子 *Rice*，*Density* 和 *Nitrogen*，以及它们之间的 3 个交互作用 *Rice*×*Density*，*Rice*×*Nitrogen* 和 *Density*×*Nitrogen*，所有这些项的自由度之和为 6，所以选用附表 6.2 即正交表 $L_8(2^7)$ 安排本试验即可满足上述三个原则。

将 3 个因子 *Rice*，*Density* 和 *Nitrogen* 分别安排在正交表 $L_8(2^7)$ 的基本列第 1、第 2 和第 4 列，查阅表 $L_8(2^7)$ 的二列间交互作用表，可以得到交互作用 *Rice*×*Density*、*Rice*×*Nitrogen* 和 *Density*×*Nitrogen* 分别占用第 3、第 5 和第 6 列，如表 8.8 的表头所示。

表 8.8　水稻产量试验正交表 $L_8(2^7)$

No.	*Rice*	*Density*	*Rice*×*Density*	*Nitrogen*	*Rice*×*Nitrogen*	*Density*×*Nitrogen*	
	1	2	3	4	5	6	7
1	1	1	1	1	1	1	1
2	1	1	1	2	2	2	2
3	1	2	2	1	1	2	2
4	1	2	2	2	2	1	1
5	2	1	2	1	2	1	2
6	2	1	2	2	1	2	1
7	2	2	1	1	2	2	1
8	2	2	1	2	1	1	2

3.列出试验方案

只需将放置因子的列中的水平数字替换成相应的实际水平，安排交互作用的列和没有安排因子的列不予考虑，直接忽略。交互作用列只有在正交设计和统计分析时需要，而在进行试验时，只需要按照各个因子处理组合安排试验，不需要对交互作用列实施任何操作。

本例中，正交表第 1 列安排水稻品种 *Rice*，只需将其中的水平 1 和 2 分别替换为水稻品种铁大和双广。同理，正交表第 2 列安排种植密度 *Density*，只需将其中的水平 1 和 2 分别替换为种植密度 16.7 cm×13.3 cm 和 16.7 cm×16.7 cm，正交表第 4 列安排施氮肥量 *Nitrogen*（kg/hm^2），只需将其中的水平 1 和 2 分别替换为 150 和 187.5。最终试验方案如表 8.9 所示。

表 8.9 水稻产量试验正交表 $L_8(2^7)$ kg/hm²

No.	*Rice*	*Density*	*Nitrogen*	*Yield*
1	(1)铁大	(1)16.7×13.3	(1)150.0	5 922.75
2	(1)铁大	(1)16.7×13.3	(2)187.5	7 138.50
3	(1)铁大	(2)16.7×16.7	(1)150.0	6 006.75
4	(1)铁大	(2)16.7×16.7	(2)187.5	6 680.25
5	(2)双广	(1)16.7×13.3	(1)150.0	6 412.50
6	(2)双广	(1)16.7×13.3	(2)187.5	5 670.00
7	(2)双广	(2)16.7×16.7	(1)150.0	6 435.00
8	(2)双广	(2)16.7×16.7	(2)187.5	5 107.50

4.进行试验并收集数据

同理，在进行正交设计的试验时，8 个试验的处理顺序需随机化安排。试验过程中，要认真试验，精准测量，最终将水稻试验的产量（kg/hm²）和正交设计表整理在一起。如表 8.9 所示。

下面再举一个更复杂的有交互作用的正交设计试验例子。

【例 8.3】 培养赤霉菌产生赤霉素试验，考察的试验因子有硼砂含量（A，%）、玉米粉含量（B，%）、白糖含量（C，%）、培养时间（D，d）、尿素含量（E，%）和磷酸二氢钾含量（F，%），共 6 个因子，每个因子均有 3 个水平，如表 8.10 所示，试验中需重点考察 A、B、C 3 个因子间的交互作用，试验指标为赤霉素效价单位数（Y，千单位）。

表 8.10 赤霉素试验因子及其水平表

水平	硼砂(A)	玉米粉(B)	白糖(C)	时间(D)	尿素(E)	磷酸二氢钾(F)
1	0.05%	13%	2%	20 d	0.05%	0.1%
2	0.10%	17%	3%	25 d	0.10%	0.2%
3	0.20%	20%	4%	30d	0.20%	0.3%

根据实践经验，拟重点考察因子 A、B、C 之间可能存在的交互作用 $A\times B$、$A\times C$ 和 $B\times C$，每个交互作用的自由度为 4，则所有 6 个因子和 3 个交互作用的自由度之和为 $2\times6+4\times3=24$，因此选用正交表 $L_{27}(3^{13})$。先进行表头设计，按照各因子的交互作用多少，依次安排因子 A、B、C 及其交互作用，因子 A、B、C 分别安排在基本列第 1、第 2 和第 5 列，则交互作用 $A\times B$ 出现在第 3 和第 4 列，交互作用 $A\times C$ 出现在第 6 和第 7 列，交互作用 $B\times C$ 出现在第 8 和第 11 列，剩下的 3 个因子 D、E、F 分别安排在第 9、第 10 和第 12 列，其表头设计如表 8.11 所示。

表 8.11　赤霉素试验正交表 $L_{27}(3^{13})$　　Y,千单位

No.	A	B	$A\times B_1$	$A\times B_2$	C	$A\times C_1$	$A\times C_2$	$B\times C_1$	D	E	$B\times C_2$	F		Y
	1	2	3	4	5	6	7	8	9	10	11	12	13	
1	1	1	1	1	1	1	1	1	1	1	1	1	1	8.0
2	1	1	1	1	2	2	2	2	2	2	2	2	2	22.4
3	1	1	1	1	3	3	3	3	3	3	3	3	3	14.0
4	1	2	2	2	1	1	1	2	2	2	3	3	3	20.0
5	1	2	2	2	2	2	2	3	3	3	1	1	1	21.0
6	1	2	2	2	3	3	3	1	1	1	2	2	2	14.0
7	1	3	3	3	1	1	1	3	3	3	2	2	2	16.0
8	1	3	3	3	2	2	2	1	1	1	3	3	3	20.5
9	1	3	3	3	3	3	3	2	2	2	1	1	1	10.0
10	2	1	1	3	1	2	3	1	2	3	1	2	3	14.8
11	2	1	2	3	2	3	1	2	3	1	2	3	1	14.8
12	2	1	3	3	3	1	2	3	1	2	3	1	2	8.0
13	2	2	1	1	1	2	3	2	3	1	3	1	2	15.4
14	2	2	2	1	2	3	1	3	1	2	1	2	3	10.0
15	2	2	3	1	3	1	2	1	2	3	2	3	1	19.6
16	2	3	1	2	1	2	3	3	1	2	2	3	1	21.0
17	2	3	2	2	2	3	1	1	2	3	3	1	2	14.0
18	2	3	3	2	3	1	2	2	3	1	1	2	3	20.0
19	3	1	3	2	1	3	2	1	3	2	1	3	2	28.0
20	3	1	3	2	2	1	3	2	1	3	2	1	3	12.0
21	3	1	3	2	3	2	1	3	2	1	3	2	1	12.6
22	3	2	1	3	1	3	2	2	1	3	3	2	1	14.5
23	3	2	1	3	2	1	3	3	2	1	1	3	2	29.0
24	3	2	1	3	3	2	1	1	3	2	2	1	3	16.0
25	3	3	2	1	1	3	2	3	2	1	2	1	3	24.4
26	3	3	2	1	2	1	3	1	3	2	3	2	1	22.4
27	3	3	2	1	3	2	1	2	1	3	1	3	2	8.0

进行试验时,随机安排 27 个处理组合的试验,最终得到试验结果,赤霉素效价单位数(Y,千单位)放置于正交表 $L_{27}(3^{13})$设计表的最后一列,如表 8.11 所示。

8.4.2 有交互作用正交设计的统计分析

对于有交互作用的正交设计的试验数据进行分析，同样采用方差分析法，根据主效应优先于交互作用的原则，对于主效应的显著性，不管显著与否，都放在考察之列；而对于交互作用的显著性，如果交互作用不显著，则不需要考虑，而是并入误差项。

对有交互作用的正交设计的试验数据进行均值比较，选择因子最优水平时，优先考虑存在显著交互作用的因子，无论形成这个交互作用的因子本身是否显著，均需从该交互作用的最优处理组合来确定这些因子的最优水平。对于不存在交互作用但本身主效应显著的因子，根据主效应的最优水平取值。对于不存在交互作用且本身主效应也不显著的因子，可以根据实际情况，如实施方便、成本低的水平值。

对例 8.2 水稻产量正交设计试验的结果进行方差分析的数学模型为：

$$y_{ijk}=\mu+\alpha_i+\beta_j+\alpha\beta_{ij}+\gamma_k+\alpha\gamma_{ik}+\beta\gamma_{jk}+\varepsilon_{ijk},\quad i=j=k=1,2$$

式中，y_{ijk} 为试验指标，μ 为总平均数，α_i 为因子 *Rice* 的第 i 个水平效应，β_j 为因子 *Density* 的第 j 个水平效应，$\alpha\beta_{ij}$ 为因子 *Rice* 和 *Density* 的交互作用，γ_k 为因子 *Nitrogen* 的第 k 个水平效应，$\alpha\gamma_{ik}$ 为因子 *Rice* 和 *Nitrogen* 的交互作用，$\beta\gamma_{jk}$ 为因子 *Density* 和 *Nitrogen* 的交互作用，ε_{ijk} 为随机误差，服从 $N(0,\sigma^2)$。其方差分析如表 8.12 所示。

表 8.12 正交设计水稻产量试验方差分析表

变异来源	自由度(df)	平方和(SS)	均方(MS)	F 统计量	显著性
Rice	1	SS_A	MS_A	MS_A/MS_E	
Density	1	SS_B	MS_B	MS_B/MS_E	
Rice×*Density*	1	SS_{AB}	MS_{AB}	MS_{AB}/MS_E	
Nitrogen	1	SS_C	MS_C	MS_C/MS_E	
Rice×*Nitrogen*	1	SS_{AC}	MS_{AC}	MS_{AC}/MS_E	
Density×*Nitrogen*	1	SS_{BC}	MS_{BC}	MS_{BC}/MS_E	
误差(E)	1	SS_E	MS_E		
总和	7	SS_T			

例 8.2 水稻产量正交设计试验的方差分析，可由以下 SAS 程序实现：

```
* SA8.2;
Data rice;
  Input Rice Density Nitrogen Yield;
Cards;
1  1  1  5922.75
1  1  2  7138.50
1  2  1  6006.75
1  2  2  6680.25
2  1  1  6412.50
```

```
2  1  2  5670.00
2  2  1  6435.00
2  2  2  5107.50
;
Proc GLM data = rice;
  Class Rice Density Nitrogen;
  Model Yield = Rice Density Rice * Density Nitrogen Rice * Nitrogen Density * Nitrogen;
Run;
```

程序简要说明：

Data 定义数据集 rice，Input 定义变量 Rice，Density，Nitrogen 和 Yield；GLM 为一般线性模型过程，在此用于方差分析，Class 指定因子 Rice，Density 和 Nitrogen，Model 指定方差分析的模型为"试验指标＝各项效应"的形式，其中 Rice * Density，Rice * Nitrogen 和 Density * Nitrogen 均为两因子的交互作用。

程序主要运行结果：

GLM 过程

因变量：Yield

源	自由度	平方和	均方	F 值	Pr>F
模型	6	2793817.547	465636.258	2038.28	0.0170
误差	1	228.445	228.445		
校正合计	7	2794045.992			

源	自由度	III 型平方和	均方	F 值	Pr>F
Rice	1	563523.820	563523.820	2466.78	0.0128
Density	1	104481.633	104481.633	457.36	0.0297
Rice * Density	1	3434.133	3434.133	15.03	0.1607
Nitrogen	1	4083.820	4083.820	17.88	0.1479
Rice * Nitrogen	1	1959457.570	1959457.570	8577.36	0.0069
Density * Nitrogen	1	158836.570	158836.570	695.29	0.0241

程序分析结果表明：水稻品种和种植密度的交互作用（$Rice * Density$，$df=1$，$F=15.03$，$P=0.161>0.05$）不显著，需要去掉此项后重新进行方差分析。

调整后的方差分析 SAS 程序如下：

```
Proc GLM data = rice;
  Class Rice  Density  Nitrogen;
  Model Yield = Rice Density Nitrogen Rice * Nitrogen Density * Nitrogen;
  Means Rice Density /duncan;
  LSMeans Rice * Nitrogen Density * Nitrogen /pdiff;
Run;
```

程序简要说明：

Means 为均值比较，采用 Duncan 法对 Rice 和 Density 进行均值比较，LSmeans 为最小二乘均值比较，用于对交互作用 Rice * Nitrogen 和 Density * Nitrogen 进行均值比较。

程序主要运行结果：

GLM 过程

因变量：Yield

源	自由度	平方和	均方	F 值	Pr>F
模型	5	2790383.414	558076.683	304.75	0.0033
误差	2	3662.578	1831.289		
校正合计	7	2794045.992			

源	自由度	III 型 平方和	均方	F 值	Pr>F
Rice	1	563523.820	563523.820	307.72	0.0032
Density	1	104481.633	104481.633	57.05	0.0171
Nitrogen	1	4083.820	4083.820	2.23	0.2739
Rice * Nitrogen	1	1959457.570	1959457.570	1069.99	0.0009
Density * Nitrogen	1	158836.570	158836.570	86.73	0.0113

Duncan's Multiple Range Test for Yield

Alpha	0.05
Error Degrees of Freedom	2
Error Mean Square	1831.289
Number of Means	2
Critical Range	130.2

Duncan 分组	均值	N	Rice
A	6437.06	4	1
B	5906.25	4	2

Duncan 分组	均值	N	Density
A	6285.94	4	1
B	6057.38	4	2

最小二乘均值

Rice	Nitrogen	Yield LSMEAN	LSMEAN 号
1	1	5964.75000	1
1	2	6909.37500	2
2	1	6423.75000	3
2	2	5388.75000	4

效应“Rice * Nitrogen”的最小二乘均值

Pr>|t|（针对 H0）：LSMean(i) = LSMean(j)

因变量：Yield

i/j	1	2	3	4
1		0.0020	0.0086	0.0055
2	0.0020		0.0077	0.0008
3	0.0086	0.0077		0.0017
4	0.0055	0.0008	0.0017	

```
Density  Nitrogen  Yield LSMEAN  LSMEAN 号
   1         1      6167.62500       1
   1         2      6404.25000       2
   2         1      6220.87500       3
   2         2      5893.87500       4

效应“Density * Nitrogen”的最小二乘均值
Pr>|t|(针对 H0):LSMean(i) = LSMean(j)
因变量:Yield
i/j      1         2         3         4
 1                0.0312    0.3394    0.0236
 2    0.0312                0.0504    0.0070
 3    0.3394    0.0504                0.0167
 4    0.0236    0.0070    0.0167
```

程序分析结果表明：水稻品种间产量存在极显著差异（*Rice*，$df=1$，$F=307.72$，$P=0.003<0.01$），种植密度间存在显著差异（*Density*，$df=1$，$F=57.05$，$P=0.017<0.05$），施氮肥量间不存在显著差异（*Nitrogen*，$df=1$，$F=2.23$，$P=0.274>0.05$），水稻品种和施氮肥量间交互作用极显著（$Rice\times Nitrogen$，$df=1$，$F=1\ 069.99$，$P=0.000\ 9<0.01$），种植密度和施氮肥量间交互作用显著（$Density\times Nitrogen$，$df=1$，$F=86.73$，$P=0.011<0.05$）。

对显著的主效应进行 Duncan 法均值比较得到：在 0.05 的显著水平下，水稻（*Rice*）品种 1（铁大）的产量显著高于品种 2（双广），种植密度（*Density*）水平 1（16.7 cm×13.3 cm）的产量显著高于水平 2（16.7 cm×16.7 cm）。

对交互作用的最小二乘均值比较得到结果：水稻品种和施氮肥量间交互作用（$Rice\times Nitrogen$）中水稻品种 1（铁大）和施氮肥量 2（187.5 kg/hm^2）组合产量显著高于其他组合；种植密度和施氮肥量间交互作用（$Density\times Nitrogen$）中种植密度 1（16.7 cm×13.3 cm）和施氮肥量 2（187.5 kg/hm^2）组合产量显著高于其他组合。

综上所述，种植水稻品种 1（铁大）、种植密度 1（16.7 cm×13.3 cm）、施氮肥量 2（187.5 kg/hm^2）的水稻产量最高。

例 8.3 赤霉菌培养正交设计试验的方差分析，可由以下 SAS 程序实现：

```
* SA8.3;
Data Gibberellin;
  Input A B C D E F Y;
Cards;
1  1  1  1  1  1   8.0
1  1  2  2  2  2  22.4
1  1  3  3  3  3  14.0
1  2  1  2  2  3  20.0
1  2  2  3  3  1  21.0
1  2  3  1  1  2  14.0
1  3  1  3  3  2  16.0
1  3  2  1  1  3  20.5
1  3  3  2  2  1  10.0
```

```
2  1  1  2  3  2  14.8
2  1  2  3  1  3  14.8
2  1  3  1  2  1   8.0
2  2  1  3  1  1  15.4
2  2  2  1  2  2  10.0
2  2  3  2  3  3  19.6
2  3  1  1  2  3  21.0
2  3  2  2  3  1  14.0
2  3  3  3  1  2  20.0
3  1  1  3  2  3  28.0
3  1  2  1  3  1  12.0
3  1  3  2  1  2  12.6
3  2  1  1  3  2  14.5
3  2  2  2  1  3  29.0
3  2  3  3  2  1  16.0
3  3  1  2  1  1  24.4
3  3  2  3  2  2  22.4
3  3  3  1  3  3   8.0
;
Proc GLM data = Gibberellin;
  Class A B C D E F;
  Model Y = A B C D E F A*B A*C B*C;
Run;
```

程序简要说明:

Data 定义数据集 Gibberellin,Input 定义变量 A～F 和 Y;GLM 为一般线性模型过程,在此用于方差分析,Class 指定因子 A～F,Model 指定方差分析的模型为"试验指标=各项效应"的形式,其中 A*B,A*C 和 B*C 均为两因子的交互作用。

程序主要运行结果:

GLM 过程

因变量:Y

源	自由度	平方和	均方	F 值	Pr>F
模型	24	870.1911111	36.2579630	10.35	0.0918
误差	2	7.0096296	3.5048148		
校正合计	26	877.2007407			

源	自由度	III 型 平方和	均方	F 值	Pr>F
A	2	50.6807407	25.3403704	7.23	0.1215
B	2	40.7829630	20.3914815	5.82	0.1467
C	2	130.9340741	65.4670370	18.68	0.0508
D	2	194.2162963	97.1081481	27.71	0.0348
E	2	43.9651852	21.9825926	6.27	0.1375
F	2	120.0318519	60.0159259	17.12	0.0552

A * B	4	39.3370370	9.8342593	2.81	0.2796
A * C	4	201.9059259	50.4764815	14.40	0.0660
B * C	4	48.3370370	12.0842593	3.45	0.2373

程序分析结果表明：硼砂含量和玉米粉含量的交互作用（$A \times B, df=4, F=2.81, P=0.280>0.05$）以及玉米粉含量和白糖含量的交互作用（$B \times C, df=4, F=3.45, P=0.237>0.05$）均不显著，则考虑将这两项交互作用归入误差项。重新SAS程序进行方差分析如下：

```
Proc GLM data = Gibberellin;
  Class A B C D E F;
  Model Y = A B C D E F A * C;
  Means C D F /duncan;
  LSMeans A * C /pdiff;
Run;
```

程序简要说明：

Means为均值比较，采用Duncan法对C，D和F进行均值比较，LSmeans为最小二乘均值比较，用于对交互作用A * C进行均值比较。

程序主要运行结果：

GLM过程

因变量：Y

源	自由度	平方和	均方	F值	Pr>F
模型	16	782.5170370	48.9073148	5.17	0.0060
误差	10	94.6837037	9.4683704		
校正合计	26	877.2007407			

源	自由度	III型 平方和	均方	F值	Pr>F
A	2	50.6807407	25.3403704	2.68	0.1172
B	2	40.7829630	20.3914815	2.15	0.1668
C	2	130.9340741	65.4670370	6.91	0.0130
D	2	194.2162963	97.1081481	10.26	0.0038
E	2	43.9651852	21.9825926	2.32	0.1485
F	2	120.0318519	60.0159259	6.34	0.0167
A * C	4	201.9059259	50.4764815	5.33	0.0146

Duncan's Multiple Range Test for Y

Alpha	0.05
Error Degrees of Freedom	10
Error Mean Square	9.46837

Number of Means	2	3
Critical Range	3.232	3.377

Duncan分组	均值	N	C
A	18.456	9	2
A	18.011	9	1
B	13.578	9	3

Duncan 分组		均值	N	D
A		18.622	9	3
A		18.533	9	2
B		12.889	9	1

Duncan 分组		均值	N	F
	A	19.433	9	3
B	A	16.300	9	2
B		14.311	9	1

最小二乘均值

A	C	Y LSMEAN	LSMEAN 号
1	1	14.6666667	1
1	2	21.3000000	2
1	3	12.6666667	3
2	1	17.0666667	4
2	2	12.9333333	5
2	3	15.8666667	6
3	1	22.3000000	7
3	2	21.1333333	8
3	3	12.2000000	9

效应“A＊C”的最小二乘均值

Pr>|t|(针对 H0):LSMean(i) = LSMean(j)

因变量:Y

i/j	1	2	3	4	5	6	7	8	9
1		0.0247	0.4445	0.3620	0.5059	0.6432	0.0125	0.0277	0.3494
2	0.0247		0.0064	0.1229	0.0076	0.0559	0.6990	0.9484	0.0047
3	0.4445	0.0064		0.1104	0.9176	0.2316	0.0033	0.0071	0.8564
4	0.3620	0.1229	0.1104		0.1310	0.6432	0.0639	0.1366	0.0815
5	0.5059	0.0076	0.9176	0.1310		0.2701	0.0039	0.0085	0.7763
6	0.6432	0.0559	0.2316	0.6432	0.2701		0.0283	0.0625	0.1751
7	0.0125	0.6990	0.0033	0.0639	0.0039	0.0283		0.6523	0.0024
8	0.0277	0.9484	0.0071	0.1366	0.0085	0.0625	0.6523		0.0052
9	0.3494	0.0047	0.8564	0.0815	0.7763	0.1751	0.0024	0.0052	

分析结果表明:在现有因子水平设置下,硼砂含量($A, df=2, F=2.68, P=0.117>0.05$)、玉米粉含量($B, df=2, F=2.15, P=0.167>0.05$)以及尿素含量($E, df=2, F=2.32, P=0.149>0.05$)3 个因子均不显著,不显著的原因可能是因子水平梯度设置过小、试验误差过大或有其他未考虑到的交互作用混杂其中等,有待进一步研究。

白糖含量($C, df=2, F=6.91, P=0.013<0.05$)、培养时间($D, df=2, F=10.26, P=0.0038<0.01$)、磷酸二氢钾含量($F, df=2, F=6.34, P=0.017<0.05$)三个因子以及硼砂含量和白糖含量的交互作用($A\times C, df=4, F=5.33, P=0.015<0.05$)均显著,故需要进一步均值比较。

在 0.05 的显著水平下,白糖含量 C2(3%)和 C1(2%)无显著差异,但均显著优于 C3(4%),

培养时间 D3(30 d)和 D2(25 d)无显著差异,但均显著优于 D1(20 d)水平,磷酸二氢钾含量 F3(0.3%) 显著优于 F1(0.1%)。通过比较硼砂含量和白糖含量的交互作用($A\times C$)的均值得到:较好的处理组合是 A3C1、A1C2 和 A3C2。

综上所述,水平间差异不显著的,且以节约成本或方便实施的原则,最终推荐硼砂含量(A3:0.20%)、玉米粉含量(B3:13%)、白糖含量(C1:2%)、培养时间(D2:25 d)、尿素含量(E1:0.05%)以及磷酸二氢钾含量(F3:0.3%)。

8.5 有重复的正交设计

8.5.1 有重复的正交设计的实现

重复是试验设计的基本原则之一,只有安排重复,才能减小真正的试验误差。而对于正交设计的试验,本来就是为了缩小试验规模。利用部分"代表性"的试验代替全面试验的方法,一般不会安排重复,所以正交设计的误差项来源不是重复,而是空白列,误差项的自由度就是所有空白列的自由度之和。正交表的列都被因子或交互作用占满之后,没有空白列,也就没有了误差项,便不能做方差分析,这也正是正交设计时正交表要保留部分空白列的原因。

正交表的列都被排满之后,若是安排若干次重复,可以得到真正的随机误差项,方可进行方差分析。即便是正交表的列没有排满,只是空白列比较少,也建议安排重复试验,以增大误差项自由度,使统计分析的结论更加准确可靠。如果条件允许,一般的正交设计试验也可以适当安排重复,一是有可能分析潜在的交互作用,二是也会提高分析的可靠性。

有重复的正交设计试验,因为有真正的试验误差,可以适当考虑更多潜在的交互作用,其他方面和一般的正交设计大体一致。

进行有重复的正交设计试验时,在具体的试验安排上有两种情况:一是正交设计的每个重复独立安排,相当于重复区组;二是正交设计所有的试验处理均在相同条件下随机安排,没有划分重复区组。

【例 8.4】 某地香茅草施肥试验,参与试验的肥料有 3 种,分别为氮肥(N,硫酸铵)、磷肥(P,过磷酸钙)和钾肥(K,氯化钾),各设置两个水平,如表 8.13 所示。为探索氮肥、磷肥和钾肥对香茅草产量的影响,并考察它们之间的交互作用,试验方案欲采用正交设计,安排两次重复,试验基本单元为 35 m^2的小区(韩汉鹏,2006)。

表 8.13 香茅草施肥试验因子及其水平表

kg

水平	氮肥(N)	磷肥(P)	钾肥(K)
1	0	0	0
2	0.3	1.25	0.5

本试验欲考察 N、P、K 及其 3 个交互作用 $N\times P$、$N\times K$ 和 $P\times K$,共 6 个自由度。根据正交设计的基本要求,采用正交表 $L_8(2^7)$,3 个因子 N、P、K 分别安排在正交表的基本列即第 1、第 2、第 4 列,其他列分别为相应的交互作用,如表 8.14 所示。

表 8.14　香茅草施肥试验正交表 $L_8(2^7)$

No.	N	P	$N\times P$	K	$N\times K$	$P\times K$	$N\times P\times K$
	1	2	3	4	5	6	7
1	1	1	1	1	1	1	1
2	1	1	1	2	2	2	2
3	1	2	2	1	1	2	2
4	1	2	2	2	2	1	1
5	2	1	2	1	2	1	2
6	2	1	2	2	1	2	1
7	2	2	1	1	2	2	1
8	2	2	1	2	1	1	2

去掉交互作用列，整理试验方案，随机安排两次重复的试验处理组合进行试验。香茅草产量折算以 kg/亩计量，最终试验结果如表 8.15 所示。

表 8.15　香茅草施肥试验正交设计试验结果　　kg

No.	N	P	K	重复 1	重复 2
1	1	1	1	277	308
2	1	1	2	380	362
3	1	2	1	310	299
4	1	2	2	408	400
5	2	1	1	270	255
6	2	1	2	362	378
7	2	2	1	350	335
8	2	2	2	420	427

8.5.2　有重复的正交设计的统计分析

有重复的正交设计根据试验的具体实施分为两种情况，在统计分析时应该要区别对待。①对于每个重复独立安排的正交设计，需要考虑区组效应，如果区组之间没有显著差异，可以将其归入误差项。②对于所有的试验处理均在相同条件下随机安排的正交设计，没有划分区组，不用考虑区组效应，直接当作普通重复。

例 8.4 香茅草施肥试验的重复没有划分区组，则不需要考虑区组效应，但需考虑所有交互作用，其统计分析的 SAS 程序：

```
* SA8.4
Data citronella;
```

```
  Input  N  P  K  Yield @@;
Cards;
1  1  1  277  1  1  1  308
1  1  2  380  1  1  2  362
1  2  1  310  1  2  1  299
1  2  2  408  1  2  2  400
2  1  1  270  2  1  1  255
2  1  2  362  2  1  2  378
2  2  1  350  2  2  1  335
2  2  2  420  2  2  2  427
;
Proc GLM data = citronella;
  Class  N  P  K;
  Model  Yield = N  P  K  N*P  N*K  P*K  N*P*K;
Run;
```

程序简要说明：

Data 定义数据集 citronella，Input 定义变量 N，P，K 和 Yield；GLM 过程完成正交设计的方差分析，GLM 为一般线性模型过程，在此用于方差分析，Class 指定因子 N，P 和 K，Model 指定方差分析的模型为“试验指标＝各项效应”的形式，其中 N*P，N*K，P*K，N*P*K 均为因子间的交互作用。

程序主要运行结果：

GLM 过程

因变量：Yield

源	自由度	平方和	均方	F 值	Pr>F
模型	7	44278.93750	6325.56250	45.49	<.0001
误差	8	1112.50000	139.06250		
校正合计	15	45391.43750			

源	自由度	III 型平方和	均方	F 值	Pr>F
N	1	175.56250	175.56250	1.26	0.2938
P	1	7965.56250	7965.56250	57.28	<.0001
K	1	33580.56250	33580.56250	241.48	<.0001
N*P	1	1958.06250	1958.06250	14.08	0.0056
N*K	1	27.56250	27.56250	0.20	0.6680
P*K	1	7.56250	7.56250	0.05	0.8215
N*P*K	1	564.06250	564.06250	4.06	0.0788

程序分析结果表明：有三项交互作用 N*K($df=1, F=0.20, P=0.6680>0.05$)、P*K($df=1, F=0.05, P=0.8215>0.05$)以及 N*P*K($df=1, F=4.06, P=0.0788>0.05$)均不显著，需要将不显著的交互作用逐项去掉，并入误差项后，重新进行方差分析，则其 SAS 程序修改后如下：

```
Proc GLM data = citronella;
```

```
    Class   N   P   K;
    Model   Yield = N   P   K   N * P;
    Means   P   K / duncan;
    LSMeans   N * P / pdiff;
Run;
```

程序简要说明：

Means为均值比较，采用Duncan法对P和K进行均值比较，LSmeans为最小二乘均值比较，用于对交互作用N * P进行均值比较。

程序主要运行结果：

GLM 过程

因变量：Yield

源	自由度	平方和	均方	F值	Pr>F
模型	4	43679.75000	10919.93750	70.18	<.0001
误差	11	1711.68750	155.60795		
校正合计	15	45391.43750			

源	自由度	III型平方和	均方	F值	Pr>F
N	1	175.56250	175.56250	1.13	0.3109
P	1	7965.56250	7965.56250	51.19	<.0001
K	1	33580.56250	33580.56250	215.80	<.0001
N * P	1	1958.06250	1958.06250	12.58	0.0046

Duncan's Multiple Range Test for Yield

Alpha	0.05
Error Degrees of Freedom	11
Error Mean Square	155.608
Number of Means	2
Critical Range	13.73

Duncan分组	均值	N	P
A	368.625	8	2
B	324.000	8	1

Duncan分组	均值	N	K
A	392.125	8	2
B	300.500	8	1

最小二乘均值

N	P	Yield LSMEAN	LSMEAN号
1	1	331.750000	1
1	2	354.250000	2
2	1	316.250000	3
2	2	383.000000	4

效应“N * P”的最小二乘均值

Pr>|t|（针对H0）：LSMean(i) = LSMean(j)

因变量:Yield

i/j	1	2	3	4
1		0.0270	0.1066	0.0001
2	0.0270		0.0012	0.0076
3	0.1066	0.0012		<.0001
4	0.0001	0.0076	<.0001	

程序分析结果表明:施氮肥量间不存在显著差异(N,$df=1$,$F=1.13$,$P=0.311>0.05$),施磷肥量间存在极显著差异(P,$df=1$,$F=51.19$,$P<0.000\,1$)以及施钾肥量间存在极显著差异(K,$df=1$,$F=215.80$,$P<0.000\,1$),施氮肥和施磷肥的交互作用达极显著($N\times P$,$df=1$,$F=12.58$,$P=0.004\,6<0.01$),故需要均值比较。

因为施氮肥和施磷肥的交互作用显著,故施氮肥和施磷肥的最优水平均需从交互作用的处理组合中选取。在 0.05 的显著水平下,处理组合 N2P2 的产量(383.00)显著好于其他三种处理组合,所以施氮肥量最优水平取 N2、施磷肥量最优水平取 P2。施钾肥量 K 主效应显著,其 K2 水平显著好于 K1 水平。

综上所述,香茅草的最佳施肥方案为施氮肥量(N2:0.3 kg/小区)、施磷肥量(P2:1.25 kg/小区)、施钾肥量(K2:0.5 kg/小区)。

8.6　混合水平的正交设计

8.6.1　混合水平正交设计的实现

在前面所探讨的正交设计试验中,每个试验因子的水平都是相同的,即等水平的试验设计。但是在科学试验和生产实践中,经常也会遇到试验因子的水平不全相等的情况需要采用正交设计,这时使用水平数不等的因子进行的正交设计称为混合水平的正交设计。

由于因子混合水平的情况各不相同,混合水平的正交设计也有多种实现方法可以采用,应该视试验的具体情况而定,常用的混合水平的正交设计方法有以下几种。

8.6.1.1　混合水平正交表法

在一个正交表的列中存在两个及以上水平数的正交表称为混合水平正交表。如混合水平正交表 $L_8(4\times2^4)$有 1 个 4 水平列和 4 个 2 水平列,$L_{18}(2\times3^7)$有 1 个 2 水平列和 7 个 3 水平列,其他还有 $L_{12}(6\times2^2)$、$L_{16}(4^2\times2^9)$、$L_{18}(6\times3^6)$和 $L_{32}(2^4\times4^9)$等。

一些常用的混合水平正交表详见附表 6 正交设计表的混合水平正交表部分,在混合水平正交表中有些表不能考察交互作用,有些表则可以考察部分交互作用,一般都会在正交表后附带说明。

如果存在合适的混合水平正交表,则直接用于安排正交设计,若没有合适的正交表,可尝试使用 8.6.1.2 并列法或 8.6.1.3 拟水平法。

【例 8.5】 某橡胶幼苗矮化试验,供试橡胶品种为热垦 17,影响矮化效果的因子有 4 个,分别是药剂(A)、浓度(B)、物候期(C)和喷药次数(D),试验指标为新抽出的蓬距(Y),其中因子 A 有 4 个水平,其他 3 个因子各有 2 个水平,如表 8.16 所示。试验不考察因子间交互作用,采用正交设计,安排 2 次重复(韩汉鹏,2006)。

表 8.16　橡胶幼苗矮化试验因子及其水平表

水平	药剂(A)	浓度(B/ppm)	物候期(C)	喷药次数(D)
1	B9	2 000	展叶期	1
2	二氯异丁酸钠	5 000	变色期	2
3	7305			
4	二氯异丁酸			

由于试验明确不考察因子间交互作用，故而选择混合水平正交表 $L_8(4\times 2^4)$，其表头设计如表 8.17 所示。

表 8.17　橡胶幼苗矮化试验混合水平正交表 $L_8(4\times 2^4)$　　kg

No.	A	B	C	D		Y1	Y2
	1	2	3	4	5	重复 1	重复 2
1	1	1	1	1	1	8.24	9.64
2	1	2	2	2	2	15.28	17.26
3	2	1	1	2	2	16.62	15.20
4	2	2	2	1	1	13.98	17.94
5	3	1	2	1	2	38.32	35.25
6	3	2	1	2	1	10.11	7.70
7	4	1	2	2	1	33.64	31.90
8	4	2	1	1	2	23.02	22.46

8.6.1.2　并列法

如果没有合适的混合水平正交表，可以将其他正交表进行改造，以形成混合水平的正交表，并列法就是其中常用的改造方法。并列法是将正交表进行部分改造，把其中的一些低水平列合并成一个高水平列，从而改造成新的混合水平正交表的方法。

实际上本教材附表 6.20 即正交表 $L_{16}(4\times 2^{12})$，就是按照并列法生成的。下面以 2 水平正交表 $L_{16}(2^{15})$ 为例，介绍用并列法改造生成混合水平正交表 $L_{16}(4\times 2^{12})$ 的过程，其他的 2 水平正交表的并列法与此类似。

找到正交表 $L_{16}(2^{15})$，如表 8.18 所示，先将第 1 列和第 2 列合并成一个新列，由于这两列相对应的试验号会出现 4 个处理组合，故将新列定义为对应的 4 个水平，如下：

$$(1,1)\rightarrow 1\quad (1,2)\rightarrow 2\quad (2,1)\rightarrow 3\quad (2,2)\rightarrow 4$$

同时，将第 1 列和第 2 列的交互作用列即第 3 列直接删去，如此，相当于将 3 个 2 水平的列合并成 1 个 4 水平的列。3 个 2 水平的列自由度和为 3，1 个 4 水平的列自由度也为 3，所有列的总自由度没有变化，并列改造后的混合正交表 $L_{16}(4\times 2^{12})$ 如表 8.19 所示，依然是一个整齐、均衡性的正交表。

表 8.18 正交表 $L_{16}(2^{15})$

No.	1	2	3	4	5	6	7	8	9	10	11	12	13	14	15
1	1	1	1	1	1	1	1	1	1	1	1	1	1	1	1
2	1	1	1	1	1	1	1	2	2	2	2	2	2	2	2
3	1	1	1	2	2	2	2	1	1	1	1	2	2	2	2
4	1	1	1	2	2	2	2	2	2	2	2	1	1	1	1
5	1	2	2	1	1	2	2	1	1	2	2	1	1	2	2
6	1	2	2	1	1	2	2	2	2	1	1	2	2	1	1
7	1	2	2	2	2	1	1	1	1	2	2	2	2	1	1
8	1	2	2	2	2	1	1	2	2	1	1	1	1	2	2
9	2	1	2	1	2	1	2	1	2	1	2	1	2	1	2
10	2	1	2	1	2	1	2	2	1	2	1	2	1	2	1
11	2	1	2	2	1	2	1	1	2	1	2	2	1	2	1
12	2	1	2	2	1	2	1	2	1	2	1	1	2	1	2
13	2	2	1	1	2	2	1	1	2	2	1	1	2	2	1
14	2	2	1	1	2	2	1	2	1	1	2	2	1	1	2
15	2	2	1	2	1	1	2	1	2	2	1	2	1	1	2
16	2	2	1	2	1	1	2	2	1	1	2	1	2	2	1

表 8.19 混合水平正交表 $L_{16}(4\times2^{12})$

新列号	1	2	3	4	5	6	7	8	9	10	11	12	13
原列号	1,2,3	4	5	6	7	8	9	10	11	12	13	14	15
1	1	1	1	1	1	1	1	1	1	1	1	1	1
2	1	1	1	1	1	2	2	2	2	2	2	2	2
3	1	2	2	2	2	1	1	1	1	2	2	2	2
4	1	2	2	2	2	2	2	2	2	1	1	1	1
5	2	1	1	2	2	1	1	2	2	1	1	2	2
6	2	1	1	2	2	2	2	1	1	2	2	1	1
7	2	2	2	1	1	1	1	2	2	2	2	1	1
8	2	2	2	1	1	2	2	1	1	1	1	2	2
9	3	1	2	1	2	1	2	1	2	1	2	1	2
10	3	1	2	1	2	2	1	2	1	2	1	2	1
11	3	2	1	2	1	1	2	1	2	2	1	2	1
12	3	2	1	2	1	2	1	2	1	1	2	1	2
13	4	1	2	2	1	1	2	2	1	1	2	2	1

续表8.19

新列号	1	2	3	4	5	6	7	8	9	10	11	12	13
原列号	1,2,3	4	5	6	7	8	9	10	11	12	13	14	15
14	4	1	2	2	1	2	1	1	2	2	1	1	2
15	4	2	1	1	2	1	2	2	1	2	1	1	2
16	4	2	1	1	2	2	1	1	2	1	2	2	1

使用同样的方法，可以将正交表 $L_{16}(2^{15})$ 逐步改造成混合水平正交表 $L_{16}(4^2\times2^9)$、$L_{16}(4^3\times2^6)$ 和 $L_{16}(4^4\times2^3)$。可以将正交表 $L_{16}(4\times2^{12})$ 的第 1、2 列合并成一个 8 水平列，再将它们的交互作用列，即第 3、第 4、第 5 列直接删去，可以得到正交表 $L_{16}(8\times2^8)$。

同样采用并列法可以将正交表 $L_{27}(3^{13})$ 改造成混合水平正交表 $L_{27}(9\times3^9)$。将第 1、第 2 列的 9 个水平组合重新定义成新列的 9 个水平，即：

$$(1,1)\to1 \quad (1,2)\to2 \quad (1,3)\to3$$
$$(2,1)\to4 \quad (2,2)\to5 \quad (2,3)\to6$$
$$(3,1)\to7 \quad (3,2)\to8 \quad (3,3)\to9$$

同时删除第 1、2 列的交互作用列，查附表 6 正交表 $L_{27}(3^{13})$ 的两列间交互作用列表(附表 6.9a)可知，其交互作用列在第 3、第 4 列，相当于前 4 列合并成 1 个 9 水平列，即可得到混合水平正交表 $L_{27}(9\times3^9)$，如表 8.20 所示。原表的 4 个 3 水平列共有 8 个自由度，新表的 9 水平列也有 8 个自由度，即列的总自由度不变，正交表的整齐、均衡性不变。

表 8.20 混合水平正交表 $L_{27}(9\times3^9)$

No.	1	2	3	4	5	6	7	8	9	10
1	1	1	1	1	1	1	1	1	1	1
2	1	2	2	2	2	2	2	2	2	2
3	1	3	3	3	3	3	3	3	3	3
4	2	1	1	1	2	2	2	3	3	3
5	2	2	2	2	3	3	3	1	1	1
6	2	3	3	3	1	1	1	2	2	2
7	3	1	1	1	3	3	3	2	2	2
8	3	2	2	2	1	1	1	3	3	3
9	3	3	3	3	2	2	2	1	1	1
10	4	1	2	3	1	2	3	1	2	3
11	4	2	3	1	2	3	1	2	3	1
12	4	3	1	2	3	1	2	3	1	2
13	5	1	2	3	2	3	1	3	1	2
14	5	2	3	1	3	1	2	1	2	3

续表8.20

No.	1	2	3	4	5	6	7	8	9	10
15	5	3	1	2	1	2	3	2	3	1
16	6	1	2	3	3	1	2	2	3	1
17	6	2	3	1	1	2	3	3	1	2
18	6	3	1	2	2	3	1	1	2	3
19	7	1	3	2	1	3	2	1	3	2
20	7	2	1	3	2	1	3	2	1	3
21	7	3	2	1	3	2	1	3	2	1
22	8	1	3	2	2	1	3	3	2	1
23	8	2	1	3	3	2	1	1	3	2
24	8	3	2	1	1	3	2	2	1	3
25	9	1	3	2	3	2	1	2	1	3
26	9	2	1	3	1	3	2	3	2	1
27	9	3	2	1	2	1	3	1	3	2

在并列法改造正交表的过程中，如果被合并的这两列的交互作用不在此表之内，则无须删除交互作用列。例如正交表 $L_{18}(2\times3^7)$ 的列总自由度为 15，将其第 1 和 2 列并列成 1 个 6 水平列，其交互作用不在表内，直接忽略，合并后的正交表为 $L_{18}(6\times3^6)$，其列总自由度为 17，与原表列自由度不再相等。

【例 8.6】 某生化产品合成试验，需要考察 4 个因子 A、B、C、D 对产量 Y 的影响，其中因子 A 有 4 个水平，因子 B、C、D 各有 2 个水平，根据专业知识，还需要考察交互作用 $A\times B$ 和 $A\times C$，欲采用正交设计安排试验。

四个因子的自由度之和为 $3+1+1+1=6$，两个交互作用自由度之和 $3+3=6$，共 12 个自由度，故选用混合正交表 $L_{16}(4\times2^{12})$。因子 A 和 B 分别放于正交表 $L_{16}(4\times2^{12})$ 的第 1 和 2 列，而交互作用需要从原正交表 $L_{16}(2^{15})$ 的交互作用列得到，则交互作用 $A\times B$ 为原正交表 $L_{16}(2^{15})$ 的第 1、2、3 列和第 4 列的交互作用列第 5、6、7 列即新表的第 3、4、5 列，同理，因子 C 安排在第 6 列，则交互作用 $A\times C$ 安排在第 7、8、9 列，最后将因子 D 安排在第 10 列，具体表头设计如表 8.21 所示。

表 8.21 生化产品合成试验的混合水平正交表 $L_{16}(4\times2^{12})$ g

因子	A	B	$A\times B$	$A\times B$	$A\times B$	C	$A\times C$	$A\times C$	$A\times C$	D				Y
新列号	1	2	3	4	5	6	7	8	9	10	11	12	13	
原列号	1,2,3	4	5	6	7	8	9	10	11	12	13	14	15	
1	1	1	1	1	1	1	1	1	1	1	1	1	1	175
2	1	1	1	1	1	2	2	2	2	2	2	2	2	231
3	1	2	2	2	2	1	1	1	1	2	2	2	2	97

续表8.21

因子	A	B	A×B	A×B	A×B	C	A×C	A×C	A×C	D				Y
新列号	1	2	3	4	5	6	7	8	9	10	11	12	13	
原列号	1,2,3	4	5	6	7	8	9	10	11	12	13	14	15	
4	1	2	2	2	2	2	2	2	2	1	1	1	1	136
5	2	1	1	2	2	1	1	2	2	1	1	2	2	169
6	2	1	1	2	2	2	2	1	1	2	2	1	1	198
7	2	2	2	1	1	1	1	2	2	2	2	1	1	162
8	2	2	2	1	1	2	2	1	1	1	1	2	2	142
9	3	1	2	1	2	1	2	1	2	1	2	1	2	150
10	3	1	2	1	2	2	1	2	1	2	1	2	1	225
11	3	2	1	2	1	1	2	1	2	2	1	2	1	170
12	3	2	1	2	1	2	1	2	1	1	2	1	2	240
13	4	1	2	2	1	1	2	2	1	1	2	2	1	191
14	4	1	2	2	1	2	1	1	2	2	1	1	2	189
15	4	2	1	1	2	1	2	2	1	2	1	1	2	204
16	4	2	1	1	2	2	1	1	2	1	2	2	1	190

8.6.1.3 拟水平法

在进行正交设计时，大多数因子在相同的水平上，只有少量因子的水平数不一致，而又没有合适的混合水平正交表可用时，可以采用拟水平法进行正交设计。

先按照水平相同的多数因子选择正交表，同时正交表中需要有一列的水平数略多于水平不一致的个别因子的水平数，用来安排这个因子，并从其他水平中选择比较重要的水平安排重复，虚拟成若干水平以补齐所在列的水平数。

需要注意的是，此时正交设计中拟水平因子的各个水平的重复数不再相等，即试验使用的正交表不再具有正交性，所以应该谨慎使用拟水平法正交设计。

【例 8.7】 江苏徐州农业科学研究所进行夏玉米丰产栽培试验，考虑的因子有 6 个，其因子及其水平如表 8.22 所示，采用正交设计安排试验（戚容怡等，1979）。

表 8.22 夏玉米丰产栽培试验的因子及其水平表

	播种方式	品种	播期	行距/cm	种植密度/(株/hm²)	施肥方式/(kg/hm²)
水平	A	B	C	D	E	F
1	3～4 叶栽	新单 1 号	6 月 12 日	67	45 000	种 75＋苗 112.5＋穗 187.5
2	5～6 叶栽	烟三 6 号	6 月 17 日	83	52 500	苗 112.5＋穗 262.5
3	7～8 叶栽	华傲	6 月 22 日	93＋40	60 000	苗 225＋穗 150
4	直播					

注：施肥方式指不同时期的施硫酸铵用量。

经分析发现,没有合适的正交表安排夏玉米丰产栽培试验的各个因子,为了能够使用正交表 $L_{18}(6\times3^6)$,需要对因子 A 进行拟水平设计,考虑到因子 A 的第 4 水平直播是夏玉米大面积生产的种植方式,故将其重复两次,作为形式上的第 4、第 5、第 6 水平,虚拟成一个 6 水平因子,然后将因子 A、B、C、D、E 和 F 分别放置于正交表 $L_{18}(6\times3^6)$ 的第 1、第 2、第 4、第 5、第 6、第 7 列上,得到试验方案和最终试验结果如表 8.23 所示。

表 8.23 夏玉米丰产栽培试验的正交设计表 $L_{18}(6\times3^6)$

No.	*A*	*B*		*C*	*D*	*E*	*F*
	1	2	3	4	5	6	7
1	1	1	1	1	1	1	1
2	1	2	2	2	2	2	2
3	1	3	3	3	3	3	3
4	2	1	1	2	2	3	3
5	2	2	2	3	3	1	1
6	2	3	3	1	1	2	2
7	3	1	2	1	3	2	3
8	3	2	3	2	1	3	1
9	3	3	1	3	2	1	2
10	4	1	3	3	2	2	1
11	4	2	1	1	3	3	2
12	4	3	2	2	1	1	3
13	4(5)	1	2	3	1	3	2
14	4(5)	2	3	1	2	1	3
15	4(5)	3	1	2	3	2	1
16	4(6)	1	3	2	3	1	2
17	4(6)	2	1	3	1	2	3
18	4(6)	3	2	1	2	3	1

8.6.2 混合水平正交设计的统计分析

混合水平正交设计的统计分析和前述等水平的正交设计一样需采用方差分析,需要注意的是,有的混合水平正交表可以考察交互作用,根据实际情况决定是否考虑交互作用;而有些混合水平正交表不能考察交互作用,只分析主效应。具体的统计分析可以参考前述方差分析方法。

例 8.5 橡胶幼苗矮化试验采用混合正交表 $L_8(4\times2^4)$进行正交设计,试验指标 Y 为新抽出的蓬距,其试验数据如表 8.17 所示,因为试验安排了 2 次重复,存在真正的试验误差,所以可以对空白列的潜在效应进行考察,设空白列的潜在效应为 K。使用 SAS 程序进行方差分析：

```
*SA8.5;
Data rubber;
  Input  A  B  C  D  K  Y;
Cards;
1  1  1  1  1   8.24
1  2  2  2  2  15.28
2  1  1  2  2  16.62
2  2  2  1  1  13.98
3  1  2  1  2  38.32
3  2  1  2  1  10.11
4  1  2  2  1  33.64
4  2  1  1  2  23.02
1  1  1  1  1   9.64
1  2  2  2  2  17.26
2  1  1  2  2  15.20
2  2  2  1  1  17.94
3  1  2  1  2  35.25
3  2  1  2  1   7.7
4  1  2  2  1  31.90
4  2  1  1  2  22.46
;
Proc GLM data = rubber;
  Class A B C D K;
  Model Y = A B C D K;
  Means A B C D /duncan;
Run;
```

程序简要说明：

Data 定义数据集 rubber，Input 定义变量 A、B、C、D、K 和 Y，其中 K 为空白列效应，Y 为新抽出蓬距；GLM 为一般线性模型过程，在此用于方差分析，Class 指定因子 A、B、C、D 和 K，Model 指定方差分析的模型为“试验指标＝各项效应”的形式，Means 为均值比较，采用 Duncan 法对 A、B、C 和 D 进行均值比较。

程序主要运行结果：

GLM 过程

因变量：Y

源	自由度	平方和	均方	F 值	Pr>F
模型	7	1488.664300	212.666329	80.72	<.0001
误差	8	21.076300	2.634538		
校正合计	15	1509.740600			

源	自由度	III型平方和	均方	F值	Pr>F
A	3	557.0376000	185.6792000	70.48	<.0001
B	1	233.0202250	233.0202250	88.45	<.0001
C	1	512.7960250	512.7960250	194.64	<.0001
D	1	27.9312250	27.9312250	10.60	0.0116
K	1	157.8792250	157.8792250	59.93	<.0001

Alpha		0.05	
Error Degrees of Freedom		8	
Error Mean Square		2.634538	
Number of Means	2	3	4
Critical Range	2.647	2.758	2.820

Duncan分组	均值	N	A
A	27.755	4	4
B	22.845	4	3
C	15.935	4	2
D	12.605	4	1

Alpha	0.05
Error Degrees of Freedom	8
Error Mean Square	2.634538
Number of Means	2
Critical Range	1.871

Duncan分组	均值	N	B
A	23.6013	8	1
B	15.9688	8	2

Duncan分组	均值	N	C
A	25.4463	8	2
B	14.1238	8	1

Duncan分组	均值	N	D
A	21.1063	8	1
B	18.4638	8	2

程序分析结果表明：药剂间存在极显著差异($A,df=3,F=70.48,P<0.000\ 1$)，浓度间存在极显著差异($B,df=1,F=88.45,P<0.000\ 1$)，物候期间存在极显著差异($C,df=1,F=194.67,P<0.000\ 1$)，喷药次数间存在显著差异($D,df=1,F=10.60,P=0.012<0.05$)，空白列水平间存在极显著差异($K,df=1,F=59.93,P<0.000\ 1$)，空白列的效应显著，说明因子间交互作用A×B、A×C或A×D均显著，不能将其作为误差项。

因为试验目的是橡胶矮化，试验指标Y越小越好。从均值多重比较看出，在0.05的显著水平下，药剂A1水平的矮化效果显著优于其他3个水平，浓度B2水平的矮化效果显著优于B1水平，物候期C1水平的矮化效果显著优于C2水平，喷药次数D2水平的矮化效果显著优于D1水平。

综上所述，橡胶幼苗矮化试验的最佳方案为药剂(A1:B9)、浓度(B2:5 000ppm)、物候期

(C1:展叶期)和喷药次数(D2:喷 2 次)。

例 8.6 生化产品合成试验采用混合正交表 $L_{16}(4\times2^{12})$进行正交设计,试验指标为产量 Y,其试验数据如表 8.21 所示,需要考察交互作用 $A\times B$ 和 $A\times C$。使用 SAS 程序进行方差分析:

```
*SA8.6;
Data bioproduct;
  Input  A B C D Y;
Cards;
1  1  1  1  175
1  1  2  2  231
1  2  1  2   97
1  2  2  1  136
2  1  1  1  169
2  1  2  2  198
2  2  1  2  162
2  2  2  1  142
3  1  1  1  150
3  1  2  2  225
3  2  1  2  170
3  2  2  1  240
4  1  1  1  191
4  1  2  2  189
4  2  1  2  204
4  2  2  1  190
;
Proc GLM data = bioproduct;
  Class A B C D;
  Model Y = A B C D A*B A*C;
  Means A B C /duncan;
  LSmeans A*B A*C /pdiff;
Run;
```

程序简要说明:

Data 定义数据集 bioproduct,Input 定义变量 A、B、C、D 和 Y;GLM 为一般线性模型过程,在此用于方差分析,Class 指定试验因子,Model 指定方差分析的模型为"试验指标=各项效应"的形式,其中 A*B 和 A*C 为两因子间的交互作用,Means 为均值比较,采用 Duncan 法对 A、B 和 C 进行均值比较,LSmeans 为最小二乘均值比较,用于对交互作用 A*B 和 A*C 进行均值比较。

程序主要运行结果:

GLM 过程

因变量:Y

源	自由度	平方和	均方	F 值	Pr>F
模型	12	20875.25000	1739.60417	18.36	0.0175
误差	3	284.18750	94.72917		
校正合计	15	21159.43750			

源	自由度	III 型平方和	均方	F 值	Pr>F
A	3	4018.187500	1339.395833	14.14	0.0282
B	1	2185.562500	2185.562500	23.07	0.0172
C	1	3393.062500	3393.062500	35.82	0.0093
D	1	430.562500	430.562500	4.55	0.1228
A * B	3	6644.187500	2214.729167	23.38	0.0139
A * C	3	4203.687500	1401.229167	14.79	0.0265

Duncan's MultipleRange Test for Y

Alpha	0.05
Error Degrees of Freedom	3
Error Mean Square	94.72917

Number of Means	2	3	4
Critical Range	21.90	21.97	21.77

Duncan 分组	均值	N	A
A	196.250	4	3
A	193.500	4	4
B	167.750	4	2
B	159.750	4	1

Alpha	0.05
Error Degrees of Freedom	3
Error Mean Square	94.72917
Number of Means	2
Critical Range	15.49

Duncan 分组	均值	N	B
A	191.000	8	1
B	167.625	8	2

Duncan 分组	均值	N	C
A	193.875	8	2
B	164.750	8	1

最小二乘均值

A	B	Y LSMEAN	LSMEAN 号
1	1	203.000000	1
1	2	116.500000	2
2	1	183.500000	3
2	2	152.000000	4
3	1	187.500000	5

3	2	205.000000	6
4	1	190.000000	7
4	2	197.000000	8

效应“A * B”的最小二乘均值

Pr>|t|(针对 H0):LSMean(i) = LSMean(j)

因变量:Y

i/j	1	2	3	4	5	6	7	8
1		0.0030	0.1389	0.0135	0.2095	0.8503	0.2739	0.5812
2	0.0030		0.0063	0.0356	0.0053	0.0028	0.0048	0.0037
3	0.1389	0.0063		0.0480	0.7087	0.1142	0.5520	0.2595
4	0.0135	0.0356	0.0480		0.0356	0.0122	0.0298	0.0190
5	0.2095	0.0053	0.7087	0.0356		0.1700	0.8139	0.4010
6	0.8503	0.0028	0.1142	0.0122	0.1700		0.2209	0.4713
7	0.2739	0.0048	0.5520	0.0298	0.8139	0.2209		0.5240
8	0.5812	0.0037	0.2595	0.0190	0.4010	0.4713	0.5240	

A	C	Y LSMEAN	LSMEAN 号
1	1	136.000000	1
1	2	183.500000	2
2	1	165.500000	3
2	2	170.000000	4
3	1	160.000000	5
3	2	232.500000	6
4	1	197.500000	7
4	2	189.500000	8

效应“A * C”的最小二乘均值

Pr>|t|(针对 H0):LSMean(i) = LSMean(j)

因变量:Y

i/j	1	2	3	4	5	6	7	8
1		0.0164	0.0563	0.0397	0.0904	0.0022	0.0080	0.0118
2	0.0164		0.1615	0.2595	0.0946	0.0151	0.2459	0.5812
3	0.0563	0.1615		0.6753	0.6115	0.0063	0.0462	0.0904
4	0.0397	0.2595	0.6753		0.3798	0.0077	0.0664	0.1389
5	0.0904	0.0946	0.6115	0.3798		0.0050	0.0309	0.0563
6	0.0022	0.0151	0.0063	0.0077	0.0050		0.0369	0.0215
7	0.0080	0.2459	0.0462	0.0664	0.0309	0.0369		0.4713
8	0.0118	0.5812	0.0904	0.1389	0.0563	0.0215	0.4713	

程序分析结果表明:因子 A 各水平间存在显著差异($df=3, F=14.14, P=0.028<0.05$),因子 B 各水平间存在显著差异($df=1, F=23.07, P=0.017<0.05$),因子 C 各水平间存在极显著差异($df=1, F=35.82, P=0.009<0.01$),因子 D 各水平间不存在显著差异($df=1, F=4.55, P=0.123>0.05$),交互作用 $A\times B$ 显著($A*B, df=3, F=23.38, P=0.014<0.05$),交互作用 $A\times C$ 显著($A*C, df=3, F=14.79, P=0.027<0.05$)。

从均值多重比较看出，在0.05的显著水平下，A 因子A3和A4水平间产量没有显著差异，但显著高于A2和A1水平，B 因子B1水平的产量显著高于B2水平，C 因子C2水平的产量显著好于C1水平，交互作用 $A\times B$ 比较好的处理组合有A3B2、A1B1、A4B2、A4B1、A3B1和A2B1，交互作用 $A\times C$ 的处理组合A3C2显著好于其他处理组合。

综上所述，生化产品合成试验产量的最佳方案为处理组合A3、B2、C2和D1或D2。

8.7　正交设计需要注意的问题

8.7.1　正交设计的因子数

正交试验设计所适用的因子数一般不少于3个，因为正交设计表的行数最少为水平数的平方，甚至更多。当有两个 q 水平的试验因子时，即使选用 q 水平最小的正交表，也会有 q^2 行，即需要安排 q^2 次处理组合的试验。在这种情况下，实质是这两个因子的全面处理组合的试验，并没有减少试验处理数，而正交设计是采用“代表性”的部分试验代替全面试验的处理组合的试验设计方法，所以此时不能称为正交设计。

例如，两个3水平的因子，采用最小的3水平正交表是 $L_9(3^4)$，假设两个因子安排在正交表的第1和第2列，从这两列的水平组合来看有9个组合，正好是这两个因子的全部处理组合的试验。同理，两个4水平的因子，采用正交表 $L_{16}(4^5)$，以及两个5水平的因子，采用正交表 $L_{25}(5^6)$，处理组合数分别是16和25，正好也都是这两个因子的全部处理组合的试验。

8.7.2　正交表的误差项

正交设计试验一般不会安排重复，误差项的主要来源即是空白列，空白列看似空白，其实可能是潜在的未知交互作用。例如，正交表 $L_9(3^4)$ 有 A、B、C 3个因子分别安排在此表的前3列，第4列空白即是误差项，从正交表 $L_9(3^4)$ 的性质知道，任意两列的交互作用都出现在剩余两列。因此，如果 $A\times B$、$A\times C$ 和 $B\times C$ 存在部分交互作用显著的话，它们有可能出现在第4列上，即误差项里可能会混杂部分交互作用，通常情况下会使误差项有所增大。如果用这个误差项去检验其他效应，且该效应显著，说明该效应确实显著，没有问题；如果该效应不显著，一种可能是该因子确实不显著，还有一种可能是该因子显著性被掩盖。

在正交设计试验中要特别注意潜在的交互作用。在设计阶段，就要优先使用基本列以避免潜在交互作用的混杂；在统计分析阶段，也要检验潜在交互作用是否真的显著，如果显著则必须将其从试验误差中分离出来以降低试验误差。

由于正交表误差项通常来源于空白列，误差项的自由度即是所有空白列的自由度之和，如果空白列比较少，则误差项的自由度也会比较小。根据假设检验的原理，检验显著性的临界值，例如最常用的 $F_{0.05}$，有两个自由度，第一自由度即为欲检验的效应项的自由度，第二自由度即为误差项的自由度，误差项自由度越小，则临界值 $F_{0.05}$ 的值越大，这项效应越不易显著，也会降低检验的灵敏度，很有可能掩盖这项效应的真实显著性。

常见的 $F_{0.05}(n_1, n_2)$ 值如表8.24所示，从表中可以看到，若效应项自由度 $n_1=1$，当误差项自由度 $n_2=1$ 时，欲检验的效应项均方要高于误差项均方161.45倍以上方能显著；当误差项自由度 $n_2=2$ 时，欲检验的效应项均方要高于误差项均方18.51倍以上方能显著；当误差项

自由度 $n_2=3$ 时，欲检验的效应项均方要高于误差项均方 10.13 倍以上方能显著。可见随着误差项自由度的增加，$F_{0.05}$ 的值迅速降低，直到误差项自由度 $n_2=5$ 时，欲检验的效应项均方要高于误差项均方 6.61 倍以上就能显著；直到误差项自由度 $n_2=10$ 时，$F_{0.05}$ 逐渐趋于稳定，欲检验的效应项均方大于误差项均方 4.96 倍即可以显著；当效应项自由度 n_1 增大时亦存在类似趋势。总而言之，误差项自由度不能太低，建议误差项自由度不低于 5，最好在 10 左右，这样方差分析的结论才会更加可靠。

正交设计时需要注意，为保证误差项的自由度不至太小，应该选择稍大一些的正交表。除非试验成本很高、试验周期很长或者试验安排极其困难，为了减少试验次数，迫不得已而使用小正交表。

表 8.24　在 $\alpha=0.05$ 显著水平下的 $F_{0.05}(n_1,n_2)$ 数值表

n_1	n_2											
	1	2	3	4	5	6	7	8	9	10	11	12
1	161.45	18.51	10.13	7.71	6.61	5.99	5.59	5.32	5.12	4.96	4.84	4.75
2	199.50	19.00	9.55	6.94	5.79	5.14	4.74	4.46	4.26	4.10	3.98	3.89
3	215.71	19.16	9.28	6.59	5.41	4.76	4.35	4.07	3.86	3.71	3.59	3.49
4	224.58	19.25	9.12	6.39	5.19	4.53	4.12	3.84	3.63	3.48	3.36	3.26

注：n_1 为第一自由度，即效应项自由度，n_2 为第二自由度，即误差项自由度。

8.7.3　大正交表与小正交表的重复

使用正交设计表时，为了误差项有足够的自由度，应该选用稍大一些的正交表。此外还可选用小正交表，同时适当地安排重复。需要注意的是，安排重复的小正交表和大正交表，试验次数可能相同，也可能不同。例如，正交表 $L_8(2^7)$ 安排两次重复，和正交表 $L_{16}(2^{15})$ 一样有 16 次试验；正交表 $L_9(3^4)$ 安排两次重复，有 18 次试验，却少于正交表 $L_{27}(3^{13})$ 的 27 次试验；正交表 $L_{16}(2^{15})$ 安排两次重复，试验次数等于正交表 $L_{32}(2^{31})$；正交表 $L_9(3^4)$ 安排 3 次重复，试验次数等于正交表 $L_{27}(3^{13})$。无重复的大正交表和有重复的小正交表各有利弊。选用大正交表一般可以考察更多的潜在交互作用，而且在后期方差分析时也能分析其显著性，但是没有安排重复，没有真正的误差项，只是把一些高阶的或不显著的交互作用作为误差项；选用有重复的小正交表不能考察更多的交互作用，但是有重复，有真正的误差项，更能准确地检验各项效应的显著性。

要根据试验的具体情况来选择合适的正交设计方案。如果试验中存在比较多的交互作用需要考察，优先选用大一些的正交表；如果明确不存在过多的交互作用，则选用有重复的小正交表。

8.7.4　正交设计与析因设计

在使用完全正交表进行正交设计时，只使用基本列来安排因子，则此时正交设计的试验处理组合正好是析因设计的全面处理组合，违背了正交设计是全面处理组合的部分代表性处理组合的基本性质，本质上已经是析因设计。若再安排重复，即为可以考察所有交互作用的析因设计。

例如，3个两水平因子（A、B、C）安排在正交表$L_8(2^7)$的第1、第2和第4列，其试验处理组合正好为3因子析因设计的A1B1C1，A1B1C2，A1B2C1，A1B2C2，A2B1C1，A2B1C2，A2B2C1和A2B2C2共8个全面处理组合。

再如，4个2水平因子安排在正交表$L_{16}(2^{15})$的第1、第2、第4和第8列，2个3水平因子安排在正交表$L_9(3^4)$的第1、第2列，3个3水平因子安排在正交表$L_{27}(3^{13})$的第1、第2和第5列等，其试验处理均是全面处理组合的析因设计。

正交设计是采用具有代表性的部分处理组合进行试验，试验次数比较少，所以主要考察因子的主效应和部分低阶交互作用。若因子间存在大量的交互作用，则容易出现难以避免的混杂现象，很有可能对欲考察的各项效应和误差项造成不良影响，降低统计分析结果的可靠性，此时最好采用全面试验的析因设计。

8.7.5 正交设计的均值比较

存在交互作用的正交设计在进行方差分析的均值比较时，无论产生交互作用的因子主效应显著与否，只要其交互作用显著，就应该按照交互作用确定相关因子的最优处理组合。

通过均值比较得到的各因子的最优处理组合，如果正好是正交设计试验中安排的处理组合，那就相当于最优处理组合已经做过验证。如果各因子的最优处理组合没有出现在正交设计试验的处理组合中，需要另外安排试验验证此最优处理组合。

8.7.6 避免混杂现象

正交设计是采用具有代表性的部分处理组合进行试验，比较容易出现混杂现象，但是在进行正交设计试验时，应该采取一些措施尽量避免混杂现象。将试验因子首选安排在基本列上，可以有效避免混杂现象；选用更大一级的正交表，可选择的列多，自然容易避开交互作用列。

但是在正交设计时仍难以完全避免混杂现象，应该先保证主效应和较为重要的交互作用不要混杂，让混杂发生在次要的交互作用和高阶交互作用之间。

在初级试验阶段，可以将正交设计试验用作预试验或因子筛选试验，用较少的试验次数多安排一些因子，则不必过多顾忌混杂现象。只要在一定程度上从多个因子中筛选出少量重要因子，为下一步全面、深入的高级阶段研究打下基础，不失为好事。

8.7.7 更好的试验设计

在复因子的优化试验中，只要有试验因子是定性因子，比如作物品种、试剂种类、操作方式等，宜采用正交设计，可以找到最佳处理组合。

但是如果所有的试验因子都是定量因子，比如施肥量、浓度、温度等，采用正交设计时，最终得到的最佳试验方案只能是最初设定的几个水平之一。比如温度只设定了20℃、30℃和40℃，试验得到的最佳温度只能是30℃，而实际最佳温度是33℃，采用正交设计得不到33℃的最佳温度。

为获得真正的最佳温度，需使用回归设计或均匀设计。如果所有的试验因子水平取值都是连续性的定量因子，建议采用回归设计或均匀设计，通过建立回归模型，对回归模型进行优化、求最优值，即可得到更接近于真实值的最优值，而不必限定在试验设定的水平之中。

第 9 章　混杂设计

9.1　混杂设计概述

在复因子试验设计中，通常要考虑各因子的主效应和部分交互作用，随着因子数和水平数的增加，其处理组合数也急剧增加。如果试验条件限制难以保证试验条件的同质性，可以考虑采用区组容量相对比较小的混杂设计方法，将全部处理组合安排在几个区组中，即可解决这一问题。

混杂设计(CD，Confounded Design)是一种以牺牲高阶交互作用来换取小区组的试验设计方法，属于复因子试验的不完全区组设计方法，基本原则是将高阶交互作用与区组混杂。

因为正交设计是部分试验，而混杂设计是全面试验，与实施部分试验的正交设计相比，混杂设计提供的信息更丰富，试验精度也更高。与完全区组相比，混杂设计的试验单元数并没有减少，只不过是以牺牲某些高阶交互作用换取了不完全区组。在试验条件不太均匀、不适合安排高容量的大区组，而必须设计成不完全的小区组的复因子试验中，混杂设计有较高的实用价值。

混杂设计安排试验时比较复杂，通常用于两水平和三水平复因子试验，根据因子的水平数不同，可以将试验分成不同数量的区组。对于两水平的复因子试验，可以构造出 2 个区组、4 个区组、8 个区组和 16 个区组的混杂设计；对于三水平的复因子试验，可以构造出 3 个区组、9 个区组和 27 个区组的区组设计。

常用的混杂设计的方法有符号法、定义对比法、主区组法、对偶法和正交表法等，本章主要介绍简单易用的正交表法进行两水平和三水平的混杂设计。

利用正交表进行混杂设计，首先选取与区组相混杂的交互作用，其次查阅该交互作用所在的列号，最后将交互作用列中水平相同的处理或处理组合分在同一个区组中，这样可以使混杂设计的过程和分析都得到简化。

9.2　两水平混杂设计的实现

9.2.1　完全混杂设计

当每次重复试验的区组都和相同的交互作用混杂在一起时称为完全混杂设计，这样，该交互作用的效应便和区组的效应完全混杂在一起，再也无法分析。

1.构造两个不完全区组的两水平混杂设计

【例 9.1】 香茅草施肥试验，设置氮肥(N)、磷肥(P)和钾肥(K)各两个水平，3 种肥料的水平值如表 9.1 所示，试验设置 3 次重复，试验指标为香茅草的产量(Y)。由于试验场地土地肥力不够均匀，计划采用小区组的混杂设计安排试验，每区组包含 4 个试验小区，每小区的面积为 10 m^2(韩汉鹏，2006)。

表 9.1 香茅草施肥试验的因子及其水平表

水平	氮肥(N)	磷肥(P)	钾肥(K)
1	0	0	0
2	0.3 kg 硫酸铵	1.25 kg 过磷酸钙	0.5 kg 氯化钾

(1)使用正交表实现混杂设计

利用正交表进行两水平复因子的混杂设计，先根据因子的数量和欲考察的交互作用选择合适的正交表，通常选择高阶交互作用与区组混杂进行混杂设计。

本试验为了探索氮肥、磷肥和钾肥对香茅草产量的影响，并考察它们之间的一级交互作用，可以选择正交表 $L_8(2^7)$ 安排试验。由于试验场地土地肥力不够均匀，宜采用小区组的混杂设计安排试验，将氮、磷、钾三因子的交互作用 $N\times P\times K$ 与区组混杂。

首先将氮、磷、钾设置于基本列，即第 1、第 2、第 4 列，而交互作用 $N\times P\times K$ 可以由 $N\times P$ 和因子 K 的交互作用所在列得到，即正交表 $L_8(2^7)$ 的第 3 列和第 4 列的交互作用在第 7 列，则将区组(*Block*)也安排在第 7 列，即区组效应和交互作用 $N\times P\times K$ 混杂在了一起，如表 9.2 所示。

表 9.2 香茅草施肥试验混杂设计方案

							Block
因子	N	P	$N\times P$	K	$N\times K$	$P\times K$	$N\times P\times K$
No.	1	2	3	4	5	6	7
1	1	1	1	1	1	1	1
2	1	1	1	2	2	2	2
3	1	2	2	1	1	2	2
4	1	2	2	2	2	1	1
5	2	1	2	1	2	1	2
6	2	1	2	2	1	2	1
7	2	2	1	1	2	2	1
8	2	2	1	2	1	1	2

8 个试验处理按第 7 列的水平号分成两个区组，则区组的容量为 4，如表 9.3 所示。

表 9.3　香茅草施肥试验混杂设计的区组划分表

No.	区组 1			No.	区组 2		
	N	P	K		N	P	K
1	1	1	1	2	1	1	2
4	1	2	2	3	1	2	1
6	2	1	2	5	2	1	1
7	2	2	1	8	2	2	2

香茅草试验安排 3 次重复，每次重复内两个区组随机排列，每个区组内处理随机排列，则试验的混杂设计实施方案如图 9.1 所示。

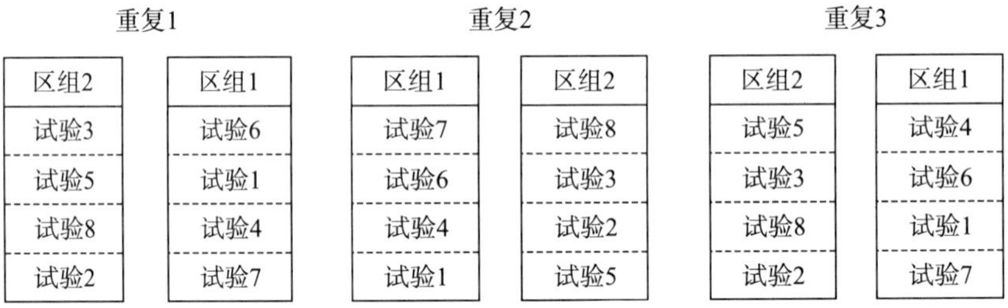

图 9.1　香茅草施肥试验混杂设计实施方案

(2)使用软件实现混杂设计

SAS 软件可以实现混杂设计，例 9.1 中的香茅草施肥试验的混杂设计 SAS 程序如下：

```
* SD9.1 ;
Proc Factex;
  Factors N P K;
  Model resolution = max;
  Size design = 8;
  Blocks nblocks = 2;
  Output out = cd1;
  Examine aliasing;
Run;
Proc Print data = cd1;
Run;
```

程序简要说明：

Factex 为析因设计过程，Factors 定义因子 N、P、K，Model resolution＝max 设定因子设计模型为最大分辨度，Size design＝8 设定试验规模为 8 次试验，Blocks nblocks＝2 设定区组数为 2，Output 指定结果输出数据集，Examine aliasing 检查别名，即列出区组混杂到哪些效应上，Print 为输出过程，输出混杂设计结果数据集 cd1。

程序运行结果如下，混杂设计方案如表 9.4 所示。

```
The FACTEX Procedure
```

```
Aliasing Structure
N
P
K
N*P
N*K
P*K
[B]=N*P*K
```

表 9.4　SAS 软件设计的香茅草混杂设计表

Obs	*Block*	*N*	*P*	*K*
1	1	−1	−1	−1
2	1	−1	1	1
3	1	1	−1	1
4	1	1	1	−1
5	2	−1	−1	1
6	2	−1	1	−1
7	2	1	−1	−1
8	2	1	1	1

运行结果说明,[B]=N*P*K 说明区组[B]混杂在高级交互作用 $N\times P\times K$,表 9.4 为混杂设计表,将表中的−1 和 1 水平分别替换成 1 和 2 水平。

【例 9.2】 某试验有 4 个参试因子 A、B、C 和 D,各因子均设置两个水平,需要考察各因子的主效应和一阶交互作用 $A\times B$ 和 $A\times C$,由于试验条件的限制,区组容量为 8,需要采用小区组的混杂设计。选择正交表 $L_{16}(2^{15})$,分成区组容量为 8 的 2 个区组安排试验。

(1)使用正交表实现混杂设计

如果要划分成区组容量为 8 的 2 个区组,则区组效应(*Block*)需要安置在最高级交互作用列,即第 15 列,其混杂设计如表 9.5 所示。

表 9.5　4 个 2 水平因子 2 区组混杂设计

No.															*Block*
	A	*B*	$A\times B$	*C*	$A\times C$			*D*							$A\times B\times C\times D$
	1	2	3	4	5	6	7	8	9	10	11	12	13	14	15
1	1	1	1	1	1	1	1	1	1	1	1	1	1	1	1
2	1	1	1	1	1	1	1	2	2	2	2	2	2	2	2
3	1	1	1	2	2	2	2	1	1	1	1	2	2	2	2
4	1	1	1	2	2	2	2	2	2	2	2	1	1	1	1
5	1	2	2	1	1	2	2	1	1	2	2	1	1	2	2

续表9.5

No.															Block
	A	B	A×B	C	A×C			D							A×B×C×D
	1	2	3	4	5	6	7	8	9	10	11	12	13	14	15
6	1	2	2	1	1	2	2	2	2	1	1	2	2	1	1
7	1	2	2	2	2	1	1	1	1	2	2	2	2	1	1
8	1	2	2	2	2	1	1	2	2	1	1	1	1	2	2
9	2	1	2	1	2	1	2	1	2	1	2	1	2	1	2
10	2	1	2	1	2	1	2	2	1	2	1	2	1	2	1
11	2	1	2	2	1	2	1	1	2	1	2	2	1	2	1
12	2	1	2	2	1	2	1	2	1	2	1	1	2	1	2
13	2	2	1	1	2	2	1	1	2	2	1	1	2	2	1
14	2	2	1	1	2	2	1	2	1	1	2	2	1	1	2
15	2	2	1	2	1	1	2	1	2	2	1	2	1	1	2
16	2	2	1	2	1	1	2	2	1	1	2	1	2	2	1

2 个区组内的试验号分组如表 9.6 所示。

表 9.6　4 因子 2 区组混杂设计试验号分组

	No.							
区组 1	1	4	6	7	10	11	13	16
区组 2	2	3	5	8	9	12	14	15

(2)使用软件实现混杂设计

同理,使用 SAS 程序实现例 9.2 的混杂设计如下:

```
* SD9.2 ;
Proc Factex;
  Factors A B C D;
  Model resolution = max;
  Size design = 16;
  Blocks nblocks = 2;
  Output out = cd2;
  Examine aliasing;
Run;
Proc Print data = cd2;
Run;
```

程序简要说明:

Factex 为析因设计过程,Factors 定义因子 A、B、C、D,Model resolution＝max 设定因子

设计模型为最大分辨度，Size design=16 设定试验规模为 16 次试验，Blocks nblocks=2 设定区组数为 2，Output 指定结果输出数据集，Examine aliasing 检查别名，即列出区组混杂到哪些效应上，Print 为输出过程，输出混杂设计结果数据集 cd2。

程序运行结果的混杂设计试验如表 9.7 所示：

表 9.7 SAS 软件设计的 4 因子 2 区组混杂设计试验

Obs	*Block*	*A*	*B*	*C*	*D*
1	1	−1	−1	−1	1
2	1	−1	−1	1	−1
3	1	−1	1	−1	−1
4	1	−1	1	1	1
5	1	1	−1	−1	−1
6	1	1	−1	1	1
7	1	1	1	−1	1
8	1	1	1	1	−1
9	2	−1	−1	−1	−1
10	2	−1	−1	1	1
11	2	−1	1	−1	1
12	2	−1	1	1	−1
13	2	1	−1	−1	1
14	2	1	−1	1	−1
15	2	1	1	−1	−1
16	2	1	1	1	1

运行结果说明，区组默认混杂在高级交互作用 $A\times B\times C\times D$，将表中的−1 和 1 水平分别替换成 1 和 2 水平。

2.构造四个不完全区组的两水平混杂设计

同样对于例 9.2 的试验，如果要划分为区组容量为 4 的 4 个区组，则区组效应(*Block*)需要安置在两列合并而成的 4 个处理组合上，即 11，12，21，22，将其转化为 4 个水平，同时去掉其交互作用列。

(1)使用正交表实现混杂设计

方法一：最高阶交互作用列 $A\times B\times C\times D$，即第 15 列可以看成由一阶交互作用 $A\times D$ 和 $B\times C$ 形成的交互作用，则将交互作用 $A\times D$ 和 $B\times C$ 所占的列，即第 9 列和第 6 列构成 4 个处理组合 11，12，21，22 并列成 4 个水平 1，2，3，4，按照 4 水平划分 4 个区组。其混杂设计如表 9.8 所示。

表 9.8　4 个 2 水平因子的 4 区组混杂设计 1

因子	*A*	*B*	*A*×*B*	*C*	*A*×*C*		*D*						*Block*
No.	1	2	3	4	5	7	8	10	11	12	13	14	6,9,15
1	1	1	1	1	1	1	1	1	1	1	1	1	1
2	1	1	1	1	1	1	2	2	2	2	2	2	2
3	1	1	1	2	2	2	1	1	1	2	2	2	3
4	1	1	1	2	2	2	2	2	2	1	1	1	4
5	1	2	2	1	1	2	1	2	2	1	1	2	3
6	1	2	2	1	1	2	2	1	1	2	2	1	4
7	1	2	2	2	2	1	1	2	2	2	2	1	1
8	1	2	2	2	2	1	2	1	1	1	1	2	2
9	2	1	2	1	2	2	1	1	2	1	2	1	2
10	2	1	2	1	2	2	2	2	1	2	1	2	1
11	2	1	2	2	1	1	1	1	2	2	1	2	4
12	2	1	2	2	1	1	2	2	1	1	2	1	3
13	2	2	1	1	2	1	1	2	1	1	2	2	4
14	2	2	1	1	2	1	2	1	2	2	1	1	3
15	2	2	1	2	1	2	1	2	1	2	1	1	2
16	2	2	1	2	1	2	2	1	2	1	2	2	1

4 个区组内的试验号分组如表 9.9 所示。

表 9.9　4 个 2 水平因子的 4 区组混杂设计试验号分组 1

	No.			
区组 1	1	7	10	16
区组 2	2	8	9	15
区组 3	3	5	12	14
区组 4	4	6	11	13

方法二:将第 7 列交互作用 $A\times B\times C$ 和第 9 列交互作用 $A\times D$ 构成 4 个处理组合 11,12,21,22,并列成 4 个水平 1,2,3,4,按照 4 水平划分 4 个区组,同时划去其交互作用列 $B\times C\times D$,即第 14 列。其混杂设计如表 9.10 所示。其 4 个区组内的试验号分组如表 9.11 所示。

表 9.10 4 个 2 水平因子的 4 区组混杂设计 2

因子	A	B	$A\times B$	C	$A\times C$		D						$Block$
No.	1	2	3	4	5	6	8	10	11	12	13	15	7,9,14
1	1	1	1	1	1	1	1	1	1	1	1	1	1
2	1	1	1	1	1	1	2	2	2	2	2	2	2
3	1	1	1	2	2	2	1	1	1	2	2	2	3
4	1	1	1	2	2	2	2	2	2	1	1	1	4
5	1	2	2	1	1	2	1	2	2	1	1	2	3
6	1	2	2	1	1	2	2	1	1	2	2	1	4
7	1	2	2	2	2	1	1	2	2	2	2	1	1
8	1	2	2	2	2	1	2	1	1	1	1	2	2
9	2	1	2	1	2	1	1	1	2	1	2	2	4
10	2	1	2	1	2	1	2	2	1	2	1	1	3
11	2	1	2	2	1	2	1	1	2	2	1	1	2
12	2	1	2	2	1	2	2	2	1	1	2	2	1
13	2	2	1	1	2	2	1	2	1	1	2	1	2
14	2	2	1	1	2	2	2	1	2	2	1	2	1
15	2	2	1	2	1	1	1	2	1	2	1	2	4
16	2	2	1	2	1	1	2	1	2	1	2	1	3

表 9.11 4 个 2 水平因子的 4 区组混杂设计试验号分组 2

	No.			
区组 1	1	7	12	14
区组 2	2	8	11	13
区组 3	3	5	10	16
区组 4	4	6	9	15

(2)使用软件实现混杂设计

同理,使用 SAS 程序实现例 9.2 的 4 区组混杂设计如下:

```
* SD9.3 ;
* 混杂设计 A * D 和 B * C ;
Proc Factex;
  Factors A B C D;
  Model estamate = (A B C D A * B A * C B * D C * D);
  Size design = 16;
```

```
  Blocks nblocks = 4;
  Output out = cd3;
  Examine aliasing;
Run;
Proc Print data = cd3;
Run;
```

程序简要说明：

Factex 为析因设计过程，Factors 定义因子 A、B、C、D，Model estamate 设定要分析的因子及交互作用，A * D 和 B * C 没有设定，默认用作混杂区组，Size design＝16 设定试验规模为 16 次试验，Blocks nblocks＝4 设定区组数为 4，Output 指定结果输出数据集，Examine aliasing 检查别名，即列出区组混杂到哪些效应上，Print 为输出过程，输出混杂设计结果数据集 cd3。

程序运行结果的混杂设计如表 9.12 所示：

表 9.12　SAS 软件设计的 4 因子 4 区组混杂设计试验

Obs	*Block*	*A*	*B*	*C*	*D*
1	1	−1	−1	−1	1
2	1	−1	1	1	1
3	1	1	−1	−1	−1
4	1	1	1	1	−1
5	2	−1	−1	1	1
6	2	−1	1	−1	1
7	2	1	−1	1	−1
8	2	1	1	−1	−1
9	3	−1	−1	1	−1
10	3	−1	1	−1	−1
11	3	1	−1	1	1
12	3	1	1	−1	1
13	4	−1	−1	−1	−1
14	4	−1	1	1	−1
15	4	1	−1	−1	1
16	4	1	1	1	1

运行结果说明，[B]＝A * D 和[B]＝B * C 说明区组[B]混杂在高级交互作用 A * D、B * C 及其交互作用 A * B * C * D，将表 9.12 中的－1 和 1 水平分别替换成 1 和 2 水平。

同理，对于 5 个两水平因子 A、B、C、D 和 E 的混杂设计，设置 4 个区组时，需采用正交表 $L_{32}(2^{31})$，5 个因子分别放置于正交表的 5 个基本列，即第 1、第 2、第 4、第 8、第 16 列。区组可以放置于交互作用列 $A\times D\times E$（第 25 列）和 $B\times C\times E$（第 18 列）合并而成的 4 水平列，同时需要划去交互作用列 $A\times D\times E$ 和 BCE 的交互作用列 $A\times B\times C\times D$（第 11 列），即可得到 4 个区组，区组容量为 8 的混杂设计。

9.2.2　部分混杂设计

在进行混杂设计时，每次重复试验的区组都和相同的交互作用混杂在一起，则这个交互作用就无法进行分析和估计。若试验欲考察所有的交互作用，则可以每次采用不同的重复混杂不同的交互作用，称为部分混杂设计。这样每个交互作用的信息可以得到部分恢复，所有的交互作用都可以进行统计分析。

【例 9.3】 牧草施肥三要素氮（N）、磷（P）、钾（K）试验，每个因子设置 2 个水平，安排 4 次重复，欲进行部分混杂设计试验（韩汉鹏，2006）。

本试验选择正交表 $L_8(2^7)$进行部分混杂设计，每次重复区组混杂一个不同的交互作用，重复 1 区组混杂交互作用 $N\times P$，重复 2 区组混杂交互作用 $N\times P\times K$，重复 3 区组混杂交互作用 $P\times K$，重复 4 区组混杂交互作用 $N\times K$，其混杂设计如表 9.13 所示，部分混杂设计田间实施方案如图 9.2 所示。

表 9.13　牧草施肥试验部分混杂设计

区组混杂			重复 1		重复 4	重复 3	重复 2
因子	N	P	$N\times P$	K	$N\times K$	$P\times K$	$N\times P\times K$
No.	1	2	3	4	5	6	7
1	1	1	1	1	1	1	1
2	1	1	1	2	2	2	2
3	1	2	2	1	1	2	2
4	1	2	2	2	2	1	1
5	2	1	2	1	2	1	2
6	2	1	2	2	1	2	1
7	2	2	1	1	2	2	1
8	2	2	1	2	1	1	2

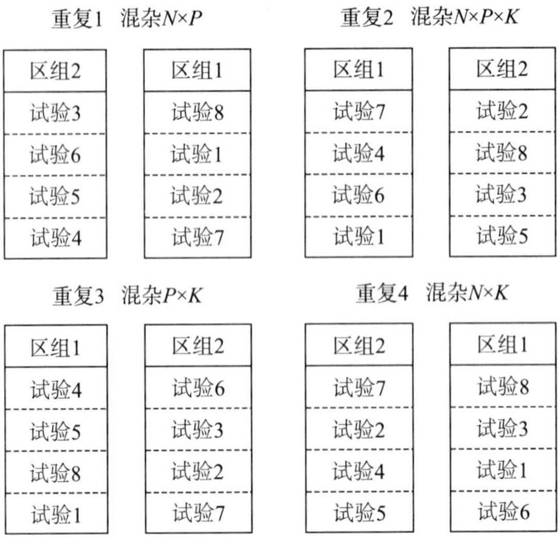

图 9.2 牧草施肥试验部分混杂设计田间实施方案

9.3 两水平混杂设计的统计分析

两水平混杂设计的试验同样需要方差分析的方法进行统计分析，可以参考前述正交设计的统计分析方法。例 9.1 的香茅草施肥试验数据整理后如表 9.14 所示。

表 9.14 香茅草施肥的混杂设计试验数据 kg

因子	*N*	*P*	*K*	*Block*	*Y*		
No.	1	2	4	7	重复 1	重复 2	重复 3
1	1	1	1	1	1.35	1.15	1.03
2	1	1	2	2	1.38	1.24	1.20
3	1	2	1	2	1.42	1.19	1.18
4	1	2	2	1	1.38	1.10	0.99
5	2	1	1	2	1.45	1.37	1.24
6	2	1	2	1	1.45	1.27	0.95
7	2	2	1	1	1.45	1.33	1.27
8	2	2	2	2	1.38	1.24	1.09

其 SAS 程序的统计分析程序如下：

```
*SA9.1;
Data fragrantgrass;
  Input N P K Block Rep Y;
Cards;
```

```
1 1 1 1 1 1.35
1 1 2 2 1 1.38
1 2 1 2 1 1.42
1 2 2 1 1 1.38
2 1 1 2 1 1.45
2 1 2 1 1 1.45
2 2 1 1 1 1.45
2 2 2 2 1 1.38
1 1 1 1 2 1.15
1 1 2 2 2 1.24
1 2 1 2 2 1.19
1 2 2 1 2 1.10
2 1 1 2 2 1.37
2 1 2 1 2 1.27
2 2 1 1 2 1.33
2 2 2 2 2 1.24
1 1 1 1 3 1.03
1 1 2 2 3 1.20
1 2 1 2 3 1.18
1 2 2 1 3 0.99
2 1 1 2 3 1.24
2 1 2 1 3 0.95
2 2 1 1 3 1.27
2 2 2 2 3 1.09
;
Proc GLM data = fragrantgrass;
  Class N P K Block Rep;
  Model Y = Block(Rep) N|P|K@2;
Run;
```

程序简要说明：

Data 定义数据集 fragrantgrass，Input 定义变量 N、P、K、Block、Rep 和 Y，N、P 和 K 为 3 个施肥试验因子，Block 为混杂的区组效应，Rep 为重复编号，Y 为香茅草产量；GLM 为一般线性模型过程，在此用于混杂设计的方差分析，Class 指定试验因子，Model 指定方差分析的模型为“试验指标＝各项效应”的形式，其中 Block(Rep)为区组嵌套在重复之下，N|P|K@2 表示 N、P、K 的主效应以及所有的两因子交互作用。

程序主要运行结果：

GLM 过程

因变量：Y

源	自由度	平方和	均方	F 值	Pr>F
模型	11	0.46005000	0.04182273	10.88	0.0001
误差	12	0.04613333	0.00384444		
校正合计	23	0.50618333			

源	自由度	III 型平方和	均方	F 值	Pr>F
Block(Rep)	5	0.36948333	0.07389667	19.22	<.0001
N	1	0.03226667	0.03226667	8.39	0.0134
P	1	0.00015000	0.00015000	0.04	0.8467
N * P	1	0.00060000	0.00060000	0.16	0.6997
K	1	0.02406667	0.02406667	6.26	0.0278
N * K	1	0.02041667	0.02041667	5.31	0.0399
P * K	1	0.01306667	0.01306667	3.40	0.0901

程序分析结果表明：氮肥和磷肥交互作用不显著（$N\times P, df=1, F=0.16, P=0.670>0.05$），可以将其作为误差项，重新进行方差分析。修改 SAS 方差分析程序如下：

```
Proc GLM data = fragrantgrass;
  Class N P K Block Rep;
  Model Y = Block(Rep) N P K N * K P * K;
  Means N K /Duncan;
  LSMeans N * K P * K /pdiff;
Run;
```

程序简要说明：

N * K 和 P * K 为两因子交互作用，Means 为均值比较，采用 Duncan 法对 N，P 和 K 进行均值比较，LSmeans 为最小二乘均值比较，用于对交互作用 N * K 和 P * K 进行均值比较。

程序主要运行结果：

GLM 过程

因变量：Y

源	自由度	平方和	均方	F 值	Pr>F
模型	10	0.45945000	0.04594500	12.78	<.0001
误差	13	0.04673333	0.00359487		
校正合计	23	0.50618333			

源	自由度	III 型平方和	均方	F 值	Pr>F
Block(Rep)	5	0.36948333	0.07389667	20.56	<.0001
N	1	0.03226667	0.03226667	8.98	0.0103
P	1	0.00015000	0.00015000	0.04	0.8413
K	1	0.02406667	0.02406667	6.69	0.0225
N * K	1	0.02041667	0.02041667	5.68	0.0331
P * K	1	0.01306667	0.01306667	3.63	0.0789

Duncan's Multiple Range Test for Y

Alpha	0.05
Error Degrees of Freedom	13
Error Mean Square	0.003595
Number of Means	2
Critical Range	.05288

Duncan 分组	均值	N	N
A	1.29083	12	2
B	1.21750	12	1

Duncan 分组	均值	N	K
A	1.28583	12	1
B	1.22250	12	2

最小二乘均值

N	K	Y LSMEAN	LSMEAN 号
1	1	1.22000000	1
1	2	1.21500000	2
2	1	1.35166667	3
2	2	1.23000000	4

效应“N * K”的最小二乘均值

Pr>|t|(针对 H0):LSMean(i) = LSMean(j)

因变量:Y

i/j	1	2	3	4
1		0.8874	0.0022	0.7772
2	0.8874		0.0017	0.6719
3	0.0022	0.0017		0.0038
4	0.7772	0.6719	0.0038	

P	K	Y LSMEAN	LSMEAN 号
1	1	1.26500000	1
1	2	1.24833333	2
2	1	1.30666667	3
2	2	1.19666667	4

效应“P * K”的最小二乘均值

Pr>|t|(针对 H0):LSMean(i) = LSMean(j)

因变量:Y

i/j	1	2	3	4
1		0.6382	0.2502	0.0700
2	0.6382		0.1158	0.1594
3	0.2502	0.1158		0.0073
4	0.0700	0.1594	0.0073	

程序分析结果表明:区组效应极显著($Block(Rep), df=5, F=20.56, P<0.000\ 1$),说明区组的混杂设计是有意义的,氮肥效应显著($N, df=1, F=8.98, P=0.010<0.05$),磷肥效应不显著($P, df=1, F=0.04, P=0.841>0.05$),钾肥效应显著($K, df=1, F=6.69, P=0.023<0.05$),氮肥和钾肥交互作用显著($N\times K, df=1, F=5.68, P=0.033<0.05$),磷肥和钾肥交互作用在 0.1 水平下显著($P\times K, df=1, F=3.63, P=0.079<0.1$)。

均值比较结果表明:在 0.05 的显著水平下,氮肥水平 N2 产量(1.291)显著高于水平 N1(1.218),钾肥水平 K1 产量(1.286)显著高于水平 K2(1.223),氮肥和钾肥处理组合 N2K1 的产量(1.352)显著高于其他处理组合,磷肥和钾肥处理组合 P2K1 的产量(1.307)显著高于处理组合 P2K2,但与 P1K1、P1K2 无显著差异。

综上所述,香茅草施肥试验最佳施肥组合为 N2P2K1。

例 9.3 的牧草施肥试验数据经整理后如表 9.15 所示。

表 9.15 牧草施肥混杂设计试验数据 kg

因子	*N*	*P*	*K*	混杂区组分组				*Y*			
No.	1	2	4	1	2	3	4	重复 1	重复 2	重复 3	重复 4
1	1	1	1	1	1	1	1	3 580	3 665	3 530	3 480
2	1	1	2	1	2	2	2	4 270	4 320	4165	4 280
3	1	2	1	2	2	2	1	4 135	3 980	4 275	4 190
4	1	2	2	2	1	1	2	4 225	4 315	4 295	4 120
5	2	1	1	2	2	1	2	3 155	3 175	3 195	3 250
6	2	1	2	2	1	2	1	4 170	3 970	3 810	4 030
7	2	2	1	1	1	2	2	4 185	4 255	4 205	4 175
8	2	2	2	1	2	1	1	4 465	4 580	4 510	4 575

其统计分析的 SAS 程序如下:

```
*SA9.3;
Data foragegrass;
  Input N P K Block Rep Y;
Cards;
1  1  1  1  1  3580
1  1  2  1  1  4270
1  2  1  2  1  4135
1  2  2  2  1  4225
2  1  1  2  1  3155
2  1  2  2  1  4170
2  2  1  1  1  4185
2  2  2  1  1  4465
1  1  1  1  2  3665
1  1  2  2  2  4320
1  2  1  2  2  3980
1  2  2  1  2  4315
2  1  1  2  2  3175
2  1  2  1  2  3970
2  2  1  1  2  4255
2  2  2  2  2  4580
1  1  1  1  3  3530
1  1  2  2  3  4165
```

```
1  2  1  2  3  4275
1  2  2  1  3  4295
2  1  1  1  3  3195
2  1  2  2  3  3810
2  2  1  2  3  4205
2  2  2  1  3  4510
1  1  1  1  4  3480
1  1  2  2  4  4280
1  2  1  1  4  4190
1  2  2  2  4  4120
2  1  1  2  4  3250
2  1  2  1  4  4030
2  2  1  2  4  4175
2  2  2  1  4  4575
;
Proc GLM data = foragegrass;
  Class N P K Block Rep;
  Model Y = Block(Rep) N|P|K /SS1;
Run;
```

程序简要说明：

Data 定义数据集 foragegrass，Input 定义变量 N、P、K、Block、Rep 和 Y，N、P 和 K 为 3 个施肥试验因子，Block 为混杂的区组效应，Rep 为重复编号，Y 为牧草产量；GLM 为一般线性模型过程，在此用于混杂设计的方差分析，Class 指定试验因子，Model 指定方差分析的模型为“试验指标＝各项效应”的形式，其中 Block(Rep)为区组嵌套在重复之下，N|P|K 表示 N、P、K 的主效应以及所有的交互作用，SS1 为方差分析基于第一种类型平方和进行计算。

程序主要运行结果：

GLM 过程

因变量:Y

源	自由度	平方和	均方	F 值	Pr>F
模型	14	5263760.417	375982.887	40.67	<.0001
误差	17	157161.458	9244.792		
校正合计	31	5420921.875			

源	自由度	I 型平方和	均方	F 值	Pr>F
Block(Rep)	7	223334.375	31904.911	3.45	0.0174
N	1	39200.000	39200.000	4.24	0.0551
P	1	2226050.000	2226050.000	240.79	<.0001
N*P	1	409509.375	409509.375	44.30	<.0001
K	1	1838403.125	1838403.125	198.86	<.0001
N*K	1	34504.167	34504.167	3.73	0.0702
P*K	1	474609.375	474609.375	51.34	<.0001
N*P*K	1	18150.000	18150.000	1.96	0.1792

程序分析结果表明：氮肥、磷肥和钾肥的交互作用不显著（$N\times P\times K$，$df=1$，$F=1.96$，$P=0.179>0.05$），氮肥和钾肥的交互作用不显著（$N\times K$，$df=1$，$F=3.73$，$P=0.070>0.05$），可以将其作为误差项，重新进行方差分析。修改 SAS 程序进行方差分析如下：

```
Proc GLM data = foragegrass;
  Class N P K Block Rep;
  Model Y = Block(Rep) N P N * P K P * K /SS1;
  Means P K /Duncan;
  LSMeans N * P P * K /pdiff;
Run;
```

程序简要说明：

N＊P 和 P＊K 为两因子交互作用，Means 为均值比较，采用 Duncan 法对 P 和 K 进行均值比较，LSmeans 为最小二乘均值比较，用于对交互作用 N＊P 和 P＊K 进行均值比较。

程序主要运行结果：

GLM 过程

因变量:Y

源	自由度	平方和	均方	F 值	Pr>F
模型	12	5211106.250	434258.854	39.32	<.0001
误差	19	209815.625	11042.928		
校正合计	31	5420921.875			

源	自由度	I 型平方和	均方	F 值	Pr>F
Block(Rep)	7	223334.375	31904.911	2.89	0.0311
N	1	39200.000	39200.000	3.55	0.0749
P	1	2226050.000	2226050.000	201.58	<.0001
N＊P	1	409509.375	409509.375	37.08	<.0001
K	1	1838403.125	1838403.125	166.48	<.0001
P＊K	1	474609.375	474609.375	42.98	<.0001

Duncan's Multiple Range Test for Y

Alpha	0.05
Error Degrees of Freedom	19
Error Mean Square	11042.93
Number of Means	2
Critical Range	77.76

Duncan 分组	均值	N	P
A	4280.31	16	2
B	3752.81	16	1

Duncan 分组	均值	N	K
A	4256.25	16	2
B	3776.88	16	1

最小二乘均值

N	P	Y LSMEAN	LSMEAN 号
1	1	3918.43750	1
1	2	4184.68750	2
2	1	3587.18750	3
2	2	4375.93750	4

效应"N＊P"的最小二乘均值

Pr>|t|(针对 H0):LSMean(i) = LSMean(j)

因变量:Y

i/j	1	2	3	4
1		0.0002	<.0001	<.0001
2	0.0002		<.0001	0.0032
3	<.0001	<.0001		<.0001
4	<.0001	0.0032	<.0001	

P	K	YLSMEAN	LSMEAN 号
1	1	3372.50000	1
1	2	4133.12500	2
2	1	4181.25000	3
2	2	4379.37500	4

效应"P＊K"的最小二乘均值

Pr>|t|(针对 H0):LSMean(i) = LSMean(j)

因变量:Y

i/j	1	2	3	4
1		<.0001	<.0001	<.0001
2	<.0001		0.3712	0.0004
3	<.0001	0.3712		0.0024
4	<.0001	0.0004	0.0024	

程序分析结果表明:区组效应显著($Block(Rep)$,$df=7$,$F=2.89$,$P=0.031<0.05$),说明区组的混杂设计是有意义的,氮肥效应不显著(N,$df=1$,$F=3.55$,$P=0.075>0.05$),磷肥效应极显著(P,$df=1$,$F=201.58$,$P<0.000\,1$),钾肥效应极显著(K,$df=1$,$F=166.48$,$P<0.000\,1$),氮肥和磷肥交互作用极显著($N\times P$,$df=1$,$F=37.08$,$P<0.000\,1$),磷肥和钾肥交互作用极显著($P\times K$,$df=1$,$F=42.98$,$P<0.000\,1$)。

均值比较结果表明:在 0.05 的显著水平下,磷肥水平 P2 产量(4 280.31)显著高于水平 P1(3 752.81),钾肥水平 K2 产量(4 256.25)显著高于水平 K1(3 776.88),氮肥和磷肥交互作用处理组合 N2P2 的产量(4 375.94)显著高于其他处理组合,磷肥和钾肥交互作用处理组合 P2K2 的产量(4 379.38)显著高于其他处理组合。

综上所述,牧草施肥试验最佳施肥组合为 N2P2K2。

9.4 三水平混杂设计的实现

三水平的因子在进行混杂设计时,同样需要将区组效应混杂在高级交互作用列上,且其交互作用要占用两列乃至更多，使用其中任意一个交互作用列混杂区组，则可以分成 3 个区组，其余的交互作用列用来作为误差项。若使用两个高级交互作用列和其交互作用列混杂区组，则可以分成 9 个区组，采用同样的方法还可以混杂设计为更多的区组。

下面以比较简单的三水平混杂设计分为 3 个区组为例介绍三水平的混杂设计。

【例 9.4】 某地油菜施肥试验，考察氮肥（N）、磷肥（P）、钾肥（K）3 种肥料对油菜籽产量的影响，同时欲考察因子间的一阶交互作用，每种肥料设置三个水平，由于试验场地的限制，欲采用混杂设计安排试验（韩汉鹏，2006）。

（1）使用正交表进行混杂设计

本试验选择正交表 $L_{27}(3^{13})$ 进行混杂设计，3 个因子氮肥（N）、磷肥（P）、钾肥（K）分别放置于正交表的 3 个基本列，即第 1、第 2、第 5 列，区组效应放置于 3 因子交互作用 $N\times P\times K$ 所占 4 列（第 9、第 10、第 12、第 13 列）中的任意一列，比如置于第 12 列。其混杂设计如表 9.16 所示。

表 9.16　油菜施肥试验混杂设计　　kg

区组												*Block*		
因子	N	P			K				$N\times P\times K$	$N\times P\times K$		$N\times P\times K$	$N\times P\times K$	Y
No.	1	2	3	4	5	6	7	8	9	10	11	12	13	kg
1	1	1	1	1	1	1	1	1	1	1	1	1	1	4
2	1	1	1	1	2	2	2	2	2	2	2	2	2	6
3	1	1	1	1	3	3	3	3	3	3	3	3	3	5
4	1	2	2	2	1	1	1	2	2	2	3	3	3	7
5	1	2	2	2	2	2	2	3	3	3	1	1	1	7
6	1	2	2	2	3	3	3	1	1	1	2	2	2	8
7	1	3	3	3	1	1	1	3	3	3	2	2	2	6
8	1	3	3	3	2	2	2	1	1	1	3	3	3	6
9	1	3	3	3	3	3	3	2	2	2	1	1	1	9
10	2	1	1	3	1	2	3	1	2	3	1	2	3	6
11	2	1	2	3	2	3	1	2	3	1	2	3	1	6
12	2	1	3	3	3	1	2	3	1	2	3	1	2	6
13	2	2	1	1	1	2	3	2	3	1	3	1	2	10
14	2	2	2	1	2	3	1	3	1	2	1	2	3	9
15	2	2	3	1	3	1	2	1	2	3	2	3	1	9
16	2	3	1	2	1	2	3	3	1	2	2	3	1	14
17	2	3	2	2	2	3	1	1	2	3	3	1	2	12
18	2	3	3	2	3	1	2	2	3	1	1	2	3	11
19	3	1	3	2	1	3	2	1	3	2	1	3	2	4
20	3	1	3	2	2	1	3	2	1	3	2	1	3	4

续表9.16　　kg

区组									Block					
因子	N	P			K				$N\times P\times K$	$N\times P\times K$		$N\times P\times K$	$N\times P\times K$	Y
No.	1	2	3	4	5	6	7	8	9	10	11	12	13	kg
21	3	1	3	2	3	2	1	3	2	1	3	2	1	7
22	3	2	1	3	1	3	2	2	1	3	3	2	1	11
23	3	2	1	3	2	1	3	3	2	1	1	3	2	12
24	3	2	1	3	3	2	1	1	3	2	2	1	3	11
25	3	3	2	1	1	3	2	3	2	1	2	1	3	13
26	3	3	2	1	2	1	3	1	3	2	3	2	1	13
27	3	3	2	1	3	2	1	2	1	3	1	3	2	12

试验的区组(*Block*)分组按照第 12 列水平划分，经过区组随机化和区组内处理随机化后，试验方案如图 9.3 所示。

区组2	区组1	区组3
试验26 N3P3K2	试验20 N3P1K2	试验03 N1P1K3
试验22 N3P2K1	试验12 N2P1K3	试验04 N1P2K1
试验10 N2P1K1	试验13 N2P2K1	试验23 N3P2K2
试验07 N1P3K1	试验01 N1P1K1	试验19 N3P1K1
试验18 N2P3K3	试验05 N1P2K2	试验11 N2P1K2
试验14 N2P2K2	试验24 N3P2K3	试验15 N2P2K3
试验06 N1P2K3	试验25 N3P3K1	试验08 N1P3K2
试验21 N3P1K3	试验09 N1P3K3	试验27 N3P3K3
试验02 N1P1K2	试验17 N2P3K2	试验16 N2P3K1

图 9.3　油菜施肥试验混杂设计方案

(2)使用软件实现混杂设计

同理，使用 SAS 程序实现例 9.4 油菜施肥试验的混杂设计如下：

```
* SD9.4 ;
Proc Factex;
  Factors A B C/nlev = 3;
  Model estamate = (A B C A * B A * C B * C);
  Blocks nblocks = 3;
  Output out = cd4;
  Examine aliasing;
Run;
Proc Print data = cd4;
Run;
```

程序简要说明：

Factex 为析因设计过程，Factors 定义因子 A、B、C，nlev＝3 设定因子的水平均为 3，Model estamate 设定要分析的效应为主效应和一阶交互作用，Blocks nblocks＝3 设定区组数为 3，Output 指定结果输出数据集，Examine aliasing 检查别名，即列出区组混杂到哪些效应上，Print 为输出过程，输出设计结果数据集 cd4。

程序运行结果的混杂设计如表 9.17 所示：

表 9.17　SAS 软件设计的 3 因子 3 水平 3 区组混杂设计

Obs	*Block*	*A*	*B*	*C*
1	1	−1	−1	−1
2	1	−1	0	1
3	1	−1	1	0
4	1	0	−1	1
5	1	0	0	0
6	1	0	1	−1
7	1	1	−1	0
8	1	1	0	−1
9	1	1	1	1
10	2	−1	−1	1
11	2	−1	0	0
12	2	−1	1	−1
13	2	0	−1	0
14	2	0	0	−1
15	2	0	1	1
16	2	1	−1	−1
17	2	1	0	1
18	2	1	1	0
19	3	−1	−1	0
20	3	−1	0	−1
21	3	−1	1	1
22	3	0	−1	−1
23	3	0	0	1
24	3	0	1	0
25	3	1	−1	1
26	3	1	0	0
27	3	1	1	−1

运行结果说明，区组混杂在高级交互作用 $A\times B\times C$，即正交表 $L_{27}(3^{13})$ 的第 15 列，将表 9.17 中 A 和 B 两列的水平 -1，0 和 1 分别替换成 1，2 和 3，将 C 列中的水平 -1，0 和 1 分别替换成 1，3 和 2。

9.5　三水平混杂设计的统计分析

三水平混杂设计的试验同样需要方差分析法进行统计分析，可以参考前述正交设计的统计分析方法。

例 9.4 的油菜施肥试验，试验指标为每小区的油菜籽产量(kg)，试验数据经整理列于表 9.16 的最后一列。其方差分析的 SAS 程序如下：

```
*SA9.4;
Data rapeseed;
  Input N P K Block Y;
Cards;
1  1  1  1   4
1  1  2  2   6
1  1  3  3   5
1  2  1  3   7
1  2  2  1   7
1  2  3  2   8
1  3  1  2   6
1  3  2  3   6
1  3  3  1   9
2  1  1  2   6
2  1  2  3   6
2  1  3  1   6
2  2  1  1  10
2  2  2  2   9
2  2  3  3   9
2  3  1  3  14
2  3  2  1  12
2  3  3  2  11
3  1  1  3   4
3  1  2  1   4
3  1  3  2   7
3  2  1  2  11
3  2  2  3  12
3  2  3  1  11
3  3  1  1  13
3  3  2  2  13
3  3  3  3  12
;
```

```
Proc GLM data = rapeseed;
  Class N P K Block;
  Model  Y = Block N|P|K@2;
Run;
```

程序简要说明：

Data 定义数据集 rapeseed，Input 定义变量 N、P、K、Block 和 Y，N、P、K 为三个施肥试验因子，Block 为混杂的区组效应，Y 为油菜籽产量；GLM 为一般线性模型过程，在此用于混杂设计的方差分析，Class 指定试验因子，Model 指定方差分析的模型为"试验指标＝各项效应"的形式，其中 N|P|K@2 表示 N、P、K 的主效应以及所有的两因子交互作用。

程序主要运行结果：

GLM 过程

因变量:Y

源	自由度	平方和	均方	F 值	Pr>F
模型	20	236.0000000	11.8000000	6.64	0.0133
误差	6	10.6666667	1.7777778		
校正合计	26	246.6666667			

源	自由度	III 型平方和	均方	F 值	Pr>F
Block	2	0.2222222	0.1111111	0.06	0.9400
N	2	54.8888889	27.4444444	15.44	0.0043
P	2	138.6666667	69.3333333	39.00	0.0004
N*P	4	31.7777778	7.9444444	4.47	0.0515
K	2	0.6666667	0.3333333	0.19	0.8337
N*K	4	7.1111111	1.7777778	1.00	0.4752
P*K	4	2.6666667	0.6666667	0.38	0.8192

程序分析结果表明：氮肥和钾肥交互作用（$N\times K, df=4, F=1.00, P=0.475>0.05$）以及磷肥和钾肥交互作用（$P\times K, df=4, F=0.38, P=0.819>0.05$）均不显著，可以将其作为误差项，重新进行方差分析。修改方差分析的 SAS 程序如下：

```
Proc GLM data = rapeseed;
  Class N P K Block;
  Model  Y = Block N P K N*P;
  Means N P /Duncan;
  LSMeans N*P /pdiff;
Run;
```

程序简要说明：

N＊P 为两因子交互作用，Means 为均值比较，采用 Duncan 法对 N 和 P 进行均值比较，LSmeans 为最小二乘均值比较，用于对交互作用 N＊P 进行均值比较。

程序主要运行结果：

GLM 过程

因变量:Y

源	自由度	平方和	均方	F 值	Pr>F
模型	12	226.2222222	18.8518519	12.91	<.0001
误差	14	20.4444444	1.4603175		
校正合计	26	246.6666667			

源	自由度	III 型 平方和	均方	F 值	Pr>F
Block	2	0.2222222	0.1111111	0.08	0.9271
N	2	54.8888889	27.4444444	18.79	0.0001
P	2	138.6666667	69.3333333	47.48	<.0001
K	2	0.6666667	0.3333333	0.23	0.7988
N*P	4	31.7777778	7.9444444	5.44	0.0074

Duncan's Multiple Range Test for Y

Alpha	0.05
Error Degrees of Freedom	14
Error Mean Square	1.460317

Number of Means	2	3
Critical Range	1.222	1.280

Duncan 分组	均值	N	N
A	9.6667	9	3
A	9.2222	9	2
B	6.4444	9	1

Duncan 分组	均值	N	P
A	10.6667	9	3
B	9.3333	9	2
C	5.3333	9	1

最小二乘均值

N	P	Y LSMEAN	LSMEAN 号
1	1	5.0000000	1
1	2	7.3333333	2
1	3	7.0000000	3
2	1	6.0000000	4
2	2	9.3333333	5
2	3	12.3333333	6
3	1	5.0000000	7
3	2	11.3333333	8
3	3	12.6666667	9

效应“N * P”的最小二乘均值

Pr>|t|(针对 H0):LSMean(i) = LSMean(j)

因变量:Y

i/j	1	2	3	4	5	6	7	8	9
1		0.0330	0.0621	0.3280	0.0006	<.0001	1.0000	<.0001	<.0001
2	0.0330		0.7405	0.1980	0.0621	0.0002	0.0330	0.0012	<.0001
3	0.0621	0.7405		0.3280	0.0330	<.0001	0.0621	0.0006	<.0001
4	0.3280	0.1980	0.3280		0.0045	<.0001	0.3280	<.0001	<.0001
5	0.0006	0.0621	0.0330	0.0045		0.0088	0.0006	0.0621	0.0045
6	<.0001	0.0002	<.0001	<.0001	0.0088		<.0001	0.3280	0.7405
7	1.0000	0.0330	0.0621	0.3280	0.0006	<.0001		<.0001	<.0001
8	<.0001	0.0012	0.0006	<.0001	0.0621	0.3280	<.0001		0.1980
9	<.0001	<.0001	<.0001	<.0001	0.0045	0.7405	<.0001	0.1980	

程序分析结果表明:区组效应不显著($Block, df=2, F=0.08, P=0.927>0.05$),氮肥效应极显著($N, df=2, F=18.79, P<0.000\,1$),磷肥效应极显著($P, df=2, F=47.48, P<0.000\,1$),钾肥效应不显著($K, df=2, F=0.23, P=0.799>0.05$),氮肥和磷肥交互作用极显著($N\times P, df=4, F=5.44, P=0.007<0.01$)。

均值比较结果表明:在 0.05 的显著水平下,氮肥水平 N3 和 N2 产量没有显著差异,但显著高于水平 N1;磷肥水平 P3 产量显著高于水平 P2 和 P1,水平 P2 产量显著高于水平 P1;氮肥和磷肥交互作用处理组合 N3P3、N2P3 和 N3P2 产量没有显著差异,但显著高于其他处理组合。钾肥 K 水平间无显著差异,为节约成本,取最低施肥水平 K1。

综上所述,油菜籽产量施肥试验最佳施肥组合为 N3P3K1 或 N2P3K1。

第 10 章　回归设计

在回归分析中，回归方程的预测效果不仅受到建立的回归模型的影响，还受到所安排的试验点的影响。传统的回归分析仅是对已有的试验数据建立回归模型的分析方法，试验前通常并未认真考虑如何安排这些试验点，故而这些试验点在因子空间的分布是随机的，散乱而不均匀。传统的回归分析除了未考虑试验点如何安排，对回归方程的拟合精度也很少研究，不仅是盲目地设置试验点，而且获得的试验数据往往也不能提供足够多的有用信息。

在科学试验和实际生产中，为了寻求最佳的工艺措施，往往需要使用尽量少的试验数据来建立精度较高的回归方程，为此需要主动地将试验安排、数据处理和回归方程的拟合精度统一考虑。

根据试验目的和数据分析的要求，应在因子空间中选择分布合理的试验点，使每一个试验点上的数据含有最多的信息，从而减少试验次数，并且使数据分析具有优良的统计性质，这便是近些年发展起来的回归设计（RD，Regressional Design），也称响应面设计（RSD，Response Surface Design）或反应面设计，使回归分析摆脱了仅分析已有数据的被动局面。

回归设计方法最早由英国统计学家 Box 在 20 世纪 50 年代初针对化工工艺生产中的实际问题提出，之后又成功地推广到冶金、机械、制药、农业和生物等其他领域，如今回归设计方法已经在各个科研领域内广泛使用。

10.1　回归设计概述

在工艺参数优化的复因子试验中，期望找到一个工艺参数组合使工艺指标最优或成本最节省。在可行的因子空间内，建立试验指标与各因子之间的数学模型，即回归方程，通过对回归方程求极值，即可得到最优工艺参数组合。

由于建立回归方程通常是以连续性的变量为基础，因此回归设计试验所涉及的因子一般都是定量因子，也称为自变量。

10.1.1　回归设计的模型

假设在回归设计试验中，有 p 个定量因子 $x_1, x_2, x_3, \cdots, x_p$，试验指标为 y，假定试验指标和定量因子存在如下数量关系：

$$y=f(x_1, x_2, \cdots, x_p)+\varepsilon$$

式中，f 为试验指标和自变量间的函数关系，通常称为响应函数，ε 为随机误差，服从均值为 0，方差为 σ^2 的正态分布。

当函数 f 的表达形式已知时，可以通过优化方法寻找各个因子的最优值，然而通常情况下函数 f 的真实表达形式很难找到，甚至找不到，此时在数学上可以通过一个多项式去逼近它。常用的多项式回归模型为一次回归模型和二次回归模型，具体如下：

$$y=\beta_0+\sum_{i=1}^{p}\beta_i x_i+\varepsilon$$

$$y=\beta_0+\sum_{i=1}^{p}\beta_i x_i+\sum_{i=1}^{p}\beta_{ii}x_i^2+\sum_{i\leqslant j}\beta_{ij}x_i x_j+\varepsilon$$

式中，β_0，β_i，β_{ii}，β_{ij} 为回归系数，x_i，x_j，…，x_p 为定量因子，也称为自变量，ε 为随机误差，服从均值为 0，方差为 σ^2 的正态分布。

在一次回归模型和二次回归模型中，更推荐二次回归模型，原因有以下几点：①一般，在众多定量因子和试验指标的数量关系上，除非所有的定量因子和试验指标都是线性关系，才能采用一次回归模型，只要有任何一个因子与试验指标存在非线性回归关系，就需采用非线性的二次回归模型，拟合精度更高。②二次回归模型实际上包含了一次回归模型，当二次回归模型中二次项和交叉项都不显著时，二次回归模型自然就退化成一次回归模型。③二次回归模型能比一次回归模型更好地刻画试验指标与各个试验因子的数量关系。④科学试验和生产实践证明，二次回归模型更为多见，更加常用，所以本教材只介绍二次回归模型。

通过试验数据对上述二次多项式回归模型的回归系数进行估计，则得到二次回归方程：

$$\hat{y}=b_0+\sum_{i=1}^{p}b_i x_i+\sum_{i=1}^{p}b_{ii}x_i^2+\sum_{i\leqslant j}b_{ij}x_i x_j$$

式中，b_0，b_i，b_{ii}，b_{ij} 为回归系数的估计值，x_i 为一次项，x_i^2 为二次项，$x_i x_j$ 为交叉项，可以解释为变量 x_i 和 x_j 之间的交互作用。

一般包含 p 个自变量的二次回归方程，包含常数项 b_0，待估计的回归系数的数量有 $1+p+p+C_p^2=(p+2)(p+1)/2$ 个。例如，2 个自变量的二次回归方程待估计的回归系数为 6 个，其二次回归方程如下：

$$\hat{y}=b_0+b_1x_1+b_2x_2+b_{11}x_1^2+b_{22}x_2^2+b_{12}x_1x_2$$

3 个自变量的二次回归方程待估计的回归系数为 10 个，其二次回归方程如下：

$$\hat{y}=b_0+b_1x_1+b_2x_2+b_3x_3+b_{11}x_1^2+b_{22}x_2^2+b_{33}x_3^2+b_{12}x_1x_2+b_{13}x_1x_3+b_{23}x_2x_3$$

二次回归方程所对应的曲面称为二次响应面，其主要类型包括球面、椭球面、圆柱面、椭圆柱面、双曲柱面、抛物柱面、圆锥面、椭圆锥面、抛物面、椭圆抛物面、单叶双曲面、双叶双曲面、双曲抛物面(鞍面)。这些常见的二次响应面基本能较好地描述试验指标和各因子之间的数量关系，从响应面图中也能直观地看出试验指标随各变量的变化趋势。

响应面图只能用三维响应面图展示，即一张响应面图只能安排 2 个试验因子和 1 个试验指标，试验指标通常放置于纵轴，两个因子分别放置于横轴和斜轴。假定一个回归设计有 p 个因子，则最多可以生成 C_p^2 张响应面图。例如，2 个因子可以生成 1 张响应面图，3 个因子可以生成 3 张响应面图，4 个因子可以生成 6 张响应面图，6 个因子可以生成 15 张响应面图，随因子数增加，可生成的响应面图数量也急剧增加。在进行回归分析时，如果响应面图比较多，那么可从中挑选因子比较显著的、能明显反应试验指标随因子变化规律的响应面图（一般不超过10张）进行分析。

试验指标的期望越大越优时，称为望大特性，多数的试验指标都具有望大特性，比如产量、转化率、回收率等。试验指标的期望越小越优时，称为望小特性，有时候也会用到这样的指标，比如杂质含量、有害物排放量等。

对于回归分析的试验数据应该使用响应面分析（RSA，Response Surface Analysis），其分析过程主要包括二次回归方程的显著性检验、各项回归系数的最小二乘法估计与显著性检验、回归模型的失拟检验、响应面特征分析、驻点性质分析以及极值的寻优计算。

目前常用的回归设计有三大类：Box-Behnken设计、中心组合设计和D最优回归设计。

10.1.2 因子水平编码

通常情况下，回归设计试验中各个试验因子的量纲不同或单位不同，取值范围差别更大。为了数据处理上的方便，需要对所有的因子做线性变换，使所有的因子取值范围都在同一个尺度上进行回归设计，这一变换过程称为因子水平的编码（code）。

假设因子 x 的取值范围为$[x_{\min}, x_{\max}]$，其编码值的取值范围为$[-\gamma, \gamma]$，其中 γ 为编码参数。因子 x 的中心值$x_0=(x_{\min}+x_{\max})/2$ 对应编码值的0水平。根据相似三角形等比例原理，如图10.1所示，试验因子任意的实际值 x 和其编码值 x_c 可以相互转换，转换公式如下：

$$\Delta=(x_{\max}-x_{\min})/2\gamma$$
$$x_c=(x-x_0)/\Delta$$
$$x=x_0+x_c\Delta$$

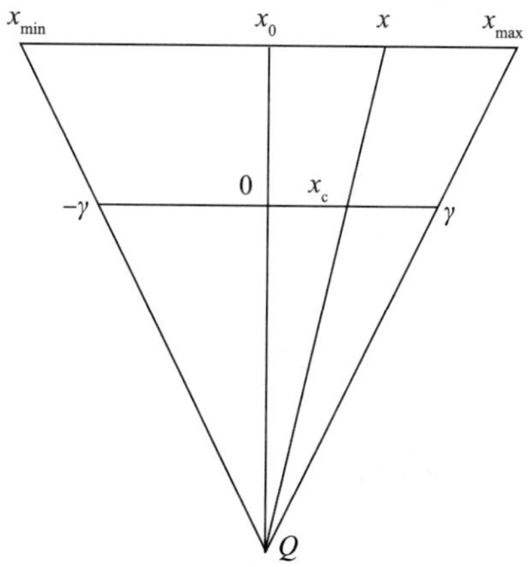

图10.1 因子编码示意图

【例10.1】 某生化产品的生产工艺中，产量受到温度（x_1）和底物浓度（x_2）的影响，其中温度的取值范围为80～120 ℃，底物浓度取值范围为20%～40%，编码参数 $\gamma=1.5$，求编码值 $x_c=1$ 对应的温度和底物浓度值。

计算温度实际值：

$$\Delta=(x_{max}-x_{min})/2\gamma=(120-80)/(2\times1.5)=13.333$$
$$x_0=(x_{min}+x_{max})/2=(80+120)/2=100$$
$$x=x_0+x_c\Delta=100+1\times13.333=113.333$$

计算底物浓度实际值：

$$\Delta=(x_{max}-x_{min})/2\gamma=(40-20)/(2\times1.5)=6.667$$
$$x_0=(x_{min}+x_{max})/2=(20+40)/2=30$$
$$x=x_0+x_c\Delta=30+1\times6.667=36.667$$

10.1.3 确定试验中心

可以首先通过 Plackett-Burman 设计等预试验确定主要试验因子，接下来确定回归设计的试验中心及其工艺范围。试验中心即整个回归设计的中心，也就是因子空间的中心点，此处所有因子的编码值均为 0。一般，如果回归设计的最优工艺条件存在，通常希望它包含于因子空间之内，而其内部的中心点是最大可能靠近最优工艺条件的试验点，所以通常在中心点上安排重复，相当于在最优工艺条件附近安排重复，对于试验设计非常有利。中心点的重复数一般推荐 4～8 次，或者根据设计要求满足某些优良性质而定。

回归设计的中心点可以根据经验确定，也可以安排预试验确定，常见的预试验有因子轮换法和快速攀登法。

1.因子轮换法

在工艺范围内，先固定其他因子在常规水平，只安排第一个因子的多个不同水平的试验，得到第一个因子在工艺范围内的最优值，将其固定在最优值。按照同样的方法，安排第二个因子的不同水平试验，得到第二个因子的最优值。同理，不断轮换因子进行单因子试验，可得到所有试验因子的最优值。

由于因子间交互作用的影响，单因子轮换法得到的最优值通常不是真实的最优值，但很有可能已经与真实的最优值非常接近，于是可以将其作为试验中心，在其邻近区域内安排一个二次回归设计，从而进一步寻找更为准确的最优工艺条件。

2.快速攀登法

进行回归设计的目的是寻找最优的工艺条件，但是在试验刚开始时，设定的工艺参数可能与最优值相去甚远，此时需要寻找一条试验路径，以最快接近试验指标的最优值——快速攀登法便是这样一条快速逼近最优值的方法。快速攀登法也称为最陡攀登法、最陡坡度法或陡坡法。

快速攀登法是根据数学上的微分学原理，沿着“梯度方向”选择若干个试验点进行试验，通过观察试验指标的变化，寻找使试验指标接近最优试验点的方法。

首先安排一个比较简单的一次或二次回归设计，得到一个回归方程，求各个因子的一阶偏导数，即可得到梯度方向，再沿着梯度方向安排若干次试验，找到试验指标达到最优的工艺条件，此时的最优值应该在真实的最优值附近。然后以该最优值作为新的试验中心，在其邻近区域内再安排一个二次回归设计，从而找到真实的最优工艺条件。

10.1.4 驻点与岭脊分析

1.驻点分析

二次回归方程所对应的曲面称为二次响应面，其驻点也称平稳点，常见的驻点类型有三种，即极大值点、极小值点和鞍点。对于二次回归模型而言，极值即是最值。

可以通过二次回归方程在驻点处二次型矩阵的特征值来判断驻点的类型。当所有的特征值都小于0时，驻点是极大值点；当所有的特征值都大于0时，驻点是极小值点；当特征值有正有负时，驻点是鞍点，而不是极值点。

当在试验工艺范围内存在极值点，且极值与试验指标的期望相一致时，极值点就是最优工艺条件。虽然在试验工艺范围内存在极值点，而此极值与试验指标的期望相反时，则此极值点就不是最优工艺条件。比如试验工艺范围内存在极大值点，如果试验指标是望大特性，即是越大越好，那么此极大值点就是最优工艺条件；而如果试验指标是望小特性，即是越小越好，那么此极大值点就不是最优工艺条件，最优工艺条件将出现在试验工艺范围的边界上。

当极值点存在，但是在试验工艺范围之外，即使与试验指标的期望相一致，其预测的可靠性也会大幅降低，如果试验工艺条件允许向外扩展，那么需要在此处重新安排验证试验，或以此为新的试验中心，重新安排一个二次回归设计试验。如果试验工艺条件不允许扩展，那么最优工艺条件将出现在靠近驻点方向的试验工艺范围的边界上。如果极值点与试验指标的期望相反，那么此极值点没有意义，同样需要在试验工艺范围的边界上寻找最优工艺条件。

驻点为鞍点时，就不是极值点，则最优工艺条件也将出现在试验工艺范围的边界上。

2.岭脊分析

当试验范围内不存在有意义的极值点，且试验工艺条件不能向外扩展时，最优工艺条件将出现在试验工艺范围的边界上。

使用岭脊分析(Ridge Analysis)法可以在试验工艺范围的边界上找到最优工艺条件。岭脊分析从试验中心开始，一步一步沿着梯度方向搜索试验指标的最优值。如果试验指标是望大特性，那么就沿着试验指标增加最快的梯度方向搜索；如果试验指标是望小特性，那么就沿着试验指标下降最快的负梯度方向搜索。沿着梯度方向一直搜索到试验工艺范围的边界上，即可得到最优工艺条件。

离试验中心越远，试验指标预测值的方差越大，预测精度越低。因此，当最优工艺条件在边界上时，远离试验中心，试验指标预测值误差较大、精度较低，需要进行若干次验证试验，有条件的可以在此附近重新安排回归设计试验。

10.2 Box-Behnken 设计

Box-Behnken 设计(BBD，Box-Behnken Design)是由英国统计学家 Box 和 Behnken 提出的一种比较常用的回归设计方法，适用于3～7个因子的优化实验，试验次数相比中心组合设计少。但因为每个因子均为三水平，所以比五水平的中心组合设计的拟合精度低。

Box-Behnken 设计首先假定试验因子和试验指标间存在非线性关系，其试验点由两部分组成：一是选取编码立方体每条棱的中点，或有类似性质的试验点，记此类试验点的个数为

n_b，这些试验点都分布在等距离的球面上，称为球形设计，具有旋转性或近似旋转性；二是中心点，即试验中心，所有因子的编码值均为 0，通常在中心点安排 n_0 次重复。

Box-Behnken 设计的每个因子可以取 3 个水平，即 -1，0，1，总试验点个数为：

$$n=n_b+n_0$$

例如，一个三因子 Box-Behnken 设计的试验点在因子空间的排列如图 10.2 所示，各试验点编码值如表 10.1 所示。

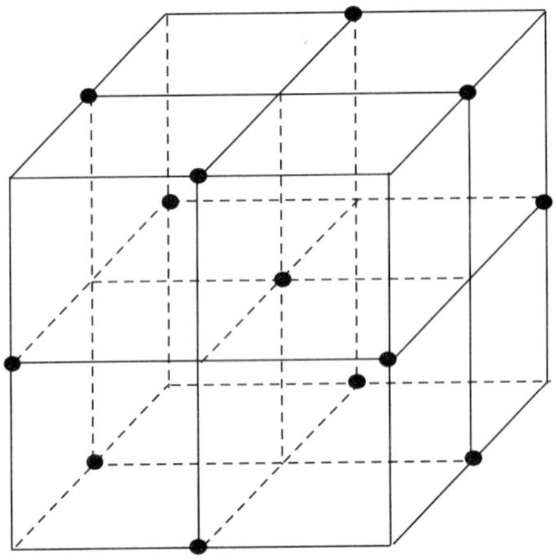

图 10.2　三因子 Box-Behnken 设计的试验点空间排列

表 10.1　三因子 Box-Behnken 设计的试验点编码值

No.	$x1$	$x2$	$x3$
1	-1	-1	0
2	-1	1	0
3	1	-1	0
4	1	1	0
5	0	-1	-1
6	0	-1	1
7	0	1	-1
8	0	1	1
9	-1	0	-1
10	1	0	-1
11	-1	0	1
12	1	0	1
13	0	0	0
14	0	0	0
15	0	0	0

Box-Behnken 设计试验方案中，没有将所有的试验因子同时安排为高水平的试验处理组合，不会超出安全操作范围，这对某些有特殊需求或安全需求的试验尤其重要。

10.2.1 Box-Behnken 设计的实现

【例 10.2】 优化从海带中萃取叶绿素的工艺条件时，选取萃取温度（x_1）、萃取压力（x_2）和夹带剂用量（x_3）3 个对叶绿素萃取影响较大因子进行试验，经过预试验设定因子及其水平，如表 10.2 所示。以提取叶绿素含量（y，mg/g）为试验指标，试采用 Box-Behnken 设计法进行回归设计（郑杰，2016）。

表 10.2 海带叶绿素萃取工艺试验因子及其水平表

因子		水平		
		−1	0	1
萃取温度/℃	x_1	30	40	50
萃取压力/MPa	x_2	10	12	14
夹带剂用量/(mg/g)	x_3	2	4	6

使用 SAS 软件的试验设计模块（需要 SAS 软件带有“实验设计”模块），可以实现 Box-Behnken 设计，设计时只需“点菜单”的方式即可实现。依次点击 SAS 软件的菜单“解决方案”“分析”“实验设计”，则弹出试验设计窗口，同时软件的菜单和按钮也随之相应地发生改变，如图 10.3 所示。

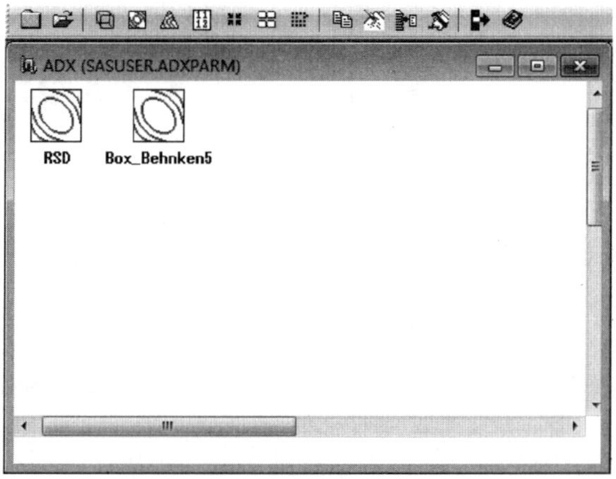

图 10.3 试验设计的菜单和窗口

欲进行回归设计，需要点击菜单条中的“ ”按钮，鼠标在按钮上悬停时会提示“新建响应面设计”，响应面设计即回归设计，点击后弹出回归设计窗口，如图 10.4 所示。点击右侧按钮“Define Variables”定义因子（Factor）和试验指标（Response），默认出现的是定义因子的选项卡“Factor”，如图 10.5 所示。此外还可以定义回归设计的试验区组（Block），但是回归设计一般不划分区组，不需要定义区组。

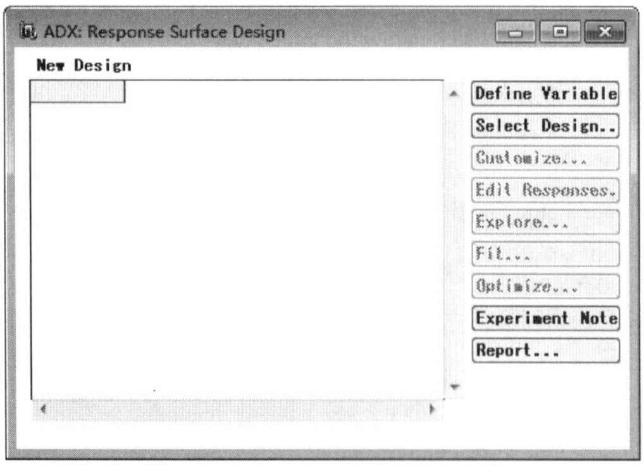

图 10.4　回归设计窗口

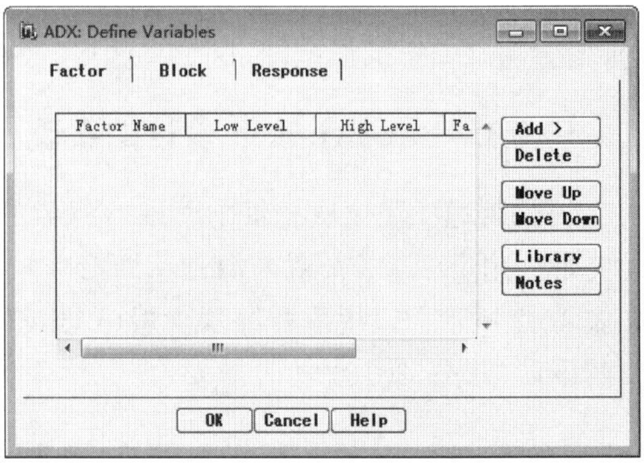

图 10.5　定义变量窗口

定义因子需点击右侧按钮“Add”，弹出因子数对话框“Number of rows”，选择其中的数字3，即定义 3 个试验因子，默认因子名称为 X1、X2 和 X3，如图 10.6 所示。点击因子名称，即可选中该因子名称，同时可修改因子名称，因子的低水平 Low Level 默认为－1，高水平 High Level 默认为 1，均不需要修改。

点击选项卡“Response”定义试验指标，默认已存在一个名为“Y1”的试验指标，若试验有多个试验指标，可以点击“Add”添加试验指标。本试验只有一个试验指标，点击试验指标“Y1”，将其改名为“Y”，如图 10.7 所示。点击“OK”，弹出对话框“Do you want to save the changes?”，选择“Yes”保存定义的各个变量并回到图 10.4 的窗口。

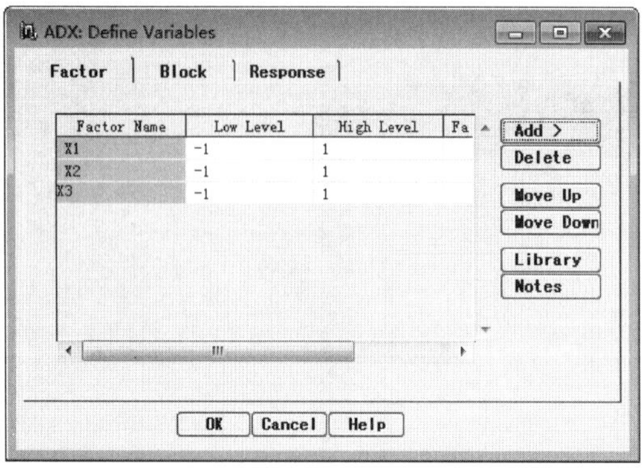

图 10.6　定义因子窗口

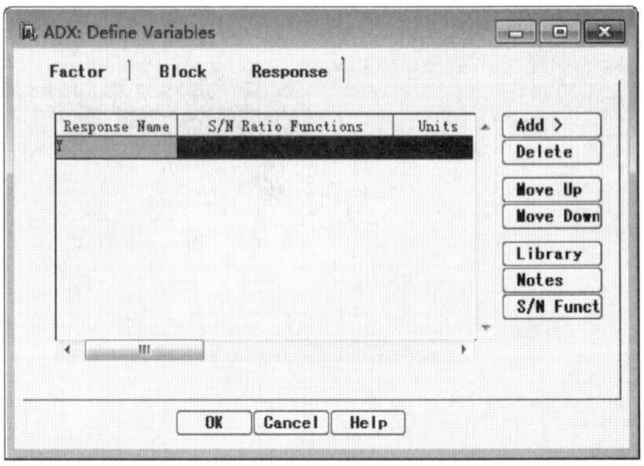

图 10.7　定义试验指标窗口

点击右侧按钮“Select Design”，弹出选择设计窗口，如图 10.8 所示，内有多种回归设计的备选方案。点击“Box-Behnken”设计表示选中该方案，选中后的设计方案自动变为蓝色，同时试验方案前方加“＊”号表示已选中。然后点击右上角关闭按钮关闭窗口，弹出提示框“Do you want to use the selected design?”询问是否要使用选中的设计，选择“Yes”使用该设计方案，则设计窗口出现三因子 Box-Behnken 设计方案，如图 10.9 所示。本试验方案包含 12 个编码立方体的棱的中点和 3 个中心点，共 15 个试验点。如果对这个设计方案不满意，可以进行自定义修改，常见的修改是重新定义中心点的重复次数。

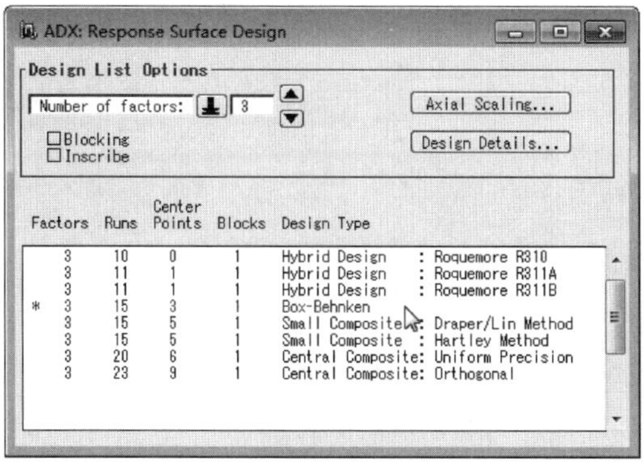

图 10.8 回归设计备选方案

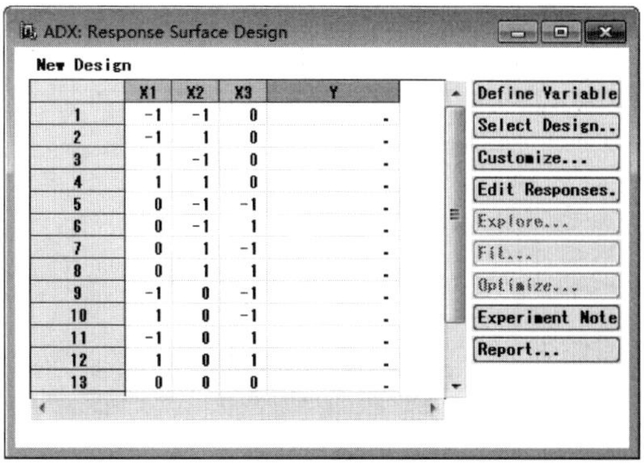

图 10.9 三因子 Box-Behnken 设计方案

修改方法是点击图 10.9 窗口右侧按钮“Customize…”，弹出 Box-Behnken 设计方案的客户定制设计窗口，如图 10.10 所示。点击按钮“Add Center Points”，可以重新调整中心点的试验次数；点击按钮“Replicate / Foldover”，可以重新调整 Box-Behnken 设计整体的重复次数；点击按钮“Replicate Runs”，可以重新调整任意一个试验点的重复次数。

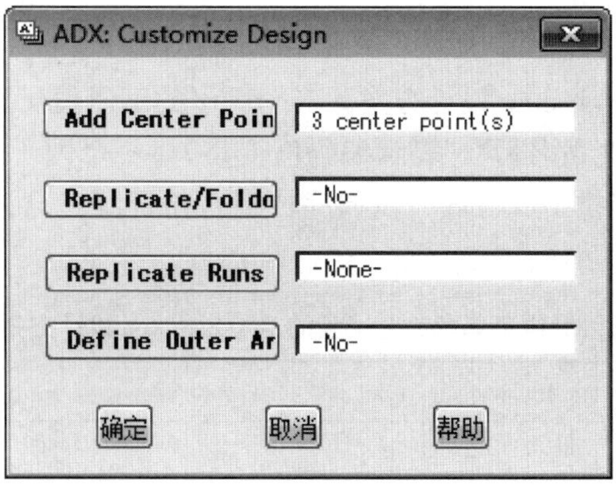

图 10.10 Box-Behnken 设计方案客户定制选项

本例调整中心点重复次数为 4，点击按钮“Add Center Points”，在弹出的对话框中修改中心点数 Center Points 为 4，点击“确定”按钮，可以得到中心点重复 4 次，总试验次数为 16 次的三因子 Box-Behnken 设计方案。

点击图 10.9 中右侧按钮“Report…”→“Generate Report”，可以在浏览器窗口生成以网页形式呈现的 Box-Behnken 设计方案，可以将此设计方案拷贝出来进行编辑整理，如表 10.3 所示。

表 10.3 海带叶绿素萃取工艺试验的 Box-Behnken 设计方案

No.	$x1$	$x2$	$x3$	y
1	−1	−1	0	.
2	−1	1	0	.
3	1	−1	0	.
4	1	1	0	.

续表10.3

No.	$x1$	$x2$	$x3$	y
5	0	−1	−1	.
6	0	−1	1	.
7	0	1	−1	.
8	0	1	1	.
9	−1	0	−1	.
10	1	0	−1	.
11	−1	0	1	.
12	1	0	1	.
13	0	0	0	.
14	0	0	0	.
15	0	0	0	.
16	0	0	0	.

表 10.3 所示的 Box-Behnken 设计方案为三个因子的编码值(code),为了和因子的实际值相互区分,编码值的因子变量名后“c”表示编码值变量,将三个因子的编码值和对应的实际值的均列于表 10.4。随机安排 16 次试验,试验完成后可得叶绿素含量(y)的试验数据,置于表 10.4 的最后一列。

表 10.4 海带叶绿素萃取工艺试验的 Box-Behnken 设计方案及试验数据 mg/g

No.	$x1c$	$x2c$	$x3c$	$x1$	$x2$	$x3$	y
1	−1	−1	0	30	10	4	2.906
2	−1	1	0	30	14	4	2.630
3	1	−1	0	50	10	4	2.635
4	1	1	0	50	14	4	2.617
5	0	−1	−1	40	10	2	2.748
6	0	−1	1	40	10	6	2.872
7	0	1	−1	40	14	2	2.689
8	0	1	1	40	14	6	2.739
9	−1	0	−1	30	12	2	2.820
10	1	0	−1	50	12	2	2.583
11	−1	0	1	30	12	6	2.946
12	1	0	1	50	12	6	2.731
13	0	0	0	40	12	4	3.121

续表10.4

No.	$x1c$	$x2c$	$x3c$	$x1$	$x2$	$x3$	y
14	0	0	0	40	12	4	3.164
15	0	0	0	40	12	4	3.085
16	0	0	0	40	12	4	3.058

10.2.2 Box-Behnken 设计的统计分析

在使用 SAS 软件进行响应面回归分析时,因子使用编码值和实际值时存在一定差异,即回归模型中一次项的显著性检验不一致,使用编码值的回归模型中一次项的显著性检验是正确的,除此之外的其他方面使用因子实际值的回归结果更为方便。

例 10.2 海带叶绿素萃取工艺试验的三因子 Box-Behnken 设计的试验数据,需要进行响应面回归分析,其 SAS 程序如下:

```
*SA10.2;
Data chlorophyll;
  Input  x1c x2c x3c x1 x2 x3 y;
Cards;
-1  -1   0   30  10  4  2.906
-1   1   0   30  14  4  2.630
1   -1   0   50  10  4  2.635
1    1   0   50  14  4  2.617
0   -1  -1   40  10  2  2.748
0   -1   1   40  10  6  2.872
0    1  -1   40  14  2  2.689
0    1   1   40  14  6  2.739
-1   0  -1   30  12  2  2.820
1    0  -1   50  12  2  2.583
-1   0   1   30  12  6  2.946
1    0   1   50  12  6  2.731
0    0   0   40  12  4  3.121
0    0   0   40  12  4  3.164
0    0   0   40  12  4  3.085
0    0   0   40  12  4  3.058
;
Proc RSReg data=chlorophyll;
  Model y=x1c x2c x3c / lackfit;
Run;
```

程序简要说明:

Data 定义数据集 chlorophyll,Input 定义数据的变量;RSReg 为响应面回归分析过程,Model 指定二次响应面回归模型为“试验指标=各项因子”的形式,因子为编码值,lackfit 指定进行失拟检验。

程序主要运行结果：

RSREG 过程

变量"y"的响应曲面

响应均值	2.834000
均方根误差	0.045476
R方	0.9780
偏差系数	1.6047

回归	自由度	I型平方和	R方	F值	Pr>F
线性	3	0.122324	0.2172	19.72	0.0016
二次	3	0.410312	0.7286	66.13	<.0001
叉积	3	0.018131	0.0322	2.92	0.1222
总模型	9	0.550768	0.9780	29.59	0.0003

残差	自由度	平方和	均方	F值	Pr>F
失拟项	3	0.006078	0.002026	0.96	0.5129
纯误差	3	0.006330	0.002110		
总误差	6	0.012408	0.002068		

参数	自由度	估计	标准误差	t值	Pr>|t|
截距	1	3.107000	0.022738	136.64	<.0001
x1c	1	-0.092000	0.016078	-5.72	0.0012
x2c	1	-0.060750	0.016078	-3.78	0.0092
x3c	1	0.056000	0.016078	3.48	0.0131
x1c * x1c	1	-0.201000	0.022738	-8.84	0.0001
x2c * x1c	1	0.064500	0.022738	2.84	0.0297
x2c * x2c	1	-0.209000	0.022738	-9.19	<.0001
x3c * x1c	1	0.005500	0.022738	0.24	0.8169
x3c * x2c	1	-0.018500	0.022738	-0.81	0.4469
x3c * x3c	1	-0.136000	0.022738	-5.98	0.0010

默认以因子的编码值为自变量进行的响应面回归分析，二次回归模型显著性检验，$df_1=9$，$df_2=6$，$F=29.59$，$P=0.000\,3<0.01$，回归关系达极显著，一次项、二次项和交叉项的回归显著性检验中，除 x3c * x1c 和 x3c * x2c 两个交互项不显著外，其余项均达到了显著或极显著，决定系数 $R^2=0.978$，说明该回归模型能描述试验指标和试验因子的数量关系。失拟检验中，$df=3$，$F=0.96$，$P=0.513>0.05$，说明没有失拟，响应面回归方程拟合良好。

为得到因子为实际值的二次回归方程和驻点处的实际值，需要用因子的实际值进行响应面回归分析，修改其 SAS 程序如下：

```
ODS Graphics on;
Proc RSReg data = chlorophyll plots = surface(3d);
  Model y = x1 x2 x3 / lackfit;
Run;
ODS Graphics off;
```

程序简要说明：

ODS Graphics 为 SAS 绘图功能，on 为打开，off 为关闭；RSReg 为响应面回归分析过程，plots 设定统计图形种类，surface(3d) 设定输出三维响应面图，Model 指定二次响应面回归模型为“试验指标＝各项因子”的形式，因子为实际值，lackfit 指定进行失拟检验。

程序主要运行结果：

RSREG 过程

回归	自由度	I 型平方和	R 方	F 值	Pr>F
线性	3	0.122324	0.2172	19.72	0.0016
二次	3	0.410312	0.7286	66.13	<.0001
叉积	3	0.018131	0.0322	2.92	0.1222
总模型	9	0.550768	0.9780	29.59	0.0003

残差	自由度	平方和	均方	F 值	Pr>F
失拟项	3	0.006078	0.002026	0.96	0.5129
纯误差	3	0.006330	0.002110		
总误差	6	0.012408	0.002068		

参数	自由度	估计	标准误差	t 值	Pr>|t|
截距	1	−6.186500	1.096391	−5.64	0.0013
x1	1	0.111800	0.023244	4.81	0.0030
x2	1	1.113125	0.145817	7.63	0.0003
x3	1	0.344500	0.094096	3.66	0.0106
x1 * x1	1	−0.002010	0.000227	−8.84	0.0001
x2 * x1	1	0.003225	0.001137	2.84	0.0297
x2 * x2	1	−0.052250	0.005685	−9.19	<.0001
x3 * x1	1	0.000275	0.001137	0.24	0.8169
x3 * x2	1	−0.004625	0.005685	−0.81	0.4469
x3 * x3	1	−0.034000	0.005685	−5.98	0.0010

基于编码数据的响应曲面的典型分析

因子	临界值	
	已编码	未编码
x1c	−0.257133	37.428671
x2c	−0.194479	11.611041
x3c	0.213910	4.427821

平稳点的预测值：3.130725

特征值	特征向量		
	x1c	x2c	x3c
−0.134816	−0.024143	−0.134023	0.990684
−0.172936	0.754578	0.647593	0.105998
−0.238248	−0.655766	0.750108	0.085496

平稳点是最大值。

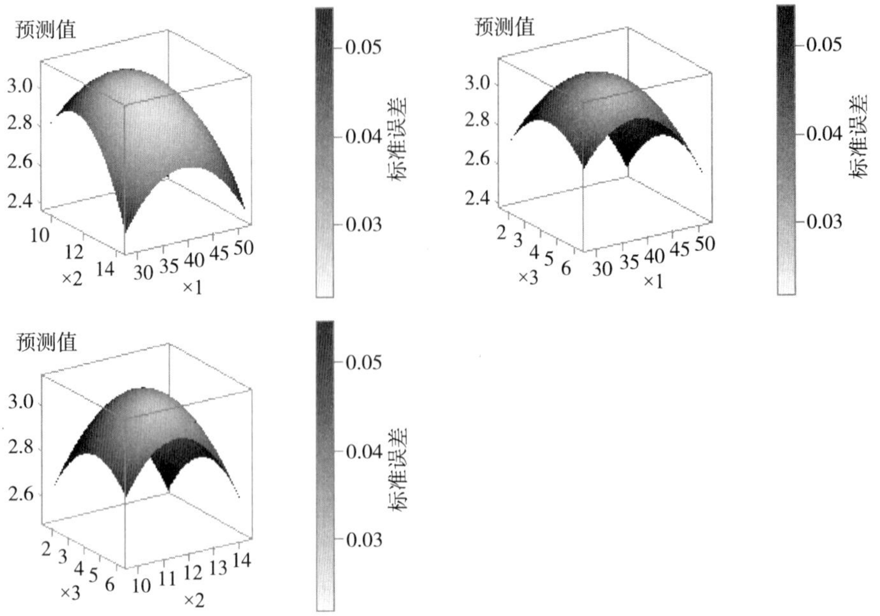

图 10.11　海带叶绿素萃取工艺响应面图

因响应面回归分析模型拟合良好，可得因子为实际值的二次回归方程：

$$\hat{y}=-6.187+0.112x_1+1.113x_2+0.345x_3+0.003\,23x_1x_2+0.000\,28x_1x_3-0.004\,6x_2x_3-0.002\,0x_1^2-0.052\,3x_2^2-0.034x_3^2$$

试验指标和 3 个因子之间可以绘制 y 与 x_1，x_2、y 与 x_1，x_3、y 与 x_2，x_3 共 3 张三维响应面图，如图 10.11 所示，从叶绿素萃取量随 3 个因子的变化趋势看，叶绿素萃取量先升后降，在工艺范围内存在最优工艺条件。

驻点性质分析，二次回归方程在驻点处二次型矩阵的 3 个特征值 -0.135、-0.173 和 -0.238 均小于 0，所以该驻点为极大值点，则在因子实际值为 $x_1=37.429$，$x_2=11.611$，$x_3=4.428$ 处，叶绿素萃取量存在最大值 $y=3.131$，此最优工艺条件需要试验验证。

10.3　中心组合设计

中心组合设计(CCD，Central Composite Design)是由英国统计学家 Box 和 Wilson(1951)提出的一种比较常用的回归设计方法，是在两水平因子的全面试验或部分试验的基础上发展而来的，采用二次回归方程来拟合试验指标和各因子之间的数量关系，通过回归分析来寻求最优工艺条件的试验设计方法。

10.3.1　中心组合设计概述

1.中心组合设计试验点的组成

(1)正交点

采用两水平的正交表的 p 个基本列安排 p 个试验因子，将列中的两个水平 1 和 2 重新定义为1和−1,所得到的试验点称为正交点,也称为立方点(Cube Point),在因子空间中是编码立方体的顶点或其中的一部分。当因子数比较少时,可以是全因子的试验点;当因子数比较多时,可以1/2实施或1/4实施等。记正交点的个数为m_c,则$m_c=2^p$;1/2实施时,$m_c=2^{p-1}$;1/4实施时,$m_c=2^{p-2}$。

(2)主轴点

在每一个因子的坐标轴上正负两个方向取等距离的两个试验点,称为主轴点(Axial Point),也称星号点。定义主轴点到试验中心的距离为参数γ,γ的取值通常≥ 1,则该因子的主轴点取编码值为γ和$-\gamma$,其他因子的编码值均为0。记主轴点的个数为m_p,由于有p个试验因子,则$m_p=2p$。

(3)中心点

在试验的中心进行的试验称为中心点(Center Point),即各因子编码值均为0的试验点。通常在中心点安排重复,重复次数记为m_0。一般中心点安排3次以上的重复,或根据满足某些性质而定。

中心组合设计试验的总试验点个数为:$n=m_c+m_p+m_0$,它们分布在3个不同半径的球面上。其中,m_c个正交点分布在半径为$\sqrt{p}$的球面上,m_p个主轴点分布在半径为γ的球面上,m_0个中心点分布在半径为0的球面上。

中心组合设计的每个因子取5个水平,即$-\gamma$,-1,0,1,γ。

例如,一个三因子中心组合设计的试验方案的试验点在因子空间的排列如图10.12所示,各试验点编码值如表10.5所示。

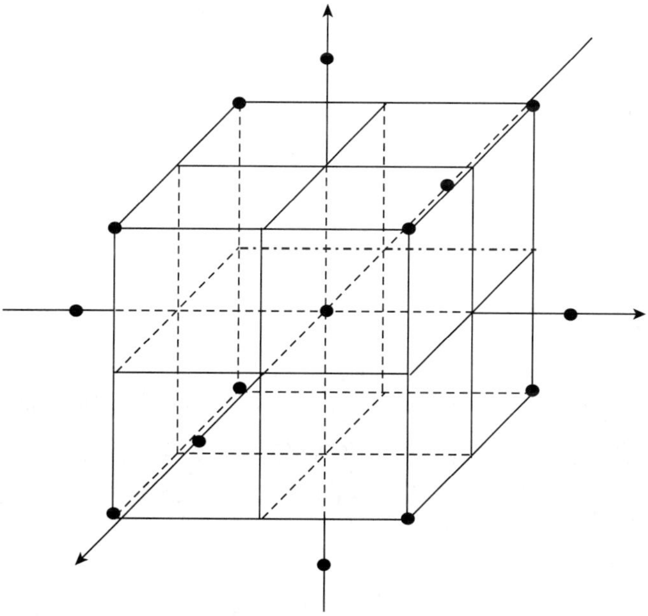

图10.12 三因子中心组合设计的试验点空间排列

表 10.5　三因子中心组合设计的试验点编码值

No.	$x1$	$x2$	$x3$
1	1	1	1
2	1	1	−1
3	1	−1	1
4	1	−1	−1
5	−1	1	1
6	−1	1	−1
7	−1	−1	1
8	−1	−1	−1
9	γ	0	0
10	$-\gamma$	0	0
11	0	γ	0
12	0	$-\gamma$	0
13	0	0	γ
14	0	0	$-\gamma$
15	0	0	0
16	0	0	0
17	0	0	0
18	0	0	0
19	0	0	0
20	0	0	0

2.中心组合设计的优良性质

(1)正交性(Orthogonal)

正交性是指回归方程的回归系数的估计值之间互不相关。在进行回归系数计算时，删除某些模型效应时不会影响到其他回归系数的估计值。手工计算的年代，该性质可能会节约很多计算量，但到了现在的信息时代，计算机能准确快速地完成计算，计算量已经不是问题，正交性便没有了优势。

(2)旋转性(Rotary)

旋转性是指与试验中心距离相等的点上的预测值的方差相等。旋转性使预测值的方差在因子空间不再具有方向性，减少了试验误差的干扰，是非常有利的性质。当设计参数满足条件 $m_c=\gamma^4$ 时，即可使中心组合设计满足旋转性。

(3)通用性(Uniform)

通用性是指在与试验中心距离小于 1 的球体内预测值的方差均近似相等，是在试验中心附近区域内非常有利的性质。

3.常用的中心组合设计

(1)二次回归正交设计

通过调整中心组合设计的两个参数 m_0 和 γ 的取值，可以同时满足最多两个优良性质，如只满足一个正交性，称为二次回归正交设计，简称回归正交设计（ROD，Regressional Orthogonal Design），其设计参数如表 10.6 所示。

表 10.6 二次回归正交设计的设计参数

m_0	$p=2$	$p=3$	$p=4$	$p=5$(1/2 实施)	$p=5$	$p=6$(1/2 实施)	$p=6$	$p=7$(1/2 实施)
1	1.000	1.215	1.414	1.547	1.596	1.724	1.761	1.885
2	1.078	1.287	1.483	1.607	1.662	1.784	1.824	1.943
3	1.147	1.353	1.546	1.664	1.724	1.841	1.885	2.000
4	1.210	1.414	1.607	1.719	1.784	1.896	1.943	2.055
5	1.267	1.471	1.664	1.771	1.841	1.949	2.000	2.108
6	1.320	1.525	1.719	1.820	1.896	2.000	2.055	2.159
7	1.369	1.575	1.771	1.868	1.949	2.049	2.108	2.209
8	1.414	1.632	1.820	1.914	2.000	2.097	2.159	2.257
9	1.457	1.668	1.868	1.958	2.049	2.143	2.209	2.304
10	1.498	1.711	1.914	2.000	2.097	2.187	2.257	2.350

(2)二次正交旋转设计

通过调整中心组合设计的两个参数 m_0 和 γ 的取值，使其同时满足正交性和旋转性，即二次正交旋转设计，简称正交旋转设计（ORD，Orthogonal Rotary Design），其设计参数如表 10.7 所示。

表 10.7 二次正交旋转设计的设计参数

因子数与试验方案	m_c	γ	m_p	m_0	n
$p=2$	4	1.414	4	8	16
$p=3$	8	1.682	6	9	23
$p=4$	16	2.000	8	12	36
$p=5$	32	2.378	10	16	58
$p=5$(1/2 实施)	16	2.000	10	10	36
$p=6$	64	2.828	12	24	100
$p=6$(1/2 实施)	32	2.378	12	14	58
$p=7$	128	3.364	14	35	177
$p=7$(1/2 实施)	64	2.828	14	22	100

续表10.7

因子数与试验方案	m_c	γ	m_p	m_0	n
$p=8$	256	4.000	16	52	324
$p=8$(1/2 实施)	128	3.364	16	33	177
$p=8$(1/4 实施)	64	2.828	16	20	100

(3)二次通用旋转设计

通过调整中心组合设计的两个参数 m_0 和 γ 的取值，使其同时满足通用性和旋转性，称二次通用旋转设计，简称通用旋转设计(URD，Uniform Rotary Design)，其设计参数如表 10.8 所示。

表 10.8　二次通用旋转设计的设计参数

因子数与试验方案	m_c	γ	m_p	m_0	n
$p=2$	4	1.414	4	5	13
$p=3$	8	1.682	6	6	20
$p=4$	16	2.000	8	7	31
$p=5$	32	2.378	10	10	52
$p=5$(1/2 实施)	16	2.000	10	6	32
$p=6$	64	2.828	12	15	91
$p=6$(1/2 实施)	32	2.378	12	9	53
$p=7$	128	3.364	14	21	163
$p=7$(1/2 实施)	64	2.828	14	14	92
$p=8$	256	4.000	16	28	300
$p=8$(1/2 实施)	128	3.364	16	20	164
$p=8$(1/4 实施)	64	2.828	16	13	93

不同的软件和教材得到的中心组合设计方案大同小异，主要是中心点的重复数存在些许差异。

一般而言，中心组合设计同时满足两个优良性质要好于只满足一个优良性质，所以安排试验时优先考虑采用二次正交旋转设计和二次通用旋转设计。正交性在统计软件普遍使用的今天已经不再具有优势，所以采用中心组合设计时更推荐使用二次通用旋转设计。

10.3.2　中心组合设计的实现

【例 10.3】　超声波辅助提取柚皮苷工艺中，影响柚皮苷提取率的 3 个试验因子有提取温度(x_1，40～80 ℃)、乙醇浓度(x_2，60%～90%)和超声波频率(x_3，20～60 kHz)，试验指标为柚皮苷提取率(y，%)，试验欲采用二次通用旋转设计，其因子及水平编码如表 10.9 所示。

表 10.9　超声波辅助提取柚皮苷工艺试验因子及其水平编码表

因子		水平				
		−1.682	−1	0	1	1.682
提取温度/℃	x_1	40	48.109	60	71.891	80
乙醇浓度/%	x_2	60	66.082	75	83.918	90
超声波频率/kHz	x_3	20	28.109	40	51.891	60

查表 10.8 可得超声波辅助提取柚皮苷工艺试验的二次通用旋转设计参数，$m_c=8$，$\gamma=1.682$，$m_p=6$，$m_0=6$，$n=20$，使用 SAS 软件实现设计。

1.使用 SAS 程序进行设计

SAS 程序：

```
* SD10.3;
% adxgen
% adxff
% adxcc
% adxinit
% adxccd(ccd, 3, 8, 6, 1.682)
Proc Printdata = ccd;
Run;
```

程序简要说明：

宏过程%adxccd( )用于中心组合设计，它有 5 个常用参数，参数 1：自定义的设计结果数据集名为 ccd，参数 2：因子数量为 3，参数 3：正交点数量为 8，参数 4：中心点数量 $n_0=6$，参数 5：主轴参数 $\gamma=1.682$，Print 为输出过程，输出设计结果 ccd。

程序运行结果如表 10.10 所示，表中 t_1，t_2，t_3 即为因子 x_1，x_2，x_3。

表 10.10　超声波辅助提取柚皮苷工艺试验二次通用旋转设计方案 1

Obs	t_1	t_2	t_3
1	−1.000	−1.000	−1.000
2	−1.000	−1.000	1.000
3	−1.000	1.000	−1.000
4	−1.000	1.000	1.000
5	1.000	−1.000	−1.000
6	1.000	−1.000	1.000
7	1.000	1.000	−1.000
8	1.000	1.000	1.000
9	0.000	0.000	0.000

续表10.10

Obs	t_1	t_2	t_3
10	0.000	0.000	0.000
11	0.000	0.000	0.000
12	0.000	0.000	0.000
13	0.000	0.000	0.000
14	0.000	0.000	0.000
15	1.682	0.000	0.000
16	−1.682	0.000	0.000
17	0.000	1.682	0.000
18	0.000	−1.682	0.000
19	0.000	0.000	1.682
20	0.000	0.000	−1.682

2.使用试验设计模块进行设计

使用 SAS 软件的试验设计模块(需要 SAS 软件带有“实验设计”模块)可以实现二次通用旋转设计,设计时只需用“点菜单”的方式即可实现。依次点击 SAS 软件的菜单“解决方案”“分析”“实验设计”,则弹出试验设计窗口,同时软件的菜单和按钮也随之相应地发生改变,如图 10.13 所示。

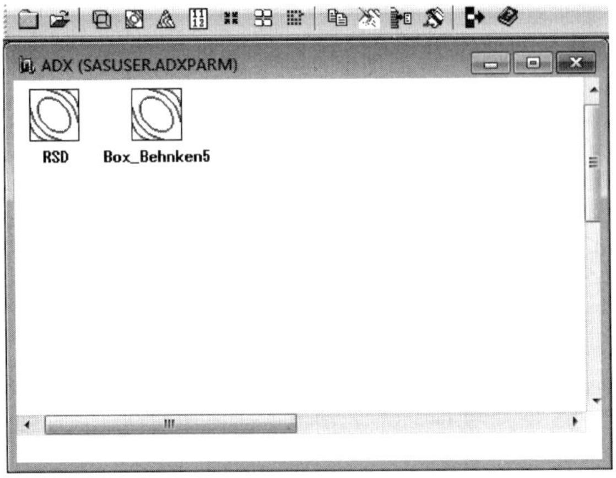

图 10.13　试验设计的菜单和窗口

欲进行回归设计,需要点击菜单中的“”按钮,鼠标在按钮上悬停时会提示“新建响应面设计”,响应面设计即回归设计,点击后弹出回归设计窗口,如图 10.14 所示。点击右侧按钮“Define Variables”定义因子(Factor)和试验指标(Response),默认出现的是定义因子的选项卡“Factor”,如图 10.15 所示。此外还可以定义回归设计的试验区组(Block),但是回归设计一般不划分区组,不需要定义区组。

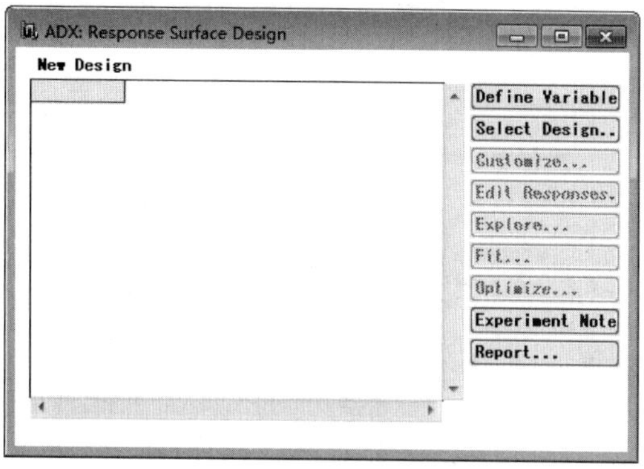

图 10.14　回归设计窗口

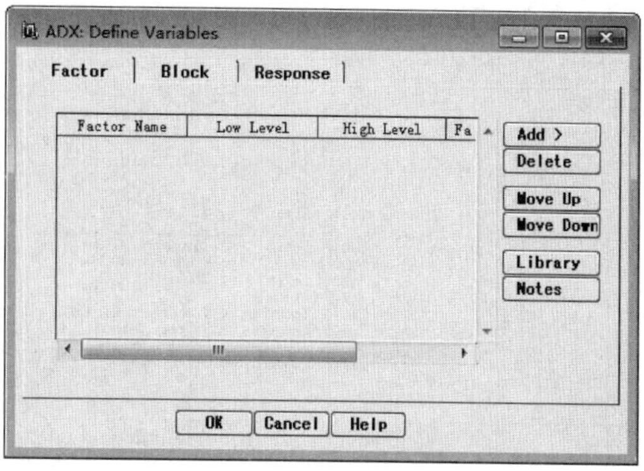

图 10.15　定义变量窗口

定义因子需点击右侧按钮"Add",弹出因子数对话框"Number of rows",选择其中的数字3,即定义3个试验因子,默认因子名称为X1、X2和X3,如图10.16所示。点击因子名称,即可选中该因子名称,同时可修改因子名称,因子的低水平Low Level默认为-1,高水平High Level默认为1,均不需要修改。

点击选项卡"Response"定义试验指标,默认已存在一个名为"Y1"的试验指标,若试验有多个试验指标,可以点击"Add"添加试验指标。本试验只有一个试验指标,点击试验指标"Y1",将其改名为"Y",如图10.17所示。点击"OK",弹出对话框"Do you want to save the changes?",选择"Yes"保存定义的各个变量并回到图10.14的窗口。

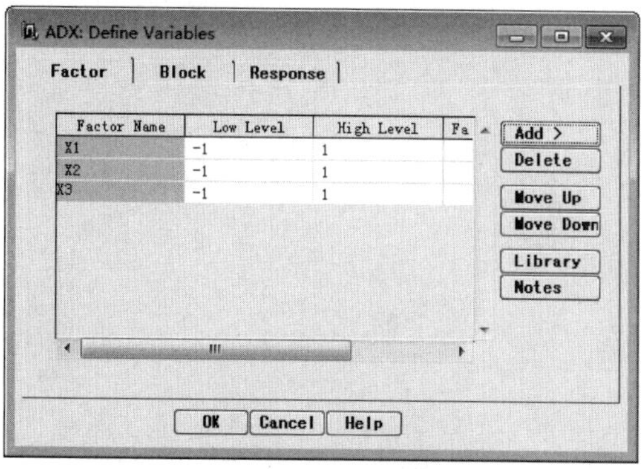

图 10.16　定义因子窗口

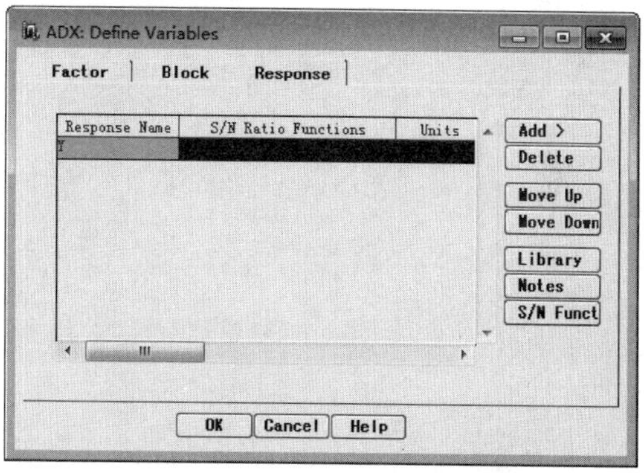

图 10.17　定义试验指标窗口

点击右侧按钮"Select Design",弹出选择设计窗口,如图10.18所示,内有多种回归设计的备选方案。此处包含两种常用的中心组合设计方法,其一为"Central Composite: Uniform Precision"即二次通用旋转设计,其二为"Central Composite: Orthogonal"即二次正交旋转设计。

点击"Central Composite: Uniform Precision"表示选中二次通用旋转设计,选中后此设计方案自动变为蓝色,同时试验方案前方加"*"号表示已选中。然后点击右上角关闭按钮关闭窗口,弹出提示框"Do you want to use the selected design?"询问是否要使用选中的设计,选择"Yes"使用设计,则设计窗口出现已经完成设计的三因子通用旋转设计方案,如图10.19所示。本试验方案包含8个正交点、6个主轴点和6个中心点,共20个试验点。

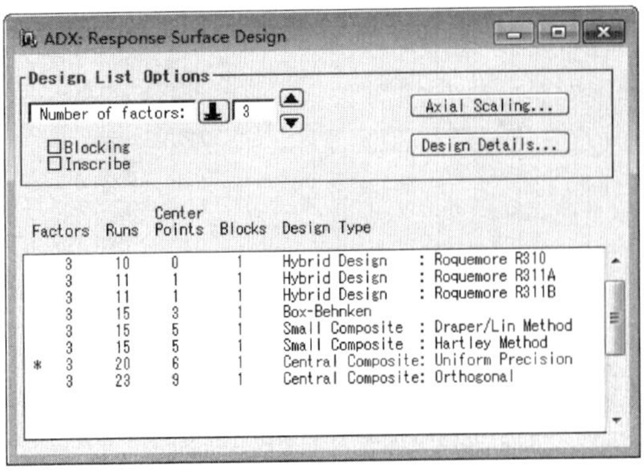

图 10.18　回归设计备选方案

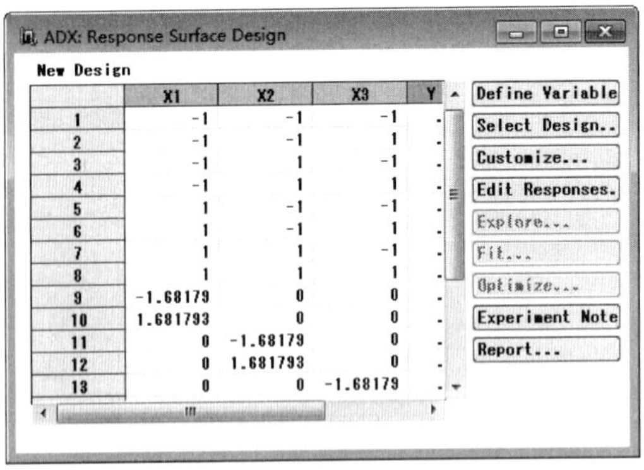

图 10.19　三因子二次通用旋转设计方案

点击右侧按钮“Report…”→“Generate Report”，可以在浏览器窗口生成以网页形式呈现的二次通用旋转设计方案，如表 10.11 所示，和表 10.10 相比本质是一样的，只是试验顺序和保留的精度有所区别。

表 10.11　超声波辅助提取柚皮苷工艺试验二次通用旋转设计方案 2

No.	x_1	x_2	x_3	y
1	−1	−1	−1	
2	−1	−1	1	
3	−1	1	−1	
4	−1	1	1	
5	1	−1	−1	
6	1	−1	1	
7	1	1	−1	
8	1	1	1	
9	1.682	0	0	
10	−1.682	0	0	
11	0	1.682	0	
12	0	−1.682	0	
13	0	0	1.682	
14	0	0	−1.682	
15	0	0	0	
16	0	0	0	
17	0	0	0	
18	0	0	0	
19	0	0	0	
20	0	0	0	

表10.11所示的二次通用旋转设计方案为三个因子的编码值，为了和因子的实际值相互区分，编码值的因子变量名后“c”表示编码值变量，将三个因子的编码值和对应的实际值列于表10.12。随机安排20次试验，试验完成后可得柚皮苷提取率(y)的试验数据，置于表10.12的最后一列。

表10.12　超声波辅助提取柚皮苷工艺试验二次通用旋转设计方案及试验数据　　%

No.	$x1c$	$x2c$	$x3c$	$x1$	$x2$	$x3$	y
1	−1	−1	−1	48.109	66.082	28.109	3.04
2	−1	−1	1	48.109	66.082	51.891	4.53
3	−1	1	−1	48.109	83.918	28.109	1.59
4	−1	1	1	48.109	83.918	51.891	3.22
5	1	−1	−1	71.891	66.082	28.109	4.35
6	1	−1	1	71.891	66.082	51.891	7.25
7	1	1	−1	71.891	83.918	28.109	2.42
8	1	1	1	71.891	83.918	51.891	4.85
9	1.682	0	0	80	75	40	5.36
10	−1.682	0	0	40	75	40	2.84
11	0	1.682	0	60	90	40	2.91
12	0	−1.682	0	60	60	40	5.68
13	0	0	1.682	60	75	60	5.21
14	0	0	−1.682	60	75	20	1.43
15	0	0	0	60	75	40	4.33
16	0	0	0	60	75	40	4.20
17	0	0	0	60	75	40	4.35
18	0	0	0	60	75	40	4.36
19	0	0	0	60	75	40	4.23
20	0	0	0	60	75	40	4.46

10.3.3　中心组合设计的统计分析

同理，在使用SAS软件进行响应面回归分析时，先使用编码值做回归分析考察回归方程的显著性，然后使用因子实际值做回归分析建立回归方程、分析驻点特征并寻找最佳工艺条件。

例10.3 超声波辅助提取柚皮苷工艺试验的三因子二次通用旋转设计的试验数据，需要进行响应面回归分析，其SAS程序如下：

```
*SA10.3;
```

```
Data shaddock;
  Input x1c x2c x3c x1 x2 x3 y;
Cards;
  -1      -1      -1      48.109  66.082  28.109  3.04
  -1      -1       1      48.109  66.082  51.891  4.53
  -1       1      -1      48.109  83.918  28.109  1.59
  -1       1       1      48.109  83.918  51.891  3.22
   1      -1      -1      71.891  66.082  28.109  4.35
   1      -1       1      71.891  66.082  51.891  7.25
   1       1      -1      71.891  83.918  28.109  2.42
   1       1       1      71.891  83.918  51.891  4.85
 1.682     0       0      80      75      40      5.36
-1.682     0       0      40      75      40      2.84
   0     1.682     0      60      90      40      2.91
   0    -1.682     0      60      60      40      5.68
   0       0     1.682    60      75      60      5.21
   0       0    -1.682    60      75      20      1.43
   0       0       0      60      75      40      4.33
   0       0       0      60      75      40      4.20
   0       0       0      60      75      40      4.35
   0       0       0      60      75      40      4.36
   0       0       0      60      75      40      4.23
   0       0       0      60      75      40      4.46
;
Proc RSReg data = shaddock;
  Model y = x1c x2c x3c / lackfit;
Run;
```

程序简要说明：

Data定义数据集shaddock，Input定义数据的变量；RSReg为响应面回归分析过程，Model指定二次响应面回归模型为“试验指标＝各项因子”的形式，因子为编码值，lackfit指定进行失拟检验。

程序主要运行结果：

RSREG过程

变量“y”的响应曲面

响应均值	4.030500
均方根误差	0.115916
R方	0.9964
偏差系数	2.8760

回归	自由度	I型平方和	R方	F值	Pr>F
线性	3	34.588747	0.9237	858.08	<.0001
二次	3	1.789145	0.0478	44.39	<.0001
叉积	3	0.932238	0.0249	23.13	<.0001
总模型	9	37.310129	0.9964	308.53	<.0001

残差	自由度	平方和	均方	F值	Pr>F
缺少拟合	5	0.089682	0.017936	2.01	0.2314
纯误差	5	0.044683	0.008937		
总误差	10	0.134366	0.013437		

参数	自由度	估计	标准误差	t值	Pr>|t|
截距	1	4.320817	0.047277	91.39	<.0001
x1c	1	0.785506	0.031365	25.04	<.0001
x2c	1	-0.860223	0.031365	-27.43	<.0001
x3c	1	1.084177	0.031365	34.57	<.0001
x1c * x1c	1	-0.072779	0.030529	-2.38	0.0384
x2c * x1c	1	-0.196250	0.040983	-4.79	0.0007
x2c * x2c	1	-0.003854	0.030529	-0.13	0.9021
x3c * x1c	1	0.276250	0.040983	6.74	<.0001
x3c * x2c	1	-0.041250	0.040983	-1.01	0.3379
x3c * x3c	1	-0.348483	0.030529	-11.41	<.0001

因子	自由度	平方和	均方	F值	Pr>F
x1	4	9.422402	2.355601	175.31	<.0001
x2	4	10.428820	2.607205	194.04	<.0001
x3	4	18.429336	4.607334	342.90	<.0001

基于编码数据的响应曲面的典型分析

因子	临界值	
	已编码	未编码
x1c	-2.680468	-4.508547
x2c	3.853065	6.480856
x3c	-0.365645	-0.615014

平稳点(驻点)的预测值：-0.570812

特征值	特征向量		
	x1c	x2c	x3c
0.252950	0.642650	-0.728573	0.237028
-0.305091	0.657057	0.683214	0.318582
-1.150566	-0.394051	-0.048996	0.917782

平稳点凸凹不平。(驻点是鞍点)

默认以因子的编码值为自变量进行的响应面回归分析，二次回归模型显著性检验，$df_1=9$，$df_2=10$，$F=308.53$，$P<0.000\,1$，回归关系达极显著，一次项、二次项和交叉项的回归显著性检验中，除交互项 x3c * x2c 和二次项 x2c * x2c 不显著外，其余项均达到了显著或极显著，决定系数 $R^2=0.996$，说明该回归模型能描述试验指标和试验因子的数量关系。失拟检验中，$df=5$，$F=2.01$，$P=0.231>0.05$，说明没有失拟，响应面回归方程拟合良好。

二次回归方程在驻点处二次型矩阵的三个特征值 0.253、-0.305、-1.150 中一正两负，说明驻点为鞍点，不是最优工艺条件，最优工艺条件在工艺范围的边界上，需要进行下一步的岭脊分析。

为得到因子为实际值的二次回归方程和岭脊分析，需要用因子的实际值进行响应面回归分析，修改 SAS 程序如下：

```
ODS Graphics on;
Proc RSReg data = shaddock plots = surface(3d);
  Model y = x1 x2 x3 / lackfit;
  Ridge max radius = 0 to 2 by 0.01;
Run;
ODS Graphics off;
```

程序简要说明：

ODS Graphics 为 SAS 绘图功能，on 为打开，off 为关闭；RSReg 为响应面回归分析过程，plots 设定统计图形种类，surface(3d)设定输出三维响应面图，Model 指定二次响应面回归模型为"试验指标=各项因子"的形式，因子为实际值，lackfit 指定进行失拟检验；Ridge 指定进行岭脊分析，max 寻求试验指标的最大值，radius=0 to 2 by 0.01 设定搜索半径，从中心点开始，每次搜索步长为 0.01，一直到超出工艺范围即可停止，一般设置为比 γ 值略大的数。

程序主要运行结果：

RSREG 过程

回归	自由度	I 型平方和	R 方	F 值	Pr>F
线性	3	34.588744	0.9237	858.02	<.0001
二次	3	1.789140	0.0478	44.38	<.0001
叉积	3	0.932237	0.0249	23.13	<.0001
总模型	9	37.310121	0.9964	308.51	<.0001

残差	自由度	平方和	均方	F 值	Pr>F
缺少拟合	5	0.089690	0.017938	2.01	0.2314
纯误差	5	0.044683	0.008937		
总误差	10	0.134374	0.013437		

参数	自由度	估计	标准误差	t 值	Pr>|t|
截距	1	-6.929965	3.273897	-2.12	0.0604
x1	1	0.188474	0.040657	4.64	0.0009
x2	1	0.037396	0.064068	0.58	0.5724
x3	1	0.200304	0.038053	5.26	0.0004
x1 * x1	1	-0.000515	0.000216	-2.38	0.0384
x2 * x1	1	-0.001851	0.000386	-4.79	0.0007
x2 * x2	1	-0.000048378	0.000384	-0.13	0.9022
x3 * x1	1	0.001954	0.000290	6.74	<.0001
x3 * x2	1	-0.000389	0.000386	-1.01	0.3379
x3 * x3	1	-0.002465	0.000216	-11.41	<.0001

因响应面回归分析模型拟合良好，可得因子为实际值的二次回归方程：

$$\hat{y}=-6.930+0.188x_1+0.037\,4x_2+0.200x_3-0.001\,85x_1x_2+0.001\,95x_1x_3$$
$$-0.000\,389x_2x_3-0.000\,515x_1^2-0.000\,048\,4x_2^2-0.002\,47x_3^2$$

分别绘制试验指标和三个因子之间的响应面图，可以绘制 y 与 x_1，x_2、y 与 x_1，x_3、y 与 x_2，x_3 三张响应面图，如图 10.20 所示。从响应面图来看，工艺范围内部不存在最优工艺条件，和驻点为鞍点结论一致，需要岭脊分析在边界上寻找最优工艺。

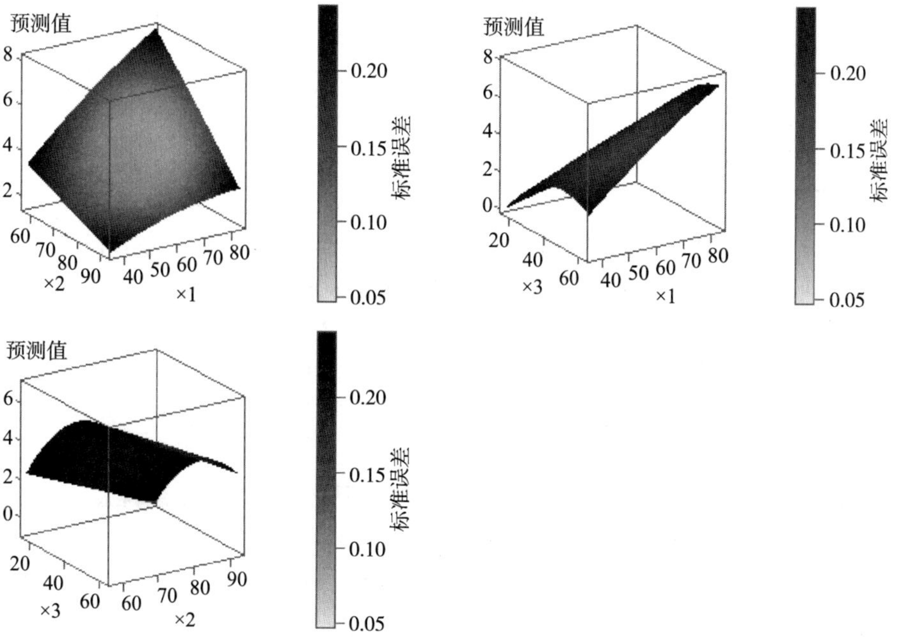

图 10.20　超声波辅助提取柚皮苷工艺试验响应面图

岭脊分析部分结果如表 10.13 所示。

表 10.13　超声波辅助提取柚皮苷工艺试验岭脊分析部分结果

变量“y”的最大响应的估计岭脊点					
编码半径	估计响应	标准误差	未编码因子值		
			x1	x2	x3
0	4.320 816	0.047 278	60.000 000	75.000 000	40.000 000
0.010 000	4.347 576	0.047 276	60.099 229	74.918 691	40.135 649
0.020 000	4.374 327	0.047 271	60.199 455	74.836 939	40.270 090
…	…	…	…	…	…
1.520 000	8.666 529	0.196 269	79.125 244	60.328 417	53.255 523
1.530 000	8.698 159	0.198 830	79.257 776	60.225 171	53.319 798
1.540 000	8.729 835	0.201 409	79.390 310	60.121 885	53.383 946
1.550 000	8.761 557	0.204 007	79.522 846	60.018 561	53.447 967
1.560 000	8.793 326	0.206 624	79.655 382	59.915 199	53.511 863
1.570 000	8.825 141	0.209 260	79.787 920	59.811 799	53.575 635
1.580 000	8.857 003	0.211 914	79.920 458	59.708 362	53.639 286

续表10.13

变量"y"的最大响应的估计岭脊点					
编码半径	估计响应	标准误差	未编码因子值		
			x1	x2	x3
…	…	…	…	…	…
1.990 000	10.203 860	0.336 420	85.352 126	55.439 420	56.158 682
2.000 000	10.237 709	0.339 834	85.484 495	55.334 701	56.218 238

因为乙醇浓度首先达到下界60.019%，此时搜索半径为1.55，温度为79.523 ℃，超声波频率为53.448 kHz，即在边界上存在最优工艺条件，柚皮苷提取率的最大估计值为8.76%，此最优工艺条件需要进行试验验证。

10.4 D最优回归设计

回归设计的正交性、旋转性和通用性各有其优点，但是都没有涉及统计意义上的优劣。而最优设计就是从统计上来研究不同试验设计方案的优劣，并寻求最优方案。在所有试验设计方案中，能使回归预测值与观察值拟合最好的方案就是最优方案，即最优设计（Optimal Design）。

判断试验设计方案的优良性有很多标准，例如D优良性、G优良性、A优良性、E优良性、I优良性、U优良性等，其中以D优良性的使用最为普遍。有数学家证明G优良性和D优良性在本质上等价。

10.4.1 D最优回归设计概述

1943年，美国统计学家Wald提出信息矩阵的行列式极大值判别法，结构矩阵$\boldsymbol{X}$和信息矩阵$\boldsymbol{A}$与试验设计方案有关。设试验设计方案为W，可以证明，试验设计方案的信息矩阵$\boldsymbol{A}$(W)的行列式的值$|\boldsymbol{A}(\mathrm{W})|$越大，回归系数的预测值的方差越小，预测值的方差也越小，试验设计方案也就越优良。1959年，Kefier称这种性质为D优良性。

依据D优良性，从各种试验设计方案中挑选最优设计方案的方法，即D最优回归设计。D最优回归设计的试验设计方案处理数比较少，试验效率比较高，回归系数和待估参数之间拟合的比较好。

在同一模型下，两个试验设计方案W1和W2，如果方案W1的信息矩阵行列式的值大于W2的值，即$|\boldsymbol{A}(\mathrm{W1})| > |\boldsymbol{A}(\mathrm{W2})|$，则说明在D优良性下方案W1比W2有更好的优良性。

1.常规D最优回归设计

1971年，统计学家Box找出了两个$p=2$的常规D最优回归设计方案，即R207和R208，如表10.14所示。至今尚未解决其他的多因子常规D最优回归设计方案。

D最优回归设计中，R表示回归设计，第1位数字表示因子数，第2、第3位数字表示处理个数，最后的字母表示相同因子数和试验次数的同类方案顺序编号。

表 10.14 两因子常规 D 最优回归设计方案

R207

No.	$x1$	$x2$
1	−1	−1
2	1	−1
3	−1	1
4	1	1
5	−0.092	0.092
6	1	−0.067
7	0.067	−1

R208

No.	$x1$	$x2$
1	−1	−1
2	1	−1
3	−1	1
4	1	1
5	1	0
6	0.082	1
7	0.082	−1
8	−0.215	0

例如，常规 D 最优回归设计方案 R207，其结构矩阵 $\boldsymbol{X}$ 为：

$$\boldsymbol{X}=\left|\begin{array}{cccccc} x_0 & x_1 & x_2 & x_1^2 & x_2^2 & x_1x_2 \\ 1 & -1 & -1 & 1 & 1 & 1 \\ 1 & 1 & -1 & 1 & 1 & -1 \\ 1 & -1 & 1 & 1 & 1 & -1 \\ 1 & 1 & 1 & 1 & 1 & 1 \\ 1 & -0.092 & 0.092 & 0.008\,464 & 0.008\,464 & -0.008\,464 \\ 1 & 1 & -0.067 & 1 & 0.004\,489 & -0.067 \\ 1 & 0.067 & -1 & 0.004\,489 & 1 & -0.067 \end{array}\right|$$

则其信息矩阵 $\boldsymbol{A}$ 为：$\boldsymbol{A}=\boldsymbol{X}^{\mathrm{T}}\boldsymbol{X}$

$$\boldsymbol{A}=\left|\begin{array}{cccccc} 7 & 0.975 & -0.975 & 5.012\,953 & 5.012\,953 & -0.142\,46 \\ 0.975 & 5.012\,953 & -0.142\,46 & 0.999\,522 & 0.070\,71 & -0.070\,71 \\ -0.975 & -0.142\,46 & 5.012\,953 & -0.070\,71 & -0.999\,52 & 0.070\,71 \\ 5.012\,953 & 0.999\,522 & -0.070\,71 & 5.000\,092 & 4.009\,05 & -0.067\,37 \\ 5.012\,953 & 0.070\,71 & -0.999\,52 & 4.009\,05 & 5.000\,092 & -0.067\,37 \\ -0.142\,46 & -0.070\,71 & 0.0707\,1 & -0.067\,37 & -0.067\,37 & 4.009\,05 \end{array}\right|$$

则信息矩阵 $\boldsymbol{A}$ 的行列式值：$|\boldsymbol{A}|=980.769\,35$ 为所有两因子 7 个试验点设计方案的最大值。

2.饱和 D 最优回归设计

当一个回归设计试验方案所包含的试验点个数(处理组合数)与待估回归参数的个数相等时称为饱和设计，当 D 最优回归设计方案的试验点数量等于待估回归参数的个数时称为饱和 D 最优回归设计。

1971—1972 年，统计学家 Box 提出了 $p=2$ 和 $p=3$ 的饱和 D 最优回归设计方案：R206 和 R310A。还未很好解决 $p\geqslant4$ 的饱和 D 最优回归设计方案，只是找到了一些近似方案，如

$p=4$ 的近似饱和 D 最优回归设计为 R415。饱和 D 最优回归设计 R206 的试验设计方案如表 10.15 所示，其他试验设计方案详见附表 7 的 D 最优回归设计表。

表 10.15　饱和 D 最优回归设计 R206 的试验设计方案

No.	$x1$	$x2$
1	−1	−1
2	1	−1
3	−1	1
4	−0.131 5	−0.131 5
5	1	0.394 4
6	0.394 4	1

该类方案处理数比较少，但是由于饱和性，其回归模型的自由度等于回归设计方案的自由度，而误差项没有自由度（即没有误差项），无法进行回归方程和回归系数的显著性检验，但可以得到回归方程，可以通过驻点性质分析和岭脊分析寻找最优值。

3.D 最优混合设计

虽然常规 D 最优回归设计的优点显著，但寻找这样的方案比较困难，因此统计学家退而求其次，寻找了比较优的方案设计。回归设计满足 D 优良性时一般不满足正交性和旋转性，于是统计学家根据组合设计的思想，设计出了一些兼有近似 D 优良性、正交性和旋转性的较优设计方案，即 D 最优混合设计（DOHD，D-Optimal Hybrid Design）。

p 个因子的 D 最优混合设计方案一般包括四部分：

①第 p 个因子的一个水平与前 $p-1$ 个因子的二水平正交点（或其部分）；

②第 p 个因子的另一水平与前 $p-1$ 个因子的主轴点；

③第 p 个因子的一个或两个主轴点，例如：$(0,0,\cdots,0,\gamma)$；

④有时可以附加一些中心点，防止信息矩阵 $\boldsymbol{A}$ 的退化。

例如，D 最优混合设计 R311A 的试验点可分为四个部分，如表 10.16 所示。

表 10.16　D 最优混合设计 R311A 的试验设计方案

No.	x_1	x_2	x_3	$p=3$
1	0	0	2	因子 3 的主轴点
2	0	0	−2	
3	−1.414	−1.414	1	前 2 因子的正交点
4	1.414	−1.414	1	
5	−1.414	1.414	1	
6	1.414	1.414	1	

续表10.16

No.	x_1	x_2	x_3	$p=3$
7	2	0	−1	前2因子的主轴点
8	−2	0	−1	
9	0	2	−1	
10	0	−2	−1	
11	0	0	0	中心点

目前,统计学家们已经找到了3~6个因子的十多个D最优混合设计方案,包括R310B、R311A、R311B、R312、R416A、R416B、R416C、R521、R628A和R628B,详见附表7的D最优回归设计表。

4.近似D最优回归设计

我国农业部2006年推广、2011年修订的《测土配方施肥技术规范(2011年修订版)》,推荐采用"3414"方案设计,所以在具体实施过程中可根据研究目的选用"3414"完全实施方案、部分实施方案或其他试验设计方案。

"3414"方案设计吸收了常规D最优回归设计处理少、效率高的优点,是目前应用较为广泛的肥料效应田间试验设计方案。"3414"是指氮、磷、钾3个因子、4个水平、14个处理。其中,0水平指不施肥,2水平指当地推荐施肥量,1水平(指施肥不足)=2水平×0.5,3水平(指过量施肥)=2水平×1.5。该"3414"试验设计即近似D最优回归设计R3414,是在近似D最优设计R3411的基础之上增加3个处理而生成,如表10.17所示。

表10.17 近似D最优回归设计R3414的试验设计方案

No.	处理	*N*	*P*	*K*
1	N0P0K0	0	0	0
2	N0P2K2	0	2	2
3	N1P2K2	1	2	2
4	N2P0K2	2	0	2
5	N2P1K2	2	1	2
6	N2P2K2	2	2	2
7	N2P3K2	2	3	2
8	N2P2K0	2	2	0
9	N2P2K1	2	2	1
10	N2P2K3	2	2	3
11	N3P2K2	3	2	2
12	N1P1K2	1	1	2
13	N1P2K1	1	2	1
14	N2P1K1	2	1	1

该方案可应用 14 个处理进行氮、磷、钾三元二次效应方程拟合，还可分别进行氮、磷、钾中任意二元或一元效应方程拟合。

例如，进行氮、磷二元效应方程拟合时，可选用 8 个处理 2、3、4、5、6、7、11、12，求得在以 K2 水平为基础的氮、磷二元二次效应方程；进行氮、钾二元效应方程拟合时，可选用 8 个处理 2、3、6、8、9、10、11、13，求得在以 P2 水平为基础的氮、钾二元二次效应方程；进行磷、钾二元效应方程拟合时，可选用 8 个处理 4、5、6、7、8、9、10、14，求得在以 N2 水平为基础的磷、钾二元二次效应方程。选用处理 2、3、6、11 可求得在以 P2K2 水平为基础的氮肥效应方程；选用处理 4、5、6、7 可求得在以 N2K2 水平为基础的磷肥效应方程；选用处理 6、8、9、10 可求得在以 N2P2 水平为基础的钾肥效应方程。此外，通过处理 1，可以获得基础地力产量，即空白区产量。

如果需要研究有机肥和中、微量元素肥料效应，可在此基础上增加处理。例如增加一个只施用有机肥而不施用氮、磷、钾的处理，主要用于有机肥和不施肥的处理效应对比，从而构成近似 D 最优回归设计方案 R3415。

当然，近似 D 最优回归设计方案 R3414 得到农业领域科技人员的大力推广，已经在土壤施肥领域发挥重要作用，也应推广至其他科研领域。

总而言之，上述各类 D 最优回归设计试验设计方案的处理数少，试验效率高，回归系数和待估参数之间拟合好，但是其剩余的误差项自由度少，特别是饱和 D 最优回归设计没有误差项，无法进行显著性检验。在农业和生物学试验中，不可控制的干扰因素多、误差大，所以采用 D 最优回归设计进行试验时，条件允许时尽可能安排重复，如果无法安排重复，尽量不要采用饱和 D 最优回归设计。

10.4.2 D 最优回归设计的实现

目前常见的 D 最优回归设计方案可以通过查阅附录 7 的 D 最优回归设计表实现，也可以通过 SAS 软件的试验设计模块“点菜单”实现。

【例 10.4】 某试验研究小麦适宜的氮、磷用量，采用两因子常规 D 最优回归设计方案 (R207) 进行田间试验，氮肥 (N) 的施用范围为 0～12.4 kg/区，磷肥 (P) 的施用范围为 0～11.6 kg/区，重复 2 次，试验指标为单位面积的小麦产量 (Y，kg/区)。

查阅附表 7，使用附表 7.1 常规 D 最优回归设计方案 R207，分别将 N 和 P 置于第 1,2 列，如表 10.18 所示。

表 10.18　小麦施肥试验常规 D 最优回归设计方案 R207

No.	N	P
1	−1	−1
2	1	−1
3	−1	1
4	1	1
5	−0.092	0.092
6	1	−0.067
7	0.067	−1

整理表 10.18 中各因子的水平，得到小麦施肥试验的因子的水平编码及其对应的实际水平，如表 10.19 所示。

表 10.19　小麦施肥试验因子及其水平表

因子	水平					
	−1	−0.092	−0.067	0.067	0.092	1
N	0	5.63	—	6.62	—	12.4
P	0	—	5.41	—	6.33	11.6

小麦施肥试验的两因子常规 D 最优回归设计方案 R207 及其试验数据如表 10.20 所示，其中 n 和 p 为氮肥和磷肥的编码值，N 和 P 为氮肥和磷肥的实际值，Y1 和 Y2 为小麦产量(kg/区)的两次重复。

表 10.20　小麦施肥试验常规 D 最优回归设计方案 R207 及试验数据　　kg

No.	*n*	*p*	*N*	*P*	Y1	Y2
1	−1	−1	0	0	90.3	83.3
2	1	−1	12.4	0	118.3	138.9
3	−1	1	0	11.6	86.1	100.0
4	1	1	12.4	11.6	272.2	252.8
5	−0.092	0.092	5.63	6.33	325.0	322.2
6	1	−0.067	12.4	5.41	288.9	294.4
7	0.067	−1	6.62	0	187.5	161.1

【例 10.5】　某地亚麻的氮、磷、钾施肥试验，氮肥(N)的施用范围为 1～7 kg/区，磷肥(P)的施用范围为 0～4 kg/区，钾肥(K)的施用范围为 0～3 kg/区，采用三因子 D 最优混合设计方案 R311A，设置 3 次重复，试验指标为单位面积的亚麻产量(Y,kg/区)。

1.查表进行 D 最优回归设计

查附表 7，使用附表 7.8 D 最优混合设计方案 R311A，分别将 N、P 和 K 置于其第 1、第 2 和 3 列，如表 10.21 所示。

表 10.21　亚麻施肥试验 D 最优混合设计方案 R311A

No.	*N*	*P*	*K*
1	0	0	1.414 2
2	0	0	−1.414 2
3	−1	−1	0.707 1
4	1	−1	0.707 1
5	−1	1	0.707 1

续表10.21

No.	N	P	K
6	1	1	0.707 1
7	1.414 2	0	−0.707 1
8	−1.414 2	0	−0.707 1
9	0	1.414 2	−0.707 1
10	0	−1.414 2	−0.707 1
11	0	0	0

注意不同软件或教材得到的三因子 D 最优混合设计方案 R311A 可能不同，相差 1.414 2 倍，但没有本质区别，均可正常使用。

通过整理表 10.21 中各因子的水平，得到亚麻施肥试验的因子的水平编码及其对应的实际水平，如表 10.22 所示。

表 10.22　亚麻施肥试验因子及其水平表

因子	水平						
	−1.414 2	−1	−0.707 1	0	0.707 1	1	1.414 2
N	1	1.879	—	4	—	6.121	7
P	0	0.586	—	2	—	3.414	4
K	0	—	0.75	1.5	2.25	—	3

亚麻施肥试验的三因子 D 最优混合设计方案 R311A 及其试验数据如表 10.23 所示，其中 n、p 和 k 为氮肥、磷肥和钾肥的编码值，N、P 和 K 为氮肥、磷肥和钾肥的实际值，Y1，Y2 和 Y3 为亚麻产量(kg/区)的三次重复。

表 10.23　亚麻施肥试验 D 最优混合设计方案 R311A 及试验数据　　kg

No.	n	p	k	N	P	K	Y1	Y2	Y3
1	0	0	1.4142	4	2	3	31.04	31.1	31.2
2	0	0	−1.4142	4	2	0	29.15	28.72	26.31
3	−1	−1	0.7071	1.879	0.586	2.25	24.18	23.35	22.01
4	1	−1	0.7071	6.121	0.586	2.25	23.89	24.43	25.13
5	−1	1	0.7071	1.879	3.414	2.25	25.07	23.11	24.75
6	1	1	0.7071	6.121	3.414	2.25	25.32	27.18	26.67
7	1.4142	0	−0.7071	7	2	0.75	30.5	31.51	30.51
8	−1.4142	0	−0.7071	1	2	0.75	29.1	28.21	26.69
9	0	1.4142	−0.7071	4	4	0.75	29.17	27.32	29.67

续表10.23

No.	n	p	k	N	P	K	Y1	Y2	Y3
10	0	−1.4142	−0.7071	4	0	0.75	26.41	25.0	26.77
11	0	0	0	4	2	1.5	34.0	32.21	33.81

2.使用试验设计模块进行设计

使用 SAS 软件的试验设计模块(需要 SAS 软件带有“实验设计”模块)可以实现二次通用旋转设计,设计时只需用“点菜单”的方式即可实现。但是目前 SAS 软件的试验设计模块只能实现 8 种 D 最优回归设计方法,即 R310、R311A、R311B、R416A、R416B、R416C、R628A 和 R628B。

依次点击 SAS 软件的菜单“解决方案”“分析”“实验设计”,弹出试验设计窗口,同时软件的菜单和按钮也相应改变,如图 10.21 所示。

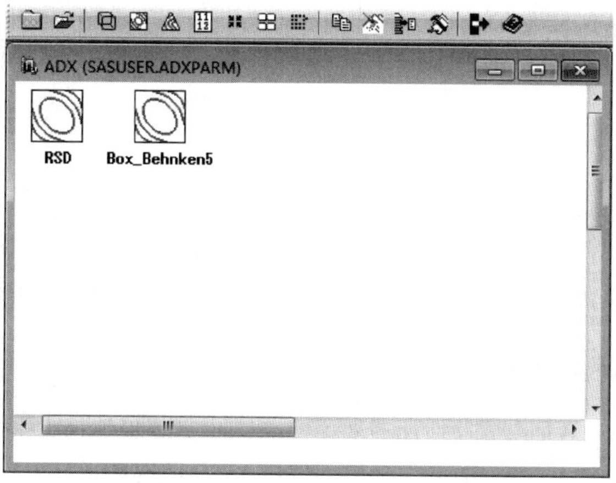

图 10.21 试验设计的菜单和窗口

欲进行回归设计,需要点击菜单中的“▣”按钮,鼠标在按钮上悬停时会提示“新建响应面设计”,响应面设计即回归设计,点击后弹出回归设计窗口,如图 10.22 所示。点击右侧按钮“Define Variables”定义因子(Factor)和试验指标(Response),默认出现的是定义因子的选项卡“Factor”,如图 10.23 所示。此外还可以定义回归设计的试验区组(Block),但是回归设计一般不划分区组,不需要定义区组。

定义因子需点击右侧按钮“Add”,弹出因子数对话框“Number of rows”,选择其中的数字 3,即定义 3 个试验因子,默认因子名称为 X1、X2 和 X3,如图 10.24 所示。点击修改因子名称为 N、P 和 K,因子的低水平 Low Level 默认为−1,高水平 High Level 默认为 1,均不需要修改。

点击选项卡“Response”定义试验指标,默认已存在一个名为“Y1”的试验指标,若试验有多个试验指标,可以点击“Add”添加试验指标。本试验只有一个试验指标,点击试验指标“Y1”,将其改名为“Y”,如图 10.25 所示。点击“OK”,弹出对话框“Do you want to save the changes?”,选择“Yes”保存定义的各个变量并回到图 10.22 的窗口。

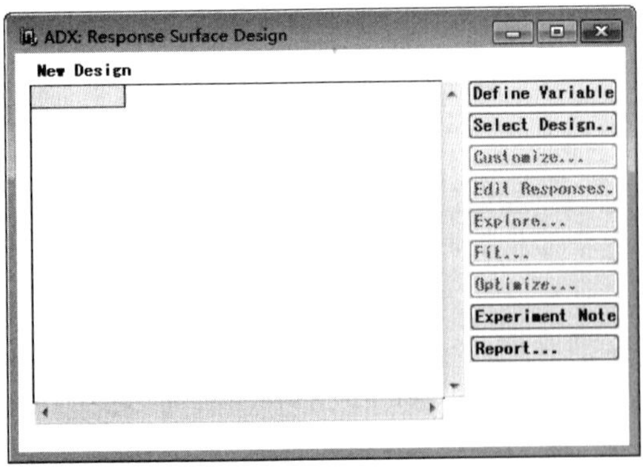

图 10.22 回归设计窗口

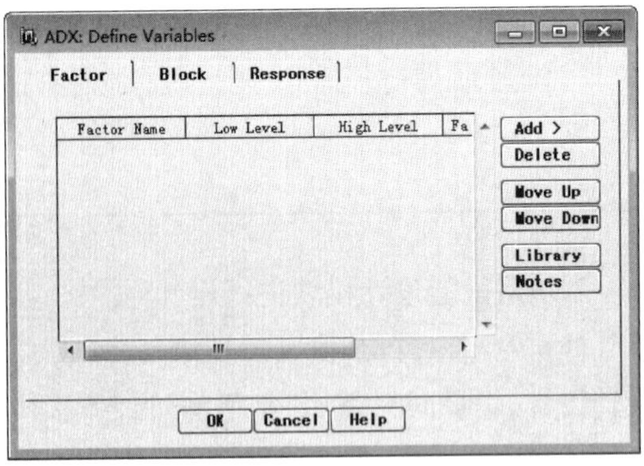

图 10.23 定义变量窗口

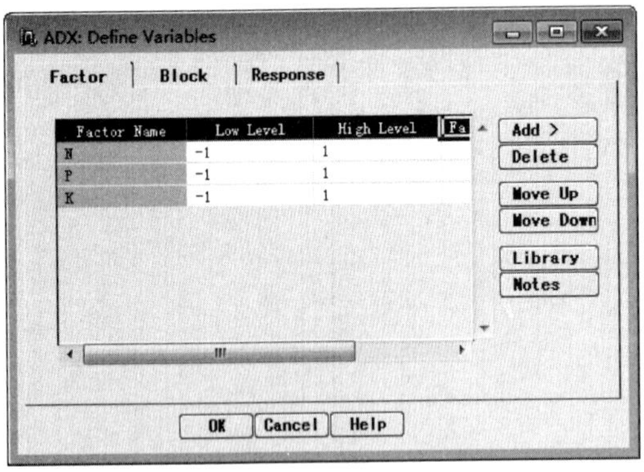

图 10.24 定义因子窗口

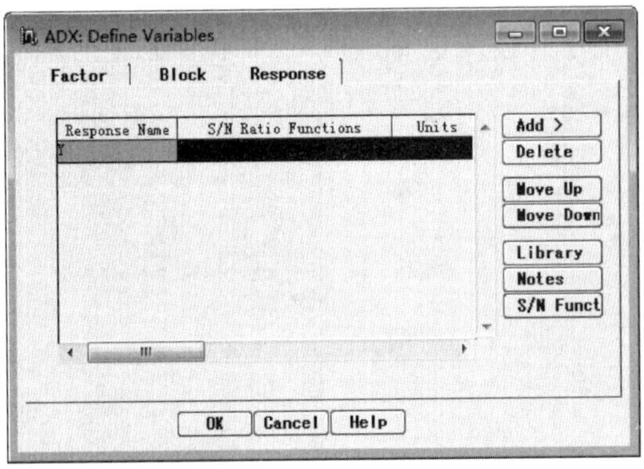

图 10.25 定义试验指标窗口

点击右侧按钮“Select Design”，弹出选择设计窗口，如图 10.26 所示，内有多种回归设计的备选方案。点击“Hybrid Design：Roquemore R311A”表示选中 D 最优回归设计 R311A，选中后此设计方案自动变为蓝色，同时试验方案前方加“ * ”号表示已选中。然后点击右上角关闭按钮关闭窗口，弹出提示框“Do you want to use the selected design?”询问是否要使用选中的设计，选择“Yes”使用设计，则设计窗口出现已经完成设计的三因子通用旋转设计方案，如图 10.27 所示。

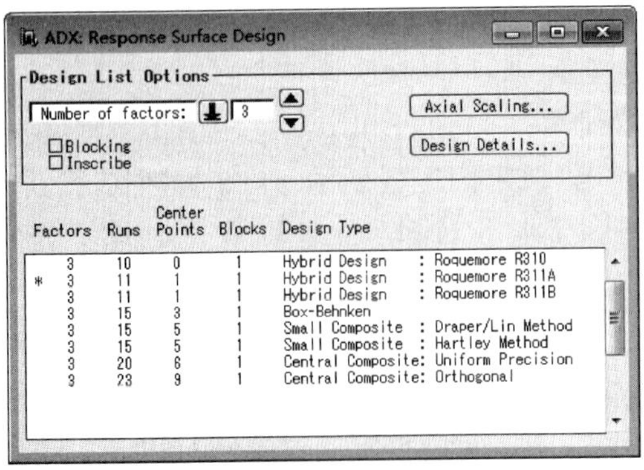

图 10.26 回归设计备选方案

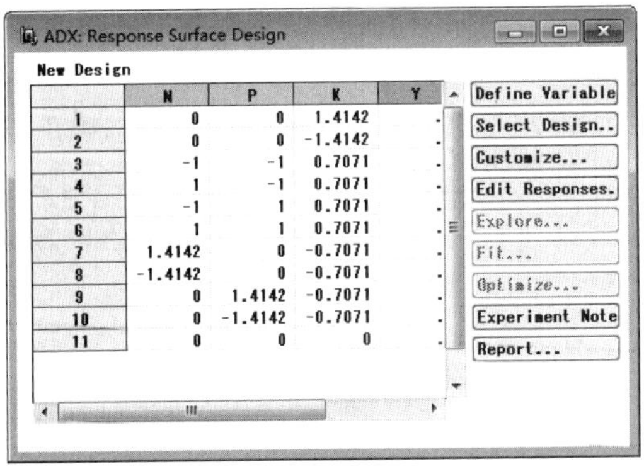

图 10.27 三因子 D 最优回归设计方案

点击右侧按钮“Report…”→“Generate Report”，可以在浏览器窗口生成以网页形式呈现的D最优回归设计方案R311A，如表10.21所示。

10.4.3 D最优回归设计的统计分析

例10.4的小麦施肥试验的结果数据如表10.20所示，Y1和Y2为两次重复的小麦产量（Y，kg/区）。使用SAS程序进行响应面回归分析如下：

```
*SA10.4;
Data wheat;
  Input Nc Pc N P Y;
Cards;
  -1       -1      0      0      90.3
   1       -1      12.4   0      118.3
  -1        1      0      11.6   86.1
   1        1      12.4   11.6   272.2
-0.092    0.092    5.63   6.33   325.0
   1     -0.067    12.4   5.41   288.9
 0.067     -1      6.62   0      187.5
  -1       -1      0      0      83.3
   1       -1      12.4   0      138.9
  -1        1      0      11.6   100.0
   1        1      12.4   11.6   252.8
-0.092    0.092    5.63   6.33   322.2
   1     -0.067    12.4   5.41   294.4
 0.067     -1      6.62   0      161.1
;
Proc RSreg data=wheat;
  Model Y=Nc Pc /lackfit;
Run;
```

程序简要说明：

Data定义数据集wheat，Input定义数据的变量；RSReg为响应面回归分析过程，Model指定二次响应面回归模型为“试验指标=各项因子”的形式，因子为编码值，lackfit指定进行失拟检验。

程序主要运行结果：

```
                RSREG过程
            变量“Y”的响应曲面
            响应均值    194.3571
            均方根误差  11.4490
            R方         0.9909
            偏差系数    5.8906
```

回归	自由度	I 型平方和	R 方	F 值	Pr>F
线性	2	47059	0.4070	179.51	<.0001
二次	2	59295	0.5128	226.19	<.0001
叉积	1	8227.8382	0.0712	62.77	<.0001
总模型	5	114582	0.9909	174.83	<.0001

残差	自由度	平方和	均方	F 值	Pr>F
缺少拟合	1	159.6273	159.6273	1.26	0.2992
纯误差	7	888.9900	126.9986		
总误差	8	1048.6173	131.0772		

参数	自由度	估计	标准误差	t 值	Pr>|t|	代码数据的参数估计
截距	1	322.2720	6.9338	46.48	<.0001	322.2720
Nc	1	51.5067	3.8710	13.31	<.0001	51.5067
Pc	1	36.3433	3.8710	9.39	<.0001	36.3433
Nc * Nc	1	-72.5554	7.6418	-9.49	<.0001	-72.5554
Pc * Nc	1	32.0539	4.0458	7.92	<.0001	32.0539
Pc * Pc	1	-108.1009	7.6418	-14.15	<.0001	-108.1009

基于编码数据的响应曲面的典型分析

因子	临界值	
	已编码	未编码
Nc	0.405354	0.405354
Pc	0.228197	0.228197

平稳点的预测值:336.8579

特征值	特征向量	
	Nc	Pc
-66.396304	0.933445	0.358720
-114.260000	-0.358720	0.933445

平稳点是最大值。

以因子的编码值为自变量进行的响应面回归分析:二次回归模型显著性检验,$df_1=5$,$df_2=8$,$F=174.83$,$P<0.000\ 1$,回归关系达极显著,各项回归系数均达到极显著,决定系数 $R^2=0.990\ 9$,说明该回归模型能描述大部分试验数据的数量关系。失拟检验中,$df_1=1$,$df_2=7$,$F=1.26$,$P=0.299\ 2>0.05$,说明响应面回归方程拟合良好。

驻点性质分析,二次回归方程在驻点处二次型矩阵的两个特征值 -66.3963、-114.26 均小于 0,说明驻点为极大值点,存在最优工艺条件。

为得到因子为实际值的二次回归方程和最优工艺条件,需要用因子的实际值进行响应面回归分析,修改其 SAS 程序如下:

```
ODS Graphics on;
Proc RSreg data = wheat plots = surface(3d);
  Model Y = N P /lackfit;
Run;
ODS Graphics off;
```

程序简要说明：

ODS Graphics 为 SAS 统计图形引擎开关，on 为打开，off 为关闭，RSReg 中 plots 设定统计图形种类，surface(3d)设定输出三维响应面图形，Model 定义二次回归模型，因子为实际值，lackfit 设定进行失拟检验。

程序主要运行结果：

RSREG 过程

参数	自由度	估计	标准误差	t 值	Pr>|t|	代码数据的参数估计
截距	1	85.822283	8.046309	10.67	<.0001	322.279026
N	1	26.538770	2.743404	9.67	<.0001	51.506539
P	1	38.021438	2.660914	14.29	<.0001	36.342232
N*N	1	-1.887211	0.198792	-9.49	<.0001	-72.544400
P*N	1	0.891406	0.112498	7.92	<.0001	32.054967
P*P	1	-3.213987	0.227124	-14.15	<.0001	-108.118539

基于编码数据的响应曲面的典型分析

因子	临界值	
	已编码	未编码
N	0.405409	8.713537
P	0.228164	7.123354

平稳点的预测值：336.8656

特征值	特征向量	
	N	P
-66.388619	0.933514	0.358541
-114.274319	-0.358541	0.933514

平稳点是最大值。

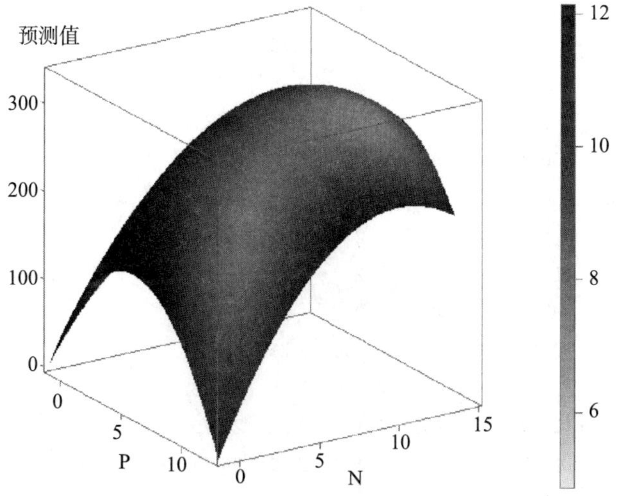

图 10.28　小麦施肥试验响应面图

因响应面回归分析模型拟合很好，可得各因子为实际值的二次多项式回归方程：

$$\hat{Y}=85.822+26.539N+38.021P+0.891NP-1.887N^2-3.214P^2$$

驻点性质分析可知驻点为极大值点，即氮肥 $N=8.713$ kg/区、磷肥 $P=7.123$ kg/区时，小麦存在最佳产量 $Y=336.866$ kg/区，此最佳产量需要试验验证。

由小麦施肥试验响应面图(图 10.28)可知，在试验范围内，随着施氮肥和施磷肥量的增加，小麦产量先增加后降低，存在最优值。

同理，例 10.5 亚麻施肥试验的数据如表 10.23 所示，使用 SAS 程序进行响应面回归分析如下：

```
* SA10.5;
Data flax;
  Input Nc Pc Kc N P K Y;
Cards;
   0        0        1.4142    4      2      3     31.04
   0        0      - 1.4142    4      2      0     29.15
 - 1      - 1        0.7071    1.879  0.586  2.25  24.18
   1      - 1        0.7071    6.121  0.586  2.25  23.89
 - 1        1        0.7071    1.879  3.414  2.25  25.07
   1        1        0.7071    6.121  3.414  2.25  25.32
 1.4142     0      - 0.7071    7      2      0.75  30.5
- 1.4142    0      - 0.7071    1      2      0.75  29.1
   0      1.4142   - 0.7071    4      4      0.75  29.17
   0    - 1.4142   - 0.7071    4      0      0.75  26.41
   0        0        0         4      2      1.5   34
   0        0        1.4142    4      2      3     31.1
   0        0      - 1.4142    4      2      0     28.72
 - 1      - 1        0.7071    1.879  0.586  2.25  23.35
   1      - 1        0.7071    6.121  0.586  2.25  24.43
 - 1        1        0.7071    1.879  3.414  2.25  23.11
   1        1        0.7071    6.121  3.414  2.25  27.18
 1.4142     0      - 0.7071    7      2      0.75  31.51
- 1.4142    0      - 0.7071    1      2      0.75  28.21
   0      1.4142   - 0.7071    4      4      0.75  27.32
   0    - 1.4142   - 0.7071    4      0      0.75  25
   0        0        0         4      2      1.5   32.21
   0        0        1.4142    4      2      3     31.2
   0        0      - 1.4142    4      2      0     26.31
 - 1      - 1        0.7071    1.879  0.586  2.25  22.01
   1      - 1        0.7071    6.121  0.586  2.25  25.13
 - 1        1        0.7071    1.879  3.414  2.25  24.75
   1        1        0.7071    6.121  3.414  2.25  26.67
 1.4142     0      - 0.7071    7      2      0.75  30.51
- 1.4142    0      - 0.7071    1      2      0.75  26.69
   0      1.4142   - 0.7071    4      4      0.75  29.67
   0    - 1.4142   - 0.7071    4      0      0.75  26.77
   0        0        0         4      2      1.5   33.81
```

```
;
Proc RSreg data = flax;
  Model Y = Nc Pc Kc /lackfit;
Run;
```

程序简要说明：

Data 定义数据集 flax，Input 定义数据的变量；RSReg 为响应面回归分析过程，Model 指定二次响应面回归模型为“试验指标＝各项因子”的形式，因子为编码值，lackfit 指定进行失拟检验。

程序主要运行结果：

RSREG 过程

变量“Y”的响应曲面

响应均值	27.681515
均方根误差	2.165850
R方	0.6691
偏差系数	7.8242

回归	自由度	I型平方和	R方	F值	Pr>F
线性	3	53.563490	0.1643	3.81	0.0237
二次	3	163.821024	0.5024	11.64	<.0001
叉积	3	0.799903	0.0025	0.06	0.9817
总模型	9	218.184417	0.6691	5.17	0.0007

残差	自由度	平方和	均方	F值	Pr>F
缺少拟合	1	85.569873	85.569873	84.34	<.0001
纯误差	22	22.320933	1.014588		
总误差	23	107.890807	4.690905		

参数	自由度	估计	标准误差	t值	Pr>|t|	代码数据的参数估计
截距	1	33.340077	1.250454	26.66	<.0001	33.340077
Nc	1	0.924967	0.442104	2.09	0.0477	1.308089
Pc	1	0.849814	0.442104	1.92	0.0671	1.201807
Kc	1	−0.808721	0.442106	−1.83	0.0804	−1.143693
Nc * Nc	1	−2.444430	0.615388	−3.97	0.0006	−4.888767
Pc * Nc	1	0.194167	0.625227	0.31	0.7589	0.388326
Pc * Pc	1	−3.459450	0.615388	−5.62	<.0001	−6.918767
Kc * Nc	1	−0.111913	0.625236	−0.18	0.8595	−0.223822
Kc * Pc	1	−0.128196	0.625236	−0.21	0.8393	−0.256387
Kc * Kc	1	−1.876735	0.765758	−2.45	0.0223	−3.753397

基于编码数据的响应曲面的典型分析

因子	临界值	
	已编码	未编码
Nc	0.141167	0.199638
Pc	0.093773	0.132614
Kc	−0.159766	−0.225941

平稳点的预测值:33.580116

特征值	特征向量		
	Nc	Pc	Kc
-3.735673	-0.104227	-0.046368	0.993472
-4.883779	0.990278	0.087682	0.107984
-6.941479	-0.092117	0.995069	0.036778

平稳点是最大值。

以因子的编码值为自变量进行响应面回归分析,二次回归模型显著性检验中,$df_1=9$,$df_2=23$,$F=5.17$,$P<0.0007$,回归关系达极显著,除交互项 Pc * Nc、Kc * Nc 和 Kc * Pc 不显著外,其余各项回归系数均达到或接近显著,决定系数 $R^2=0.669$,说明该回归模型能描述大部分试验数据的数量关系。失拟检验中,$df_1=1$,$df_2=22$,$F=84.34$,$P<0.0001$,说明失拟不良,可能是响应面回归方程拟合中存在较大的试验误差导致拟合不良,但总回归模型回归关系显著,说明响应面回归方程具有一定的参考价值。

二次回归方程在驻点处二次型矩阵的三个特征值为-3.736、-4.884 和-6.941,均小于0,说明驻点为极大值点,存在最优工艺条件。

为得到因子为实际值的二次回归方程和最优工艺条件,需要用因子的实际值进行响应面回归分析,修改其 SAS 程序如下:

```
ODS Graphics on;
Proc RSreg data = flax plots = surface(3d);
  Model Y = N P K /lackfit;
Run;
ODS Graphics off;
```

程序简要说明:

ODS Graphics 为 SAS 统计图形引擎开关,on 为打开,off 为关闭,RSReg 中 plots 设定统计图形种类,surface(3d)设定输出三维响应面图形,Model 定义二次回归模型,因子为实际值,lackfit 设定进行失拟检验。

程序主要运行结果:

RSREG 过程

回归	自由度	I 型平方和	R 方	F 值	Pr>F
线性	3	53.564069	0.1643	3.80	0.0238
二次	3	163.760248	0.5022	11.63	<.0001
叉积	3	0.799324	0.0025	0.06	0.9818
总模型	9	218.123642	0.6689	5.16	0.0007

残差	自由度	平方和	均方	F 值	Pr>F
缺少拟合	1	85.630649	85.630649	84.40	<.0001
纯误差	22	22.320933	1.014588		
总误差	23	107.951582	4.693547		

参数	自由度	估计	标准误差	t值	Pr>|t|	代码数据的参数估计
截距	1	12.139398	4.149375	2.93	0.0076	33.338790
N	1	4.726438	1.260571	3.75	0.0010	1.308185
P	1	7.388568	1.643366	4.50	0.0002	1.201893
K	1	4.609597	2.505475	1.84	0.0787	-1.144641
N*N	1	-0.543165	0.136805	-3.97	0.0006	-4.888482
P*N	1	0.064742	0.208531	0.31	0.7590	0.388451
P*P	1	-1.729620	0.307811	-5.62	<.0001	-6.918482
K*N	1	-0.049696	0.277978	-0.18	0.8597	-0.223630
K*P	1	-0.085405	0.416967	-0.20	0.8395	-0.256214
K*K	1	-1.667700	0.680853	-2.45	0.0223	-3.752325

基于编码数据的响应曲面的典型分析

因子	临界值	
	已编码	未编码
N	0.141187	4.423562
P	0.093786	2.187572
K	-0.159933	1.260100

平稳点的预测值:33.579033

特征值	特征向量		
	N	P	K
-3.734638	-0.104073	-0.046324	0.993490
-4.883451	0.990291	0.087726	0.107829
-6.941199	-0.092150	0.995067	0.036744

平稳点是最大值。

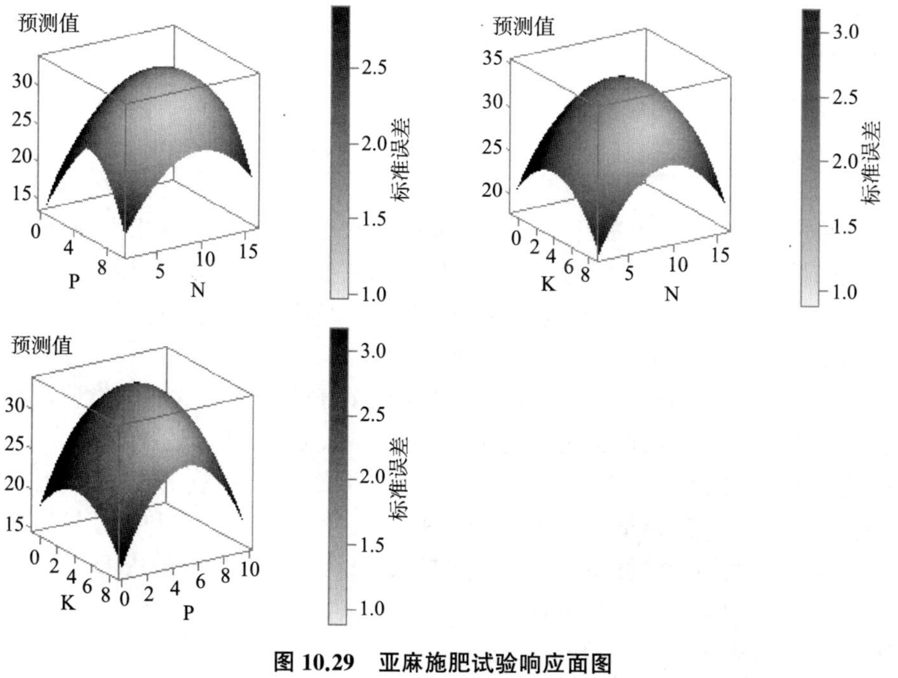

图 10.29 亚麻施肥试验响应面图

因响应面回归分析模型具有参考价值，可得各因子为实际值的二次多项式回归方程：

$$\hat{Y}=12.139+4.726N+7.389P+4.610K+0.0647NP-0.0497NK$$
$$-00854PK-0.543N^2-1.730P^2-1.668K^2$$

由驻点性质分析可知，在试验范围内亚麻产量存在极大值，从亚麻施肥试验响应面图(图 10.29)也可得到相同的结论，即氮肥 $N=4.424$ kg/区，磷肥 $P=2.188$ kg/区，钾肥 $K=1.260$ kg/区时，亚麻有最佳产量 $Y=33.579$ kg/区，该最优产量需要试验验证。

10.5 三类回归设计的比较

比较常用的回归设计有三大类：Box-Behnken 设计、中心组合设计和 D 最优回归设计。

中心组合设计又有 3 种比较常用的方法：回归正交设计、正交旋转设计和通用旋转设计。回归正交设计只满足正交性一种优良性质，但中心点重复数 n_0 可以自由调整，受试验条件限制，试验次数不允许太多时，可以采用中心点重复比较少的回归正交设计。除此之外，正交旋转设计和通用旋转设计能同时满足两种优良性质，这两种方法中，正交性没有通用性实用，而且在其他试验点相同的情况下，通用旋转设计中心点试验重复数更少，所以试验中心组合设计推荐通用旋转设计。

以通用旋转设计作为中心组合设计的代表，列表比较三类回归设计方法，如表 10.24 所示，其中形如 $b+c=n$ 的表达式中，b 表示基本试验点次数，c 表示中心点试验次数，n 表示总的试验次数，D 最优回归设计表示总试验次数或其大致范围。

表 10.24 三类回归设计方法的比较

回归设计类型	水平数	2 因子	3 因子	4 因子	5 因子	6 因子	7 因子
Box-Behnken 设计	3		12+4=16	24+5=29	40+5=45	48+6=54	56+6=62
通用旋转设计	5	8+5=13	14+6=20	24+7=31	42+10=52	76+15=91	142+21=163
通用旋转设计(1/2 实施)	5				26+6=32	44+9=53	78+14=92
D 最优回归设计	约 5	6～8	10～15	15～16	21	28	

从三类回归设计的比较中看出，Box-Behnken 设计的每因子都是 3 水平，而通用旋转设计和 D 最优回归设计都是 5 水平或接近 5 水平，因子水平数多时，试验点在因子空间的代表性会更好。Box-Behnken 设计适用于 3～7 因子的回归设计，通用旋转设计适用于 2～10 因子的回归设计，D 最优回归设计适用于 2～6 因子的回归设计。

试验因子数相同时，通用旋转设计总试验次数最多，D 最优回归设计总试验次数最少。如果限于试验条件，比如试验周期长或试验成本高等，那么可以采用试验次数少的 D 最优回归设计。但是 D 最优回归设计试验次数太少，接近要估计的回归参数个数，即接近或达到饱和设计时，饱和设计无法进行模型和各回归系数的显著性检验。接近饱和设计虽然能勉强进行显著性检验，但影响其结论的可靠性。所以如果试验条件允许，可以采用 D 最优回归设计安排重复，或者采用试验次数比较多的通用旋转设计。

初级阶段的试验可以采用水平数比较少的 Box-Behnken 设计或 D 最优回归设计，进一步确定最优工艺范围后，可以采用高级阶段的试验，如通用旋转设计或带重复的D最优回归设计。

通用旋转设计随着因子数的增加，总试验次数增加很快，当因子数大于5时，可以考虑采取通用旋转设计的1/2实施或者1/4实施，以减少试验次数。

第 11 章　均匀设计

在试验设计中，如果影响试验指标的定量因子比较多，而且因子的水平数均不超过 5，可以考虑采用回归设计。如果因子的水平数大于 5，就不再适合回归设计，而非常适合均匀设计。

均匀设计（UD，Uniform Design）是在实际问题的推动下，由我国数学家方开泰教授和王元院士于 1980 年基于数论创建的一种崭新的试验设计理论与方法，揭示了均匀设计与古典因子设计、近代最优设计和组合设计之间深刻的内在联系，证明了均匀设计比传统试验设计有更好的稳健性，与西方同时期出现的“拉丁超立方体抽样”方法在本质上是一致的。

均匀设计的基本思想是使试验点在因子空间中具有比较好的均匀分散性，优点是当研究的因子和水平数量比较多时，能从尽可能少的试验次数中揭示试验因子对试验指标影响的大小和规律。均匀设计特别适用于因子数目多、取值范围大、水平设置多（一般多于 5）的情况。几十年来，均匀设计已经在农业、生物、材料、化工、航天、医药等领域取得了丰硕的成果。

均匀设计最大的优点是可以大大减少试验工作量。假设在一项试验中有 p 个因子，每个因子均有 q 个水平，若采用全面的析因设计，则至少需要安排 q^p 次试验；若采用正交设计，则至少需要安排 q^2 次试验。例如，对 3 因子、8 水平的试验设计进行全面的析因试验，至少需要 $8^3=512$ 次试验，采用正交设计至少需要 $8^2=64$ 次试验，而使用均匀设计只需要 8 次试验。因此，对于多因子、多水平的试验，或试验成本高昂、需要少做试验的情况，均匀设计是十分有效的试验设计方法。

均匀设计的试验因子一般为连续变量，若有个别的定性分类变量，则可以采用虚拟哑变量法实施。

11.1　均匀性度量

均匀设计的试验点在因子空间中具有较好的均匀分散性，简称均匀性。通常采用偏差来度量均匀设计试验点的均匀性，最早采用的偏差为星偏差（D，Discrepancy），定义为均匀分布与经验分布函数之差的 L_p 范数。

但是在均匀设计中，星偏差有几个不可忽略的缺点：①星偏差值与原点有关，没有旋转不变性；②星偏差忽略了低维投影空间的均匀性，有时会给出不合理的结果；③星偏差衡量均匀性时不够灵敏，有时均匀性明显不同的设计方案会有相同的星偏差值。

为了改进星偏差的诸多缺点，需要重新定义偏差，例如修正的星偏差（MD，Modified Discrepancy）、中心化偏差（CD，Centered Discrepancy）、可卷偏差（WD，Wrap Discrepancy）和 Lee 偏差（LD，Lee Discrepancy），都是均匀性的度量，但是每一种偏差都不完美，各有优缺点。

理论上，用中心化偏差和可卷偏差来构造均匀设计比较合适，具有更好的均匀性，而中心化偏差比可卷偏差和 Lee 偏差更加敏感，对均匀性的判断更加有效。在实际应用中，建议采用中心化偏差来度量均匀设计。

11.2 均匀设计表

在实际应用中，按照一定的偏差度量方法，提出了许多构造均匀设计的方法，并将获得的均匀设计制成“均匀设计表”，使用均匀设计表来安排试验。

20 世纪 80 年代前后的均匀设计表是基于星偏差编制的，均匀性有所欠缺，而且有些均匀设计表的最后一行都是最高水平相遇在一起，而这个试验点在因子空间中是一个靠近边界的顶点。特别是在某些理化试验中，所有因子的最高水平相遇，可能会导致剧烈反应甚至爆炸。

方开泰等学者在 2000 年前后，基于中心化偏差和可卷偏差度量，重新编制了约 2 500 张均匀性更好的新均匀设计表。

本教材附录 8 的均匀设计表摘录了部分基于中心化偏差的常用均匀设计表。

均匀设计表分为两类，一类为 $U_n(q^p)$，另一类为 $U_n(n^p)$。其中，U 代表均匀设计表，下标 n 代表均匀设计表的行数或试验次数，底数 q 或 n 代表水平数，指数 p 代表均匀设计表的列数，即可安排的因子数。

$U_n(q^p)$ 型均匀设计表的试验次数大于因子水平数，且为因子水平数的整数倍，从任一列看，每一水平都重复出现 n/q 次，从整体的 n 次试验看，并没有重复试验点。所以，当因子可以设置的水平较少，而又需要安排较多的试验次数时，可以考虑该类型的均匀设计。

$U_n(n^p)$ 型均匀设计表的试验次数等于因子水平数，所以，当因子可以设置的水平较多，需要安排较多的试验次数时，可以考虑该类型的均匀设计。

使用均匀设计表时，在附表 8 中，按照相应的因子数 p、水平数 q 和试验次数 n 选定均匀设计表之后，加上相应均匀设计表 $U_n(q^p)$ 的第一列。

例如，均匀设计表 $U_{12}(6^4)$ 和 $U_{12}(12^4)$ 的试验设计方案如表 11.1 和表 11.2 所示。通常均匀设计表的第一列都按顺序排列，安排试验时，所有的试验应该随机安排。

表 11.1 均匀设计表 $U_{12}(6^4)$

1	2	3	4
1	5	3	5
1	2	6	4
2	6	4	2
2	1	1	3
3	4	5	6
3	4	2	1
4	3	5	1
4	3	2	6
5	1	4	5
5	6	1	4
6	2	3	2
6	5	6	3

表 11.2 均匀设计表 $U_{12}(12^4)$

1	2	3	4
1	10	4	7
2	5	11	3
3	1	7	9
4	6	1	5
5	11	10	11
6	9	8	1
7	4	5	12
8	2	3	2
9	7	12	8
10	12	6	4
11	8	2	10
12	3	9	6

11.3 均匀设计的实现

所有因子可以根据具体的试验条件确定各自的水平。一般有两种情形：一种情形是各因子的水平数均相同，可以采用等水平的均匀设计；另一种情形是各因子的水平数不尽相同，即混合水平，要采用混合水平的均匀设计。在实际应用中，为了简化试验，应该尽可能设置为等水平的均匀设计。

均匀设计中需要注意，若试验设计方案的试验次数比较少，则容易接近饱和设计，以致误差项自由度过小，此时可适当设置重复。若试验次数比较多，则误差项自由度较大，可以少设置或者不设置重复，建议试验次数取因子数的 3～5 倍。

11.3.1 等水平的均匀设计

【例 11.1】 在某生化产物的合成工艺中，为了提高生化产物的转化率(y)，选择原料配比(x_1)、反应温度(x_2)、反应时间(x_3)以及加碱量(x_4)4 个试验因子进行试验，每一个因子均选取 12 个水平，其具体取值如表 11.3 所示(方开泰等，2011)。

表 11.3 生化试验因子及其水平表

因子	单位	水平											
		1	2	3	4	5	6	7	8	9	10	11	12
x_1	mol/ mol	1.0	1.4	1.8	2.2	2.6	3.0	3.4	3.8	4.2	4.6	5.0	5.4
x_2	℃	5	10	15	20	25	30	35	40	45	50	55	60
x_3	h	1.0	1.5	2.0	2.5	3.0	3.5	4.0	4.5	5.0	5.5	6.0	6.5
x_4	ml	15	20	25	30	35	40	45	50	55	60	65	70

本试验若采用全面试验，则需要安排 $12^4=20\ 736$ 次试验，几乎是不可能完成的任务，若采用均匀设计表 $U_{12}(12^4)$来安排试验，则仅需要 12 次试验，能极大地缩减工作量，可见均匀设计的优势。常用以下两种方法实现 $U_{12}(12^4)$均匀设计表。

(1)查网络资源

2000 年前后，方开泰等重新编制了约 2 500 张新均匀设计表，可访问 http://www.math.hkbu.edu.hk/UniformDesign 查看。访问该网址可以看到如表 11.4 所示的均匀设计表分类，其中点击第 1 行“$U_n(n^s)$”可以实现基于中心化偏差的试验次数等于因子水平数的均匀设计表，点击第 2 行“$U_n(q^s)$”可以实现基于中心化偏差的试验次数大于因子水平数的均匀设计表，点击第 3 行“$U_n(q^s)$”可以实现基于可卷偏差的试验次数大于因子水平数的均匀设计表。

表 11.4　Uniform Design Tables(均匀设计表)

	UD Tables(均匀设计表)	偏差(Discrepancy)
1	$U_n(n^s)$	Centered L_2(中心化 L_2 偏差)
2	$U_n(q^s)$	Centered L_2, Centered L_2 for large table (中心化 L_2 偏差,大表的中心化 L_2 偏差)
3	$U_n(q^s)$	Wrap around L_2(可卷 L_2 偏差)

注:引自方开泰教授的均匀设计主页 http://www.math.hkbu.edu.hk/UniformDesign。

本例可以通过点击第 1 行"$U_n(n^s)$"实现等水平的均匀设计 $U_{12}(12^4)$,然后在 Factors 的表内找到因子数"4"并点击,最后在 4 factors 的表内找到"12 runs"并点击,即可得到 $U_{12}(12^4)$ 的均匀设计结果:

11	8	2	10
9	7	12	8
8	2	3	2
10	12	6	4
1	10	4	7
2	5	11	3
4	6	1	5
7	4	5	12
6	9	8	1
3	1	7	9
5	11	10	11
12	3	9	6

(2)查均匀设计表

本例采用均匀设计表 $U_{12}(12^4)$进行试验,查附录 8 找到均匀设计表 $U_{12}(12^p)$,将该表的第 1 列和 $p=4$ 的 3 列合并在一起,即构成均匀设计表 $U_{12}(12^4)$,如表 11.5 的左侧部分所示,其试验设计方案已经随机化。将其 1~4 列分别安排 $x_1 \sim x_4$ 4 个因子,其相应的实际水平值如表 11.5 的中间部分所示。然后按照 12 个水平组合随机安排 12 次试验,最后将生化产物转化率(y)列于表 11.5 的最后 1 列。

需要注意的是,因子的编码水平和实际水平应该按照相同的顺序排列,为了方便解释问题,建议所有因子都按照水平值从小到大的升序排列。

表 11.5　生化试验均匀设计方案及试验数据　　g/g

No.	均匀设计表 $U_{12}(12^4)$				因子的实际水平				
	1	2	3	4	x_1	x_2	x_3	x_4	y
1	11	8	2	10	5.0	40	1.5	60	0.309 7
2	9	7	12	8	4.2	35	6.5	50	0.520 7

续表11.5

No.	均匀设计表 $U_{12}(12^4)$				因子的实际水平				
	1	2	3	4	x_1	x_2	x_3	x_4	y
3	8	2	3	2	3.8	10	2.0	20	0.217 9
4	10	12	6	4	4.6	60	3.5	30	0.415 4
5	1	10	4	7	1.0	50	2.5	45	0.364 8
6	2	5	11	3	1.4	25	6.0	25	0.361 3
7	4	6	1	5	2.2	30	1.0	35	0.209 2
8	7	4	5	12	3.4	20	3.0	70	0.295 9
9	6	9	8	1	3.0	45	4.5	15	0.393 1
10	3	1	7	9	1.8	5	4.0	55	0.244 8
11	5	11	10	11	2.6	55	5.5	65	0.609 6
12	12	3	9	6	5.4	15	5.0	40	0.387 3

11.3.2 混合水平的均匀设计

均匀设计不仅能用于等水平的试验，而且可以用于混合水平的试验。混合水平的试验设计步骤与等水平的情况非常类似，只是在选择均匀设计表的时候需要选择混合水平均匀设计表。

目前，依据本教材推荐的中心化偏差编制的新均匀设计表中，还没有混合水平均匀设计表，在其他的一些试验设计教材中，有采用星偏差编制的均匀设计表，若其中有合适的混合水平均匀设计表，可以直接使用。事实上，很难直接找到合适的混合水平均匀设计表，但可以通过改造等水平的均匀设计表得到，常用的改造方法是拟水平法。采用拟水平法改造均匀设计表的前提是因子的高水平数和低水平数之间存在整数倍关系，这样更便于改造，否则需要通过增加或减少若干水平凑成倍数关系。

【例 11.2】 某个 3 因子的试验，有两个因子为 12 水平，一个因子为 6 水平，试验需要混合水平均匀设计表 $U_{12}(12^2\times6)$，则可以从等水平均匀设计表 $U_{12}(12^3)$ 改造而来。假如从表 $U_{12}(12^3)$ 中选择第 3 列，将其从 12 水平转变为 6 水平，具体改造方法如下：

$$(1,2)\rightarrow1,(3,4)\rightarrow2,(5,6)\rightarrow3,(7,8)\rightarrow4,(9,10)\rightarrow5,(11,12)\rightarrow6$$

改造前后的均匀设计如表 11.6 所示。

表 11.6 混合水平均匀设计方案

No.	均匀设计表 $U_{12}(12^3)$			均匀设计表 $U_{12}(12^2\times6)$		
	1	2	3	1	2	3
1	1	6	4	1	6	2
2	2	10	8	2	10	4

续表11.6

No.	均匀设计表 $U_{12}(12^3)$			均匀设计表 $U_{12}(12^2\times6)$		
	1	2	3	1	2	3
3	3	2	11	3	2	6
4	4	8	1	4	8	1
5	5	4	7	5	4	4
6	6	12	10	6	12	5
7	7	3	2	7	3	1
8	8	9	6	8	9	3
9	9	7	12	9	7	6
10	10	1	5	10	1	3
11	11	11	3	11	11	2
12	12	5	9	12	5	5

需要注意的是，无论从均匀设计表 $U_{12}(12^3)$ 中选择哪一列改造成 6 水平列，得到的混合水平均匀设计表 $U_{12}(12^2\times6)$ 的均匀性都不尽相同，难以计算均匀性偏差值，通常任选一列改造即可。

理论上，经过以上改造得到的混合水平均匀设计表仅是近似均匀设计表，应该谨慎使用。实际应用中，为了简化试验，更推荐使用等水平的均匀设计。

11.4 均匀设计的统计分析

均匀设计的试验数据通常采用二次多项式回归模型进行分析，含有 p 个因子的二次回归方程为：

$$\hat{y}=b_0+\sum_{i=1}^{p}b_i x_i+\sum_{i\leqslant j}b_{ij}x_i x_j+\sum_{i=1}^{p}b_{ii}x_i^2$$

式中，b_0，b_i，b_{ii}，b_{ij} 为回归系数的估计值。其待估计的回归参数(含常数项)有 $(p+2)(p+1)/2$ 个。一般情况下，总试验次数通常取因子数 p 的 3～5 倍，如表 11.7 所示。

表 11.7 均匀设计的试验次数及待估计参数个数

因子数(p)	2	3	4	5	6	7	8	9
试验次数(n)	6～10	9～15	12～20	15～25	18～30	21～35	24～40	27～45
待估参数	6	10	15	21	28	36	45	55

如果均匀设计的试验次数明显多于待估计的回归参数的个数，可以直接使用 SAS 程序 RSReg 过程进行响应面回归分析，具体可以参考回归设计的相关章节。

如果均匀设计的试验次数少于待估计的回归参数的个数，就属于超饱和设计，无法直接使用 SAS 程序 RSReg 过程进行回归分析。但是，根据多项式回归分析原理，通常不会所有的回归系数都显著，所以可以使用逐步回归、向前回归和向后回归等筛选自变量的方法进行回归分析。在SAS程序中，可以使用Reg过程实现筛选变量的回归分析，但是二次多项式回归模型的二次项和交互项需要自行定义。

例11.1的生化试验只有12次试验，试验数据如表11.6所示，其二次回归模型待估计的参数却有(4＋2)(4＋1)/2＝15个，使用SAS程序进行筛选自变量的多项式回归分析如下：

```
*SA11.1;
Data biochem;
  Input x1 x2 x3 x4 y;
  x1x2 = x1 * x2;
  x1x3 = x1 * x3;
  x1x4 = x1 * x4;
  x2x3 = x2 * x3;
  x2x4 = x2 * x4;
  x3x4 = x3 * x4;
  x1x1 = x1 * x1;
  x2x2 = x2 * x2;
  x3x3 = x3 * x3;
  x4x4 = x4 * x4;
Cards;
5.0  40  1.5  60  0.3097
4.2  35  6.5  50  0.5207
3.8  10  2.0  20  0.2179
4.6  60  3.5  30  0.4154
1.0  50  2.5  45  0.3648
1.4  25  6.0  25  0.3613
2.2  30  1.0  35  0.2092
3.4  20  3.0  70  0.2959
3.0  45  4.5  15  0.3931
1.8   5  4.0  55  0.2448
2.6  55  5.5  65  0.6096
5.4  15  5.0  40  0.3873
;
Proc Reg data = biochem;
  Model y = x1 x2 x3 x4 x1x2 x1x3 x1x4 x2x3 x2x4 x3x4 x1x1 x2x2 x3x3 x4x4
          /selection = stepwise sls = 0.05 sle = 0.05;
Run;
Quit;
```

程序简要说明：

Data定义数据集biochem，biochem为生化产物数据集，Input定义变量x1～x4和y，x1x2＝x1 * x2等定义交互项为一个新变量，x1x1＝x1 * x1等定义二次项为一个新变量；Reg为线性回归分析过程，Model指定回归模型为“试验指标＝各项效应”的形式，selection＝stepwise 为采用逐步回归法选择变量，sls 为回归项是否保留在回归模型内的显著性水平，若不显著则从回归模型中删除，sle 为回归项是否引进回归模型的显著性水平，若显著则引进入回归模型内，两个显著性水平可以设定为 0.05、0.1 或 0.15，最多不超过 0.2。

程序主要运行结果仅列出最终步骤：

REG 过程

因变量：y

逐步选择：第 4 步

变量 x1 已输入：R 方 = 0.9846 和 C(p) = 16.9943

方差分析

源	自由度	平方和	均方	F 值	Pr>F
模型	4	0.15349	0.03837	111.65	<.0001
误差	7	0.00241	0.00034367		
校正合计	11	0.15589			

变量	参数估计	标准误差	II 型 SS	F 值	Pr>F
Intercept	0.22590	0.03018	0.01926	56.04	0.0001
x1	-0.05067	0.02102	0.00200	5.81	0.0468
x2x3	0.00101	0.00007045	0.07016	204.16	<.0001
x3x4	0.00035481	0.00006212	0.01121	32.62	0.0007
x1x1	0.00956	0.00323	0.00301	8.77	0.0211

留在模型中的所有变量的显著性水平都为 0.0500。

没有其他变量满足 0.0500 显著性水平，无法输入该模型。

由逐步回归分析最后一步，即第 4 步可得，二次回归模型显著性检验，$df_1=4$，$df_2=7$，$F=111.65$，$P<0.000\,1$，回归关系达极显著，$R^2=0.985$，说明该回归模型能比较好地拟合试验数据。可得二次多项式回归方程：

$$\hat{y}=0.2259-0.05067x_1+0.00101x_2x_3+0.000355x_3x_4+0.00956x_1^2$$

为了寻找最佳工艺条件，需要对回归方程在工艺范围内求极大值，这里采用 SAS 的非线性规划过程(NLP，Nonlinear Programming)求解最佳工艺条件。

```
Proc NLP tech = trureg;
  Max y;
   y = 0.2259 - 0.05067 * x1 + 0.00101 * x2 * x3 + 0.000355 * x3 * x4 + 0.00956 * x1 * x1;
  Parms x1 = 3, x2 = 30, x3 = 3, x4 = 30;
  Bounds 1.0 <= x1 <= 5.4, 5.0 <= x2 <= 60, 1.0 <= x3 <= 6.5, 15 <= x4 <= 70;
Run;
```

程序简要说明：

NLP 为非线性规划过程，tech = trureg 定义优化技术为信赖域算法(trureg，Trust Region)，它可以求解含二次项的问题优化，Max 定义目标函数求极大值，Parms 设定自变量的初始值，在工艺范围内取任意取值均可，Bounds 设定自变量的工艺范围。

程序主要运行结果：

PROC NLP: Nonlinear Maximization

Trust Region Optimization

Optimization Results

Parameter Estimates

N	Parameter	Estimate	Gradient Objective Function	Active Bound Constraint
1	x1	5.400000	0.052578	Upper BC
2	x2	60.000000	0.006565	Upper BC
3	x3	6.500000	0.085436	Upper BC
4	x4	70.000000	0.002306	Upper BC

Value of Objective Function = 0.7863856

可以得到，当 $x_1=5.4$，$x_2=60.0$，$x_3=6.5$，$x_4=70.0$ 时，转化率存在最优工艺条件，即转化率 $y=0.786$。此最优工艺条件并没有出现在 12 次试验当中，且均显著高于 12 次试验中的转化率值。

应该在该最优工艺条件处追加几次验证试验，如果验证试验得到的转化率和预测值比较接近，说明回归模型拟合的比较理想。如果验证试验得到的转化率和预测值相去甚远，说明回归模型不太合适，可能因子的选取或因子的取值范围设置不合理，需要进一步改进。

即使回归模型拟合很好，考虑到本例的最优工艺条件 $x_1=5.4$，$x_2=60.0$，$x_3=6.5$，$x_4=70.0$ 在边界上，如果工艺范围可以扩大，可以适当扩大工艺范围再次安排试验，或许能得到更优的工艺条件。

第 12 章　混料设计

在工农业生产及科学研究中，常常会遇到一些物料的比例问题，将几种不同的物料通过混合或化合的工艺，制成一定功能的产品。例如，一些水果味的饮品可能含有多种水果汁、糖分和水等；动物饲料可能含有玉米粉、麦麸、鱼骨粉和豆粕等；复合肥主要包含氮肥、磷肥和钾肥等；中药通常由多味药材配伍而成；人类吃的食物主要由淀粉、蛋白质和脂肪等营养物质合理搭配而成；不锈钢餐具由铁、铬、镍等元素组成。

这些由多种物料按照一定比例组成或合成的稳定产品称为混料，混料的主要性能仅与各种物料的相对含量有关，相对含量可以用质量比例、体积比例等来表示。如何确定各种物料成分在混料中的合适比例，使混料的性能达到最优，是试验设计和科研生产中经常遇到的一类重要问题。

12.1　混料设计概述

12.1.1　混料设计的概念

欲使混料的性能达到最优，需要对各种混料成分的比例进行试验，对混料试验进行的设计称为混料设计（MD，Mixture Design）或配方设计（PD，Prescription Design）。混料设计中，混料成分也称为混料变量或混料因子。

混料设计的目的就是合理选择少量的试验点，通过不同配比的试验得到试验指标与不同混料成分之间数量关系的回归方程，进而探讨各混料成分与试验指标的内在规律，从而得到最优的混料配比。

1958 年，Scheffe 首先提出混料设计，并进行了一些混料设计方法和回归模型的研究，至今已过去半个多世纪，混料设计已经在工农业生产和科学研究中，如食品、饲料、医药、化工、冶金和材料领域广泛使用。

在混料设计的试验中，混料成分也被称作因子，各种混料成分的百分比不能完全自由变动，而是受到一个共同的基础约束，即所有混料成分的比例之和为 1，这也是混料设计的基本限制条件。

设一个混料试验中有 p 个混料成分，用 x_1，x_2，x_3，…，x_p 表示，则试验中每一混料成分的取值满足如下条件：

$$\begin{cases}x_1+x_2+\cdots+x_p=1\\0\leqslant x_i\leqslant 1,\quad i=1,2,\cdots,p\end{cases}\quad \text{或}\quad \begin{cases}\sum_{i=1}^{p}x_i=1\\0\leqslant x_i\leqslant 1,\quad i=1,2,\cdots,p\end{cases}$$

因为混料设计基本限制条件的存在，所以在全部 p 个混料成分中，只有 $p-1$ 个成分可以独立地在一定范围内变化，而当 $p-1$ 个混料成分的值确定之后，那么剩余的第 p 个混料成分的取值即可随之确定。

混料设计中，混料成分至少应有三种，即 $p\geqslant 3$。只有三种及以上混料成分的混料设计中，才会有两个及以上独立随机变化的混料成分。

比例固定不变的某个物料成分不应作为混料成分，可以将剩余的混料成分看作一个整体进行混料设计。如某种糕点的甜度设定后，糖的添加比例即可确定，不再作为混料成分，此时只需将其他的混料成分，如面粉、鸡蛋、食用油和奶油等进行混料设计。

在混料设计中，一些微量添加的物料也不宜作为混料成分，因为这些物料添加量的变化几乎不会影响其他混料成分的变化。如在 100 kg 某种饲料的配制中，某些维生素和微量元素的添加通常以 g 或 mg 计，其添加量的变化几乎不会影响其他十几乃至几十千克混料成分的变化，不宜作为混料成分。

12.1.2 混料设计的回归模型

假设在 p 个混料成分的混料设计试验中，混料成分为 x_1，x_2，x_3，…，x_p，响应变量为 y，其试验数据多采用回归分析，回归模型可以表示为：

$$y=f(x_1,x_2,\cdots,x_p)+\varepsilon$$

其中，f 为回归函数，ε 为随机误差，且 $\varepsilon\sim N(0,\sigma^2)$。通过试验观察值回归模型中未知参数得到的估计值后，即可得到回归方程：

$$\hat{y}=f(x_1,x_2,\cdots,x_p)$$

由于回归函数 f 的形式往往很难甚至不能明确描述，在实际使用过程中，通常采用一个 d 次多项式来描述，记为 $M(p,d)$。由于混料设计基本限制条件的存在，其回归多项式方程也不同于一般的回归多项式方程，通常会缺少常数项、二次项、三次项或某些交互项等。混料设计的回归模型通常采用 Scheffe 正则多项式回归模型，常用形式为：

①一次正则回归模型 $M(p,1)$：

$$\hat{y}=\sum_{i=1}^{p}b_ix_i\quad \text{或}\quad \hat{y}=b_1x_1+b_2x_2+\cdots+b_px_p$$

②二次正则回归模型 $M(p,2)$：

$$\hat{y}=\sum_{i=1}^{p}b_ix_i+\sum_{1\leqslant i<j}^{p}b_{ij}x_ix_j$$

③三次正则回归模型 $M(p,3)$：

$$\hat{y}=\sum_{i=1}^{p}b_ix_i+\sum_{1\leqslant i<j}^{p}b_{ij}x_ix_j+\sum_{1\leqslant i<j}^{p}d_{ij}x_ix_j(x_i-x_j)+\sum_{1\leqslant i<j<k}^{p}b_{ijk}x_ix_jx_k$$

④三次特殊正则回归模型(不完全型)$M(p,3)$：

$$\hat{y}=\sum_{i=1}^{p}b_ix_i+\sum_{1\leqslant i<j}^{p}b_{ij}x_ix_j+\sum_{1\leqslant i<j<k}^{p}b_{ijk}x_ix_jx_k$$

显然，混料设计 $M(p,d)$的 Scheffe 正则多项式回归方程中待估的回归系数个数比一般的 p 元 d 次多项式回归方程少一些。需要注意的是，多项式回归方程中的交互项不能简单解释为交互作用，因为其中通常还包含其他项的作用。在实际使用中，一次正则回归模型不含交互项，使用的比较少。

得到响应变量和混料成分的回归方程以后，将其进一步优化，即可得到各种混料成分在一定比例下响应变量的最优值。

12.2 单形混料设计

12.2.1 单形的概念

单形(Simplex)是代数拓扑中的基本概念，指顶点数与坐标空间维数相等的凸图形，即满足如下约束条件：

$$\begin{cases} x_1+x_2+\cdots+x_p=1 \\ 0\leqslant x_i\leqslant 1, \quad i=1,2,\cdots,p \end{cases}$$

在 p 维空间所形成的图形称为单形。如 $p=3$ 时，单形为二维空间的正三角形；$p=4$ 时，单形为三维空间的正四面体；$p\geqslant 5$ 时，单形为高维空间的正多面体，已经很难在三维空间进行刻画。$p=3$ 和 $p=4$ 时的单形，如图 12.1 所示。

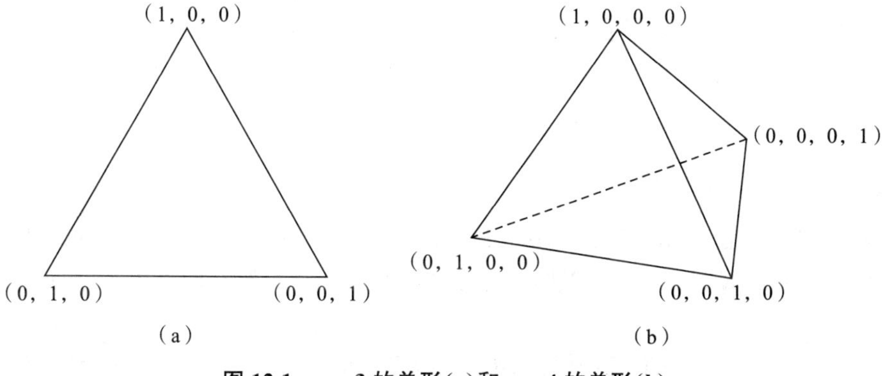

图 12.1 $p=3$ 的单形(a)和 $p=4$ 的单形(b)

在 p 维单形上定义坐标，假设单形的高为 1，其 p 个顶点记为：

$$X_1=(1,0,0,\cdots,0), X_2=(0,1,0,\cdots,0), X_3=(0,0,1,\cdots,0),\cdots, X_p=(0,0,\cdots,0,1)$$

记单形上任意一点 Q 的坐标为$(x_1,x_2,x_3,\cdots,x_p)$，那么 x_1为 Q 点到由 $X_2,X_3,\cdots,X_p$所构成的子单形的距离，x_2为 Q 点到由 $X_1,X_3,\cdots,X_p$所构成的子单形的距离，…… ，x_p为 Q 点到由 $X_1,X_2,\cdots,X_{p-1}$所构成的子单形的距离，且单形上任意一点 Q 的 p 个坐标之和满足关系式：

$$x_1+x_2+\cdots+x_p=1$$

如在 $p=3$ 时，单形是平面的一个正三角形，如图 12.2 所示。记其三个顶点分别为 X_1、X_2、X_3，坐标分别为(1,0,0)，(0,1,0)，(0,0,1)。又设 Q 是该单形上的任意一点，其坐标为(x_1，x_2，x_3)，则点 Q 到边 X_2X_3(即子单形)的距离为 x_1，到边 X_1X_3 的距离为 x_2，到边 X_1X_2 的距离为 x_3，此时三个坐标之和为 1，即有关系式：

$$x_1+x_2+x_3=1$$

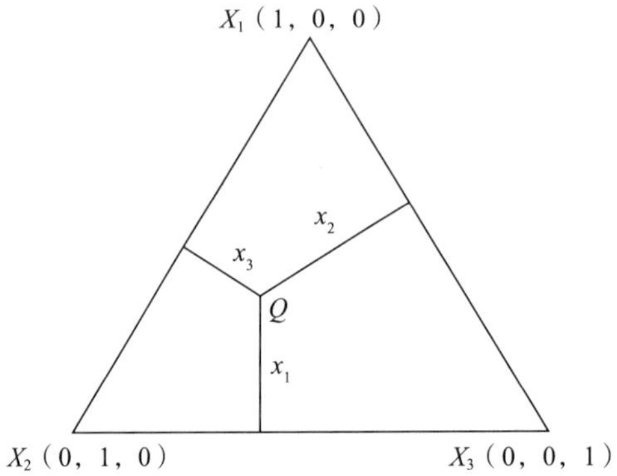

图 12.2　$p=3$ 的单形上的坐标系

在混料设计中，由于存在混料成分之和为 1 的基本约束条件，各种混料成分的比例不能自由变化，因为一种混料成分比例的增加(或减少)，必然导致其他混料成分比例的相应减少(或增加)，所以混料设计的试验不适于采用正交设计、回归设计、均匀设计等常规方法来进行设计。

但是由于混料设计的基本约束条件和单形上的各坐标值之和具有相同的数学表达形式，因此可以借用单形的概念来进行混料设计。单形的顶点表示单一混料成分的混料，棱上的点表示两种混料成分的混料，面上的点表示三种混料成分的混料，而单形内部的点表示含有所有混料成分的混料。

12.2.2　单形格子设计

单形格子设计(SLD，Simplex Lattice Design)是由 Scheffe 在 1958 年首先提出的混料设计方法，奠定了混料设计的基础方法，许多其他的混料设计方法是由单形格子设计派生出来的。

p 维 d 阶单形格子设计的混料设计 $M(p,d)$ 将单形的边划分成 d 等份，在等分点做其他边的平行线，形成许多网格，因此得名单形格子设计。单形格子设计的试验点为这些网格的交点，这样的试验点共有 C_{p+d-1}^{d} 个，正好与所采用的 d 阶完全多项式回归模型中待估计的参数个数相等，故单形格子设计是饱和设计，是在“试验次数最少”意义下的最优设计。当混料设计饱和时，可以适当设置一些试验点的重复。

例如，$p=3$ 的一阶 $M(3,1)$、二阶 $M(3,2)$ 和三阶 $M(3,3)$ 单形格子设计的试验点分布图，如图 12.3 所示。

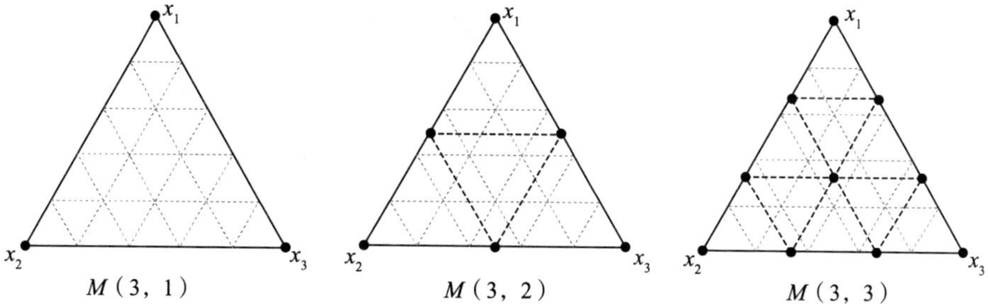

图 12.3　$p=3$ 的单形格子设计分布图

在实际应用中，一阶单形格子设计的试验点都在顶点上，几乎没有实用价值，常用的是二阶、三阶或四阶的单形格子设计，例如 $M(3,2)$ 和 $M(3,3)$ 单形格子设计分别如表 12.1 和表 12.2 所示。常见的单形格子的混料设计 $M(p,d)$ 试验点数如表 12.3 所示。

表 12.1　单形格子设计 $M(3,2)$

No.	x_1	x_2	x_3
1	1	0	0
2	0	1	0
3	0	0	1
4	1/2	1/2	0
5	1/2	0	1/2
6	0	1/2	1/2

表 12.2　单形格子设计 $M(3,3)$

No.	x_1	x_2	x_3
1	1	0	0
2	0	1	0
3	0	0	1
4	1/3	2/3	0
5	2/3	1/3	0
6	1/3	0	2/3
7	2/3	0	1/3
8	0	1/3	2/3
9	0	2/3	1/3
10	1/3	1/3	1/3

表 12.3　单形格子设计 $M(p,d)$ 的试验点数

$p\backslash d$	2	3	4
3	6	10	15
4	10	20	35
5	15	35	70
6	21	56	126
7	28	84	210
8	36	120	330
9	45	165	495
10	55	220	715

12.2.2.1　单形格子设计的实现

【例 12.1】 某饮品公司开发一种复合果汁饮料，由苹果汁(x_1)、梨汁(x_2)和葡萄汁(x_3)组成，试验指标为口感(y)，由专业人员对口感进行评分。试通过单形格子设计 $M(3,2)$ 确定 3 种混料成分的最佳比例，欲在单一成分的试验点上安排 2 次重复，在两种成分的试验点安排 3 次重复。

使用 SAS 程序实现单形格子设计：

```
* SD12.1;
% adxgen
% adxmix
% adxinit
% adxsld(sld, x1 x2 x3, 2)
Proc Print data = sld;
Run;
```

程序简要说明：

宏过程%adxsld( )用于单形格子设计，有 3 个常用参数，参数 1：自定义的设计结果数据集名为 sld，参数 2：定义三个混料变量 x1，x2，x3，参数 3：定义回归模型的阶数为 2，Print 为输出过程，输出设计结果数据集 sld。

程序运行结果为混料变量 x_1,x_2,x_3 的单形格子设计方案 $M(3,2)$，如表 12.4 所示。

表 12.4　单形格子设计 $M(3,2)$ 的试验方案

Obs	x_1	x_2	x_3
1	0.0	0.0	1.0
2	0.0	0.5	0.5
3	0.0	1.0	0.0
4	0.5	0.0	0.5

续表12.4

Obs	x_1	x_2	x_3
5	0.5	0.5	0.0
6	1.0	0.0	0.0

表 12.4 的单形格子设计方案总共只有 6 个试验点，试验点数过少，可以考虑在单一成分的试验点上安排 2 次重复，在两种成分的试验点安排 3 次重复，共 15 个试验点，随机安排完成试验，则试验方案及结果如表 12.5 所示。

表 12.5　复合果汁配制试验单形格子设计 $M(3,2)$的试验方案及结果

试验号	x_1	x_2	x_3	y		
1	0.0	0.0	1.0	16.8	16.0	
2	0.0	0.5	0.5	10.0	9.7	11.8
3	0.0	1.0	0.0	8.8	10.0	
4	0.5	0.0	0.5	17.7	16.4	16.6
5	0.5	0.5	0.0	15.0	14.8	16.1
6	1.0	0.0	0.0	11.0	12.4	

12.2.2.2　单形格子设计的统计分析

单形格子混料设计通常使用 Scheffe 回归模型进行统计分析，回归参数的计算采用最小二乘法。由于单形格子设计是饱和设计，没有误差项，因此不能直接进行回归分析。可以用两种方法解决这个问题：一是采用逐步回归分析，剔除不显著的回归项，使其自动归入误差项，从而使误差项不再为 0；二是在某些试验点上适当设置重复，便会产生真正的误差项。有了误差项，方可进行混料设计的回归分析。

例 12.1 的复合果汁配制试验采用的是设置重复的方法，试验结果如表 12.5 的最后一列所示。使用 SAS 程序的 Reg 过程进行二次 Scheffe 回归模型分析如下：

```
* SA12.1;
Data juice;
  Input x1 x2 x3 y;
  x1x2 = x1 * x2;
  x1x3 = x1 * x3;
  x2x3 = x2 * x3;
Cards;
0.0  0.0  1.0  16.8
0.0  0.0  1.0  16.0
0.0  0.5  0.5  10.0
0.0  0.5  0.5   9.7
0.0  0.5  0.5  11.8
0.0  1.0  0.0   8.8
```

```
0.0  1.0  0.0  10.0
0.5  0.0  0.5  17.7
0.5  0.0  0.5  16.4
0.5  0.0  0.5  16.6
0.5  0.5  0.0  15.0
0.5  0.5  0.0  14.8
0.5  0.5  0.0  16.1
1.0  0.0  0.0  11.0
1.0  0.0  0.0  12.4
;
Proc Reg data = juice;
  Model y = x1 x2 x3 x1x2 x1x3 x2x3 /noint selection = stepwise sle = 0.05 sls = 0.05;
Run;
```

程序简要说明：

Data 定义数据集 juice，Input 定义变量 x1、x2、x3 和 y，x1x2＝x1 * x2，x2x3＝x2 * x3 和 x1x3＝x1 * x3 将交互项定义为新变量；Reg 为线性回归分析过程，Model 定义回归模型，noint 指定不含常数项的回归模型，selection＝stepwise 指定采用逐步回归法选择变量，sls 为回归项是否保留在回归模型内的显著水平，若不显著则从回归模型中删除，sle 为回归项是否引进回归模型的显著水平，若显著则引进入回归模型内，两个显著水平可以设定为 0.05、0.1 或 0.15，最多不超过 0.2。

其逐步回归程序运行结果的最后一步，即第 6 步的结果为最终结果：

REG 过程

模型：MODEL1

因变量：y

逐步选择：第 6 步

变量 x2x3 已输入：R 方 = 0.9977 和 C(p) = 6.0000

方差分析

源	自由度	平方和	均方	F 值	Pr>F
模型	6	2878.2700	479.7117	658.14	<.0001
误差	9	6.5600	0.7289		
未校正合计	15	2884.8300			

变量	参数估计	标准误差	II 型 SS	F 值	Pr>F
x1	11.70000	0.60369	273.78000	375.61	<.0001
x2	9.40000	0.60369	176.72000	242.45	<.0001
x3	16.40000	0.60369	537.92000	738.00	<.0001
x1x2	19.00000	2.60825	38.67857	53.07	<.0001
x1x3	11.40000	2.60825	13.92429	19.10	0.0018
x2x3	-9.60000	2.60825	9.87429	13.55	0.0051

二次回归模型检验中，$df_1=6$，$df_2=9$，$F=658.14$，$P<0.0001$，达到极显著，则试验指标和各回归项间回归关系极显著，且各一次项和交叉项均达极显著，可得二次 Scheffe 回归方

程为：

$$\hat{y}=11.7x_1+9.4x_2+16.4x_3+19.0x_1x_2+11.4x_1x_3-9.6x_2x_3$$

对上述回归方程进行非线性规划求极值，其 SAS 程序如下：

```
Proc NLP tech = trureg;
  Max y;
   y = 11.7 * x1 + 9.4 * x2 + 16.4 * x3 + 19.0 * x1 * x2 + 11.4 * x1 * x3 - 9.6 * x2 * x3;
  Parms  x1 - x3 = 0.5;
  Bounds  0 <= x1 - x3 <= 1;
  LinCon  x1 + x2 + x3 = 1;
Run;
```

程序简要说明：

NLP 为非线性规划过程（NonLinear Programming），tech＝trureg 定义规划求解技术为信任域法（trureg，trust region）优化，Max 定义目标函数求极大值，Parms 参数定义自变量的初始值，Bounds 参数定义自变量的边界约束条件，LinCon 定义线性约束条件（Linear Constraints）。

程序主要运行结果：

```
PROC NLP:Nonlinear Maximization
Trust Region Optimization
Optimization Results
Parameter Estimates
N  Parameter  Estimate   Gradient Objective Function
1     x1      0.293860        19.750000
2     x2         0             8.204386
3     x3      0.706140        19.750000
Value of Objective Function = 17.3844
```

从优化结果可以得到，当混料成分中苹果汁 $x_1=0.294$，梨汁 $x_2=0$，葡萄汁 $x_3=0.706$ 时，复合果汁的口感 y 达到最佳值，即 $y=17.384$。该最佳工艺条件没有出现在试验中，需要安排试验验证。

12.2.3 单形重心设计

对于单形格子混料设计 $M(p,d)$，当 $d>2$ 时，会出现某些混料设计试验点的非零坐标并不相等的情况，从而形成非对称性。这使某些观测值对回归方程的影响比较大，而另一些观测值对回归方程的影响比较小，进而影响回归方程中系数的估计值。为了克服这一缺点，Scheffe 在 1963 年提出了一种只考虑有相等非零坐标的混料设计方法，即单形重心设计（SCD，Simplex Centroid Design）。

混料设计 $M(p,d)$ 的单形重心设计的试验点由 p 维单形上所有子单形的重心构成，其子单形包括 1 维单形、2 维单形、……、$p-1$ 维单形以及 p 维单形。与单形格子设计不同，单形重心设计的试验点设置与阶数 d 无关，通常记为 $M(p,p)$，共有 2^p-1 个试验点，其试验点组成如下：

①以(1,0,0,0,… ,0)为代表的 1 维单形的重心，有C_p^1个试验点。

②以(1/2,1/2,0,0,… ,0)为代表的 2 维单形的重心，有C_p^2个试验点。

③以(1/3,1/3,1/3,0,… ,0)为代表的 3 维单形的重心，有C_p^3个试验点。

……

ⓟ以(1/p,1/p,1/p,1/p,… ,1/p)为代表的 p 维单形的重心，有C_p^p个试验点。

$M(p,p)$单形重心设计试验点的总数为：

$$C_p^1+C_p^2+C_p^3+\cdots+C_p^p=2^p-1$$

其回归模型为 p 次饱和正则多项式模型，具体如下：

$$\hat{y}=\sum_{i=1}^{p}b_ix_i+\sum_{1\leqslant i<j}^{p}b_{ij}x_ix_j+\sum_{1\leqslant i<j<k}^{p}b_{ijk}x_ix_jx_k+\cdots+b_{12\cdots p}x_1x_2\cdots x_p$$

实际使用时，常用回归模型的 2,3,4 次等低次项建立回归方程，更高次项则较少使用。当 $p=3,4$ 时，容易形成饱和设计，可以适当增加一些试验点或整个试验进行重复，以得到足够的误差项。

常见的单形重心设计 $M(p,p)$的试验点数如表 12.6 所示。

表 12.6　单形重心设计 $M(p,p)$的试验点数

混料因子数	3	4	5	6	7	8	9	10
试验点数	7	15	31	63	127	255	511	1 023

例如，3 种混料因子的单形重心设计 $M(3,3)$，共有 $2^3-1=7$ 个试验点，其试验点如表 12.7 所示，程序输出的试验点分布图如图 12.4 所示。

表 12.7　单形重心设计 $M(3,3)$的试验方案

No.	x_1	x_2	x_3	试验点性质
1	1	0	0	1 维单形重心
2	0	1	0	1 维单形重心
3	0	0	1	1 维单形重心
4	1/2	1/2	0	2 维单形重心
5	1/2	0	1/2	2 维单形重心
6	0	1/2	1/2	2 维单形重心
7	1/3	1/3	1/3	3 维单形重心

12.2.3.1　单形重心设计的实现

【例 12.2】　某种饮料存在饮后余味(y)，可以通过添加增甜剂的方法进行改善，现有 4 种增甜剂(x_1,x_2,x_3,x_4)，拟将其配合使用以降低饮后余味，请通过单形重心设计确定 4 种增甜剂的使用比例，使饮料的口感最佳。

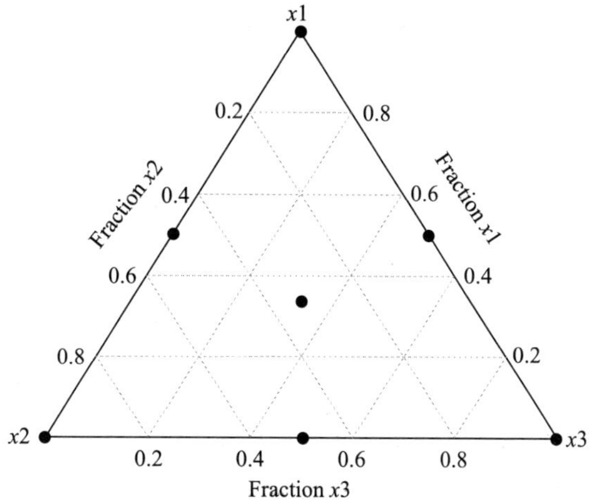

图 12.4　单形重心设计 $M(3,3)$ 的分布图

使用 SAS 程序实现单形重心设计：

```
* SD12.2;
% adxgen
% adxmix
% adxinit
% adxscd(scd, x1 x2 x3 x4, 4)
Proc Print data = scd;
Run;
```

程序简要说明：

宏过程%adxscd( )用于单形重心设计，它有 3 个常用参数，参数 1：自定义的设计结果数据集名为 scd，参数 2：定义四个混料变量 x1 x2 x3 x4，参数 3：定义回归模型的阶数为 4，一般取值等于混料变量个数，Print 为输出过程，输出设计结果 scd。

程序运行结果得到四个混料变量的单形重心设计 $M(4,4)$ 的试验方案，如表 12.8 所示。

表 12.8　单形重心设计 $M(4,4)$ 的试验方案

Obs	x_1	x_2	x_3	x_4	y
1	1.000 00	0.000 00	0.000 00	0.000 00	19
2	0.000 00	1.000 00	0.000 00	0.000 00	8
3	0.000 00	0.000 00	1.000 00	0.000 00	15
4	0.000 00	0.000 00	0.000 00	1.000 00	10
5	0.500 00	0.500 00	0.000 00	0.000 00	13
6	0.500 00	0.000 00	0.500 00	0.000 00	16
7	0.500 00	0.000 00	0.000 00	0.500 00	12
8	0.000 00	0.500 00	0.500 00	0.000 00	11

续表12.8

Obs	x_1	x_2	x_3	x_4	y
9	0.000 00	0.500 00	0.000 00	0.500 00	5
10	0.000 00	0.000 00	0.500 00	0.500 00	10
11	0.333 33	0.333 33	0.333 33	0.000 00	14
12	0.333 33	0.333 33	0.000 00	0.333 33	10
13	0.333 33	0.000 00	0.333 33	0.333 33	14
14	0.000 00	0.333 33	0.333 33	0.333 33	8
15	0.250 00	0.250 00	0.250 00	0.250 00	12

12.2.3.2 单形重心设计的统计分析

对例 12.2 用增甜剂改善饮料余味的单形重心设计采用上述 15 个试验点的设计方案，试验结果整理后如表 12.8 最后一列所示。如果选用特殊的三次回归模型，那么就需要估计多达 14 个参数，为饱和模型，所以本例考虑采用二次回归模型，仅需估计 10 个回归参数，可以接受。

使用 SAS 程序进行 Scheffe 二次回归模型分析如下：

```
*SA12.2;
Data drinks;
  Input x1 x2 x3 x4 y;
  x1x2 = x1 * x2;
  x1x3 = x1 * x3;
  x1x4 = x1 * x4;
  x2x3 = x2 * x3;
  x2x4 = x2 * x4;
  x3x4 = x3 * x4;
  x1x2x3 = x1 * x2 * x3;
  x1x2x4 = x1 * x2 * x4;
  x1x3x4 = x1 * x3 * x4;
  x2x3x4 = x2 * x3 * x4;
Cards;
  1     0     0     0     19
  0     1     0     0     8
  0     0     1     0     15
  0     0     0     1     10
  0.5   0.5   0     0     13
  0.5   0     0.5   0     16
  0.5   0     0     0.5   12
  0     0.5   0.5   0     11
  0     0.5   0     0.5   5
  0     0     0.5   0.5   10
```

```
0.3333  0.3333  0.3333    0     14
0.3333  0.3333    0     0.3333  10
0.3333    0     0.3333  0.3333  14
  0     0.3333  0.3333  0.3333   8
 0.25    0.25    0.25    0.25   12
;
Proc Reg data = drinks;
  Model y = x1 x2 x3 x4 x1x2 x1x3 x1x4 x2x3 x2x4 x3x4 x1x2x3 x1x2x4 x1x3x4 x2x3x4
  /noint selection = stepwise sle = 0.05 sls = 0.05;
Run;
```

程序简要说明：

drinks 为复合果汁饮料数据集，x1x2＝x1 * x2，x2x3＝x2 * x3 和 x1x3＝x1 * x3 将交互项定义为新变量，Reg 为线性回归分析过程，Model 定义回归模型，noint 参数定义不含常数项的回归模型，去掉此参数则模型包含常数项，selection＝stepwise 指定采用逐步回归法选择变量，sls 为回归项是否保留在回归模型内的显著水平，若不显著则从回归模型中删除，sle 为回归项是否引进回归模型的显著水平，若显著则引进入回归模型内，两个显著水平可以设定为 0.05、0.1 或 0.15，最多不超过 0.2。

其逐步回归程序运行结果最后一步，即第 5 步的结果为最终结果：

REG 过程

模型：MODEL1

因变量：y

逐步选择：第 5 步

变量 x2x4 已输入：R 方 = 0.9963 和 C(p) = 638.1416

方差分析

源	自由度	平方和	均方	F 值	Pr>F
模型	5	2256.51546	451.30309	531.91	<.0001
误差	10	8.48454	0.84845		
未校正合计	15	2265.00000			

变量	参数估计	标准误差	II 型 SS	F 值	Pr>F
x1	18.37023	0.67439	629.55355	742.00	<.0001
x2	7.99216	0.75097	96.09849	113.26	<.0001
x3	14.23228	0.67439	377.87885	445.37	<.0001
x4	8.61286	0.75097	111.60479	131.54	<.0001
x2x4	-14.07066	3.90167	11.03457	13.01	0.0048

二次回归模型检验中，$df_1=5$，$df_2=10$，$F=287.1$，$P<0.0001$，说明则试验指标和各回归项间的二次回归关系极显著，所有一次项和交叉项均在 0.01 水平下达极显著，$R^2=0.996$，模型拟合良好，可得二次回归方程为：

$$\hat{y}=18.370x_1+7.992x_2+14.232x_3+8.613x_4-14.071x_2x_4$$

对上述回归方程进行非线性规划求极值，其 SAS 程序如下：

```
Proc NLP tech = trureg;
  Min y;
   y = 18.370 * x1 + 7.992 * x2 + 14.232 * x3 + 8.613 * x4 - 14.071 * x2 * x4;
  Parms  x1 - x4 = 0.5;
  Bounds  0 < = x1 - x4 < = 1;
  LinCon  x1 + x2 + x3 + x4 = 1;
Run;
```

程序简要说明：

NLP 为非线性规划过程(NonLinear Programming)，tech＝trureg 定义规划求解技术为信任域法(trureg，trust region)优化，Min 定义目标函数求极小值，Parms 参数定义自变量的初始值，Bounds 参数定义自变量的边界约束条件，LinCon 定义线性约束条件(Linear Constraints)。

程序主要运行结果：

PROC NLP:Nonlinear Maximization

Trust Region Optimization

Optimization Results

Parameter Estimates

N	Parameter	Estimate	Gradient Objective Function
1	x1	0	18.370000
2	x2	0.522067	1.267000
3	x3	0	14.232000
4	x4	0.477933	1.267000

Value of Objective Function = 4.777898

从优化结果可以得到，当混料成分中增甜剂 $x_1=0$，$x_2=0.522$，$x_3=0$，$x_4=0.478$ 时，这种饮品的饮后余味 y 达到最小值，即 $y=4.778$。此处的最佳工艺条件没有出现在试验中，需要安排试验验证。

12.3 完全混料设计

12.3.1 完全混料设计的概念

无论是单形格子设计、单形重心设计，还是单形轴点设计，实际上都是边界设计。这样有很大一部分的试验点都位于单形的顶点、边和面等边界上，而边界上的试验点总是缺少一种或几种混料成分，都是不完全的混料设计，而在某些混料设计中根本不允许缺少混料成分，如一些生物化学反应的试验中缺少了某些混料成分，试验可能根本无法进行。

为了克服较多边界点的混料设计问题，需采用试验设计方案中含有所有混料成分的完全混料设计(CMD，Complete Mixture Design)，即所有混料成分含量都大于 0 的混料设计。完全混料设计可通过多种方法实现，如采用去掉边界点的高阶单形格子设计，或采用均匀混料设计(详见之后的章节)。本节主要介绍采用去掉边界点的高阶单形格子设计进行完全混料设计的方法。

一般的单形格子设计常采用四阶以下的设计方案，边界点比较多，如 $M(3,2)$ 的混料设计共有 6 个试验点，全部都在边界上；$M(3,3)$ 的混料设计共有 10 个试验点，有 9 个点在边界上；$M(3,4)$ 的混料设计共有 15 个试验点，有 12 个点在边界上；$M(3,5)$ 的混料设计共有 21 个试验点，有 15 个点在边界上。可以看到，随着阶数的增加，单形格子设计边界上的试验点占比逐渐降低，单形内部的试验点占比逐渐增加。只要单形格子设计阶数足够高，就可以在单形内部得到数量足够多的试验点，去掉边界上的试验点后，即可得到完全混料设计。

例如，三种混料成分 $p=3$，阶数 $d=7$ 时，共有 36 个试验点，其中有 15 个完全混料试验点，程序输出的试验点分布如图 12.5 所示。

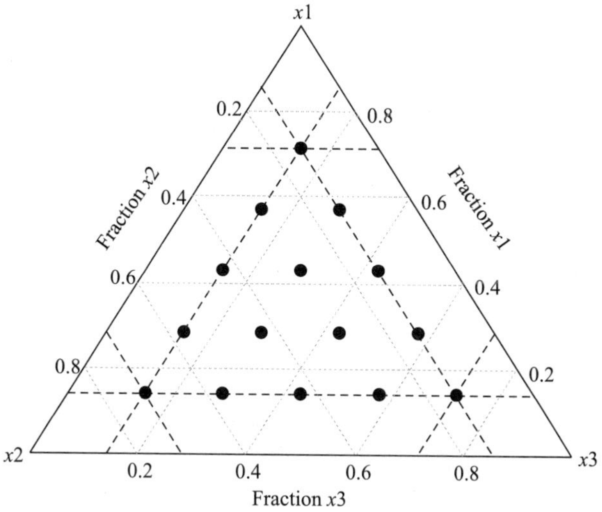

图 12.5　完全混料设计（$p=3$）的试验点分布图

经计算和整理，因子数 p 为 3～8、阶数 d 为 6～10 的完全混料设计试验点数如表 12.9 所示。

表 12.9　完全混料设计试验点数

$p\backslash d$	6	7	8	9	10
3	10	15	21	28	36
4	10	20	35	56	84
5	5	15	35	70	126
6	1	6	21	56	126
7	0	1	7	28	84
8	0	0	1	8	36

12.3.2　完全混料设计的实现

如例 12.1 的复合果汁配制试验中，必须添加 3 种果汁，就可以采用完全混料设计。选择混料成分 $p=3$，阶数 $d=7$ 时的完全混料设计方案，共有 15 个试验点。

使用 SAS 程序实现 $p=3$，$d=7$ 的完全混料设计：

```
*SD12.3;
%adxgen
%adxmix
%adxinit
%adxsld(sld, x1 x2 x3, 7)
Data cmd;
  Set sld;
  Where x1 > 0 and x2 > 0 and x3 > 0;
Run;
Proc Print data = cmd;
Run;
```

程序简要说明：

宏过程%adxsld( )用于单形格子设计，它有 3 个常用参数，参数 1：自定义的设计结果数据集名为 sld，参数 2：定义三个混料变量 x1 x2 x3，参数 3：定义回归模型的阶数为 7。

Data 定义完全混料设计数据集 cmd，Set 将源数据集 sld 赋值给 cmd，赋值时按照 Where 的设定条件进行筛选，即混料成分均大于 0 时，试验点为完全混料设计，Print 为输出过程，输出设计结果 cmd。

程序运行结果为混料变量 x_1，x_2，x_3的完全混料设计方案，如表 12.10 所示。

表 12.10　完全混料设计 $p=3$ 的试验方案

Obs	x_1	x_2	x_3
1	0.142 86	0.142 86	0.714 29
2	0.142 86	0.285 71	0.571 43
3	0.142 86	0.428 57	0.428 57
4	0.142 86	0.571 43	0.285 71
5	0.142 86	0.714 29	0.142 86
6	0.285 71	0.142 86	0.571 43
7	0.285 71	0.285 71	0.428 57
8	0.285 71	0.428 57	0.285 71
9	0.285 71	0.571 43	0.142 86
10	0.428 57	0.142 86	0.428 57
11	0.428 57	0.285 71	0.285 71
12	0.428 57	0.428 57	0.142 86
13	0.571 43	0.142 86	0.285 71
14	0.571 43	0.285 71	0.142 86
15	0.714 29	0.142 86	0.142 86

完全混料设计的统计分析过程和前述单形混料设计相同，不再赘述。

12.4 有约束的混料设计

在实际混料设计试验中，技术或性能等原因常会约束混料成分的比例，即除了满足混料设计问题的基本约束条件之外，还存在其他约束条件。例如，某果汁饮料配制过程中，葡萄浓缩汁的比例不低于 10%，苹果浓缩汁的比例不低于葡萄浓缩汁，白砂糖不超过 5%，其余为水。

将这种混料成分存在各种其他约束条件的混料设计称为有约束的混料设计（CMD，Constrained Mixture Design）。有约束的混料设计分为仅受下界约束的混料设计和其他约束的混料设计两大类，下面分别介绍这两类有约束的混料设计方法。

12.4.1 仅受下界约束的混料设计

12.4.1.1 仅受下界约束的混料设计的概念

仅受下界约束的混料设计是指混料成分除基本约束外，还有一种或多种混料成分存在下界约束的混料设计。

仅受下界约束的混料设计，其因子空间位于无约束时标准单形内部，且仍是与原标准单形相似的一个小单形。

定义 p 种混料成分的仅受下界约束的混料设计有如下形式：

$$\begin{cases} x_1+x_2+\cdots+x_p=1 \\ 0\leqslant a_i\leqslant x_i\leqslant 1 \\ 0<a_1+a_2+\cdots+a_p<1 \end{cases},\quad a_i\text{为常数};i=1,2,\cdots,p$$

需要注意的是，所有下界之和必须小于 1，否则无解。如有三种混料成分，要求每种混料成分都不低于 0.4 时，否则无解。

例如，当 $p=3$ 时，仅受下界约束的混料设计有如下形式：

$$\begin{cases} x_1+x_2+x_3=1 \\ 0\leqslant a_i\leqslant x_i\leqslant 1 \\ 0<a_1+a_2+a_3<1 \end{cases},\quad a_i\text{为常数};i=1,2,3$$

其因子空间必然在没有约束时的混料设计的单形内部，且仍是与原单形相似的小单形。图 12.6 所示即 $a_1=0.25,a_2=0.25,a_3=0.125$ 时的混料设计的因子空间。

因为仅受下界约束的混料设计的因子空间依然为单形，可以借鉴无约束的混料设计，所以在大单形坐标系下的仅受下界约束的混料设计问题就变成在小单形坐标系下无约束的混料设计问题。仅受下界约束的混料设计问题可以分为两步解决。

①参照本章前面所述的方法，如单形格子设计、单形重心设计、单形轴点设计或完全混料设计等，在小单形上建立无约束的混料设计，混料成分记为 z_i。

②按照下界约束的条件进行变换即可得实际混料设计，混料成分记为 x_i，其变换方法为：

$$x_i=a_i+(1-\sum_{i=1}^{p}a_i)z_i,\quad i=1,2,\cdots,p$$

式中，x_i 为仅受下界约束的混料设计值，z_i 为无约束的混料设计值。

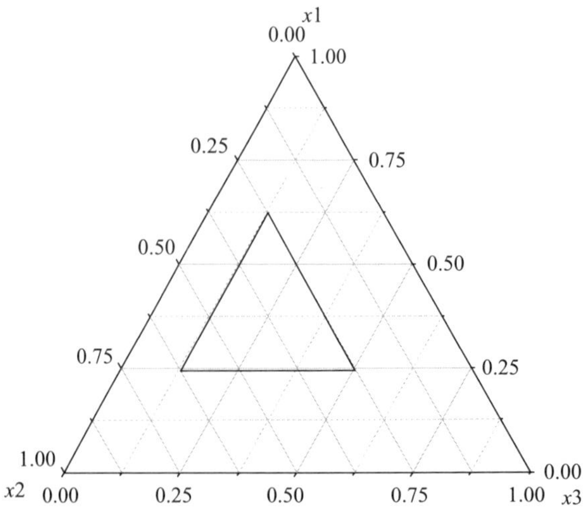

图 12.6　仅受下界约束的混料设计的因子空间

【例 12.3】 某公司开发罐装营养粥，初步确定 3 种主料的配比下限，糯米(x_1)含量不低于 25%，红豆(x_2)含量不低于 15%，花生(x_3)含量不低于 10%，欲通过混料设计试验确定最佳营养配方。

本试验为仅受下界约束的混料设计，下界分别为 $a_1=0.25$，$a_2=0.15$，$a_3=0.1$，下界之和 $a_1+a_2+a_3=0.5<1$，满足混料设计的基本要求，可以进行仅受下界约束的混料设计。拟采用单形重心设计法进行混料设计。

先进行 3 种混料成分无约束的单形重心设计 $M(3,3)$，具体如表 12.11 的第 2、第 3 和第 4 列所示。

接下来，需要将无约束的单形重心设计按照下界约束的条件进行变换，变换方法为：

$$x_i=a_i+(1-0.5)z_i,\quad i=1,2,3$$

即可得到仅受下界约束的单形重心设计 $M(3,3)$，如表 12.11 最后 3 列所示。

表 12.11　仅受下界约束的单形重心设计 $M(3,3)$ 的试验方案

No.	无约束的混料设计			仅受下界约束的混料设计		
	z_1	z_2	z_3	x_1	x_2	x_3
1	1.0	0.0	0.0	0.75	0.15	0.1
2	0.0	1.0	0.0	0.25	0.65	0.1
3	0.0	0.0	1.0	0.25	0.15	0.6
4	0.5	0.5	0.0	0.5	0.4	0.1
5	0.5	0.0	0.5	0.5	0.15	0.35
6	0.0	0.5	0.5	0.25	0.4	0.35
7	0.333	0.333	0.333	0.417	0.317	0.266

12.4.1.2 仅受下界约束的混料设计的实现

例 12.3 采用 SAS 程序实现 $p=3$ 仅受下界约束的单形重心混料设计如下：

```
* SD12.4;
% adxgen
% adxmix
% adxinit
% adxxvert(xvert,x1 0.25 - 1.0/ x2 0.15 - 1.0/ x30.1 - 1.0)
Proc Print data = xvert;
Run;
```

程序简要说明：

宏过程%adxxvert( )采用极点法实现带约束的单形重心设计，有 2 个常用参数，参数 1：自定义的设计结果数据集名为 xvert，参数 2：定义三个混料变量 x1、x2 和 x3 及其成分的下界约束和常规上界，Print 为输出过程，输出设计结果 xvert。

程序运行结果如表 12.12 所示：

表 12.12 仅受下界约束的单形重心设计 *M*(3,3)的试验方案

Obs	x_1	x_2	x_3
1	0.250 00	0.150 00	0.600 00
2	0.250 00	0.650 00	0.100 00
3	0.750 00	0.150 00	0.100 00
4	0.250 00	0.400 00	0.350 00
5	0.500 00	0.150 00	0.350 00
6	0.500 00	0.400 00	0.100 00
7	0.416 67	0.316 67	0.266 67

$p=3$ 仅受下界约束的单形重心混料设计有 7 个试验点，在因子空间的分布如图 12.7 所示。

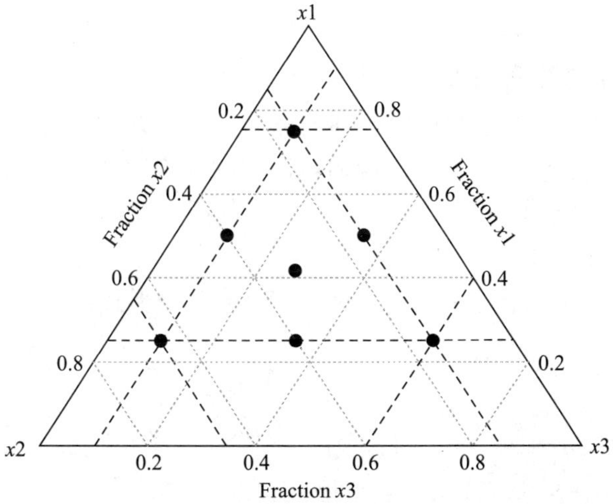

图 12.7 仅受下界约束的单形重心设计试验点分布图

12.4.2 其他约束的混料设计

其他约束的混料设计是指混料成分除基本约束外，还存在下界约束之外的其他约束的混料设计，也可以同时包含下界约束和其他约束。

其他约束的混料设计的因子空间位于无约束时的标准单形内部，通常情况下不再是一个单形，而是一个不规则的多面体(或多边形)。

例如，3 种混料成分同时存在上下界约束 $0.5\leqslant x_1\leqslant 0.7$，$0.2\leqslant x_2\leqslant 0.35$，$0.05\leqslant x_3\leqslant 0.15$，其因子空间为程序输出的图 12.8 所示试验点围起来的区域，显然不再是单形。

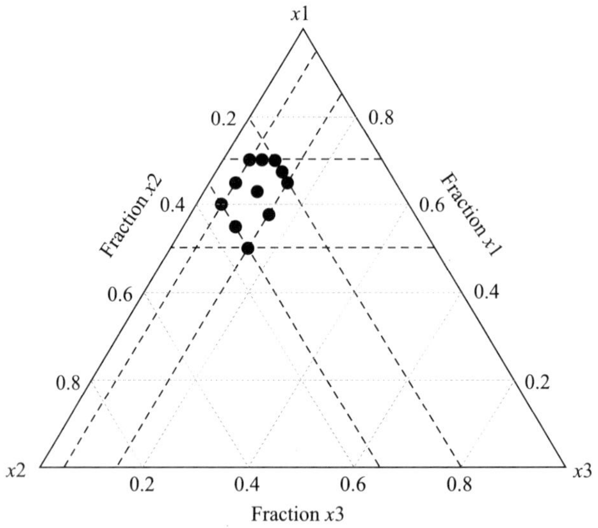

图 12.8 受上下界约束的因子空间及试验点分布图

其他约束的混料设计试验点的选取通常采用极端顶点法进行设计，极端顶点(Extreme Vertexes)是因子空间不规则多面体的各个顶点，除此之外，通常还需补充一些由极端顶点构成的边、面、体的重心作为试验点。

其他约束的混料设计中，受上下界约束的混料设计和成分间约束的混料设计比较常见，下面主要介绍这两种混料设计方法。

12.4.2.1 受上下界约束的混料设计

受上下界约束的混料设计是指同时受到上界和下界约束的混料设计，也可以只受上界约束，或者有的混料成分仅受上界约束而有的混料成分仅受下界约束。其因子空间位于无约束时标准单形内部，但不再是单形，通常是一个不规则的凸多面体(或凸多边形)，其试验点通常采用极端顶点法进行设计。

定义 p 种混料成分的受上下界约束的混料设计有如下形式：

$$\begin{cases} x_1+x_2+\cdots+x_p=1 \\ 0\leqslant a_i\leqslant x_i\leqslant b_i\leqslant 1 \\ 0<a_1+a_2+\cdots+a_p<1 \\ b_1+b_2+\cdots+b_p>1 \end{cases},\quad a_i, b_i \text{为常数}; i=1,2,\cdots,p$$

例如,当 $p=3$ 时,受上下界约束的混料设计有如下形式:

$$\begin{cases} x_1+x_2+x_3=1 \\ 0\leqslant a_i\leqslant x_i\leqslant b_i\leqslant 1 \\ 0<a_1+a_2+a_3<1 \\ b_1+b_2+b_3>1 \end{cases},\quad a_i,b_i \text{为常数}; i=1,2,3$$

【例 12.4】 某食品公司烘烤蛋糕试验,蛋糕有 3 种主要原料。其中,面粉(x_1)的含量为 $0.50\leqslant x_1\leqslant 0.70$,鸡蛋($x_2$)的含量为 $0.20\leqslant x_2\leqslant 0.35$,油脂($x_3$)的含量为 $0.05\leqslant x_3\leqslant 0.15$,试确定蛋糕主要原料的最佳配方。

本例为受上下界约束的混料设计,其 SAS 程序如下:

```
*SD12.5;
%adxgen
%adxmix
%adxinit
%adxxvert(xvert, x1 0.5-0.7/ x2 0.2-0.35/ x3 0.05-0.15)
Proc Print data=xvert;
Run;
```

程序简要说明:

宏过程%adxxvert( )采用极点法实现受约束的混料设计,它有 2 个常用参数,参数 1:自定义的设计结果数据集名为 xvert,参数 2:定义三个混料变量 x1 x2 x3 及其成分上下界约束,Print 为输出过程,输出设计结果 xvert。

程序运行结果如表 12.13 所示,试验点在因子空间的分布图 12.8 所示。

表 12.13 受上下界约束的混料设计试验方案

Obs	x_1	x_2	x_3
1	0.700	0.200	0.100
2	0.700	0.250	0.050
3	0.500	0.350	0.150
4	0.600	0.350	0.050
5	0.650	0.200	0.150
6	0.700	0.225	0.075
7	0.675	0.200	0.125
8	0.550	0.350	0.100
9	0.650	0.300	0.050
10	0.575	0.275	0.150
11	0.630	0.270	0.100

12.4.2.2 受成分间约束的混料设计

受成分间约束的混料设计是指混料成分间互相约束的混料设计，通常可以采用线性表达式来描述。如混料成分 x_1 的含量不低于 x_2，可以表示为 $0 \leqslant x_1 - x_2$；又如 0.6 倍的 x_2 和 x_3 之和不大于 0.9，可以表示为 $0.6x_1 + x_2 \leqslant 0.9$。

受成分间约束的混料设计还可以同时存在混料成分的上界和下界约束，其试验点通常采用极端顶点法进行设计。

【例 12.5】 某公司配制一种除菌剂，主要使用 3 种原料：x_1，x_2，x_3，其中成分 x_1 的含量为 $0.1 \leqslant x_1 \leqslant 0.5$，成分 x_2 的含量为 $0.1 \leqslant x_2 \leqslant 0.7$，成分 x_3 的含量为 $x_3 \leqslant 0.8$，且混料成分间有两个约束：$0.9 \leqslant 0.85\, x_1 + 0.9\, x_2 + x_3 \leqslant 0.95$ 和 $0.4 \leqslant 0.7\, x_1 + x_3$。试确定这种除菌剂三种原料的最佳配方。

本例为受成分间约束的混料设计，可以通过 SAS 软件的“实验设计”模块实现。依次点击 SAS 软件的菜单“解决方案”“分析”“实验设计”，则弹出试验设计窗口，同时软件的菜单和按钮也随之改变，如图 12.9 所示。欲进行回归设计，需要点击菜单中的“”按钮，鼠标在按钮上悬停时会提示“新建混合设计”，即混料设计，点击后弹出混料设计窗口，如图 12.10 所示。点击右侧按钮“Define Variables”定义混料因子（Mixture Variables）和试验指标（Response），默认出现的是定义混料因子的选项卡，如图 12.11 所示。此外还可以定义混料设计的工艺变量（Process Variables），即混料因子之外的其他影响因子，本例不设置工艺变量。

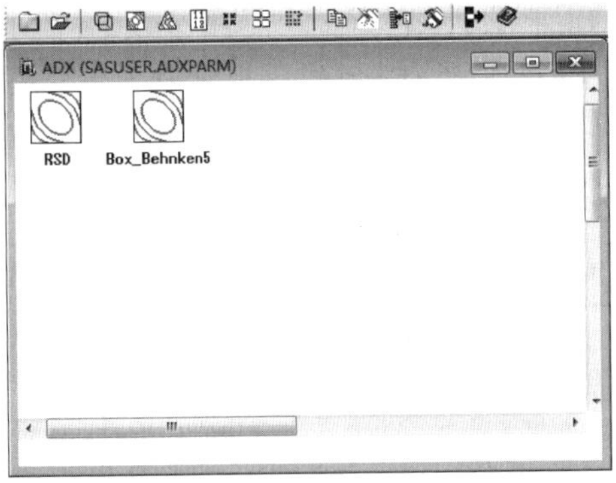

图 12.9 试验设计的菜单和窗口

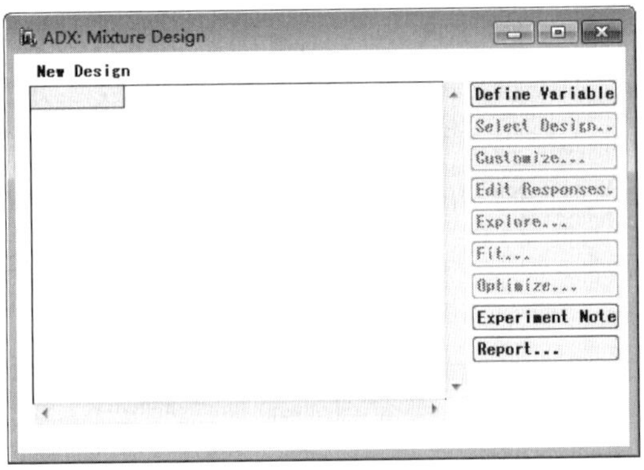

图 12.10 混料设计窗口

定义混料因子需点击图 12.11 中右侧按钮“Add”，弹出因子数对话框“Number of rows”，选择其中的数字 3，即定义 3 个混料因子，默认因子名称为 X1、X2 和 X3，如图 12.12 所示。因子的低水平 Low Level 默认为 0，高水平 High Level 默认为 1，均不需要修改。

点击选项卡“Response”定义试验指标，默认已存在一个名为“Y1”的试验指标，若试验有多个试验指标，可以点击“Add”添加试验指标。本试验只有一个试验指标，点击试验指标“Y1”，将其改名为“Y”，如图 12.13 所示。点击“Mixture Variables”选项卡，回到图 12.12 的窗口。点击右侧按钮“Constraints”，弹出定义约束条件窗口，如图 12.14 所示。

在图 12.14 所示窗口内输入约束条件，其中在“Lower Limit”下输入约束的下界，在“Upper Limit”下输入约束的上界，在对应的混料因子下面输入约束条件中各因子的系数值。输入完成的约束条件，如图 12.15 所示，其中前 3 个约束为上下界约束，后 2 个为线性约束。

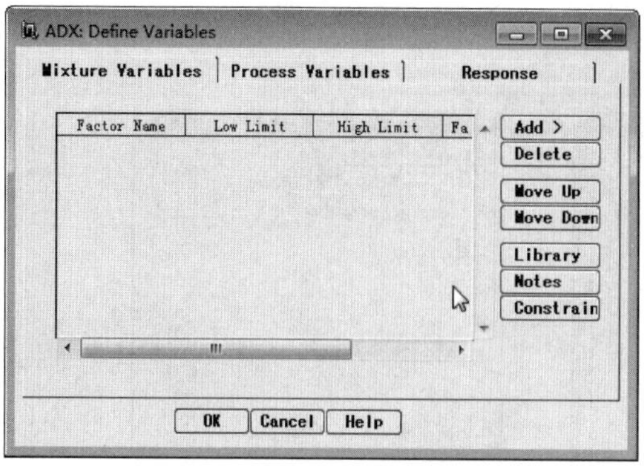

图 12.11 定义因子窗口

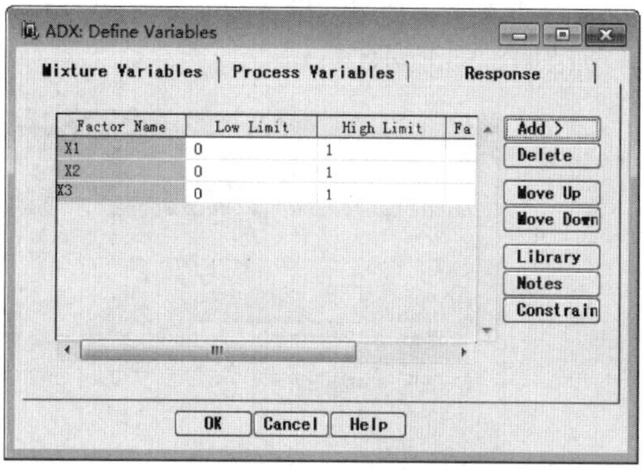

图 12.12 定义混料因子窗口

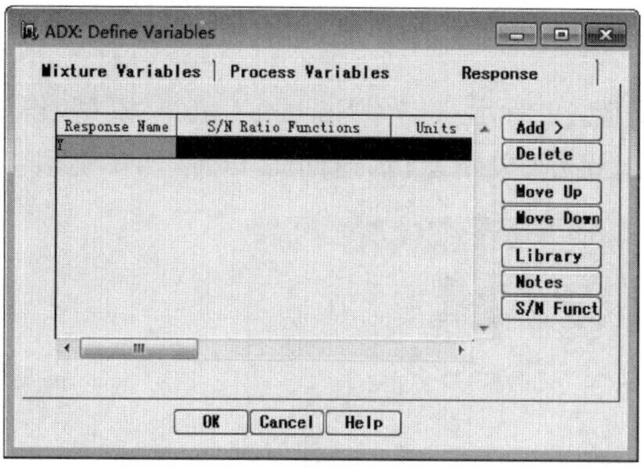

图 12.13 定义试验指标窗口

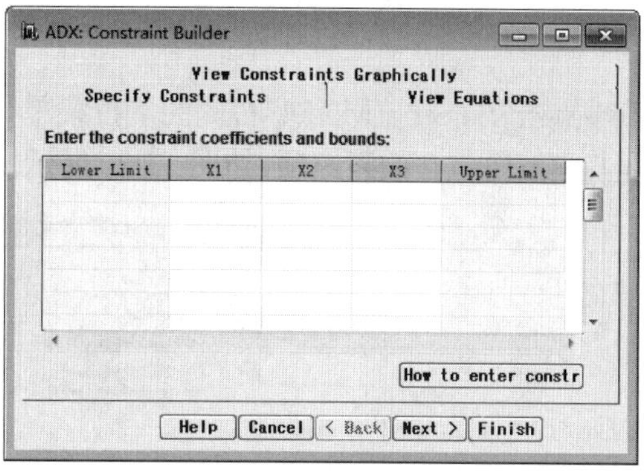

图 12.14 定义约束条件窗口

点击“View Equations”选项卡，查看定义的约束条件生成的不等式方程，与本例的约束条件相比比，可以确认定义的约束条件是否正确。点击“Finish”按钮，弹出提示框“Save constraint changes?”询问是否保存约束条件，点击“Yes”保存，回到如图 12.12 所示的定义混料因子窗口。点击“Ok”按钮，弹出提示框“Do you want to save the changes?”询问是否保存这个设计，点击“Yes”保存，回到如图 12.10 所示的定义混料因子窗口。

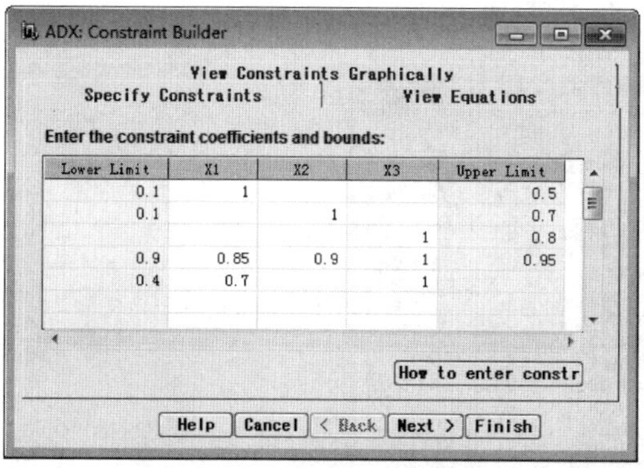

图 12.15 定义的约束条件

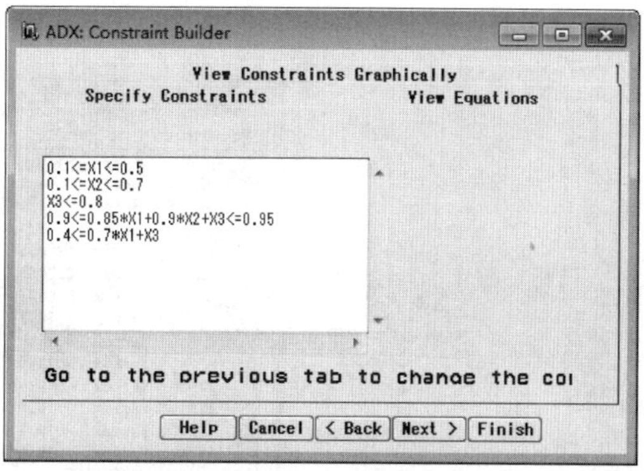

图 12.16 定义约束条件窗口

在图 12.10 的混料设计窗口，点击右侧按钮“Select Design”，弹出优化设计窗口，如图 12.17

所示，在混料模型“Model”处点击右侧下拉菜单，选择“Mixture Model”弹出选择混料模型菜单，如图 12.18 所示。

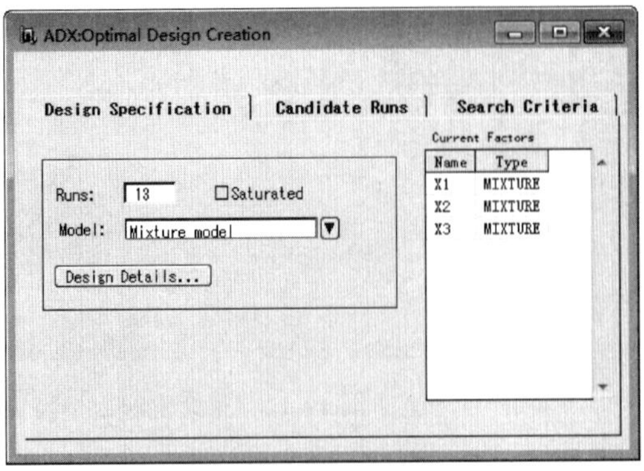

图 12.17　定义的约束条件

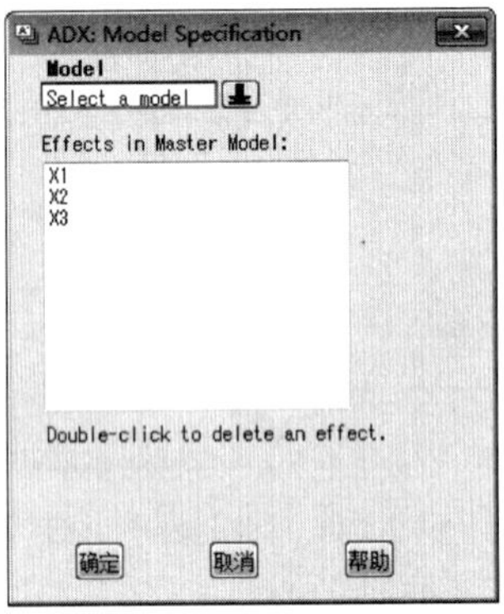

图 12.18　定义混料模型窗口

点击“Select a Model”右侧的下拉菜单，如图 12.19 所示，选择“Special Cubic”模型，得到回归模型所包含的回归项，如图 12.20 所示。点击“确定”关闭窗口，返回图 12.17 所示窗口。

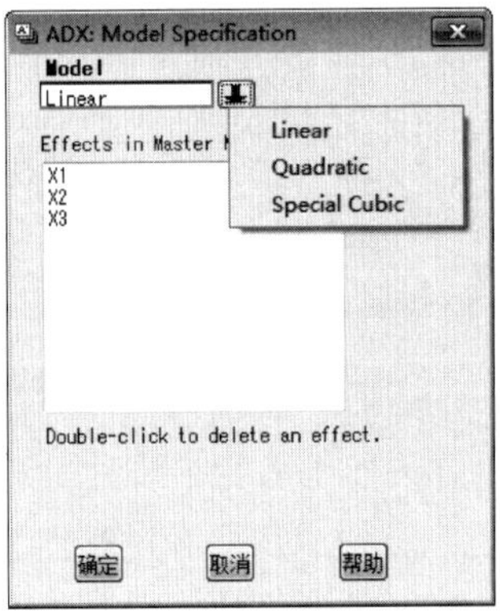

图 12.19　选择混料设计模型

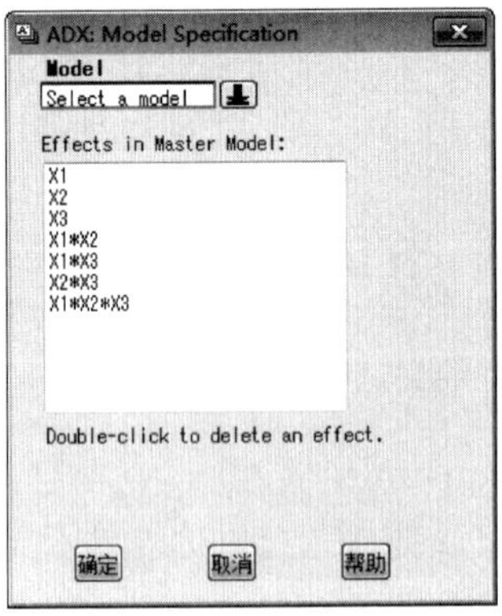

图 12.20　混料模型中的回归项

点击关闭窗口，弹出提示框“Do you want to create the specified design?”询问是否创建该指定的设计，点击“Yes”创建，即可创建 3 因子混料设计方案，如图 12.21 所示。

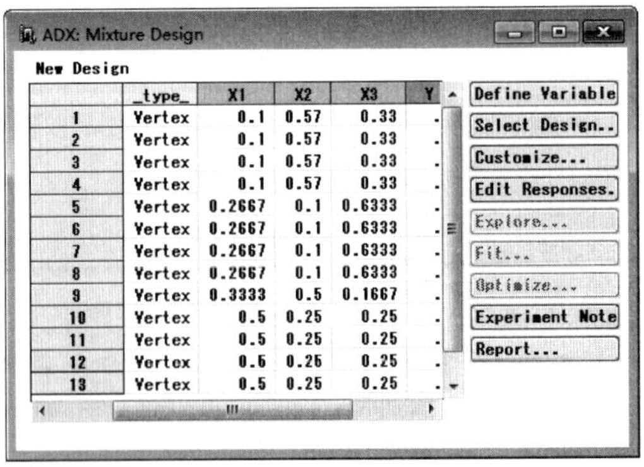

图 12.21　带约束条件的混料设计方案

点击右侧按钮"Report…"→"Generate Report"，如图 12.22 所示，可以在浏览器窗口生成以网页形式呈现的受成分间约束的混料设计试验方案，如表 12.14 所示。

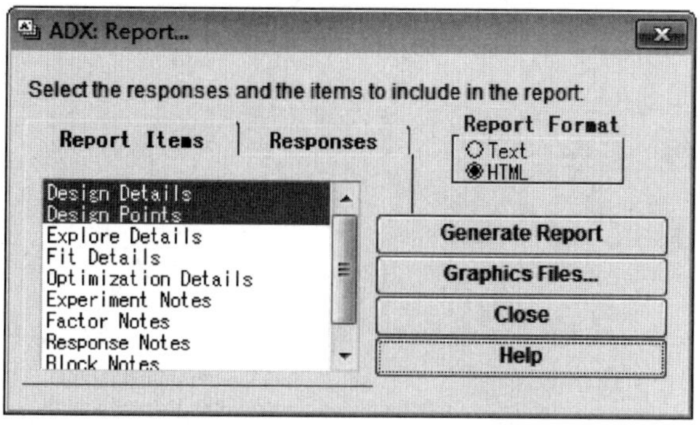

图 12.22　输出混料设计方案

表 12.14　受成分间约束的混料设计试验方案

No.	x_1	x_2	x_3	y
1	0.1	0.35	0.55	
2	0.1	0.35	0.55	
3	0.1	0.35	0.55	
4	0.1	0.57	0.33	
5	0.1	0.57	0.33	
6	0.1	0.57	0.33	
7	0.266 7	0.1	0.633 3	
8	0.266 7	0.1	0.633 3	
9	0.3	0.311 7	0.388 3	
10	0.3	0.311 7	0.388 3	
11	0.333 3	0.5	0.166 7	
12	0.333 3	0.5	0.166 7	
13	0.383 3	0.1	0.516 7	
14	0.5	0.1	0.4	
15	0.5	0.1	0.4	
16	0.5	0.25	0.25	
17	0.5	0.25	0.25	

程序输出的试验点在因子空间的分布如图 12.23 所示，试验点大部分安排了重复。

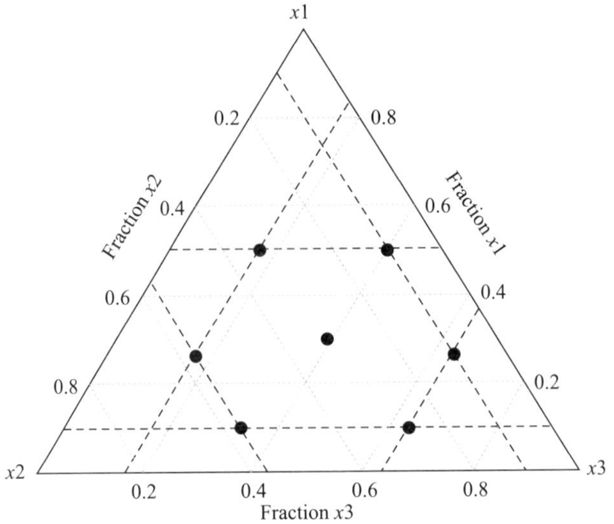

图 12.23　受成分间约束的混料设计试验点分布图

有约束的混料设计的统计分析过程和前述单形混料设计相同，不再赘述。

12.5　几种混料设计的讨论

本章介绍了几种混料设计的试验设计方法，这些混料设计方法也在实际应用中不断地发展和完善，在此初步探讨各种混料设计方法的利弊，以及如何选择合适的混料设计方法。下面主要从无约束的混料设计和有约束的混料设计分开讨论。

无约束的混料设计即一般的混料设计，除了基本约束之外，没有其他约束条件的限制。常见的有单形格子设计、单形重心设计和完全混料设计。如果混料设计的试验点可以在边界或顶点上，即允许部分混料成分的含量为 0，就可以考虑基于单形的设计，其中单形重心设计的试验点数量和空间分布均好于单形格子设计。如果混料设计中不能缺少一种或几种混料成分，或者为了提高试验精度可以多安排一些试验点，就可以选择所有试验点都在因子空间内部的完全混料设计，其试验点可以多至几十个甚至上百个。此外，后面章节介绍的均匀混料设计的试验点均分布在因子空间内部，试验点的数量可多可少，也是可以考虑的混料设计方法。

有约束的混料设计应该视约束情况而定，如果是仅受下界约束的混料设计，其因子空间依然是一个单形，可以完全参照上述无约束的混料设计进行适当转换得到。对于其他约束的混料设计，其因子空间是不规则的多面体，本章基本采用极端顶点法，导致较多的试验点分布在因子空间的顶点和边界上，且试验点数量比较少，但是模块化程序操作简单，适合一般设计人员使用。对于仅受上下界约束的混料设计，还可以考虑采用后面章节介绍的均匀混料设计法来实现，其优点是试验点均在因子空间内部，且试验点的数量可多可少，缺点是操作难度较大，需要大量额外计算，适合具有较高数学能力的设计人员使用。

第 13 章　均匀混料设计

13.1　均匀混料设计概述

常见的混料设计方法中，比如单形格子设计、单形重心设计等设计方法中通常包含很多边界点，这样的试验相当于缺少几种混料成分，不是真正的完全混料试验，特别是在一些生物化学试验中，如果缺少某些混料成分，化学反应可能不会进行，或者生成其他产物。

选取高阶单形格子设计内部试验点的完全混料设计，并不能保证设计的试验点在因子空间的均匀性。我国数学家王元和方开泰(1990)从试验点的均匀性考虑，提出了均匀混料设计(UMD，Uniform Mixture Design)，其思路为将混料设计的所有试验点均匀地分布在因子空间内，而不会在边界上，因而可以避免一般混料设计的缺点。

13.2　均匀混料设计的构造

在均匀混料设计中，设有 p 种混料成分，其因子空间构成一个单形，n 个试验点均匀的分布在单形内部，要保证试验点的均匀性，可以通过以下步骤得到。

①根据给定的 p 种混料成分和 n 个试验点，欲生成均匀混料设计表 $UM_n(n^p)$，需要通过均匀设计表 $U_n(n^{p-1})$进行几步变换得到，均匀设计表 $U_n(n^{p-1})$ 记为 U 表，其中的 k 行 j 列元素记为 u_{kj}。

②构造 C 表。计算 C 表元素：

$$c_{kj}=\frac{2u_{kj}-1}{2n},\quad j=1,2,\cdots,p-1;k=1,2,\cdots,n$$

③构造 G 表。计算 G 表元素：

$$g_{kj}=c_{kj}^{\frac{1}{p-j}},\quad j=1,2,\cdots,p-1;k=1,2,\cdots,n$$

④构造 X 表。计算 X 表第一列元素：

$$x_{k1}=1-g_{k1},\quad k=1,2,\cdots,n$$

计算 X 表第 2 列到第 $p-1$ 列元素：

$$x_{kj}=g_{k1}g_{k2}\cdots g_{k(j-1)}(1-g_{kj}),\quad j=2,3,\cdots,p-1;k=1,2,\cdots,n$$

计算 X 表第 p 列元素：

$$x_{kp}=g_{k1}g_{k2}\cdots g_{k(p-1)},\quad k=1,2,\cdots,n$$

最后得到的 X 表即为均匀混料设计表 $UM_n(n^p)$。

特别的，当混料成分 $p=3$ 时，上述变换可以从 C 表直接变换为 X 表：

$$\begin{cases}x_{k1}=1-\sqrt{c_{k1}} \\ x_{k2}=\sqrt{c_{k1}}\cdot(1-c_{k2}), \quad k=1,2,\cdots,n \\ x_{k3}=\sqrt{c_{k1}}\cdot c_{k2}\end{cases}$$

当混料成分 $p=4$ 时，上述变换可以从 C 表直接变换为 X 表：

$$\begin{cases}x_{k1}=1-\sqrt[3]{c_{k1}} \\ x_{k2}=\sqrt[3]{c_{k1}}\cdot(1-\sqrt{c_{k2}}) \\ x_{k3}=\sqrt[3]{c_{k1}}\sqrt{c_{k2}}\cdot(1-c_{k3}) \\ x_{k4}=\sqrt[3]{c_{k1}}\sqrt{c_{k2}}\cdot c_{k3}\end{cases},\quad k=1,2,\cdots,n$$

13.3 均匀混料设计的实现

【例 13.1】 在某一生化产品合成试验中，选择主要的 3 种混料成分 x_1,x_2,x_3 作为试验因子，生化产品的收率(y)为试验指标。根据试验条件的要求，欲采用 $UM_{12}(12^3)$ 均匀混料设计进行试验，寻求 3 种混料成分的最优配比(方开泰等，2011)。

均匀混料设计 $UM_{12}(12^3)$需要通过均匀设计 $U_{12}(12^2)$转化得到，根据前述 3 种混料成分的变换方法，使用 Excel 表格编辑公式的方法非常方便地实施变换，具体变换过程如表 13.1 所示。

表 13.1 均匀混料设计表 $UM_{12}(12^3)$的变换过程表 g/g

$U_{12}(12^2)$		C 表		X 表			
u_1	u_2	c_1	c_2	x_1	x_2	x_3	y
1	6	0.042	0.458	0.796	0.111	0.094	0.159
2	10	0.125	0.792	0.646	0.074	0.280	0.404
3	2	0.208	0.125	0.544	0.399	0.057	0.627
4	8	0.292	0.625	0.460	0.202	0.338	0.594
5	4	0.375	0.292	0.388	0.434	0.179	0.612
6	12	0.458	0.958	0.323	0.028	0.649	0.556
7	1	0.542	0.042	0.264	0.705	0.031	0.293
8	9	0.625	0.708	0.209	0.231	0.560	0.497
9	5	0.708	0.375	0.158	0.526	0.316	0.366

续表13.1

g/g

$U_{12}(12^2)$		C 表		X 表			
u_1	u_2	c_1	c_2	x_1	x_2	x_3	y
10	11	0.792	0.875	0.110	0.111	0.779	0.337
11	3	0.875	0.208	0.065	0.741	0.195	0.049
12	7	0.958	0.542	0.021	0.449	0.530	0.113

以表 13.1 的数据 c_1 和 c_2 两列为例作图(图 13.1)，经过变换之后，得到均匀混料设计 $UM_{12}(12^3)$，具体如表 13.1 的 x_1, x_2, x_3 3 列所示，其试验点在因子空间的分布如图 13.2 所示。从图中可以看出，均匀设计的试验点的均匀分布特点较完好地传递到了均匀混料设计的因子空间中，而且没有一个试验点在边界上，所以，均匀混料设计比较好地规避了单形格子设计、单形重心设计和 D 最优混料设计等设计方案的缺点，具有较高的实用价值。

随机安排 12 个试验点，得到试验指标收率(y)的实测值，具体如表 13.1 最后 1 列所示。

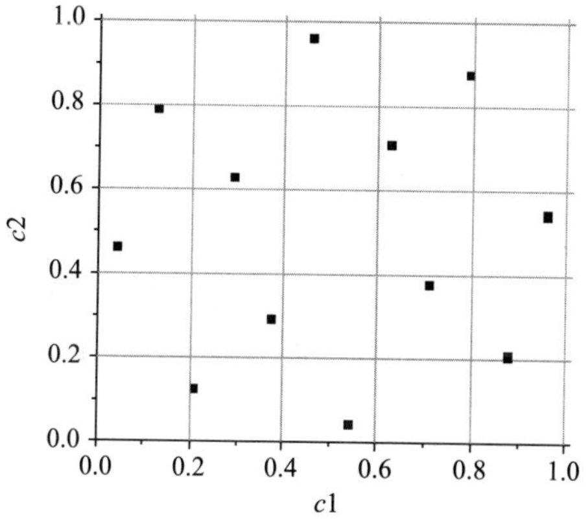

图 13.1　均匀混料设计的试验点分布图

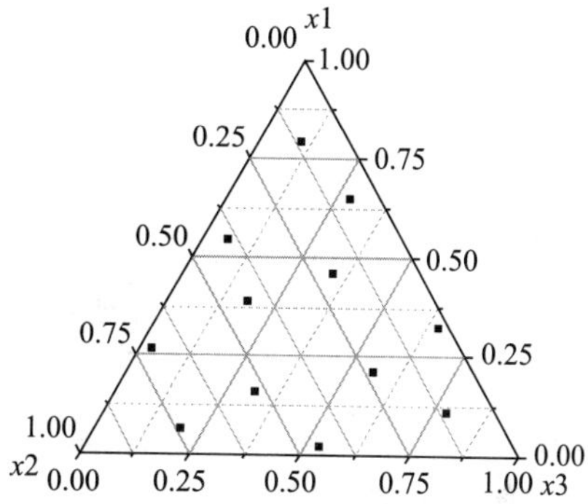

图 13.2　均匀混料设计变换后试验点分布图

13.4　均匀混料设计的统计分析

均匀混料设计的数据分析和混料设计一样，需要通过筛选自变量的方法建立回归模型，进行回归分析。常用的筛选自变量的方法有逐步回归、向前回归和向后回归等，可以使用 SAS 软件中的 Reg 过程对二次回归模型中的不显著项进行筛选，即逐一删除模型中的最不显著的回归项。

例 13.1 生化产品合成试验采用二次正则多项式回归模型，其 SAS 程序如下：

```
* SA13.1;
Data bioproduct;
  Input x1 x2 x3 y;
  x1x2 = x1 * x2;
  x1x3 = x1 * x3;
  x2x3 = x2 * x3;
```

```
Cards;
0.796  0.111  0.094  0.159
0.646  0.074  0.280  0.404
0.544  0.399  0.057  0.627
0.460  0.202  0.338  0.594
0.388  0.434  0.179  0.612
0.323  0.028  0.649  0.556
0.264  0.705  0.031  0.293
0.209  0.231  0.560  0.497
0.158  0.526  0.316  0.366
0.110  0.111  0.779  0.337
0.065  0.741  0.195  0.049
0.021  0.449  0.530  0.113
;
Proc Reg data = bioproduct;
  Model y = x1 x2 x3 x1x2 x1x3 x2x3 /noint selection = backward sls = 0.05;
Run;
```

程序简要说明：

Data 定义数据集 bioproduct，Input 定义变量 x1、x2、x3 和 y，x1x2＝x1 * x2、x2x3＝x2 * x3 和 x1x3＝x1 * x3 将交互项定义为新变量；Reg 为线性回归分析过程，Model 定义回归模型为“试验指标＝各项效应”的形式，noint 定义不含常数项的回归模型，selection＝backward 指定采用向后回归法选择变量，其他还可以选择 forward(向前回归)和 stepwise(逐步回归)等，sls 为回归项是否保留在回归模型内的显著水平，若不显著则从回归模型中删除，显著水平可以设定为 0.05、0.1 或 0.15，最多不超过 0.2。

程序主要运行结果(最后一步)：

REG 过程

模型：MODEL1

因变量：y

向后消除：第 1 步

变量 x3 已删除：R 方 = 0.9951 和 C(p) = 4.5435

方差分析

源	自由度	平方和	均方	F 值	Pr>F
模型	5	2.20279	0.44056	282.70	<.0001
误差	7	0.01091	0.00156		
未校正合计	12	2.21370			

变量	参数估计	标准误差	II 型 SS	F 值	Pr>F
x1	-0.50746	0.07436	0.07257	46.57	0.0002
x2	-0.53334	0.08694	0.05865	37.64	0.0005
x1x2	4.31137	0.31202	0.29753	190.92	<.0001
x1x3	3.07348	0.20595	0.34708	222.72	<.0001
x2x3	1.29832	0.22480	0.05198	33.36	0.0007

向后回归的二次回归混料模型显著性检验中，$df=5$，$F=282.70$，$p<0.0001$，则试验指标和各回归项间二次回归关系极显著，且各回归项一次项和交叉项回归关系均达极显著，$R^2=0.9951$，$c(P)=4.53$，说明回归方程拟合优良，其二次回归方程为：

$$\hat{y}=-0.507x_1-0.533x_2+4.311x_1x_2+3.073x_1x_3+1.298x_2x_3$$

对上述回归方程进行非线性规划求极值，其 SAS 程序如下：

```
* SA13.2;
Proc NLP tech = trureg;
  Max y;
   y = - 0.507 * x1 - 0.533 * x2 + 4.311 * x1 * x2 + 3.073 * x1 * x3 + 1.298 * x2 * x3;
  Parms   x1 - x3 = 0.5;
  Bounds  0 <= x1 - x3 <= 1;
  LinCon  x1 + x2 + x3 = 1;
Run;
```

程序简要说明：

NLP 为非线性规划过程(NonLinear Programming)，tech=trureg 定义规划求解技术为信任域法(trureg，trust region)优化，Max 定义目标函数求极大值，Parms 参数定义自变量的初始值，Bounds 参数定义自变量的边界约束条件，LinCon 定义线性约束条件(Linear Constraints)。

程序主要运行结果：

PROC NLP:Nonlinear Maximization

Trust Region Optimization

Optimization Results

Parameter Estimates

N	Parameter	Estimate	Gradient Objective Function
1	x1	0.414724	1.644505
2	x2	0.285099	1.644505
3	x3	0.300177	1.644505

Value of Objective Function = 0.641141

从优化结果可以得到，当混料成分 $x_1=0.415$，$x_2=0.285$，$x_3=0.300$ 时，生化产品的收率 y 达到最大值，此时 $y=0.641$。该最佳工艺条件没有出现在试验中，需要安排试验验证。

13.5 有约束的均匀混料设计

在现实的均匀混料设计试验中，技术或性能等往往会约束混料成分的比例，即除了满足混料设计问题的基本约束条件之外，还存在某些其他约束条件。

例如，在面包生产过程中，面粉和水的比例比较大，一般面粉的比例不低于 0.5，水的比例不低于 0.2，而白糖和食用油的比例会比较小，一般均不超过 0.1。

混料成分存在各种约束条件的均匀混料设计，称为有约束的均匀混料设计。其中，仅受下界约束的均匀混料设计和受上下界约束的均匀混料设计实施比较方便，下面分别介绍这两种设计方法。

13.5.1 仅受下界约束的均匀混料设计

均匀混料设计仅受下界约束是指混料成分除基本约束外，至少有一个混料成分存在约束，且约束仅是下界约束。

仅受下界约束的均匀混料设计，其因子空间位于无约束时标准单形内部，且仍为原单形相似的一个小单形。

定义 p 种混料成分的仅受下界约束的均匀混料设计有如下形式：

$$\begin{cases} x_1+x_2+\cdots+x_p=1 \\ 0\leqslant a_i\leqslant x_i\leqslant 1 \\ 0<a_1+a_2+\cdots+a_p<1 \end{cases},\quad i=1,2,\cdots,p;a_i\text{为常数}$$

例如，当 $p=3$ 时，仅受下界约束的均匀混料设计有如下形式：

$$\begin{cases} x_1+x_2+x_3=1 \\ 0\leqslant a_i\leqslant x_i\leqslant 1 \\ 0<a_1+a_2+a_3<1 \end{cases},\quad i=1,2,3;a_i\text{为常数}$$

其因子空间必然在没有约束时的均匀混料设计的单形内部，且仍为与原单形相似的小单形，如图 13.3 所示，下界 $a_1=0.25$，$a_2=0.25$，$a_3=0.125$ 时的均匀混料设计的因子空间。

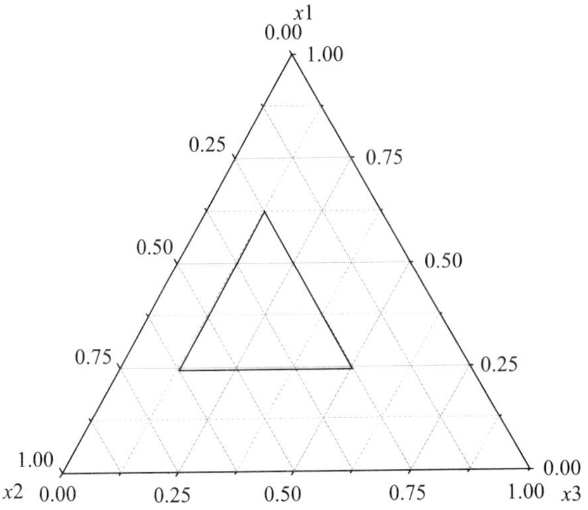

图 13.3 仅受下界约束的均匀混料设计的因子空间

由于仅受下界约束的均匀混料设计的因子空间依然为单形，因此仍然可以借鉴无约束的均匀混料设计，即大单形坐标系下的仅受下界约束的均匀混料设计问题就变成小单形坐标系下无约束的均匀混料设计问题。仅受下界约束的均匀混料设计问题可以分为两步解决。

①参照本章前面所述的方法，在小单形上建立无约束的均匀混料设计，混料成分记为 z_i。

②按照下界约束的条件进行变换即可实际混料设计，混料成分记为 x_i。其变换方法为：

$$x_i=a_i+(1-\sum_{i=1}^{p}a_i)z_i,\quad i=1,2,\cdots,p$$

式中，x_i 为仅受下界约束的均匀混料设计值，z_i 为无约束的均匀混料设计值。

【例 13.2】 某公司开发早餐饮品花生糯米豆浆，3 种主料的配比会影响饮品的口感。由营养搭配和预试验初步确定 3 种成分的含量：花生(x_1)含量不低于 15%，糯米(x_2)含量不低于 20%，大豆(x_3)含量不低于 35%。欲通过均匀混料设计确定最佳口感的配方。

本试验为仅受下界约束的均匀混料设计，其下界分别为 $a_1=0.15$，$a_2=0.20$，$a_3=0.35$，下界之和为 $a_1+a_2+a_3=0.70<1$，满足均匀混料设计的基本要求，计划安排 15 次试验进行仅受下界约束的均匀混料设计 $UM_{15}(15^3)$。

先进行 3 种混料成分的一般均匀混料设计，通过均匀设计 $U_{15}(15^2)$ 变换得到 C 表，进而计算得到无约束的均匀混料设计 $UM_{15}(15^3)$。具体变换过程如表 13.2 所示。

表 13.2 仅受下界约束的均匀混料设计 $UM_{15}(15^3)$ 的变换过程表

$U_{15}(15^2)$		C 表		无约束的 $UM_{15}(15^3)$			仅受下界约束的 $UM_{15}(15^3)$		
u_1	u_2	c_1	c_2	z_1	z_2	z_3	x_1	x_2	x_3
1	7	0.033	0.433	0.817	0.103	0.079	0.395	0.231	0.374
2	13	0.100	0.833	0.684	0.053	0.264	0.355	0.216	0.429
3	2	0.167	0.100	0.592	0.367	0.041	0.328	0.310	0.362
4	10	0.233	0.633	0.517	0.177	0.306	0.305	0.253	0.442
5	4	0.300	0.233	0.452	0.420	0.128	0.286	0.326	0.388
6	15	0.367	0.967	0.394	0.020	0.585	0.268	0.206	0.526
7	8	0.433	0.500	0.342	0.329	0.329	0.253	0.299	0.449
8	5	0.500	0.300	0.293	0.495	0.212	0.238	0.348	0.414
9	12	0.567	0.767	0.247	0.176	0.577	0.224	0.253	0.523
10	1	0.633	0.033	0.204	0.769	0.027	0.211	0.431	0.358
11	11	0.700	0.700	0.163	0.251	0.586	0.199	0.275	0.526
12	6	0.767	0.367	0.124	0.555	0.321	0.187	0.366	0.446
13	14	0.833	0.900	0.087	0.091	0.822	0.176	0.227	0.596
14	3	0.900	0.167	0.051	0.791	0.158	0.165	0.437	0.397
15	9	0.967	0.567	0.017	0.426	0.557	0.155	0.328	0.517

接下来，需要将无约束的均匀混料设计按照下界约束的条件进行变换，变换方法为：

$$x_i=a_i=(1-0.7)z_i, \quad i=1,2,3$$

即可得到仅受下界约束的均匀混料设计表 $UM_{15}(15^3)$，如表 13.2 最后 3 列所示。其试验数据的分析参照无约束的均匀混料设计的统计分析方法，不再赘述。

13.5.2 受上下界约束的均匀混料设计

受上下界约束的均匀混料设计是指同时受到上界和下界约束的混料设计，其因子空间位于无约束时标准单形内部，但不再是单形，通常是一个不规则的多面体(或多边形)。

定义 p 种混料成分的受上下界约束的均匀混料设计有如下形式：

$$\begin{cases} x_1+x_2+\cdots+x_p=1 \\ 0\leqslant a_i\leqslant x_i\leqslant b_i\leqslant 1 \\ 0<a_1+a_2+\cdots+a_p<1 \\ b_1+b_2+\cdots+b_p>1 \end{cases},\quad i=1,2,\cdots,p;a_i,b_i\text{ 为常数}$$

例如，当 $p=3$ 时，受上下界约束的均匀混料设计有如下形式：

$$\begin{cases} x_1+x_2+x_3=1 \\ 0\leqslant a_i\leqslant x_i\leqslant b_i\leqslant 1 \\ 0<a_1+a_2+a_3<1 \\ b_1+b_2+b_3>1 \end{cases},\quad i=1,2,3;a_i,b_i\text{ 为常数}$$

【例 13.3】 优化灯盏花素骨架缓释片中填充剂乳糖 Lactose、阻滞剂羟丙基甲基纤维素 HPMC 及阻滞剂卡波姆 Carbopol-71G 的处方配比优化试验。经预试验确定处方中 3 种混料成分的大致范围，乳糖 Lactose：0.65～0.80，羟丙基甲基纤维素 HPMC：0.08～0.20，卡波姆 Carbopol-71G：0.05～0.15。试验采用均匀混料设计(刘清飞等，2006)。

本试验的因子空间在没有约束时的混料设计的单形内部，其形状为一个不规则的凸多边形，如图 13.4 左下角的不规则五边形。所以受上下界约束的均匀混料设计的试验点不方便直接实施，但是可以先在比该因子空间略大一些、相对比较容易实施的因子空间内进行均匀混料设计。因为具有同样的均匀性，所以筛选出满足上下界约束条件的因子空间的试验点也存在同样的均匀性，即受上下界约束的均匀混料设计。

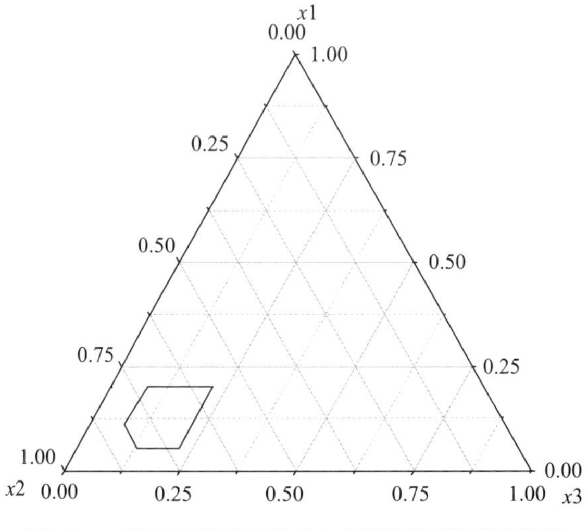

图 13.4 受上下界约束的均匀混料设计的因子空间

尽量少扩展均匀混料设计的不规则因子空间，才能使落在不规则因子空间内的试验点数尽量最多。对混料设计的各个成分的取值范围从小到大排序，优先安排取值范围小的混料成分。本例卡波姆 Carbopol-71G 的取值范围：0.15－0.05＝0.10 最小，设为 x_1；乳糖 Lactose 的取值范围：0.80－0.65＝0.15 最大，设为 x_3；则羟丙基甲基纤维素 HPMC 的取值范围：0.20－

0.08=0.12，设为 x_2。

由前述均匀混料设计的构造方法可知，当混料成分 $p=3$ 时，从 C 表到 X 表的变换如下所示：

$$\begin{cases} x_{k1}=1-\sqrt{c_{k1}} \\ x_{k2}=\sqrt{c_{k1}}\cdot(1-c_{k2}), \quad k=1,2,\cdots,n \\ x_{k3}=\sqrt{c_{k1}}\cdot c_{k2} \end{cases}$$

满足约束条件时，可得：

$$\begin{cases} 0.05\leqslant 1-\sqrt{c_{k1}}\leqslant 0.15 \\ 0.08\leqslant \sqrt{c_{k1}}\cdot(1-c_{k2})\leqslant 0.2 \\ 0.65\leqslant \sqrt{c_{k1}}\cdot c_{k2}\leqslant 0.8 \end{cases}$$

整理可得：

$$\begin{cases} 0.722\,5\leqslant c_{k1}\leqslant 0.902\,5 \\ 1-0.2/\sqrt{c_{k1}}\leqslant c_{k2}\leqslant 1-0.08/\sqrt{c_{k1}} \\ 0.65/\sqrt{c_{k1}}\leqslant c_{k2}\leqslant 0.8/\sqrt{c_{k1}} \end{cases}$$

满足上述方程组所围成的因子空间如图 13.5 中区域 D 所示，为不规则多边形，不便直接进行均匀混料设计。但区域 D 位于矩形区域 R 中，若能在矩形 R 之中给出一个均匀混料设计，其中落在区域 D 中的试验点可以视为在区域 D 上的一个均匀混料设计。

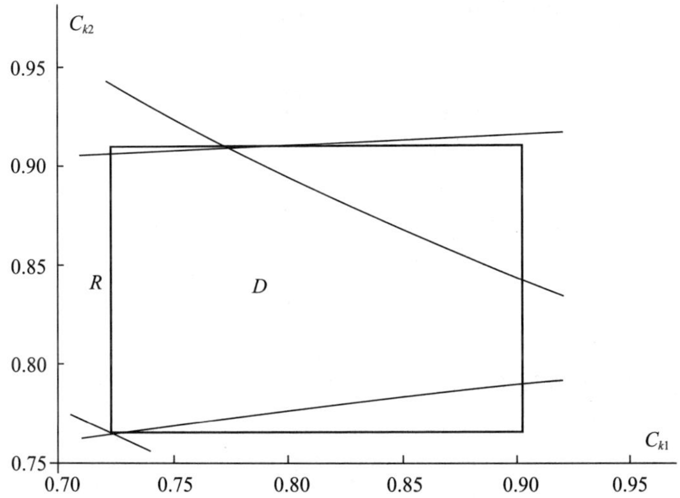

图 13.5 受上下界约束的因子空间示意图

欲在矩形区域 R 上进行一个均匀混料设计，需要先求得矩形区域 R 的取值范围，由前述方程组可得矩形区域 R 的横坐标 c_{k1} 的取值范围为[0.722 5，0.902 5]，其纵坐标 c_{k2} 的上下界取值范围需要解相应方程组求得，c_{k2} 的下界值需要解下面方程组得到：

$$\begin{cases} c_{k2}=1-\dfrac{0.2}{\sqrt{c_{k1}}} \\ c_{k2}=\dfrac{0.65}{\sqrt{c_{k1}}} \end{cases}$$

通过以下 SAS 程序解方程组：

```
*SD13.3;
Data init;
  ck1 = 0.7;
  ck2 = 0.8;
Run;
Proc Model data = init;
  Eq.one = 1 - 0.20/sqrt(ck1) - ck2;
  Eq.two = 0.65/sqrt(ck1) - ck2;
  Solve ck1 ck2 / out = solved;
Run;
Proc Print data = solved;
  Var ck1 ck2;
Run;
```

程序简要说明：

Data 定义数据集 init，ck1 和 ck2 定义参数的初始值，给出大概估计值即可；Model 过程求解非线性联立方程模型，Eq.one 和 Eq.two 定义两个非线性方程组，Solve 求解参数的值并保存；Print 为输出过程，输出参数的解数据集 solved。

程序运行结果：

$c_{k1}=0.722\,5$、$c_{k2}=0.764\,7$，可得 c_{k2} 的下界值为 0.764 7。

同理，c_{k2} 的上界值需要解如下方程组得到：

$$\begin{cases} c_{k2}=1-\dfrac{0.08}{\sqrt{c_{k1}}} \\ c_{k2}=\dfrac{0.8}{\sqrt{c_{k1}}} \end{cases}$$

通过以下 SAS 程序解方程组：

```
*SD13.4;
Data init;
  ck1 = 0.8;
  ck2 = 0.9;
Run;
Proc Model data = init;
  Eq.one = 1 - 0.08/sqrt(ck1) - ck2;
  Eq.two = 0.80/sqrt(ck1) - ck2;
  Solve ck1 ck2 / out = solved;
```

```
Run;
Proc Print data = solved;
  Var ck1 ck2;
Run;
```

程序简要说明参见 SAS 程序 SA13.4，程序运行结果：

$c_{k1}=0.7744$、$c_{k2}=0.9091$，可得 c_{k2}的上界值为 0.909 1。

于是，可以在矩形 R 之上进行均匀混料设计，方法为在均匀混料设计转换过程中的 C 表编码再增加一步如下转换：

$$\begin{cases} c_{k1}^{*}=c_{k1}^{L}+(c_{k1}^{U}-c_{k1}^{L})c_{k1} \\ c_{k2}^{*}=c_{k2}^{L}+(c_{k2}^{U}-c_{k2}^{L})c_{k2} \end{cases}$$

式中，c_{k1}^{L}和c_{k1}^{U}为矩形区域 R 横坐标的取值范围的下界和上界，c_{k2}^{L}和c_{k2}^{U}为矩形区域 R 纵坐标的取值范围的下界和上界。对于本例则有：

$$\begin{cases} c_{k1}^{*}=0.7225+(0.9025-0.7225)c_{k1} \\ c_{k2}^{*}=0.7647+(0.9091-0.7647)c_{k2} \end{cases}$$

由于均匀混料设计区域 D 的面积小于矩形区域 R，所以在矩形区域 R 上进行设计时应该适当多设置一些试验点，本例选取试验点数量为 18 个，需要通过均匀设计 $U_{18}(18^2)$的 U 表（此处可以参考等水平的均匀设计方法）进行变换得到 C 表，进一步变换得到 C^* 表，进而得到区域 R 上的均匀混料设计 $UM_{18}(18^3)$，最后经筛选得到满足上下界约束的均匀混料设计。具体变换过程如表 13.3 所示。

表 13.3 受上下界约束的均匀混料设计的变换过程表

$U_{18}(18^2)$		C 表		C^* 表		$UM_{18}(18^3)$			选择
$u1$	$u2$	$c1$	$c2$	$c1*$	$c2*$	$x1$	$x2$	$x3$	
1	11	0.028	0.583	0.728	0.849	0.147	0.129	0.724	*
2	4	0.083	0.194	0.738	0.793	0.141	0.178	0.681	*
3	17	0.139	0.917	0.748	0.897	0.135	0.089	0.776	*
4	7	0.194	0.361	0.758	0.817	0.130	0.159	0.711	*
5	14	0.250	0.750	0.768	0.873	0.124	0.111	0.765	*
6	2	0.306	0.083	0.778	0.777	0.118	0.197	0.685	*
7	9	0.361	0.472	0.788	0.833	0.113	0.148	0.739	*
8	15	0.417	0.806	0.798	0.881	0.107	0.106	0.787	*
9	6	0.472	0.306	0.808	0.809	0.101	0.172	0.727	*
10	12	0.528	0.639	0.818	0.857	0.096	0.129	0.775	*
11	1	0.583	0.028	0.828	0.769	0.090	0.210	0.699	
12	18	0.639	0.972	0.838	0.905	0.085	0.087	0.828	

续表13.3

$U_{18}(18^2)$		C 表		C^* 表		$UM_{18}(18^3)$			选择
u1	u2	c1	c2	c1*	c2*	x1	x2	x3	
13	10	0.694	0.528	0.848	0.841	0.079	0.146	0.774	*
14	5	0.750	0.250	0.858	0.801	0.074	0.184	0.742	*
15	13	0.806	0.694	0.868	0.865	0.069	0.126	0.806	
16	3	0.861	0.139	0.878	0.785	0.063	0.202	0.735	
17	16	0.917	0.861	0.888	0.889	0.058	0.105	0.838	
18	8	0.972	0.417	0.898	0.825	0.053	0.166	0.781	*

从表 13.3 中可以看到，满足上下界约束条件：$x_1[0.05,0.15]$，$x_2[0.08,0.20]$，$x_3[0.65,0.80]$的试验点有 13 个，如表 13.3 最后一列标“*”所示，占比约 13/18=72.2%，说明区域 D 的面积约占区域R 的 72.2%。将标“*”的试验点整理出来即为最终的受上下界约束的均匀混料设计 $UM_{13}(13^3)$，如表 13.4 所示。

表 13.4　受上下界约束的均匀混料设计表 $UM_{13}(13^3)$

No.	x1	x2	x3
1	0.147	0.129	0.724
2	0.141	0.178	0.681
3	0.135	0.089	0.776
4	0.130	0.159	0.711
5	0.124	0.111	0.765
6	0.118	0.197	0.685
7	0.113	0.148	0.739
8	0.107	0.106	0.787
9	0.101	0.172	0.727
10	0.096	0.129	0.775
11	0.079	0.146	0.774
12	0.074	0.184	0.742
13	0.053	0.166	0.781

由受上下界约束的均匀混料设计的试验设计过程可知，其试验点数并不能事前确定，且与不规则区域 D 在矩形区域R 的占比有关，可以在矩形区域 R 上进行均匀混料设计时，应该选择比较多的试验点数，如果最终得到的在区域 D 上试验点数过少，可以根据其试验点数的占比进行估算，增加在区域 R 的试验点数重新进行均匀混料设计。

当混料成分 $p>3$ 时，可以参照类似的方法实现受上下界约束的均匀混料设计，其试验数据的分析参照无约束的均匀混料设计的统计分析方法，不再赘述。

附　表

附表 1　标准拉丁方

3 阶标准拉丁方

A	B	C
B	C	A
C	A	B

4 阶标准拉丁方

A	B	C	D
B	A	D	C
C	D	B	A
D	C	A	B

A	B	C	D
B	C	D	A
C	D	A	B
D	A	B	C

A	B	C	D
B	D	A	C
C	A	D	B
D	C	B	A

A	B	C	D
B	A	D	C
C	D	A	B
D	C	B	A

5 阶标准拉丁方

A	B	C	D	E
B	A	D	E	C
C	E	A	B	D
D	C	E	A	B
E	D	B	C	A

A	B	C	D	E
B	A	E	C	D
C	D	B	E	A
D	E	A	B	C
E	C	D	A	B

A	B	C	D	E
B	A	E	C	D
C	E	D	B	A
D	C	A	E	B
E	D	B	A	C

A	B	C	D	E
B	A	D	E	C
C	D	E	B	A
D	E	A	C	B
E	C	B	A	D

6 阶标准拉丁方

A	B	C	D	E	F
B	F	D	C	A	E
C	D	E	F	B	A
D	A	F	E	C	B
E	C	A	B	F	D
F	E	B	A	D	C

7 阶标准拉丁方

A	B	C	D	E	F	G
B	C	D	E	F	G	A
C	D	E	F	G	A	B
D	E	F	G	A	B	C
E	F	G	A	B	C	D
F	G	A	B	C	D	E
G	A	B	C	D	E	F

8 阶标准拉丁方

A	B	C	D	E	F	G	H
B	C	D	E	F	G	H	A
C	D	E	F	G	H	A	B
D	E	F	G	H	A	B	C
E	F	G	H	A	B	C	D
F	G	H	A	B	C	D	E
G	H	A	B	C	D	E	F
H	A	B	C	D	E	F	G

9 阶标准拉丁方

A	B	C	D	E	F	G	H	I
B	C	D	E	F	G	H	I	A
C	D	E	F	G	H	I	A	B
D	E	F	G	H	I	A	B	C
E	F	G	H	I	A	B	C	D
F	G	H	I	A	B	C	D	E
G	H	I	A	B	C	D	E	F
H	I	A	B	C	D	E	F	G
I	A	B	C	D	E	F	G	H

10 阶标准拉丁方

A	B	C	D	E	F	G	H	I	J
B	C	D	E	F	G	H	I	J	A
C	D	E	F	G	H	I	J	A	B
D	E	F	G	H	I	J	A	B	C
E	F	G	H	I	J	A	B	C	D
F	G	H	I	J	A	B	C	D	E
G	H	I	J	A	B	C	D	E	F
H	I	J	A	B	C	D	E	F	G
I	J	A	B	C	D	E	F	G	H
J	A	B	C	D	E	F	G	H	I

12 阶标准拉丁方

A	B	C	D	E	F	G	H	I	J	K	L
B	C	D	E	F	G	H	I	J	K	L	A
C	D	E	F	G	H	I	J	K	L	A	B
D	E	F	G	H	I	J	K	L	A	B	C
E	F	G	H	I	J	K	L	A	B	C	D
F	G	H	I	J	K	L	A	B	C	D	E
G	H	I	J	K	L	A	B	C	D	E	F
H	I	J	K	L	A	B	C	D	E	F	G
I	J	K	L	A	B	C	D	E	F	G	H
J	K	L	A	B	C	D	E	F	G	H	I
K	L	A	B	C	D	E	F	G	H	I	J
L	A	B	C	D	E	F	G	H	I	J	K

附表 2　正交拉丁方组

3 阶正交拉丁方组

A	B	C		A	B	C
B	C	A		C	A	B
C	A	B		B	C	A

4 阶正交拉丁方组

A	B	C	D		A	B	C	D		A	B	C	D
B	A	D	C		C	D	A	B		D	C	B	A
C	D	A	B		D	C	B	A		B	A	D	C
D	C	B	A		B	A	D	C		C	D	A	B

5阶正交拉丁方组

A	B	C	D	E
B	C	D	E	A
C	D	E	A	B
D	E	A	B	C
E	A	B	C	D

A	B	C	D	E
C	D	E	A	B
E	A	B	C	D
B	C	D	E	A
D	E	A	B	C

A	B	C	D	E
D	E	A	B	C
B	C	D	E	A
E	A	B	C	D
C	D	E	A	B

A	B	C	D	E
E	A	B	C	D
D	E	A	B	C
C	D	E	A	B
B	C	D	E	A

7阶正交拉丁方组

A	B	C	D	E	F	G
B	C	D	E	F	G	A
C	D	E	F	G	A	B
D	E	F	G	A	B	C
E	F	G	A	B	C	D
F	G	A	B	C	D	E
G	A	B	C	D	E	F

A	B	C	D	E	F	G
C	D	E	F	G	A	B
E	F	G	A	F	C	D
G	A	B	C	D	E	F
B	C	D	E	B	G	A
D	E	F	G	A	B	C
F	G	A	B	C	D	E

A	B	C	D	E	F	G
D	E	F	G	A	B	C
G	A	B	C	D	E	F
C	D	E	F	G	A	B
F	G	A	B	C	D	E
B	C	D	E	F	G	A
E	F	G	A	B	C	D

A	B	C	D	E	F	G
E	F	G	A	B	C	D
B	C	D	E	F	G	A
F	G	A	B	C	D	E
C	D	E	F	G	A	B
G	A	B	C	D	E	F
D	E	F	G	A	B	C

A	B	C	D	E	F	G
F	G	A	B	C	D	E
D	E	F	G	A	B	C
B	C	D	E	F	G	A
G	A	B	C	D	E	F
E	F	G	A	B	C	D
C	D	E	F	G	A	B

A	B	C	D	E	F	G
G	A	B	C	D	E	F
F	G	A	B	C	D	E
E	F	G	A	B	C	D
D	E	F	G	A	B	C
C	D	E	F	G	A	B
B	C	D	E	F	G	A

8阶正交拉丁方组

A	B	C	D	E	F	G	H
B	A	D	C	F	E	H	G
C	D	A	B	G	H	E	F
D	C	B	A	H	G	F	E
E	F	G	H	A	B	C	D
F	E	H	G	B	A	D	C
G	H	E	F	C	D	A	B
H	G	F	E	D	C	B	A

A	B	C	D	E	F	G	H
E	F	G	H	A	B	C	D
B	A	D	C	F	E	H	G
F	E	H	G	B	A	D	C
G	H	E	F	C	D	A	B
C	D	A	B	G	H	E	F
H	G	F	E	D	C	B	A
D	C	B	A	H	G	F	E

A	B	C	D	E	F	G	H
G	H	E	F	C	D	A	B
E	F	G	H	A	B	C	D
C	D	A	B	G	H	E	F
H	G	F	E	D	C	B	A
B	A	D	C	F	E	H	G
D	C	B	A	H	G	F	E
F	E	H	G	B	A	D	C

A	B	C	D	E	F	G	H
H	G	F	E	D	C	B	A
G	H	E	F	C	D	A	B
B	A	D	C	F	E	H	G
D	C	B	A	H	G	F	E
E	F	G	H	A	B	C	D
F	E	H	G	B	A	D	C
C	D	A	B	G	H	E	F

A	B	C	D	E	F	G	H
D	C	B	A	H	G	F	E
H	G	F	E	D	C	B	A
E	F	G	H	A	B	C	D
F	E	H	G	B	A	D	C
G	H	E	F	C	D	A	B
C	D	A	B	G	H	E	F
B	A	D	C	F	E	H	G

A	B	C	D	E	F	G	H
F	E	H	G	B	A	D	C
D	C	B	A	H	G	F	E
G	H	E	F	C	D	A	B
C	D	A	B	G	H	E	F
H	G	F	E	D	C	B	A
B	A	D	C	F	E	H	G
E	F	G	H	A	B	C	D

A	B	C	D	E	F	G	H
C	D	A	B	G	H	E	F
F	E	H	G	B	A	D	C
H	G	F	C	D	C	B	A
B	A	D	E	F	E	H	G
D	C	B	A	H	G	F	E
E	F	G	H	A	B	C	D
G	H	E	F	C	D	A	B

9阶正交拉丁方组

A	B	C	D	E	F	G	H	I
B	C	A	E	F	D	H	I	G
C	A	B	F	D	E	I	G	H
D	E	F	G	H	I	A	B	C
E	F	D	H	I	G	B	C	A
F	D	E	I	G	H	C	A	B
G	H	I	A	B	C	D	E	F
H	I	G	B	C	A	E	F	D
I	G	H	C	A	B	F	D	E

A	B	C	D	E	F	G	H	I
G	H	I	A	B	C	D	E	F
D	E	F	G	H	I	A	B	C
B	C	A	E	F	D	H	I	G
H	I	G	B	C	A	E	F	D
E	F	D	H	I	G	B	C	A
C	A	B	F	D	E	I	G	H
I	G	H	C	A	B	F	D	E
F	D	E	I	G	H	C	A	B

A	B	C	D	E	F	G	H	I
I	G	H	C	A	B	F	D	E
E	F	D	H	I	G	B	C	A
F	D	E	I	G	H	C	A	B
B	C	A	E	F	D	H	I	G
G	H	I	A	B	C	D	E	F
H	I	G	B	C	A	E	F	D
D	E	F	G	H	I	A	B	C
C	A	B	F	D	E	I	G	H

A	B	C	D	E	F	G	H	I
H	I	G	B	C	A	E	F	D
F	D	E	I	G	H	C	A	B
I	G	H	C	A	B	F	D	E
D	E	F	G	H	I	A	B	C
B	C	A	E	F	D	H	I	G
E	F	D	H	I	G	B	C	A
C	A	B	F	D	E	I	G	H
G	H	I	A	B	C	D	E	F

A	B	C	D	E	F	G	H	I		A	B	C	D	E	F	G	H	I
C	A	B	F	D	E	I	G	H		D	E	F	G	H	I	A	B	C
B	C	A	E	F	D	H	I	G		G	H	I	A	B	C	D	E	F
G	H	I	A	B	C	D	E	F		C	A	B	F	D	E	I	G	H
I	G	H	C	A	B	F	D	E		F	D	E	I	G	H	C	A	B
H	I	G	B	C	A	E	F	D		I	G	H	C	A	B	F	D	E
D	E	F	G	H	I	A	B	C		B	C	A	E	F	D	H	I	G
F	D	E	I	G	H	C	A	B		E	F	D	H	I	G	B	C	A
E	F	D	H	I	G	B	C	A		H	I	G	B	C	A	E	F	D

A	B	C	D	E	F	G	H	I		A	B	C	D	E	F	G	H	I
E	F	D	H	I	G	B	C	A		F	D	E	I	G	H	C	A	B
I	G	H	C	A	B	F	D	E		H	I	G	B	C	A	E	F	D
H	I	G	B	C	A	E	F	D		E	F	D	H	I	G	B	C	A
C	A	B	F	D	E	I	G	H		G	H	I	A	B	C	D	E	F
D	E	F	G	H	I	A	B	C		C	A	B	F	D	E	I	G	H
F	D	E	I	G	H	C	A	B		I	G	H	C	A	B	F	D	E
G	H	I	A	B	C	D	E	F		B	C	A	E	F	D	H	I	G
B	C	A	E	F	D	H	I	G		D	E	F	G	H	I	A	B	C

10阶正交拉丁方组

A	B	C	D	E	F	G	H	I	J		A	B	C	D	E	F	G	H	I	J
B	C	A	G	H	I	J	D	E	F		C	A	B	I	J	D	E	F	G	H
C	A	B	F	G	H	I	J	D	E		B	C	A	E	F	G	H	I	J	D
D	H	I	A	B	E	C	F	J	G		H	D	J	G	I	A	F	C	B	E
E	I	J	H	A	B	F	C	G	D		I	E	D	F	H	J	A	G	C	B
F	J	D	E	I	A	B	G	C	H		J	F	E	B	G	I	D	A	H	C
G	D	E	I	F	J	A	B	H	C		D	G	F	C	B	H	J	E	A	I
H	E	F	C	J	G	D	A	B	I		E	H	G	J	C	B	I	D	F	A
I	F	G	J	C	D	H	E	A	B		F	I	H	A	D	C	B	J	E	G
J	G	H	B	D	C	E	I	F	A		G	J	I	H	A	E	C	B	D	F

12 阶正交拉丁方组

A	B	C	D	E	F	G	H	I	J	K	L
B	C	D	E	F	A	H	I	J	K	L	G
C	D	E	F	A	B	I	J	K	L	G	H
D	E	F	A	B	C	J	K	L	G	H	I
E	F	A	B	C	D	K	L	G	H	I	J
F	A	B	C	D	E	L	G	H	I	J	K
G	H	I	J	K	L	A	B	C	D	E	F
H	I	J	K	L	G	B	C	D	E	F	A
I	J	K	L	G	H	C	D	E	F	A	B
J	K	L	G	H	I	D	E	F	A	B	C
K	L	G	H	I	J	E	F	A	B	C	D
L	G	H	I	J	K	F	A	B	C	D	E

A	B	C	D	E	F	G	H	I	J	K	L
C	D	E	F	A	B	I	J	K	L	G	H
B	C	D	E	F	A	H	I	J	K	L	G
K	L	G	H	I	J	E	F	A	B	C	D
J	K	L	G	H	I	D	E	F	A	B	C
L	G	H	I	J	K	F	A	B	C	D	E
D	E	F	A	B	C	J	K	L	G	H	I
F	A	B	C	D	E	L	G	H	I	J	K
E	F	A	B	C	D	K	L	G	H	I	J
H	I	J	K	L	G	B	C	D	E	F	A
G	H	I	J	K	L	A	B	C	D	E	F
I	J	K	L	G	H	C	D	E	F	A	B

A	B	C	D	E	F	G	H	I	J	K	L
K	L	G	H	I	J	E	F	A	B	C	D
E	F	A	B	C	D	K	L	G	H	I	J
I	J	K	L	G	H	C	D	E	F	A	B
C	D	E	F	A	B	I	J	K	L	G	H
G	H	I	J	K	L	A	B	C	D	E	F
J	K	L	G	H	I	D	E	F	A	B	C
B	C	D	E	F	A	H	I	J	K	L	G
H	I	J	K	L	G	B	C	D	E	F	A
F	A	B	C	D	E	L	G	H	I	J	K
L	G	H	I	J	K	F	A	B	C	D	E
D	E	F	A	B	C	J	K	L	G	H	I

A	*B*	*C*	*D*	*E*	*F*	*G*	*H*	*I*	*J*	*K*	*L*
F	*A*	*B*	*C*	*D*	*E*	*L*	*G*	*H*	*I*	*J*	*K*
J	*K*	*L*	*G*	*H*	*I*	*D*	*E*	*F*	*A*	*B*	*C*
C	*D*	*E*	*F*	*A*	*B*	*I*	*J*	*K*	*L*	*G*	*H*
K	*L*	*G*	*H*	*I*	*J*	*E*	*F*	*A*	*B*	*C*	*D*
H	*I*	*J*	*K*	*L*	*G*	*B*	*C*	*D*	*E*	*F*	*A*
I	*J*	*K*	*L*	*G*	*H*	*C*	*D*	*E*	*F*	*A*	*B*
E	*F*	*A*	*B*	*C*	*D*	*K*	*L*	*G*	*H*	*I*	*J*
L	*G*	*H*	*I*	*J*	*K*	*F*	*A*	*B*	*C*	*D*	*E*
B	*C*	*D*	*E*	*F*	*A*	*H*	*I*	*J*	*K*	*L*	*G*
D	*E*	*F*	*A*	*B*	*C*	*J*	*K*	*L*	*G*	*H*	*I*
G	*H*	*I*	*J*	*K*	*L*	*A*	*B*	*C*	*D*	*E*	*F*

A	*B*	*C*	*D*	*E*	*F*	*G*	*H*	*I*	*J*	*K*	*L*
G	*H*	*I*	*J*	*K*	*L*	*A*	*B*	*C*	*D*	*E*	*F*
F	*A*	*B*	*C*	*D*	*E*	*L*	*G*	*H*	*I*	*J*	*K*
H	*I*	*J*	*K*	*L*	*G*	*B*	*C*	*D*	*E*	*F*	*A*
L	*G*	*H*	*I*	*J*	*K*	*F*	*A*	*B*	*C*	*D*	*E*
E	*F*	*A*	*B*	*C*	*D*	*K*	*L*	*G*	*H*	*I*	*J*
C	*D*	*E*	*F*	*A*	*B*	*I*	*J*	*K*	*L*	*G*	*H*
I	*J*	*K*	*L*	*G*	*H*	*C*	*D*	*E*	*F*	*A*	*B*
K	*L*	*G*	*H*	*I*	*J*	*E*	*F*	*A*	*B*	*C*	*D*
D	*E*	*F*	*A*	*B*	*C*	*J*	*K*	*L*	*G*	*H*	*I*
B	*C*	*D*	*E*	*F*	*A*	*H*	*I*	*J*	*K*	*L*	*G*
J	*K*	*L*	*G*	*H*	*I*	*D*	*E*	*F*	*A*	*B*	*C*

附表3 平衡不完全区组设计表

说明:t 为试验中的处理数;k 为区组容量,即不完全区组中的试验单元数;b 为试验中的不完全区组数;r 为每个处理的重复数;λ 为任意一对处理在同一区组中相遇的次数;(1)、(2)、(3)等带括号的编号为不完全区组编号;1、2、3 等编号为处理编号。

1. $t=3,k=2,b=3,r=2,\lambda=1$

(1) 1 2 (2) 1 3 (3) 2 3

2. $t=4,k=2,b=6,r=3,\lambda=1$

(1) 1 2 (2) 3 4 (3) 1 3 (4) 2 4 (5) 1 4 (6) 2 3

3. $t=4,k=3,b=4,r=3,\lambda=2$

(1) 1 2 3 (2) 1 2 4 (3) 1 3 4 (4) 2 3 4

4. $t=5,k=2,b=10,r=4,\lambda=1$

(1) 1 2 (2) 2 5 (3) 3 4 (4) 4 1 (5) 5 3

(6) 1 3 (7) 2 4 (8) 3 2 (9) 4 5 (10) 5 1

5. $t=5,k=3,b=10,r=6,\lambda=3$

(1) 1 2 3 (2) 1 2 4 (3) 1 2 5 (4) 1 3 4 (5) 1 3 5

(6) 1 4 5 (7) 2 3 4 (8) 2 3 5 (9) 2 4 5 (10) 3 4 5

6. $t=5,k=4,b=5,r=4,\lambda=3$

(1) 1 2 3 4 (2) 1 2 3 5 (3) 1 2 4 5 (4) 1 3 4 5 (5) 2 3 4 5

7. $t=6,k=2,b=15,r=5,\lambda=1$

(1) 1 2 (2) 3 4 (3) 5 6 (4) 1 3 (5) 2 5

(6) 4 6 (7) 1 4 (8) 2 6 (9) 3 5 (10) 1 5

(11) 2 4 (12) 3 6 (13) 1 6 (14) 2 3 (15) 4 5

8. $t=6,k=3,b=10,r=5,\lambda=2$

(1) 1 2 5 (2) 1 2 6 (3) 1 3 4 (4) 1 3 6 (5) 1 4 5

(6) 2 3 4 (7) 2 3 5 (8) 2 4 6 (9) 3 5 6 (10) 4 5 6

9. $t=6,k=3,b=20,r=10,\lambda=4$

(1) 1 2 3 (2) 4 5 6 (3) 1 2 4 (4) 3 5 6 (5) 1 2 5

(6) 3 4 6 (7) 1 2 6 (8) 3 4 5 (9) 1 3 4 (10) 2 5 6

(11) 1 3 5 (12) 2 4 6 (13) 1 3 6 (14) 2 4 5 (15) 1 4 5

(16) 2 3 6 (17) 1 4 6 (18) 2 3 5 (19) 1 5 6 (20) 2 3 4

10. $t=6,k=4,b=15,r=10,\lambda=6$

(1) 1 2 3 4 (2) 1 4 5 6 (3) 2 3 5 6 (4) 1 2 3 5 (5) 1 2 4 6

(6) 3 4 5 6 (7) 1 2 3 6 (8) 1 3 4 5 (9) 2 3 4 5 (10) 1 2 4 5

(11) 1 3 5 6 (12) 2 3 4 6 (13) 1 2 5 6 (14) 1 3 4 6 (15) 2 4 5 6

11. $t=6,k=5,b=6,r=5,\lambda=4$

(1) 1 2 3 4 5 (2) 1 2 3 4 6 (3) 1 2 3 5 6 (4) 1 2 4 5 6 (5) 1 3 4 5 6 (6) 2 3 4 5 6

12. $t=7,k=2,b=21,r=6,\lambda=1$

(1) 1 2 (2) 1 3 (3) 1 4 (4) 1 5 (5) 1 6 (6) 1 7 (7) 2 3

(8) 2 4 (9) 2 5 (10) 2 6 (11) 2 7 (12) 3 4 (13) 3 5 (14) 3 6

(15) 3 7 (16) 4 5 (17) 4 6 (18) 4 7 (19) 5 6 (20) 5 7 (21) 6 7

13. $t=7,k=3,b=7,r=3,\lambda=1$

(1) 1 2 4 (2) 2 3 5 (3) 3 4 6 (4) 4 5 7 (5) 1 5 6 (6) 2 6 7 (7) 1 3 7

14. $t=7,k=3,b=21,r=9,\lambda=3$

(1) 1 2 3 (2) 1 4 7 (3) 2 5 7 (4) 1 2 5 (5) 1 6 7 (6) 3 4 5 (7) 1 2 7

(8) 2 3 4 (9) 3 4 7 (10) 1 3 5 (11) 2 3 6 (12) 3 5 7 (13) 1 3 6 (14) 2 4 6

(15) 3 6 7 (16) 1 4 5 (17) 2 4 7 (18) 4 5 6 (19) 1 4 6 (20) 2 5 6 (21) 5 6 7

15. $t=7,k=4,b=7,r=4,\lambda=2$

(1) 1 2 3 6 (2) 2 3 4 7 (3) 1 3 4 5 (4) 2 4 5 6 (5) 3 5 6 7 (6) 1 4 6 7 (7) 1 2 5 7

16. $t=7,k=5,b=21,r=15,\lambda=10$

(1) 1 2 3 4 5 (2) 1 2 3 4 6 (3) 1 2 3 4 7 (4) 1 2 3 5 6 (5) 1 2 3 5 7

(6) 1 2 3 6 7 (7) 1 2 4 5 6 (8) 1 2 4 5 7 (9) 1 2 4 6 7 (10) 1 2 5 6 7

(11) 1 3 4 5 6 (12) 1 3 4 5 7 (13) 1 3 4 6 7 (14) 1 3 5 6 7 (15) 1 4 5 6 7
(16) 2 3 4 5 6 (17) 2 3 4 5 7 (18) 2 3 4 6 7 (19) 2 3 5 6 7 (20) 2 4 5 6 7
(21) 3 4 5 6 7

17. $t=7,k=6,b=7,r=6,\lambda=5$
(1) 1 2 3 4 5 6 (2) 1 2 3 4 5 7 (3) 1 2 3 4 6 7 (4) 1 2 3 5 6 7
(5) 1 2 4 5 6 7 (6) 1 3 4 5 6 7 (7) 2 3 4 5 6 7

18. $t=8,k=2,b=28,r=7,\lambda=1$
(1) 1 2 (2) 1 3 (3) 1 4 (4) 1 5 (5) 1 6 (6) 1 7 (7) 1 8
(8) 2 3 (9) 2 4 (10) 2 5 (11) 2 6 (12) 2 7 (13) 2 8 (14) 3 4
(15) 3 5 (16) 3 6 (17) 3 7 (18) 3 8 (19) 4 5 (20) 4 6 (21) 4 7
(15) 4 8 (16) 5 6 (17) 5 7 (18) 5 8 (19) 6 7 (20) 6 8 (21) 7 8

19. $t=8,k=4,b=14,r=7,\lambda=3$
(1) 1 2 3 4 (2) 5 6 7 8 (3) 1 2 7 8 (4) 3 4 5 6 (5) 1 3 6 8
(6) 2 4 5 7 (7) 1 4 6 7 (8) 2 3 5 8 (9) 1 2 5 6 (10) 3 4 7 8
(11) 1 3 5 7 (12) 2 4 6 8 (13) 1 4 5 8 (14) 2 3 6 7

20. $t=8,k=7,b=8,r=7,\lambda=6$
(1) 1 2 3 4 5 6 7 (2) 1 2 3 4 5 6 8 (3) 1 2 3 4 5 7 8 (4) 1 2 3 4 6 7 8
(5) 1 2 3 5 6 7 8 (6) 1 2 4 5 6 7 8 (7) 1 3 4 5 6 7 8 (8) 2 3 4 5 6 7 8

21. $t=9,k=2,b=36,r=8,\lambda=1$
(1) 1 2 (2) 1 3 (3) 1 4 (4) 1 5 (5) 1 6 (6) 1 7
(7) 1 8 (8) 1 9 (9) 2 3 (10) 2 4 (11) 2 5 (12) 2 6
(13) 2 7 (14) 2 8 (15) 2 9 (16) 3 4 (17) 3 5 (18) 3 6
(19) 3 7 (20) 3 8 (21) 3 9 (22) 4 5 (23) 4 6 (24) 4 7
(25) 4 8 (26) 4 9 (27) 5 6 (28) 5 7 (29) 5 8 (30) 5 9
(31) 6 7 (32) 6 8 (33) 6 9 (34) 7 8 (35) 7 9 (36) 8 9

22. $t=9,k=3,b=12,r=4,\lambda=1$
(1) 1 2 3 (2) 4 5 6 (3) 7 8 9 (4) 1 4 7 (5) 2 5 8 (6) 3 6 9
(7) 1 5 9 (8) 2 6 7 (9) 3 4 8 (10) 1 6 8 (11) 2 4 9 (12) 3 5 7

23. $t=9,k=4,b=18,r=8,\lambda=3$
(1) 1 4 6 7 (2) 2 6 8 9 (3) 1 3 8 9 (4) 1 2 3 4 (5) 1 5 7 8 (6) 4 5 6 9
(7) 2 3 6 7 (8) 2 4 5 8 (9) 3 5 7 9 (10) 1 2 5 7 (11) 2 3 5 6 (12) 3 4 7 9
(13) 1 2 4 9 (14) 1 5 6 9 (15) 1 3 6 8 (16) 4 6 7 8 (17) 3 4 5 8 (18) 2 7 8 9

24. $t=9,k=5,b=18,r=10,\lambda=5$
(1) 1 2 3 7 8 (2) 1 2 4 6 8 (3) 2 3 5 8 9 (4) 2 3 4 6 9 (5) 1 3 4 5 7
(6) 2 4 5 6 7 (7) 1 3 6 7 9 (8) 1 4 6 8 9 (9) 5 6 7 8 9 (10) 1 2 3 5 9
(11) 1 2 5 6 8 (12) 1 3 4 5 6 (13) 2 3 4 7 8 (14) 2 4 5 7 9 (15) 3 5 6 7 8
(16) 1 4 7 8 9 (17) 3 4 6 8 9 (18) 1 2 6 7 9

25. $t=9,k=6,b=12,r=8,\lambda=5$
(1) 1 2 4 5 7 8 (2) 2 3 5 6 8 9 (3) 1 3 4 6 7 9 (4) 1 2 5 6 7 9

(5) 1 3 4 5 8 9 (6) 2 3 4 6 7 8 (7) 1 3 5 6 7 8 (8) 1 2 4 6 8 9
(9) 2 3 4 5 7 9 (10) 4 5 6 7 8 9 (11) 1 2 3 4 5 6 (12) 1 2 3 7 8 9

26. $t=9, k=8, b=9, r=8, \lambda=7$

(1) 1 2 3 4 5 6 7 8 (2) 1 2 3 4 5 6 7 9 (3) 1 2 3 4 5 6 8 9
(4) 1 2 3 4 5 7 8 9 (5) 1 2 3 4 6 7 8 9 (6) 1 2 3 5 6 7 8 9
(7) 1 2 4 5 6 7 8 9 (8) 1 3 4 5 6 7 8 9 (9) 2 3 4 5 6 7 8 9

27. $t=10, k=2, b=45, r=9, \lambda=1$

(1) 1 2 (2) 1 3 (3) 1 4 (4) 1 5 (5) 1 6 (6) 1 7
(7) 1 8 (8) 1 9 (9) 1 10 (10) 2 3 (11) 2 4 (12) 2 5
(13) 2 6 (14) 2 7 (15) 2 8 (16) 2 9 (17) 2 10 (18) 3 4
(19) 3 5 (20) 3 6 (21) 3 7 (22) 3 8 (23) 3 9 (24) 3 10
(25) 4 5 (26) 4 6 (27) 4 7 (28) 4 8 (29) 4 9 (30) 4 10
(31) 5 6 (32) 5 7 (33) 5 8 (34) 5 9 (35) 5 10 (36) 6 7
(37) 6 8 (38) 6 9 (39) 6 10 (40) 7 8 (41) 7 9 (42) 7 10
(43) 8 9 (44) 8 10 (45) 9 10

28. $t=10, k=3, b=30, r=9, \lambda=2$

(1) 1 2 3 (2) 2 5 8 (3) 3 4 7 (4) 1 4 6 (5) 5 7 8 (6) 4 6 9
(7) 1 7 9 (8) 2 8 10 (9) 3 9 10 (10) 5 6 10 (11) 1 2 4 (12) 2 3 6
(13) 3 4 8 (14) 4 5 9 (15) 1 5 7 (16) 6 8 9 (17) 3 7 10 (18) 1 8 10
(19) 2 5 9 (20) 6 7 10 (21) 1 3 5 (22) 2 6 7 (23) 3 8 9 (24) 2 4 10
(25) 3 5 6 (26) 1 6 8 (27) 2 7 9 (28) 4 7 8 (29) 1 9 10 (30) 4 5 10

29. $t=10, k=4, b=15, r=6, \lambda=2$

(1) 1 2 3 4 (2) 1 2 5 6 (3) 1 3 7 8 (4) 1 4 9 10 (5) 1 5 7 9
(6) 1 6 8 10 (7) 2 3 6 9 (8) 3 6 7 10 (9) 2 5 8 10 (10) 2 7 8 9
(11) 3 5 9 10 (12) 3 6 7 10 (13) 3 4 5 8 (14) 4 5 6 7 (15) 4 6 8 9

30. $t=10, k=5, b=18, r=9, \lambda=4$

(1) 1 2 3 4 5 (2) 1 2 3 6 7 (3) 1 2 4 6 9 (4) 1 2 5 7 8 (5) 1 3 6 8 9
(6) 1 3 7 8 10 (7) 1 4 5 6 10 (8) 1 4 8 9 10 (9) 1 5 7 9 10 (10) 2 3 4 8 10
(11) 2 3 5 9 10 (12) 2 4 7 8 9 (13) 2 5 6 8 10 (14) 2 6 7 9 10 (15) 3 4 6 7 10
(16) 3 4 5 7 9 (17) 3 5 6 8 9 (18) 4 5 6 7 8

31. $t=10, k=6, b=15, r=9, \lambda=5$

(1) 1 2 4 5 8 9 (2) 5 6 7 8 9 10 (3) 2 4 5 6 7 10 (4) 1 2 4 6 7 8 (5) 3 4 7 8 9 10
(6) 2 3 4 6 8 10 (7) 1 2 6 7 9 10 (8) 1 3 5 6 8 9 (9) 1 2 3 8 9 10 (10) 2 3 4 5 7 9
(11) 1 4 5 7 8 10 (12) 1 2 3 5 7 10 (13) 2 3 5 6 7 8 (14) 1 3 4 5 6 10 (15) 1 3 4 6 7 9

32. $t=10, k=9, b=10, r=9, \lambda=8$

(1) 1 2 3 4 5 6 7 8 9 (2) 1 2 3 4 5 6 7 8 10 (3) 1 2 3 4 5 6 7 9 10
(4) 1 2 3 4 5 6 8 9 10 (5) 1 2 3 4 5 7 8 9 10 (6) 1 2 3 4 6 7 8 9 10
(7) 1 2 3 5 6 7 8 9 10 (8) 1 2 4 5 6 7 8 9 10 (9) 1 3 4 5 6 7 8 9 10
(10) 2 3 4 5 6 7 8 9 10

33. $t=11,k=3,b=55,r=15,\lambda=3$

(1) 1 2 4　(2) 1 5 7　(3) 2 3 7　(4) 2 8 9　(5) 3 6 7

(6) 4 7 9　(7) 6 7 9　(8) 1 2 6　(9) 1 5 11　(10) 2 3 10

(11) 2 8 11　(12) 3 6 8　(13) 4 8 10　(14) 6 7 11　(15) 1 2 9

(16) 1 6 10　(17) 2 4 9　(18) 2 10 11　(19) 3 7 9　(20) 4 10 11

(21) 6 9 10　(22) 1 3 8　(23) 1 7 8　(24) 2 4 10　(25) 3 4 6

(26) 3 9 10　(27) 5 6 8　(28) 6 9 11　(29) 1 3 9　(30) 1 7 10

(31) 2 5 6　(32) 3 4 8　(33) 4 5 7　(34) 5 6 10　(35) 7 8 10

(36) 1 3 11　(37) 1 6 11　(38) 2 5 7　(39) 3 4 11　(40) 4 5 9

(41) 5 8 9　(42) 7 10 11　(43) 1 4 5　(44) 1 9 10　(45) 2 6 8

(46) 3 5 10　(47) 4 6 11　(48) 5 8 10　(49) 8 9 11　(50) 1 4 6

(51) 2 3 5　(52) 2 7 11　(53) 3 5 11　(54) 4 7 8　(55) 5 9 11

34. $t=11,k=4,b=55,r=20,\lambda=6$

(1) 1 2 4 5　(2) 1 3 4 11　(3) 1 5 6 10　(4) 2 3 5 11　(5) 2 4 8 9

(6) 3 4 7 8　(7) 4 5 7 8　(8) 5 6 9 10　(9) 1 2 4 10　(10) 1 3 6 8

(11) 1 5 7 10　(12) 2 3 6 7　(13) 2 4 8 10　(14) 3 4 8 10　(15) 4 5 8 9

(16) 5 7 8 10　(17) 1 2 5 6　(18) 1 3 7 8　(19) 1 5 7 11　(20) 2 3 7 9

(21) 2 5 7 11　(22) 3 4 10 11　(23) 4 5 9 11　(24) 6 8 9 10　(25) 1 2 6 8

(26) 1 3 7 9　(27) 1 7 8 11　(28) 2 3 9 10　(29) 2 6 7 11　(30) 3 5 6 8

(31) 4 6 7 9　(32) 6 7 10 11　(33) 1 2 8 9　(34) 1 3 9 11　(35) 1 7 9 10

(36) 2 3 10 11　(37) 2 6 8 11　(38) 3 5 8 10　(39) 4 6 9 11　(40) 6 8 9 11

(41) 1 2 9 10　(42) 1 4 5 11　(43) 1 8 9 11　(44) 2 4 5 7　(45) 2 8 10 11

(46) 3 5 9 10　(47) 4 6 10 11　(48) 7 8 10 11　(49) 1 3 4 6　(50) 1 4 6 10

(51) 2 3 5 6　(52) 2 4 7 9　(53) 3 4 6 7　(54) 3 5 9 11　(55) 5 6 8 9

35. $t=11,k=5,b=11,r=5,\lambda=2$

(1) 1 2 3 5 8　(2) 2 3 4 6 9　(3) 4 5 6 8 11　(4) 1 2 4 7 11

(5) 2 5 9 10 11　(6) 1 5 6 7 9　(7) 1 3 6 10 11　(8) 2 6 7 8 10

(9) 3 7 8 9 11　(10) 1 4 8 9 10　(11) 3 4 5 7 10

36. $t=11,k=6,b=11,r=6,\lambda=3$

(1) 1 2 3 7 9 10　(2) 2 3 4 8 10 11　(3) 3 4 5 6 1 11 1　(4) 4 5 6 10 1 2

(5) 5 6 7 11 2 3　(6) 6 7 8 1 34　(7) 7 8 9 2 4 5　(8) 8 9 10 3 5 6

(9) 9 10 11 4 6 7　(10) 10 11 1 5 7 8　(11) 11 1 2 6 8 9

37. $t=12,k=3,b=44,r=11,\lambda=2$

(1) 1 2 4　(2) 1 7 9　(3) 2 8 9　(4) 3 9 10　(5) 4 11 12

(6) 6 10 12　(7) 1 2 6　(8) 1 8 12　(9) 2 8 10　(10) 3 9 11

(11) 5 6 8　(12) 7 8 10　(13) 1 3 6　(14) 1 9 10　(15) 2 9 12

(16) 3 10 12　(17) 5 6 10　(18) 7 11 12　(19) 1 3 11　(20) 2 3 5

(21) 2 10 11　(22) 4 5 7　(23) 5 7 10　(24) 8 9 11　(25) 1 4 10

(26) 2 3 7　(27) 3 4 6　(28) 4 5 9　(29) 5 9 12　(30) 1 5 11

(31) 2 4 7　(32) 3 4 8　(33) 4 6 9　(34) 6 7 9　(35) 1 5 12
(36) 2 5 11　(37) 3 5 8　(38) 4 8 12　(39) 6 7 11　(40) 1 7 8
(41) 2 6 12　(42) 3 7 12　(43) 4 10 11　(44) 6 8 11

38. $t=12, k=4, b=33, r=11, \lambda=3$

(1) 1 2 4 6　(2) 1 2 4 9　(3) 1 2 6 12　(4) 1 3 5 11　(5) 1 7 8 12
(6) 1 4 5 7　(7) 1 5 11 12　(8) 1 6 9 10　(9) 1 7 8 10　(10) 2 7 10 11
(11) 2 3 5 10　(12) 2 3 7 12　(13) 2 4 10 11　(14) 2 5 6 8　(15) 3 6 7 9
(16) 2 8 9 12　(17) 3 4 6 8　(18) 3 4 6 11　(19) 3 4 8 12　(20) 5 6 8 10
(21) 4 5 7 9　(22) 4 5 9 12　(23) 4 7 8 10　(24) 4 10 11 12　(25) 1 3 9 10
(26) 5 8 9 11　(27) 6 7 9 11　(28) 6 7 11 12　(29) 1 3 8 11　(30) 2 3 5 7
(31) 2 8 9 11　(32) 3 9 10 12　(33) 5 6 10 12

39. $t=12, k=6, b=22, r=11, \lambda=5$

(1) 1 2 3 5 8 12　(2) 1 2 6 8 9 11　(3) 1 4 8 9 10 12　(4) 2 3 6 8 10 11
(5) 2 4 7 8 10 12　(6) 4 5 6 8 11 12　(7) 1 2 3 7 9 10　(8) 1 3 4 5 9 11
(9) 1 5 6 7 9 12　(10) 2 3 5 6 7 11　(11) 3 4 5 7 10 12　(12) 4 6 7 9 10 11
(13) 1 2 4 5 6 10　(14) 1 3 4 6 7 8　(15) 1 5 7 8 10 11　(16) 2 4 5 7 8 9
(17) 3 5 6 8 9 10　(18) 1 2 4 7 11 12　(19) 1 3 6 10 11 12　(20) 2 3 4 6 9 12
(21) 2 5 9 10 11 12　(22) 3 7 8 9 11 12

40. $t=13, k=3, b=26, r=6, \lambda=1$

(1) 1 2 11　(2) 2 5 6　(3) 4 7 8　(4) 8 11 12　(5) 1 3 9
(6) 2 7 9　(7) 4 9 11　(8) 9 12 13　(9) 1 4 5　(10) 2 8 13
(11) 5 7 13　(12) 1 6 8　(13) 3 4 13　(14) 5 8 9　(15) 1 7 12
(16) 3 5 11　(17) 5 10 12　(18) 1 10 13　(19) 3 6 7　(20) 6 9 10
(21) 2 3 12　(22) 3 8 10　(23) 6 11 13　(24) 2 4 10　(25) 4 6 12
(26) 7 10 11

41. $t=13, k=4, b=13, r=4, \lambda=1$

(1) 1 2 4 10　(2) 2 8 12 13　(3) 6 10 11 13　(4) 1 3 9 13　(5) 3 4 6 12
(6) 1 5 6 8　(7) 3 7 8 10　(8) 1 7 11 12　(9) 4 5 7 13　(10) 2 3 5 11
(11) 4 8 9 11　(12) 2 6 7 9　(13) 5 9 10 12

42. $t=13, k=5, b=39, r=15, \lambda=5$

(1) 1 2 3 5 8　(2) 1 3 6 7 11　(3) 1 4 10 11 12　(4) 2 3 4 6 9
(5) 2 3 7 10 11　(6) 3 4 5 7 10　(7) 3 8 9 10 12　(8) 4 9 10 11 13
(9) 1 2 3 5 9　(10) 1 3 6 12 13　(11) 1 5 8 10 13　(12) 2 3 4 6 10
(13) 2 5 11 12 13　(14) 3 4 5 7 11　(15) 3 9 10 11 12　(16) 5 6 7 9 12
(17) 1 2 4 7 13　(18) 1 3 7 12 13　(19) 1 5 10 11 12　(20) 2 3 7 10 12
(21) 2 6 11 12 13　(22) 3 4 8 11 13　(23) 4 5 6 8 11　(24) 5 6 7 9 13
(25) 1 2 4 8 13　(26) 1 4 5 9 12　(27) 1 6 7 8 10　(28) 2 4 7 8 12
(29) 2 7 8 9 11　(30) 3 5 8 9 13　(31) 4 5 6 8 12　(32) 6 7 8 10 13
(33) 1 2 6 9 11　(34) 1 4 6 9 10　(35) 1 7 8 9 11　(36) 2 5 6 10 13

(37) 2 8 9 10 12　(38) 3 6 8 11 12　(39) 4 7 9 12 13

43. $t=13,k=6,b=26,r=12,\lambda=5$

(1) 1 2 3 4 8 12　(2) 1 2 6 10 12 13　(3) 1 4 5 9 11 12　(4) 2 3 4 5 9 13
(5) 2 4 5 7 10 11　(6) 3 5 6 7 8 12　(7) 4 6 7 9 12 13　(8) 1 2 3 7 11 13
(9) 1 3 4 5 6 10　(10) 1 5 7 8 9 10　(11) 2 3 5 8 9 13　(12) 2 5 6 10 12 13
(13) 3 5 6 8 11 12　(14) 4 8 10 11 12 13　(15) 1 2 4 7 8 12　(16) 1 3 4 6 9 10
(17) 1 5 7 8 10 13　(18) 2 3 7 9 10 12　(19) 2 6 8 9 10 11　(20) 3 7 9 10 11 12
(21) 1 2 6 8 9 11　(22) 1 3 6 7 11 13　(23) 1 5 9 11 12 13　(24) 2 4 5 6 7 11
(25) 3 4 8 10 11 12　(26) 4 6 7 8 9 13

44. $t=14,k=7,b=26,r=13,\lambda=6$

(1) 1 2 3 5 6 11 12　(2) 1 2 4 6 8 9 14　(3) 1 3 4 5 7 8 13
(4) 1 3 5 6 11 12 14　(5) 1 6 7 9 11 13 14　(6) 2 3 5 7 9 10 14
(7) 2 4 5 10 11 13 14　(8) 3 4 6 8 10 11 14　(9) 5 6 8 9 10 12 13
(10) 1 2 4 5 6 8 9　(11) 1 2 7 8 10 11 12　(12) 1 3 4 9 10 12 13
(13) 1 3 5 7 8 13 14　(14) 2 3 4 6 7 12 13　(15) 2 3 8 9 11 12 13
(16) 2 4 6 7 12 13 14　(17) 4 5 7 8 9 11 12　(18) 5 6 8 10 12 13 14
(19) 1 2 4 5 10 11 13　(20) 1 2 7 8 10 12 14　(21) 1 3 4 9 10 12 14
(22) 1 6 7 9 10 11 13　(23) 2 3 5 6 7 9 10　(24) 2 3 8 9 11 13 14
(25) 3 4 6 7 8 10 11　(26) 4 5 7 9 11 12 14

45. $t=15,k=3,b=35,r=7,\lambda=1$

(1) 1 2 3　(2) 2 4 6　(3) 3 5 6　(4) 4 10 14　(5) 6 9 15
(6) 1 4 5　(7) 2 5 7　(8) 3 8 11　(9) 4 11 15　(10) 6 10 12
(11) 1 6 7　(12) 2 8 10　(13) 3 9 10　(14) 5 8 13　(15) 7 11 13
(16) 1 8 9　(17) 2 9 11　(18) 3 12 15　(19) 5 9 12　(20) 7 8 15
(21) 1 10 11　(22) 2 12 14　(23) 3 13 14　(24) 5 10 15　(25) 7 9 14
(26) 1 12 13　(27) 2 13 15　(28) 4 8 12　(29) 5 11 14　(30) 7 10 13
(31) 1 14 15　(32) 3 4 7　(33) 49 13　(34) 6 8 14　(35) 7 11 12

46. $t=15,k=6,b=35,r=14,\lambda=5$

(1) 1 2 3 6 11 15　(2) 1 2 5 7 10 15　(3) 1 3 7 11 12 14　(4) 1 5 6 11 12 14
(5) 2 3 5 9 13 14　(6) 2 6 7 9 13 14　(7) 3 4 6 9 10 12　(8) 4 5 7 8 9 11
(9) 5 8 10 13 14 15　(10) 1 2 4 8 9 11　(11) 1 34 5 13 15　(12) 1 4 6 7 9 15
(13) 1 9 10 11 13 15　(14) 2 3 5 9 10 12　(15) 2 6 7 10 11 13　(16) 3 4 6 10 11 13
(17) 4 5 7 10 11 13　(18) 6 8 9 11 14 15　(19) 1 2 4 8 10 14　(20) 1 3 7 8 10 14
(21) 1 5 6 8 12 13　(22) 2 3 4 7 12 15　(23) 2 4 5 6 14 15　(24) 2 10 11 12 14 15
(25) 3 5 6 7 8 15　(26) 4 5 7 11 12 14　(27) 7 8 9 10 12 15　(28) 1 2 4 8 12 13
(29) 1 3 7 9 13 14　(30) 1 5 6 9 10 12　(31) 2 3 5 8 9 11　(32) 2 6 7 8 12 13
(33) 3 4 6 8 10 14　(34) 3 8 11 12 13 15　(35) 4 9 12 13 14 15

47. $t=15,k=7,b=15,r=7,\lambda=3$

(1) 1 2 3 4 5 6 7　(2) 1 4 5 8 9 12 13　(3) 1 6 7 10 11 12 13

(4) 2 5 7 8 10 13 15　(5) 3 4 7 9 10 13 14　(6) 1 2 3 8 9 10 11
(7) 1 4 5 10 11 14 15　(8) 2 4 6 8 10 12 14　(9) 2 5 7 9 11 12 14
(10) 3 5 6 8 11 13 14　(11) 1 2 3 12 13 14 15　(12) 1 6 7 8 914 15
(13) 2 4 6 9 11 13 15　(14) 3 4 7 8 11 12 15　(15) 3 5 6 9 10 12 15

48. $t=15, k=8, b=15, r=8, \lambda=4$

(1) 1 2 3 4 8 11 12 14　(2) 2 3 4 5 9 12 13 15　(3) 3 4 5 6 10 13 14 1
(4) 4 5 6 7 11 14 15 2　(5) 5 6 7 8 12 15 1 3　(6) 6 7 8 9 13 1 2 4
(7) 7 8 9 10 14 2 3 5　(8) 8 9 10 11 15 3 4 6　(9) 9 10 11 12 1 4 5 7
(10) 10 11 12 13 2 5 6 8　(11) 11 12 13 14 3 6 7 9　(12) 12 13 14 15 4 7 8 10
(13) 13 14 15 1 5 8 9 11　(14) 14 15 1 2 6 9 10 12　(15) 15 1 2 3 7 10 11 13

49. $t=16, k=4, b=20, r=5, \lambda=1$

(1) 1 2 3 4　(2) 1 5 9 13　(3) 1 6 11 16　(4) 5 6 7 8
(5) 2 6 10 14　(6) 2 5 12 15　(7) 9 10 11 12　(8) 3 7 11 15
(9) 3 8 9 14　(10) 13 14 15 16　(11) 4 8 12 16　(12) 4 7 10 13
(13) 1 7 12 14　(14) 1 8 10 15　(15) 2 8 11 13　(16) 2 7 9 16
(17) 3 5 10 16　(18) 3 6 12 13　(19) 4 6 9 15　(20) 4 5 11 14

50. $t=16, k=5, b=48, r=15, \lambda=4$

(1) 1 4 9 11 16　(2) 1 6 8 10 16　(3) 1 2 9 10 13　(4) 2 3 8 10 14
(5) 2 4 7 14 15　(6) 2 4 5 14 16　(7) 1 5 6 7 10　(8) 2 5 12 13 14
(9) 2 4 6 8 9　(10) 1 2 6 11 14　(11) 3 6 9 10 11　(12) 4 9 10 12 14
(13) 2 5 7 9 11　(14) 3 7 11 12 14　(15) 4 6 11 12 15　(16) 1 3 4 10 15
(17) 1 5 10 11 12　(18) 8 9 11 14 15　(19) 1 4 8 13 14　(20) 3 6 7 8 15
(21) 1 3 5 9 14　(22) 7 9 10 15 16　(23) 1 2 5 8 15　(24) 5 6 10 14 15
(25) 3 4 6 14 16　(26) 4 5 9 13 15　(27) 5 6 9 12 16　(28) 6 7 9 13 14
(29) 3 8 9 13 16　(30) 2 3 9 12 15　(31) 3 5 11 15 16　(32) 3 5 7 10 13
(33) 4 7 8 10 11　(34) 3 4 5 8 12　(35) 1 2 3 7 16　(36) 2 3 4 11 13
(37) 8 10 12 13 15　(38) 5 7 8 14 16　(39) 1 7 11 13 15　(40) 2 8 11 12 16
(41) 1 3 6 12 13　(42) 10 11 13 14 16　(43) 2 6 7 10 12　(44) 1 12 14 15 16
(45) 2 6 13 15 16　(46) 4 7 12 13 16　(47) 5 6 8 11 13　(48) 1 7 8 9 12

51. $t=16, k=6, b=16, r=6, \lambda=2$

(1) 1 2 3 8 12 16　(2) 1 5 9 14 15 16　(3) 2 3 4 5 9 13　(4) 2 6 10 13 15 16
(5) 2 6 9 11 12 14　(6) 3 7 9 10 12 15　(7) 4 8 9 10 11 16　(8) 1 2 4 7 11 15
(9) 1 5 10 11 12 13　(10) 2 5 7 8 10 14　(11) 3 5 6 8 11 15　(12) 4 5 6 7 12 16
(13) 3 7 11 13 14 16　(14) 4 8 12 13 14 15　(15) 1 3 4 6 10 14　(16) 1 6 7 8 9 13

52. $t=16, k=6, b=24, r=9, \lambda=3$

(1) 1 2 5 6 11 12　(2) 1 3 5 7 11 12　(3) 1 4 5 8 10 11　(4) 1 2 7 8 13 14
(5) 1 3 6 8 11 15　(6) 1 4 6 7 13 16　(7) 1 2 9 10 15 16　(8) 1 3 9 11 14 16
(9) 1 4 9 12 14 15　(10) 3 4 5 6 15 16　(11) 2 4 5 7 14 16　(12) 2 3 5 8 14 15
(13) 3 4 7 8 9 10　(14) 2 4 6 8 9 11　(15) 2 3 6 7 9 12　(16) 3 4 11 12 13 14

(17) 2 4 10 12 13 15 (18) 2 3 10 11 13 16 (19) 5 6 9 10 13 14 (20) 5 7 9 11 13 15
(21) 5 8 9 12 13 16 (22) 7 8 11 12 15 16 (23) 6 8 10 12 14 16 (24) 6 7 10 11 14 15

53. $t=16, k=8, b=30, r=15, \lambda=7$

(1) 1 6 7 8 9 14 15 16 (2) 2 3 6 7 10 11 14 15 (3) 1 3 5 7 9 11 13 15
(4) 3 5 6 8 11 13 14 16 (5) 1 3 4 6 9 11 12 14 (6) 2 3 4 5 6 7 8 9
(7) 1 2 3 6 7 12 13 16 (8) 2 3 4 5 10 11 12 13 (9) 1 2 3 8 9 10 11 16
(10) 2 4 6 8 10 12 14 16 (11) 1 2 5 6 9 10 13 14 (12) 2 5 7 8 10 13 15 16
(13) 1 2 3 4 5 14 15 16 (14) 4 5 8 9 10 11 14 (15) 1 4 5 8 9 12 13 16
(16) 4 5 6 7 12 13 14 15 (17) 1 2 4 7 9 10 12 15 (18) 3 4 7 8 11 12 15 16
(19) 1 10 11 12 13 14 15 16 (20) 6 7 8 9 10 11 12 13 (21) 1 4 5 6 7 10 11 16
(22) 2 3 8 9 12 13 14 15 (23) 1 3 5 6 8 10 12 15 (24) 2 5 6 9 11 12 15 16
(25) 1 2 4 6 8 11 13 15 (26) 2 4 7 8 11 13 14 16 (27) 1 2 5 7 8 11 12 14
(28) 3 5 7 9 10 12 14 16 (29) 1 3 4 7 8 10 13 14 (30) 3 4 6 9 10 13 15 16

54. $t=16, k=10, b=16, r=10, \lambda=6$

(1) 1 4 5 6 8 9 10 11 12 13 (2) 2 7 10 9 12 13 6 3 16 5
(3) 3 13 11 12 14 15 4 5 6 16 (4) 4 8 9 7 11 12 5 14 2 3
(5) 5 6 3 11 7 10 1 15 9 14 (6) 6 3 7 15 13 11 8 2 10 4
(7) 7 1 4 3 9 8 13 16 5 15 (8) 8 10 12 13 15 16 7 9 14 11
(9) 9 5 8 10 16 14 2 4 15 6 (10) 10 2 16 1 5 4 15 12 11 7
(11) 11 9 15 16 2 3 12 6 1 8 (12) 12 15 2 8 6 5 14 7 13 1
(13) 13 11 14 5 1 2 16 8 3 10 (14) 14 16 1 2 4 6 11 13 7 9
(15) 15 12 13 14 3 1 9 10 4 2 (16) 16 14 6 4 10 7 3 1 8 12

55. $t=21, k=5, b=21, r=5, \lambda=1$

(1) 1 2 5 15 17 (2) 2 3 6 16 18 (3) 3 4 7 17 19 (4) 4 5 8 18 20
(5) 5 6 9 19 21 (6) 6 7 10 20 1 (7) 7 8 11 21 2 (8) 8 9 12 1 3
(9) 9 10 13 2 4 (10) 10 11 14 3 5 (11) 11 12 15 4 6 (12) 12 13 16 5 7
(13) 13 14 17 6 8 (14) 14 15 18 7 9 (15) 15 16 19 8 10 (16) 16 17 20 9 11
(17) 17 18 21 10 12 (18) 18 19 1 11 13 (19) 19 20 2 12 14 (20) 20 21 3 13 15
(21) 21 1 4 14 16

56. $t=21, k=7, b=30, r=10, \lambda=3$

(1) 1 2 3 4 5 6 7 (2) 1 2 4 8 9 11 21 (3) 1 2 11 13 15 17 18
(4) 1 3 7 8 10 14 20 (5) 1 3 11 14 15 19 21 (6) 1 4 9 10 16 18 19
(7) 1 5 6 8 12 13 18 (8) 1 5 13 14 15 16 20 (9) 1 6 9 12 17 19 20
(10) 1 7 10 12 16 17 21 (11) 2 3 5 9 10 12 15 (12) 2 3 12 14 16 18 19
(13) 2 4 8 12 15 16 20 (14) 2 5 10 11 17 19 20 (15) 2 6 7 9 13 14 19
(16) 2 6 8 14 16 17 21 (17) 2 7 10 13 18 20 21 (18) 3 4 6 10 11 13 16
(19) 3 4 8 13 17 19 20 (20) 3 5 9 13 16 17 21 (21) 3 6 11 12 18 20 21
(22) 3 7 8 9 15 17 18 (23) 4 5 7 11 12 14 17 (24) 4 5 9 14 18 20 21
(25) 4 6 10 14 15 17 18 (26) 4 7 12 13 15 19 21 (27) 5 6 8 10 15 19 21

(28) 5 7 8 11 16 18 19　(29) 6 7 9 11 15 16 20　(30) 8 9 10 11 12 13 14

57. $t=25, k=5, b=30, r=6, \lambda=1$

(1) 1 2 3 4 5　(2) 6 7 8 9 10　(3) 11 12 13 14 15　(4) 16 17 18 19 20
(5) 21 22 23 24 25　(6) 1 6 11 16 21　(7) 2 7 12 17 22　(8) 3 8 13 18 23
(9) 4 9 14 19 24　(10) 5 10 15 20 25　(11) 1 7 13 20 24　(12) 2 8 14 16 25
(13) 4 10 11 18 22　(14) 3 9 15 17 21　(15) 5 6 12 19 23　(16) 1 8 15 19 22
(17) 2 9 11 20 23　(18) 3 10 12 16 24　(19) 4 6 13 17 25　(20) 5 7 14 18 21
(21) 1 9 12 18 25　(22) 2 10 13 19 21　(23) 3 6 14 20 22　(24) 4 7 15 16 23
(25) 5 8 11 17 24　(26) 1 10 14 17 23　(27) 2 6 15 18 24　(28) 3 7 11 19 25
(29) 4 8 12 20 21　(30) 5 9 13 16 22

58. $t=25, k=9, b=25, r=9, \lambda=3$

(1) 1 2 3 4 5 6 7 8 9　(2) 2 4 9 10 24 17 15 22 12
(3) 3 24 8 23 18 21 13 4 10　(4) 4 22 25 3 20 12 11 3 19
(5) 5 15 17 18 8 11 2 13 20　(6) 6 8 12 13 1 14 24 25 15
(7) 7 16 5 22 3 10 25 15 13　(8) 8 10 11 16 6 22 23 1 17
(9) 9 13 20 5 12 23 1 21 22　(10) 10 19 14 12 16 2 8 5 21
(11) 11 18 19 24 10 1 5 9 25　(12) 12 6 10 25 7 18 20 2 23
(13) 13 11 4 9 23 25 14 16 2　(14) 14 3 7 17 11 5 12 23 24
(15) 15 20 21 1 14 7 10 11 4　(16) 16 17 18 7 13 19 4 12 1
(17) 17 14 13 20 19 3 9 10 6　(18) 18 9 22 14 25 8 21 17 7
(19) 19 7 23 15 9 20 16 24 8　(20) 20 5 16 6 4 24 22 14 13
(21) 21 12 6 11 15 9 3 18 16　(22) 22 21 24 19 2 13 6 7 11
(23) 23 1 2 3 22 15 18 19 14　(24) 24 25 1 2 21 16 17 20 3
(25) 25 23 15 21 17 4 19 6 5

附表 4　平方格子设计表

说明：t 为试验中的处理数；k 为区组容量，即不完全区组中的试验单元数；b 为试验中的不完全区组数；r 为每个处理的重复数；(1)、(2)、(3)等带括号的编号为不完全区组编号；1、2、3 等编号为处理编号。

附表 4.1　3×3 平衡平方格子设计($t=9, k=3, b=12, r=4$)

区组	重复 1			区组	重复 2			区组	重复 3			区组	重复 4		
(1)	1	2	3	(4)	1	4	7	(7)	1	5	9	(10)	1	6	8
(2)	4	5	6	(5)	2	5	8	(8)	2	6	7	(11)	2	4	9
(3)	7	8	9	(6)	3	6	9	(9)	3	4	8	(12)	3	5	7

附表 4.2　4×4 平衡平方格子设计($t=16,k=4,b=20,r=5$)

区组	重复 1			
(1)	1	2	3	4
(2)	5	6	7	8
(3)	9	10	11	12
(4)	13	14	15	16

区组	重复 2			
(5)	1	5	9	13
(6)	2	6	10	14
(7)	3	7	11	15
(8)	4	8	12	16

区组	重复 3			
(9)	1	6	11	16
(10)	5	2	15	12
(11)	9	14	3	8
(12)	13	10	7	4

区组	重复 4			
(13)	1	14	7	12
(14)	13	2	11	8
(15)	5	10	3	16
(16)	9	6	15	4

区组	重复 5			
(17)	1	10	15	8
(18)	9	2	7	16
(19)	13	6	3	12
(20)	5	14	11	4

附表 4.3　5×5 平衡平方格子设计($t=25,k=5,b=30,r=6$)

区组	重复 1				
(1)	1	2	3	4	5
(2)	6	7	8	9	10
(3)	11	12	13	14	15
(4)	16	17	18	19	20
(5)	21	22	23	24	25

区组	重复 2				
(6)	1	6	11	16	21
(7)	2	7	12	17	22
(8)	3	8	13	18	23
(9)	4	9	14	19	24
(10)	5	10	15	20	25

区组	重复 3				
(11)	1	7	13	19	25
(12)	21	2	8	14	20
(13)	16	22	3	9	15
(14)	11	17	23	4	10
(15)	6	12	18	24	5

区组	重复 4				
(16)	1	12	23	9	20
(17)	16	2	13	24	10
(18)	6	17	3	14	25
(19)	21	7	18	4	15
(20)	11	22	8	19	5

区组	重复 5				
(21)	1	17	8	24	15
(22)	11	2	18	9	25
(23)	21	12	3	19	10
(24)	6	22	13	4	20
(25)	16	7	23	14	5

区组	重复 6				
(26)	1	22	18	14	10
(27)	6	2	23	19	15
(28)	11	7	3	24	20
(29)	16	12	8	4	25
(30)	21	17	13	9	5

附表 4.4　6×6 三重平方格子设计($t=36, k=6, b=18, r=3$)

区组	重复 1					
(1)	1	2	3	4	5	6
(2)	7	8	9	10	11	12
(3)	13	14	15	16	17	18
(4)	19	20	21	22	23	24
(5)	25	26	27	28	29	30
(6)	31	32	33	34	35	36

区组	重复 2					
(7)	1	7	13	19	25	31
(8)	2	8	14	20	26	32
(9)	3	9	15	21	27	33
(10)	4	10	16	22	28	34
(11)	5	11	17	23	29	35
(12)	6	12	18	24	30	36

区组	重复 3					
(13)	1	8	15	22	29	36
(14)	31	2	9	16	23	30
(15)	25	32	3	10	17	24
(16)	19	26	33	4	11	18
(17)	13	20	27	34	5	12
(18)	7	14	21	28	35	6

附表 4.5　7×7 平衡平方格子设计($t=49, k=7, b=56, r=8$)

区组	重复 1						
(1)	1	2	3	4	5	6	7
(2)	8	9	10	11	12	13	14
(3)	15	16	17	18	19	20	21
(4)	22	23	24	25	26	27	28
(5)	29	30	31	32	33	34	35
(6)	36	37	38	39	40	41	42
(7)	43	44	45	46	47	48	49

区组	重复 2						
(8)	1	8	15	22	29	36	43
(9)	2	9	16	23	30	37	44
(10)	3	10	17	24	31	38	45
(11)	4	11	18	25	32	39	46
(12)	5	12	19	26	33	40	47
(13)	6	13	20	27	34	41	48
(14)	7	14	21	28	35	42	49

区组	重复 3						
(15)	1	9	17	25	33	41	49
(16)	43	2	10	18	26	34	42
(17)	36	44	3	11	19	27	35
(18)	29	37	45	4	12	20	28
(19)	20	30	38	46	5	13	21
(20)	15	23	31	39	47	6	14
(21)	8	16	24	32	40	48	7

区组	重复 4						
(22)	1	37	24	11	47	34	21
(23)	15	2	38	25	12	48	35
(24)	29	16	3	39	26	13	49
(25)	43	30	17	4	40	27	14
(26)	8	44	31	18	5	41	28
(27)	22	9	45	32	19	6	42
(28)	36	23	10	46	33	20	7

区组	重复 5						
(29)	1	30	10	39	19	48	28
(30)	22	2	31	11	40	20	49
(31)	43	23	3	32	12	41	21
(32)	15	44	24	4	33	13	42
(33)	36	16	45	25	5	34	14
(34)	8	37	17	46	26	6	35
(35)	29	9	38	18	47	27	7

区组	重复 6						
(36)	1	23	45	18	40	13	35
(37)	29	2	24	46	19	41	14
(38)	8	30	3	25	47	20	42
(39)	36	9	31	4	26	48	21
(40)	15	37	10	32	5	27	49
(41)	43	16	38	11	33	6	28
(42)	22	44	17	39	12	34	7

区组	重复 7						
(43)	1	16	31	46	12	27	42
(44)	36	2	17	32	47	13	28
(45)	22	37	3	18	33	48	14
(46)	8	23	38	4	19	34	49
(47)	43	9	24	39	5	20	35
(48)	29	44	10	25	40	6	21
(49)	15	30	45	11	26	41	7

区组	重复 8						
(50)	1	44	38	32	26	20	14
(51)	8	2	45	39	33	27	21
(52)	15	9	3	46	40	43	28
(53)	22	16	10	4	47	41	35
(54)	29	23	17	11	5	48	42
(55)	36	30	24	18	12	6	49
(56)	43	37	31	25	19	13	7

附表 4.6 8×8 平衡平方格子设计($t=64,k=8,b=72,r=9$)

区组	重复 1							
(1)	1	2	3	4	5	6	7	8
(2)	9	10	11	12	13	14	15	16
(3)	17	18	19	20	21	22	23	24
(4)	25	26	27	28	29	30	31	32
(5)	33	34	35	36	37	38	39	40
(6)	41	42	43	44	45	46	47	48
(7)	49	50	51	52	53	54	55	56
(8)	57	58	59	60	61	62	63	64

区组	重复 2							
(9)	1	9	17	25	33	41	49	57
(10)	2	10	18	26	34	42	50	58
(11)	3	11	19	27	35	43	51	59
(12)	4	12	20	28	36	44	52	60
(13)	5	13	21	29	37	45	53	61

续表

区组	重复 2							
(14)	6	14	22	30	38	46	54	62
(15)	7	15	23	31	39	47	55	63
(16)	8	16	24	32	40	48	56	64

区组	重复 3							
(17)	1	10	19	28	37	46	55	64
(18)	9	2	51	44	61	30	23	40
(19)	17	50	3	36	29	62	15	48
(20)	25	42	35	4	21	14	63	56
(21)	33	58	27	20	5	54	47	16
(22)	41	26	59	12	53	6	39	24
(23)	49	18	11	60	45	38	7	32
(24)	57	34	43	52	13	22	31	8

区组	重复 4							
(25)	1	18	27	44	13	62	39	56
(26)	17	2	35	60	53	46	31	16
(27)	25	34	3	12	45	54	23	64
(28)	41	58	11	4	29	22	55	40
(29)	9	50	43	28	5	38	63	24
(30)	57	42	51	20	37	6	15	32
(31)	33	26	19	52	61	14	7	48
(32)	49	10	59	36	21	30	47	8

区组	重复 5							
(33)	1	26	43	60	21	54	15	40
(34)	25	2	11	52	37	62	47	24
(35)	41	10	3	20	61	38	31	56
(36)	57	50	19	4	45	30	39	16
(37)	17	34	59	44	5	14	55	32
(38)	49	58	35	28	13	6	23	38
(39)	9	42	27	36	53	22	7	64
(40)	33	18	51	12	29	46	63	8

区组	重复 6							
(41)	1	34	11	20	53	30	63	48
(42)	33	2	59	28	45	22	15	56
(43)	9	58	3	52	21	46	39	32
(44)	17	26	51	4	13	38	47	64
(45)	49	42	19	12	5	62	31	40
(46)	25	18	43	36	61	6	55	16
(47)	57	10	35	44	29	54	7	24
(48)	41	50	27	60	37	14	23	8

区组	重复 7							
(49)	1	42	59	52	29	38	23	16
(50)	41	2	19	36	13	54	63	32
(51)	57	18	3	28	53	14	47	40
(52)	49	34	27	4	61	46	15	24
(53)	25	10	51	60	5	22	39	48
(54)	33	50	11	44	21	6	31	64
(55)	17	58	43	12	37	30	7	56
(56)	9	26	35	20	45	62	55	8

区组	重复 8							
(57)	1	50	35	12	16	22	47	32
(58)	49	2	43	20	29	14	39	64
(59)	33	42	3	60	13	30	55	24
(60)	9	18	59	4	37	54	31	48
(61)	57	26	11	36	5	46	23	56
(62)	17	10	27	52	45	6	63	40
(63)	41	34	51	28	21	62	7	16
(64)	25	58	19	44	53	38	15	8

区组	重复 9							
(65)	1	58	51	36	45	14	31	24
(66)	57	2	27	12	21	38	55	48
(67)	49	26	3	44	37	22	63	16

续表

区组	重复 9							
(68)	33	10	43	4	53	62	23	32
(69)	41	18	35	52	5	30	15	64
(70)	9	34	19	60	29	6	47	56
(71)	25	50	59	20	13	46	7	40
(72)	17	42	11	28	61	54	39	8

附表 4.7　9×9 平衡平方格子设计($t=81, k=9, b=90, r=10$)

区组	重复 1								
(1)	1	2	3	4	5	6	7	8	9
(2)	10	11	12	13	14	15	16	17	18
(3)	19	20	21	22	23	24	25	26	27
(4)	28	29	30	31	32	33	34	35	36
(5)	37	38	39	40	41	42	43	44	45
(6)	46	47	48	49	50	51	52	53	54
(7)	55	56	57	58	59	60	61	62	63
(8)	64	65	66	67	68	69	70	71	72
(9)	73	74	75	76	77	78	79	80	81

区组	重复 2								
(10)	1	10	19	28	37	46	55	64	73
(11)	2	11	20	29	38	47	56	65	74
(12)	3	12	21	30	39	48	57	66	75
(13)	4	13	22	31	40	49	58	67	76
(14)	5	14	23	32	41	50	59	68	77
(15)	6	15	24	33	42	51	60	69	78
(16)	7	16	25	34	43	52	61	70	79
(17)	8	17	26	35	44	53	62	71	80
(18)	9	18	27	36	45	54	63	72	81

区组	重复 3								
(19)	1	20	12	58	77	69	34	53	45
(20)	10	2	21	67	59	78	43	35	54
(21)	19	11	3	76	68	60	52	44	36

续表

区组	重复 3								
(22)	28	47	39	4	23	15	61	80	72
(23)	37	29	48	13	5	24	70	62	81
(24)	46	38	30	22	14	6	79	71	63
(25)	55	74	66	31	50	42	7	26	18
(26)	64	56	75	40	32	51	16	8	27
(27)	73	65	57	49	41	33	25	17	9

区组	重复 4								
(28)	1	11	21	31	41	51	61	71	81
(29)	19	2	12	49	32	42	79	62	72
(30)	10	20	3	40	50	33	70	80	63
(31)	55	65	75	4	14	24	34	44	54
(32)	73	56	66	22	5	15	52	35	45
(33)	64	74	57	13	23	6	43	53	36
(34)	28	38	48	58	68	78	7	17	27
(35)	46	29	39	76	59	69	25	8	18
(36)	37	47	30	67	77	60	16	26	9

区组	重复 5								
(37)	1	29	57	22	50	78	16	44	72
(38)	55	2	30	76	23	51	70	17	45
(39)	28	56	3	49	77	24	43	71	18
(40)	10	38	66	4	32	60	25	53	81
(41)	64	11	39	58	5	33	79	26	54
(42)	37	65	12	31	59	6	52	80	27
(43)	19	47	75	13	41	69	7	35	63
(44)	73	20	48	67	14	42	61	8	36
(45)	46	74	21	40	68	15	34	62	9

区组	重复 6								
(46)	1	56	30	13	68	42	25	80	54
(47)	28	2	57	40	14	69	52	26	81

续表

区组	重复 6								
(48)	55	29	3	67	41	15	79	53	27
(49)	19	74	48	4	59	33	16	71	45
(50)	46	20	75	31	5	60	43	17	72
(51)	73	47	21	58	32	6	70	44	18
(52)	10	65	39	22	77	51	7	62	36
(53)	37	11	66	49	23	78	34	8	63
(54)	64	38	12	76	50	24	61	35	9

区组	重复 7								
(55)	1	47	66	76	14	33	43	62	27
(56)	64	2	48	31	77	15	25	44	63
(57)	46	65	3	13	32	78	61	26	45
(58)	37	56	21	4	50	69	79	17	36
(59)	19	38	57	67	5	51	34	80	18
(60)	55	20	39	49	68	6	16	35	81
(61)	73	11	30	40	59	24	7	53	72
(62)	28	74	12	22	41	60	70	8	54
(63)	10	29	75	58	23	42	52	71	9

区组	重复 8								
(64)	1	74	39	67	32	24	52	17	63
(65)	37	2	75	22	68	33	61	53	18
(66)	73	38	3	31	23	69	16	62	54
(67)	46	11	57	4	77	42	70	35	27
(68)	55	47	12	40	5	78	25	71	36
(69)	10	56	48	76	41	6	34	26	72
(70)	64	29	21	49	14	60	7	80	45
(71)	19	65	30	58	50	15	43	8	81
(72)	28	20	66	13	59	51	79	44	9

区组	重复 9								
(73)	1	65	48	40	23	60	79	35	18
(74)	46	2	66	58	41	24	16	80	36

续表

区组	重复 9								
(75)	64	47	3	22	59	42	34	17	81
(76)	73	29	12	4	68	51	43	26	63
(77)	10	74	30	49	5	69	61	44	27
(78)	28	11	75	67	50	6	25	62	45
(79)	37	20	57	76	32	15	7	71	54
(80)	55	38	21	13	77	33	52	8	72
(81)	19	56	39	31	14	78	70	53	9

区组	重复 10								
(82)	1	38	75	49	59	15	70	26	36
(83)	73	2	39	13	50	60	34	71	27
(84)	37	74	3	58	14	51	25	35	72
(85)	64	20	30	4	41	78	52	62	18
(86)	28	65	21	76	5	42	16	53	63
(87)	19	29	66	40	77	6	61	17	54
(88)	46	56	12	67	23	33	7	44	81
(89)	10	47	57	31	68	24	79	8	45
(90)	55	11	48	22	32	69	43	80	9

附表 4.8　10×10 三重平方格子设计($t=100, k=10, b=30, r=3$)

区组	重复 1									
(1)	1	2	3	4	5	6	7	8	9	10
(2)	11	12	13	14	15	16	17	18	19	20
(3)	21	22	23	24	25	26	27	28	29	30
(4)	31	32	33	34	35	36	37	38	39	40
(5)	41	42	43	44	45	46	47	48	49	50
(6)	51	52	53	54	55	56	57	58	59	60
(7)	61	62	63	64	65	66	67	68	69	70
(8)	71	72	73	74	75	76	77	78	79	80
(9)	81	82	83	84	85	86	87	88	89	90
(10)	91	92	93	94	95	96	97	98	99	100

区组	重复 2									
(11)	1	11	21	31	41	51	61	71	81	91
(12)	2	12	22	32	42	52	62	72	82	92
(13)	3	13	23	33	43	53	63	73	83	93
(14)	4	14	24	34	44	54	64	74	84	94
(15)	5	15	25	35	45	55	65	76	85	95
(16)	6	16	26	36	46	56	66	76	86	96
(17)	7	17	27	37	47	57	57	77	87	97
(18)	8	18	28	38	48	58	68	78	88	98
(19)	9	19	29	39	49	59	69	79	89	99
(20)	10	20	30	40	50	60	70	80	90	100

区组	重复 3									
(21)	1	12	23	34	45	56	67	78	89	100
(22)	91	2	13	24	35	46	57	68	79	90
(23)	81	92	3	14	25	36	47	58	69	80
(24)	71	82	93	4	15	26	37	48	59	70
(25)	61	72	83	94	5	16	27	38	49	60
(26)	51	62	73	84	95	6	17	28	39	50
(27)	41	52	63	74	85	96	7	18	29	40
(28)	31	42	53	64	75	86	97	8	19	30
(29)	21	32	43	54	65	76	87	98	9	20
(30)	11	22	33	44	55	66	77	88	99	10

附表 4.9　12×12 四重平方格子设计($t=144, k=12, b=48, r=4$)

区组	重复 1											
(1)	1	2	3	4	5	6	7	8	9	10	11	12
(2)	13	14	15	16	17	18	19	20	21	22	23	24
(3)	25	26	27	28	29	30	31	32	33	34	35	36
(4)	37	38	39	40	41	42	43	44	45	46	47	48
(5)	49	50	51	52	53	54	55	56	57	58	59	60
(6)	61	62	63	64	65	66	67	68	69	70	71	72
(7)	73	74	75	76	77	78	79	80	81	82	83	84
(8)	85	86	87	88	89	90	91	92	93	94	95	96

续表

区组	重复 1										
(9)	97	98	99	100	101	102	103	104	105	106	107	108
(10)	109	110	111	112	113	114	115	116	117	118	119	120
(11)	121	122	123	124	125	126	127	128	129	130	131	132
(12)	133	134	135	136	137	138	139	140	141	142	143	144

区组	重复 2											
(13)	1	13	25	37	49	61	73	85	97	109	121	133
(14)	2	14	26	38	50	62	74	86	98	110	122	134
(15)	3	15	27	39	51	63	75	87	99	111	123	135
(16)	4	16	28	40	52	64	76	88	100	112	124	136
(17)	5	17	29	41	53	65	77	89	101	113	125	137
(18)	6	18	30	42	54	66	78	90	102	114	126	138
(19)	7	19	31	43	55	67	79	91	103	115	127	139
(20)	8	20	32	44	56	68	80	92	104	116	128	140
(21)	9	21	33	45	57	69	81	93	105	117	129	141
(22)	10	22	34	46	58	70	82	94	106	118	130	142
(23)	11	23	35	47	59	71	83	95	107	119	131	143
(24)	12	24	36	48	60	72	84	96	108	120	132	144

区组	重复 3											
(25)	1	14	27	40	57	70	83	96	101	114	127	140
(26)	2	13	28	39	58	69	84	95	102	113	128	139
(27)	3	16	25	38	59	72	81	94	103	116	125	138
(28)	4	15	26	37	60	71	82	93	104	115	126	137
(29)	5	18	31	44	49	62	75	88	105	118	131	144
(30)	6	17	32	43	50	61	76	87	106	117	132	143
(31)	7	20	29	42	51	64	73	86	107	120	129	142
(32)	8	19	30	41	52	63	74	85	108	119	130	141
(33)	9	22	35	48	53	66	79	92	97	110	123	136
(34)	10	21	36	47	54	65	80	91	98	109	124	135
(35)	11	24	33	46	55	68	77	90	99	112	121	134
(36)	12	23	34	45	56	67	78	89	100	111	122	133

区组	重复 4											
(37)	1	24	30	43	53	64	82	95	105	116	122	135
(38)	2	23	29	44	54	63	81	96	106	115	121	136
(39)	3	22	32	41	55	62	84	93	107	114	124	133
(40)	4	21	31	42	56	61	83	94	108	113	123	134
(41)	5	16	34	47	57	68	74	87	97	120	126	139
(42)	6	15	33	48	58	67	73	88	98	119	125	140
(43)	7	14	36	45	59	66	76	85	99	118	128	137
(44)	8	13	35	46	60	65	75	86	100	117	127	138
(45)	9	20	26	39	49	72	78	91	101	112	130	143
(46)	10	19	25	40	50	71	77	92	102	111	129	144
(47)	11	18	28	37	51	70	80	89	103	110	132	141
(48)	12	17	27	38	52	69	79	90	104	109	131	142

附表 5　矩形格子设计表

说明：t 为试验中的处理数；k 为区组容量，即不完全区组中的试验单元数；b 为试验中的不完全区组数；r 为每个处理的重复数；1、2、3 等编号为处理编号。

附表 5.1　3×4 矩形格子设计($t=12, k=3, b=12, r=3$)

区组	重复 X			区组	重复 Y			区组	重复 Z		
X1	1	2	3	Y1	1	8	11	Z1	1	5	7
X2	4	5	6	Y2	2	5	12	Z2	2	9	10
X3	7	8	9	Y3	3	6	9	Z3	3	4	11
X4	10	11	12	Y4	4	7	10	Z4	6	8	12

附表 5.2　4×5 矩形格子设计($t=20, k=4, b=15, r=3$)

区组	重复 X				区组	重复 Y				区组	重复 Z			
X1	1	2	3	4	Y1	1	10	14	18	Z1	1	5	12	19
X2	5	6	7	8	Y2	2	6	15	19	Z2	2	9	16	20
X3	9	10	11	12	Y3	3	7	11	20	Z3	3	6	10	13
X4	13	14	15	16	Y4	4	8	12	16	Z4	4	7	14	17
X5	17	18	19	20	Y5	5	9	13	17	Z5	8	11	15	18

附表 5.3　5×6 矩形格子设计($t=30,k=5,b=18,r=3$)

区组	重复 X				
X1	1	2	3	4	5
X2	6	7	8	9	10
X3	11	12	13	14	15
X4	16	17	18	19	20
X5	21	22	23	24	25
X6	26	27	28	29	30

区组	重复 Y				
Y1	1	12	17	22	27
Y2	2	7	18	23	28
Y3	3	8	13	24	29
Y4	4	9	14	19	30
Y5	5	10	15	20	24
Y6	6	11	16	21	26

区组	重复 Z				
Z1	1	8	20	21	30
Z2	2	9	15	22	26
Z3	3	10	11	17	28
Z4	4	6	12	18	22
Z5	5	14	16	23	29
Z6	7	13	19	25	27

附表 5.4　6×7 矩形格子设计($t=42,k=6,b=21,r=3$)

区组	重复 X					
X1	1	2	3	4	5	6
X2	7	8	9	10	11	12
X3	13	14	15	16	17	18
X4	19	20	21	22	23	24
X5	25	26	27	28	29	30
X6	31	32	33	34	35	36
X7	37	38	39	40	41	42

区组	重复 Y					
Y1	1	14	20	26	32	38
Y2	2	8	21	27	33	39
Y3	3	9	15	28	34	40
Y4	4	10	16	22	35	41
Y5	5	11	17	23	29	42
Y6	6	12	18	24	30	36
Y7	7	13	19	25	31	37

区组	重复 Z					
Z1	1	7	18	23	34	39
Z2	2	13	24	29	35	40
Z3	3	8	14	19	30	41
Z4	4	9	20	25	36	42
Z5	5	10	15	21	26	31
Z6	6	11	16	27	32	37
Z7	12	17	22	28	33	38

附表 5.5　7×8 矩形格子设计($t=56, k=7, b=24, r=3$)

区组	重复 X						
X1	1	2	3	4	5	6	7
X2	8	9	10	11	12	13	14
X3	15	16	17	18	19	20	21
X4	22	23	24	25	26	27	28
X5	29	30	31	32	33	34	35
X6	36	37	38	39	40	41	42
X7	43	44	45	46	47	48	49
X8	50	51	52	53	54	55	56

区组	重复 Y						
Y1	1	16	23	30	37	44	51
Y2	2	9	24	31	38	45	52
Y3	3	10	17	32	39	46	53
Y4	4	11	18	25	40	47	54
Y5	5	12	19	26	33	48	55
Y6	6	13	20	27	34	41	56
Y7	7	14	21	28	35	42	49
Y8	8	15	22	29	36	43	50

区组	重复 Z						
Z1	1	10	27	35	36	47	55
Z2	2	11	19	29	42	44	56
Z3	3	12	20	28	37	45	50
Z4	4	13	21	22	30	46	52
Z5	5	14	15	23	31	39	54
Z6	6	8	16	24	32	40	48
Z7	7	18	26	34	38	43	53
Z8	9	17	25	33	41	49	51

附表 5.6　8×9 矩形格子设计($t=72, k=8, b=27, r=3$)

区组	重复 X							
X1	1	2	3	4	5	6	7	8
X2	9	10	11	12	13	14	15	16
X3	17	18	19	20	21	22	23	24
X4	25	26	27	28	29	30	31	32
X5	33	34	35	36	37	38	39	40
X6	41	42	43	44	45	46	47	48
X7	49	50	51	52	53	54	55	56
X8	57	58	59	60	61	62	63	64
X9	65	66	67	68	69	70	71	72

区组	重复 Y							
Y1	1	18	26	34	42	50	58	66
Y2	2	10	27	35	43	51	59	67
Y3	3	11	19	36	44	52	60	68
Y4	4	12	20	28	45	53	61	69
Y5	5	13	21	29	37	54	62	17
Y6	6	14	22	30	38	46	63	71
Y7	7	15	23	31	39	47	55	72
Y8	8	16	24	32	40	48	56	64
Y9	9	17	25	33	41	49	57	65

区组	重复 Z							
Z1	1	9	24	31	38	53	60	67
Z2	2	17	32	39	46	54	61	68
Z3	3	10	18	25	40	47	62	69
Z4	4	11	26	33	48	55	63	70
Z5	5	12	19	27	34	41	56	71
Z6	6	13	20	35	42	49	64	72
Z7	7	14	21	28	36	43	50	57
Z8	8	15	22	29	44	51	58	65
Z9	16	23	30	37	45	52	59	66

附表 5.7　9×10 矩形格子设计($t=90,k=9,b=30,r=3$)

区组	重复 X								
X1	1	2	3	4	5	6	7	8	9
X2	10	11	12	13	14	15	16	17	18
X3	19	20	21	22	23	24	25	26	27
X4	28	29	30	31	32	33	34	35	36
X5	37	38	39	40	41	42	43	44	45
X6	46	47	48	49	50	51	52	53	54
X7	55	56	57	58	59	60	61	62	63
X8	64	65	66	67	68	69	70	71	72
X9	73	74	75	76	77	78	79	80	81
X10	82	83	84	85	86	87	88	89	90

区组	重复 Y								
Y1	1	20	29	38	47	56	65	74	83
Y2	2	11	30	39	48	57	66	75	84
Y3	3	12	21	40	49	58	67	76	85
Y4	4	13	22	31	50	59	68	77	86
Y5	5	14	23	32	41	60	69	78	87
Y6	6	15	24	33	42	51	70	79	88
Y7	7	16	25	34	43	52	61	80	89
Y8	8	17	26	35	34	53	62	71	90
Y9	9	18	27	36	45	54	63	72	81
Y10	10	19	28	37	46	55	64	73	82

区组	重复 Z								
Z1	1	12	33	43	53	63	68	73	87
Z2	2	13	23	44	54	55	65	79	89
Z3	3	14	24	34	46	56	72	75	90
Z4	4	15	25	35	45	57	67	74	82
Z5	5	16	26	36	37	47	66	77	85
Z6	6	17	27	28	38	48	58	78	86
Z7	7	18	19	29	39	49	59	69	88
Z8	8	10	20	30	40	50	60	70	80
Z9	9	22	32	42	52	62	64	76	84
Z10	11	21	31	41	51	61	71	81	83

附表 5.8　10×11 矩形格子设计($t=110,k=10,b=33,r=3$)

区组	重复 X									
X1	1	2	3	4	5	6	7	8	9	10
X2	11	12	13	14	15	16	17	18	19	20
X3	21	22	23	24	25	26	27	28	29	30
X4	31	32	33	34	35	36	37	38	39	40
X5	41	42	43	44	45	46	47	48	49	50
X6	51	52	53	54	55	56	57	58	59	60
X7	61	62	63	64	65	66	67	68	69	70
X8	71	72	73	74	75	76	77	78	79	80
X9	81	82	83	84	85	86	87	88	89	90
X10	91	92	93	94	95	96	97	98	99	100
X11	101	102	103	104	105	106	107	108	109	110

区组	重复 Y									
Y1	1	22	32	42	52	62	72	82	92	102
Y2	2	12	33	43	53	63	73	83	93	103
Y3	3	13	23	44	54	64	74	84	94	104
Y4	4	14	24	34	55	65	75	85	95	105
Y5	5	15	25	35	45	66	76	86	96	106
Y6	6	16	26	36	46	56	77	87	97	107
Y7	7	17	27	37	47	57	67	88	98	108

续表

区组	重复 Y									
Y8	8	18	28	38	48	58	68	78	99	109
Y9	9	19	29	39	49	59	69	79	89	110
Y10	10	20	30	40	50	60	70	80	90	100
Y11	11	21	31	41	51	61	71	81	91	101

区组	重复 Z									
Z1	1	15	26	48	59	67	73	90	95	101
Z2	2	17	29	38	60	62	76	81	97	104
Z3	3	19	24	32	50	57	51	77	93	106
Z4	4	20	27	35	44	52	71	83	99	110
Z5	5	14	21	39	42	54	63	87	100	109
Z6	6	12	30	37	45	51	68	72	84	105
Z7	7	25	31	43	55	70	78	89	94	107
Z8	8	11	22	34	6	53	64	79	86	98
Z9	9	16	28	40	47	65	74	82	91	103
Z10	10	13	36	41	58	69	75	88	96	102
Z11	18	23	33	49	56	66	80	85	92	108

附表 5.9 11×12 矩形格子设计($t=132,k=11,b=36,r=3$)

区组	重复 X										
X1	1	2	3	4	5	6	7	8	9	10	11
X2	12	13	14	15	16	17	18	19	20	21	22
X3	23	24	25	26	27	28	29	30	31	32	33
X4	34	35	36	37	38	39	40	41	42	43	44
X5	45	46	47	48	49	50	51	52	53	54	55
X6	56	57	58	59	60	61	62	63	64	65	66
X7	67	68	69	70	71	72	73	74	75	76	77
X8	78	79	80	81	82	83	84	85	86	87	88
X9	89	90	91	92	93	94	95	96	97	98	99
X10	100	101	102	103	104	105	106	107	108	109	110
X11	111	112	113	114	115	116	117	118	119	120	121
X12	122	123	124	125	126	127	128	129	130	131	132

区组	重复 Y										
Y1	24	35	46	57	68	79	90	101	112	123	24
Y2	13	36	47	58	69	80	91	102	113	124	13
Y3	14	25	48	59	70	81	92	103	114	125	14
Y4	15	26	37	60	71	82	93	104	115	126	15
Y5	16	27	38	49	72	83	94	105	116	127	16
Y6	17	28	39	50	61	84	95	106	117	128	17
Y7	18	29	40	51	62	73	96	107	118	129	18
Y8	19	30	41	52	63	74	85	108	119	130	19
Y9	20	31	42	53	64	75	86	97	120	131	20
Y10	21	32	43	54	65	76	87	98	109	132	21
Y11	22	33	44	55	66	77	88	99	110	121	22
Y12	23	34	45	56	67	78	89	100	111	122	23

区组	重复 Z										
Z1	1	21	28	40	64	74	81	89	102	121	127
Z2	2	12	25	39	51	66	68	83	93	119	132
Z3	3	15	44	45	63	76	84	96	105	112	131
Z4	4	22	29	43	53	59	79	94	18	111	124
Z5	5	14	30	36	55	56	75	98	101	117	126
Z6	6	20	24	38	52	60	67	80	92	109	118
Z7	7	23	41	47	65	72	86	95	110	115	125
Z8	8	13	33	42	49	62	70	82	90	106	122
Z9	9	16	32	34	50	58	73	88	104	114	123
Z10	10	17	26	35	48	77	78	91	107	120	130
Z11	11	18	27	54	57	71	85	97	100	113	128
Z12	19	31	37	46	61	69	87	99	103	116	129

附表 6　正交表

正交表 $L_n(q^p)$说明：n 为正交表的试验方案数；q 为列的水平数；p 为正交表的列数。

1.等水平正交表

附表 6.1 正交表 $L_4(2^3)$

No.	1	2	3
1	1	1	1
2	1	2	2
3	2	1	2
4	2	2	1
列分组	1	2	

注:任意两列间的交互作用出现在其余一列。

附表 6.2 正交表 $L_8(2^7)$

No.	1	2	3	4	5	6	7
1	1	1	1	1	1	1	1
2	1	1	1	2	2	2	2
3	1	2	2	1	1	2	2
4	1	2	2	2	2	1	1
5	2	1	2	1	2	1	2
6	2	1	2	2	1	2	1
7	2	2	1	1	2	2	1
8	2	2	1	2	1	1	2
列分组	1	2		3			

附表 6.2a 正交表 $L_8(2^7)$二列间的交互作用表

1	2	3	4	5	6	7
(1)	3	2	5	4	7	6
	(2)	1	6	7	4	5
		(3)	7	6	5	4
			(4)	1	2	3
				(5)	3	2
					(6)	1
						(7)

附表 6.2b　正交表 $L_8(2^7)$的表头设计

因子数	1	2	3	4	5	6	7
3	A	B	$A\times B$	C	$A\times C$	$B\times C$	
4	A	B	$A\times B$	C	$A\times C$	$B\times C$	D
5	A	B	$A\times B$	C	$A\times C$	D	E

附表 6.3　正交表 $L_{12}(2^{11})$

No.	1	2	3	4	5	6	7	8	9	10	11
1	1	1	1	1	1	1	1	1	1	1	1
2	1	1	1	1	1	2	2	2	2	2	2
3	1	1	2	2	2	1	1	1	2	2	2
4	1	2	1	2	2	1	2	2	1	1	2
5	1	2	2	1	2	2	1	2	1	2	1
6	1	2	2	2	1	2	2	1	2	1	1
7	2	1	2	2	1	1	2	2	1	2	1
8	2	1	2	1	2	2	2	1	1	1	2
9	2	1	1	2	2	2	1	2	2	1	1
10	2	2	2	1	1	1	1	2	2	1	2
11	2	2	1	2	1	2	1	1	1	2	2
12	2	2	1	1	2	1	2	1	2	2	1

附表 6.4　正交表 $L_{16}(2^{15})$

No.	1	2	3	4	5	6	7	8	9	10	11	12	13	14	15
1	1	1	1	1	1	1	1	1	1	1	1	1	1	1	1
2	1	1	1	1	1	1	1	2	2	2	2	2	2	2	2
3	1	1	1	2	2	2	2	1	1	1	1	2	2	2	2
4	1	1	1	2	2	2	2	2	2	2	2	1	1	1	1
5	1	2	2	1	1	2	2	1	1	2	2	1	1	2	2
6	1	2	2	1	1	2	2	2	2	1	1	2	2	1	1
7	1	2	2	2	2	1	1	1	1	2	2	2	2	1	1
8	1	2	2	2	2	1	1	2	2	1	1	1	1	2	2
9	2	1	2	1	2	1	2	1	2	1	2	1	2	1	2
10	2	1	2	1	2	1	2	2	1	2	1	2	1	2	1
11	2	1	2	2	1	2	1	1	2	1	2	2	1	2	1

续表

No.	1	2	3	4	5	6	7	8	9	10	11	12	13	14	15
12	2	1	2	2	1	2	1	2	1	2	1	1	2	1	2
13	2	2	1	1	2	2	1	1	2	2	1	1	2	2	1
14	2	2	1	1	2	2	1	2	1	1	2	2	1	1	2
15	2	2	1	2	1	1	2	1	2	2	1	2	1	1	2
16	2	2	1	2	1	1	2	2	1	1	2	1	2	2	1
列分组	1	2		3				4							

附表 6.4a 正交表 $L_{16}(2^{15})$ 的二列间的交互作用表

1	2	3	4	5	6	7	8	9	10	11	12	13	14	15
(1)	3	2	5	4	7	6	9	8	11	10	13	12	15	14
	(2)	1	6	7	4	5	10	11	8	9	14	15	12	13
		(3)	7	6	5	4	11	10	9	8	15	14	13	12
			(4)	1	2	3	12	13	14	15	8	9	10	11
				(5)	3	2	13	12	15	14	9	8	11	10
					(6)	1	14	15	12	13	10	11	8	9
						(7)	15	14	13	12	11	10	9	8
							(8)	1	2	3	4	5	6	7
								(9)	3	2	5	4	7	6
									(10)	1	6	7	4	5
										(11)	7	6	5	4
											(12)	1	2	3
												(13)	3	2
													(14)	1

附表 6.4b 正交表 $L_{16}(2^{15})$ 的表头设计

因子数	1	2	3	4	5	6	7	8	9	10	11	12	13	14	15
4	A	B	$A\times B$	C	$A\times C$	$B\times C$		D	$A\times D$	$B\times D$		$C\times D$			
5	A	B	$A\times B$	C	$A\times C$	$B\times C$	$D\times E$	D	$A\times D$	$B\times D$	$C\times E$	$C\times D$	$B\times E$	$A\times E$	E
6	A	B	$A\times B$	C	$A\times C$	$B\times C$	F	D	$A\times D$	$B\times D$	$C\times E$	$C\times D$	$B\times E$	$A\times E$	E
7	A	B	$A\times B$	C	$A\times C$	$B\times C$	F	D	$A\times D$	$B\times D$	G	$C\times D$	$B\times E$	$A\times E$	E
8	A	B	$A\times B$	C	$A\times C$	$B\times C$	F	D	$A\times D$	$B\times D$	G	$C\times D$	H	$A\times E$	E
9	A	B	$A\times B$	C	$A\times C$	$B\times C$	F	D	$A\times D$	$B\times D$	G	$C\times D$	H	I	E

附表 6.5　正交表 $L_{20}(2^{19})$

No.	1	2	3	4	5	6	7	8	9	10	11	12	13	14	15	16	17	18	19
1	1	1	1	1	1	1	1	1	1	1	1	1	1	1	1	1	1	1	1
2	2	2	1	1	2	2	2	2	1	2	1	2	1	1	1	1	2	2	1
3	2	1	1	2	2	2	2	1	2	1	2	1	1	1	1	2	2	1	2
4	1	1	2	2	2	2	1	2	1	2	1	1	1	1	2	2	1	2	2
5	1	2	2	2	2	1	2	1	2	1	1	1	1	2	2	1	2	2	1
6	2	2	2	2	1	2	1	2	1	1	1	1	2	2	1	2	2	1	1
7	2	2	2	1	2	1	2	1	1	1	1	2	2	1	2	2	1	1	2
8	2	2	1	2	1	2	1	1	1	1	2	2	1	2	2	1	1	2	2
9	2	1	2	1	2	1	1	1	1	2	2	1	2	2	1	1	2	2	2
10	1	2	1	2	1	1	1	1	2	2	1	2	2	1	1	2	2	2	2
11	2	1	2	1	1	1	1	2	2	1	2	2	1	1	2	2	2	2	1
12	1	2	1	1	1	1	2	2	1	2	2	1	1	2	2	2	2	1	2
13	2	1	1	1	1	2	2	1	2	2	1	1	1	2	2	2	1	2	1
14	1	1	1	1	2	2	1	2	2	1	1	2	2	2	2	1	2	1	2
15	1	1	1	2	2	1	2	2	1	1	2	2	2	2	1	2	1	2	1
16	1	1	2	2	1	2	2	1	1	2	2	2	2	1	2	1	2	1	1
17	1	2	2	1	2	2	1	1	2	2	2	2	1	2	1	2	1	1	1
18	2	2	1	2	2	1	1	2	2	2	2	1	2	1	2	1	1	1	1
19	2	1	2	2	1	1	2	2	2	2	1	2	1	2	1	1	1	1	2
20	1	2	2	1	1	2	2	2	2	1	2	1	2	1	1	1	1	2	2

附表 6.6　正交表 $L_{32}(2^{31})$

试验	1	2	3	4	5	6	7	8	9	10	11	12	13	14	15	16	17	18	19	20	21	22	23	24	25	26	27	28	29	30	31
1	1	1	1	1	1	1	1	1	1	1	1	1	1	1	1	1	1	1	1	1	1	1	1	1	1	1	1	1	1	1	1
2	1	1	1	1	1	1	1	1	1	1	1	1	1	1	1	2	2	2	2	2	2	2	2	2	2	2	2	2	2	2	2
3	1	1	1	1	1	1	1	2	2	2	2	2	2	2	2	1	1	1	1	1	1	1	1	2	2	2	2	2	2	2	2
4	1	1	1	1	1	1	1	2	2	2	2	2	2	2	2	2	2	2	2	2	2	2	2	1	1	1	1	1	1	1	1
5	1	1	1	2	2	2	2	1	1	1	1	2	2	2	2	1	1	1	1	2	2	2	2	1	1	1	1	2	2	2	2
6	1	1	1	2	2	2	2	1	1	1	1	2	2	2	2	2	2	2	2	1	1	1	1	2	2	2	2	1	1	1	1
7	1	1	1	2	2	2	2	2	2	2	2	1	1	1	1	1	1	1	1	2	2	2	2	1	1	1	1	2	2	2	1
8	1	1	1	2	2	2	2	2	2	2	2	1	1	1	1	2	2	2	2	1	1	1	1	2	2	2	2	1	1	1	2
9	1	2	2	1	1	2	2	1	1	2	2	1	1	2	2	1	1	2	2	1	1	2	2	1	1	2	2	1	1	2	2

续表

试验	1	2	3	4	5	6	7	8	9	10	11	12	13	14	15	16	17	18	19	20	21	22	23	24	25	26	27	28	29	30	31
10	1	2	2	1	1	2	2	1	1	2	2	1	1	2	2	2	2	1	1	2	2	1	1	2	2	1	1	2	2	1	1
11	1	2	2	1	1	2	2	2	2	1	1	2	2	1	1	1	1	2	2	1	1	2	2	2	2	1	1	2	2	1	1
12	1	2	2	1	1	2	2	2	2	1	1	2	2	1	1	2	2	1	1	2	2	1	1	1	1	2	2	1	1	2	2
13	1	2	2	2	2	1	1	1	1	2	2	2	2	1	1	1	1	2	2	2	2	1	1	1	1	2	2	2	2	1	1
14	1	2	2	2	2	1	1	1	1	2	2	2	2	1	1	2	2	1	1	1	1	2	2	2	2	1	1	1	1	2	2
15	1	2	2	2	2	1	1	2	2	1	1	1	1	2	2	1	1	2	2	2	2	1	1	2	2	1	1	1	1	2	2
16	1	2	2	2	2	1	1	2	2	1	1	1	1	2	2	2	2	1	1	1	1	2	2	1	1	2	2	2	2	1	1
17	2	1	2	1	2	1	2	1	2	1	2	1	2	1	2	1	2	1	2	1	2	1	2	1	2	1	2	1	2	1	2
18	2	1	2	1	2	1	2	1	2	1	2	1	2	1	2	2	1	2	1	2	1	2	1	2	1	2	1	2	1	2	1
19	2	1	2	1	2	1	2	2	1	2	1	2	1	2	1	1	2	1	2	1	2	1	2	2	1	2	1	2	1	2	1
20	2	1	2	1	2	1	2	2	1	2	1	2	1	2	1	2	1	2	1	2	1	2	1	1	2	1	2	1	2	1	2
21	2	1	2	2	1	2	1	1	2	1	2	2	1	2	1	1	2	1	2	2	1	2	1	1	2	1	2	2	1	2	1
22	2	1	2	2	1	2	1	1	2	1	2	2	1	2	1	2	1	2	1	1	2	1	2	2	1	2	1	1	2	1	2
23	2	1	2	2	1	2	1	2	1	2	1	1	2	1	2	1	2	1	2	2	1	2	1	2	1	2	1	1	2	1	2
24	2	1	2	2	1	2	1	2	1	2	1	1	2	1	2	2	1	2	1	1	2	1	2	1	2	1	2	2	1	2	1
25	2	2	1	1	2	2	1	1	2	2	1	1	2	2	1	1	2	2	1	1	2	2	1	1	2	2	1	1	2	2	1
26	2	2	1	1	2	2	1	1	2	2	1	1	2	2	1	2	1	1	2	2	1	1	2	2	1	1	2	2	1	1	2
27	2	2	1	1	2	2	1	2	1	1	2	2	1	1	2	1	2	2	1	1	2	2	1	1	1	1	2	2	1	1	2
28	2	2	1	1	2	2	1	2	1	1	2	2	1	1	2	2	1	1	2	2	1	1	2	2	2	2	1	1	2	2	1
29	2	2	1	2	1	1	2	1	2	2	1	2	1	1	2	1	2	2	1	2	1	1	2	1	2	2	1	2	1	1	2
30	2	2	1	2	1	1	2	1	2	2	1	2	1	1	2	2	1	1	2	1	2	2	1	2	1	1	2	1	2	2	1
31	2	2	1	2	1	1	2	2	1	1	2	1	2	2	1	1	2	2	1	2	1	1	2	2	1	1	2	1	2	2	1
32	2	2	1	2	1	1	2	2	1	1	2	1	2	2	1	2	1	1	2	1	2	2	1	1	2	2	1	2	1	1	2
分组	1	2		3				4								5															

附表 6.6a 正交表 $L_{32}(2^{31})$ 的两列间交互作用列表

1	2	3	4	5	6	7	8	9	10	11	12	13	14	15	16	17	18	19	20	21	22	23	24	25	26	27	28	29	30	31
(1)	3	2	5	4	7	6	9	8	11	10	13	12	15	14	17	16	19	18	21	20	23	22	25	24	27	26	29	28	31	30
	(2)	1	6	7	4	5	10	11	8	9	14	15	12	13	18	19	16	17	22	23	20	21	26	27	24	25	30	31	28	29
		(3)	7	6	5	4	11	10	9	8	15	14	13	12	19	18	17	16	23	22	21	20	27	26	25	24	31	30	29	28
			(4)	1	2	3	12	13	14	15	8	9	19	11	20	21	22	23	16	17	18	19	28	29	30	31	24	25	26	27
				(5)	3	2	13	12	15	14	9	8	11	10	21	20	23	22	17	16	19	18	29	28	31	30	25	24	27	26

续表

1	2	3	4	5	6	7	8	9	10	11	12	13	14	15	16	17	18	19	20	21	22	23	24	25	26	27	28	29	30	31
					(6)	1	14	15	12	13	10	11	8	9	22	23	20	21	18	19	16	17	30	31	28	29	26	27	24	25
						(7)	15	14	13	12	11	10	9	8	23	22	21	20	19	18	17	16	31	30	29	28	27	26	25	24
							(8)	1	2	3	4	5	6	7	24	25	26	27	28	29	30	31	16	17	18	19	20	21	22	23
								(9)	3	2	5	4	7	6	25	24	27	26	29	28	31	30	17	16	19	18	21	20	23	22
									(10)	1	6	7	4	5	26	27	24	25	30	31	28	29	18	19	16	17	22	23	20	21
										(11)	7	6	5	4	27	26	25	24	31	30	29	28	19	18	17	16	23	22	21	20
											(12)	1	2	3	28	29	30	31	24	25	26	27	20	21	22	23	16	17	18	19
												(13)	3	2	29	28	31	30	25	24	27	26	21	20	23	22	17	16	19	18
													(14)	1	30	31	28	29	26	27	24	25	22	23	20	21	18	19	16	17
														(15)	31	30	29	28	27	26	25	24	23	22	21	20	19	18	17	16
															(16)	1	2	3	4	5	6	7	8	9	10	11	12	13	14	15
																(17)	3	2	5	4	7	6	9	8	11	10	13	12	15	14
																	(18)	1	6	7	4	5	10	11	8	9	14	15	12	13
																		(19)	7	6	5	4	11	10	9	8	15	14	13	12
																			(20)	1	2	3	12	13	14	15	8	9	10	11
																				(21)	3	2	13	12	15	14	9	8	11	10
																					(22)	1	14	15	12	13	10	11	8	9
																						(23)	15	14	13	12	11	10	9	8
																							(24)	1	2	3	4	5	6	7
																								(25)	3	2	5	4	7	6
																									(26)	1	6	7	4	5
																										(27)	7	6	5	4
																											(28)	1	2	3
																												(29)	3	2
																													(30)	1

附表 6.7 正交表 $L_9(3^4)$

No.	1	2	3	4
1	1	1	1	1
2	1	2	2	2
3	1	3	3	3
4	2	1	2	3
5	2	2	3	1

续表

No.	1	2	3	4
6	2	3	1	2
7	3	1	3	2
8	3	2	1	3
9	3	3	2	1
列分组	1		2	

注:任意列的交互作用出现在其余两列。

附表 6.8　正交表 $L_{18}(3^7)$

No.	1	2	3	4	5	6	7
1	1	1	1	1	1	1	1
2	1	2	2	2	2	2	2
3	1	3	3	3	3	3	3
4	2	1	1	2	2	3	3
5	2	2	2	3	3	1	1
6	2	3	3	1	1	2	2
7	3	1	2	1	3	2	3
8	3	2	3	2	1	3	1
9	3	3	1	3	2	1	2
10	1	1	3	3	2	2	1
11	1	2	1	1	3	3	2
12	1	3	2	2	1	1	3
13	2	1	2	3	1	3	2
14	2	2	3	1	2	1	3
15	2	3	1	2	3	2	1
16	3	1	3	2	3	1	2
17	3	2	1	3	1	2	3
18	3	3	2	1	2	3	1

附表 6.9　正交表 $L_{27}(3^{13})$

No.	1	2	3	4	5	6	7	8	9	10	11	12	13
1	1	1	1	1	1	1	1	1	1	1	1	1	1
2	1	1	1	1	2	2	2	2	2	2	2	2	2
3	1	1	1	1	3	3	3	3	3	3	3	3	3

续表

No.	1	2	3	4	5	6	7	8	9	10	11	12	13
4	1	2	2	2	1	1	1	2	2	2	3	3	3
5	1	2	2	2	2	2	2	3	3	3	1	1	1
6	1	2	2	2	3	3	3	1	1	1	2	2	2
7	1	3	3	3	1	1	1	3	3	3	2	2	2
8	1	3	3	3	2	2	2	1	1	1	3	3	3
9	1	3	3	3	3	3	3	2	2	2	1	1	1
10	2	1	1	3	1	2	3	1	2	3	1	2	3
11	2	1	2	3	2	3	1	2	3	1	2	3	1
12	2	1	3	3	3	1	2	3	1	2	3	1	2
13	2	2	1	1	1	2	3	2	3	1	3	1	2
14	2	2	2	1	2	3	1	3	1	2	1	2	3
15	2	2	3	1	3	1	2	1	2	3	2	3	1
16	2	3	1	2	1	2	3	3	1	2	2	3	1
17	2	3	2	2	2	3	1	1	2	3	3	1	2
18	2	3	3	2	3	1	2	2	3	1	1	2	3
19	3	1	3	2	1	3	2	1	3	2	1	3	2
20	3	1	3	2	2	1	3	2	1	3	2	1	3
21	3	1	3	2	3	2	1	3	2	1	3	2	1
22	3	2	1	3	1	3	2	2	1	3	3	2	1
23	3	2	1	3	2	1	3	3	2	1	1	3	2
24	3	2	1	3	3	2	1	1	3	2	2	1	3
25	3	3	2	1	1	3	2	3	2	1	2	1	3
26	3	3	2	1	2	1	3	1	3	2	3	2	1
27	3	3	2	1	3	2	1	2	1	3	1	3	2
列分组	1	2			3								

附表 6.9a 正交表 $L_{27}(3^{13})$ 的两列间交互作用列表

1	2	3	4	5	6	7	8	9	10	11	12	13
(1)	3,4	2,4	2,3	6,7	5,7	5,6	9,10	8,10	8,9	12,13	11,13	11,12
	(2)	1,4	1,3	8,11	9,12	10,13	5,11	6,12	7,13	5,8	6,9	7,10
		(3)	1,2	9,13	10,11	8,12	7,12	5,13	6,11	6.10	7,8	5,9
			(4)	10,12	8,13	9,11	6,13	7,11	5,12	7,9	5,10	6,8

续表

1	2	3	4	5	6	7	8	9	10	11	12	13
				(5)	1,7	1,6	2,11	3,13	4,12	2,8	4,10	3,9
					(6)	1,5	4,13	2,12	3,11	3,10	2,9	4,8
						(7)	3,12	4,11	2,13	4,9	3,8	2,10
							(8)	1,10	1,9	2,5	3,7	4,6
								(9)	1,8	4,7	2,6	3,5
									(10)	3,6	4,5	2,7
										(11)	1,13	1,12
											(12)	1,11

附表 6.9b　正交表 $L_{27}(3^{13})$的表头设计

因子数	1	2	3	4	5	6	7	8	9	10	11	12	13
3	A	B	$A\times B_1$	$A\times B_2$	C	$A\times C_1$	$A\times C_2$	$B\times C_1$			$B\times C_2$		
4	A	B	$A\times B_1$	$A\times B_2$	C	$A\times C_1$ $B\times D_1$	$A\times C_2$	$B\times C_1$ $A\times D_1$	D	$A\times D_2$	$B\times C_2$	$B\times D_2$	

附表 6.10　正交表 $L_{36}(3^{13})$

No.	1	2	3	4	5	6	7	8	9	10	11	12	13
1	1	1	1	1	1	1	1	1	1	1	1	1	1
2	1	2	2	2	2	2	2	2	2	2	2	2	2
3	1	3	3	3	3	3	3	3	3	3	3	3	3
4	1	1	1	1	1	2	2	2	2	3	3	3	3
5	1	2	2	2	2	3	3	3	3	1	1	1	1
6	1	3	3	3	3	1	1	1	1	2	2	2	2
7	1	1	1	2	3	1	2	3	3	1	2	2	3
8	1	2	2	3	1	2	3	1	1	2	3	3	1
9	1	3	3	1	2	3	1	2	2	3	1	1	2
10	1	1	1	3	2	1	3	2	3	2	1	3	2
11	1	2	2	1	3	2	1	3	1	3	2	1	3
12	1	3	3	2	1	3	2	1	2	1	3	2	1
13	2	1	2	3	1	3	2	1	3	3	2	1	2
14	2	2	3	1	2	1	3	2	1	1	3	2	3
15	2	3	1	2	3	2	1	3	2	2	1	3	1
16	2	1	2	3	2	1	1	3	2	3	3	2	1

续表

No.	1	2	3	4	5	6	7	8	9	10	11	12	13
17	2	2	3	1	3	2	2	1	3	1	1	3	2
18	2	3	1	2	1	3	3	2	1	2	2	1	3
19	2	1	2	1	3	3	3	1	2	2	1	2	3
20	2	2	3	2	1	1	1	2	3	3	2	3	1
21	2	3	1	3	2	2	2	3	1	1	3	1	2
22	2	1	2	2	3	3	1	2	1	1	3	3	2
23	2	2	3	3	1	1	2	3	2	2	1	1	3
24	2	3	1	1	2	2	3	1	3	3	2	2	1
25	3	1	3	2	1	2	3	3	1	3	1	2	2
26	3	2	1	3	2	3	1	1	2	1	2	3	3
27	3	3	2	1	3	1	2	2	3	2	3	1	1
28	3	1	3	2	2	2	1	1	3	2	3	1	3
29	3	2	1	3	3	3	2	2	1	3	1	2	1
30	3	3	2	1	1	1	3	3	2	1	2	3	2
31	3	1	3	3	3	2	3	2	2	1	2	1	1
32	3	2	1	1	1	3	1	3	3	2	3	2	2
33	3	3	2	2	2	1	2	1	1	3	1	3	3
34	3	1	3	1	2	3	2	3	1	2	2	3	1
35	3	2	1	2	3	1	3	1	2	3	3	1	2
36	3	3	2	3	1	2	1	2	3	1	1	2	3

附表 6.11　正交表 $L_{16}(4^5)$

No.	1	2	3	4	5
1	1	1	1	1	1
2	1	2	2	2	2
3	1	3	3	3	3
4	1	4	4	4	4
5	2	1	2	3	4
6	2	2	1	4	3
7	2	3	4	1	2
8	2	4	3	2	1
9	3	1	3	4	2

续表

No.	1	2	3	4	5
10	3	2	4	3	1
11	3	3	1	2	4
12	3	4	2	1	3
13	4	1	4	2	3
14	4	2	3	1	4
15	4	3	2	4	1
16	4	4	1	3	2
列分组	1	2			

注:任意两列的交互作用出现在其余三列。

附表 6.12　正交表 $L_{32}(4^9)$

No.	1	2	3	4	5	6	7	8	9
1	1	1	1	1	1	1	1	1	1
2	1	2	2	2	2	2	2	2	2
3	1	3	3	3	3	3	3	3	3
4	1	4	4	4	4	4	4	4	4
5	2	1	1	2	2	3	3	4	4
6	2	2	2	1	1	4	4	3	3
7	2	3	3	4	4	1	1	2	2
8	2	4	4	3	3	2	2	1	1
9	3	1	2	3	4	1	2	3	4
10	3	2	1	4	3	2	1	4	3
11	3	3	4	1	2	3	4	1	2
12	3	4	3	2	1	4	3	2	1
13	4	1	2	4	3	3	4	2	1
14	4	2	1	3	4	4	3	1	2
15	4	3	4	2	1	1	2	4	3
16	4	4	3	1	2	2	1	3	4
17	1	1	4	1	4	2	3	2	3
18	1	2	3	2	3	1	4	1	4
19	1	3	2	3	2	4	1	4	1
20	1	4	1	4	1	3	2	3	2
21	2	1	4	2	3	4	1	3	2

续表

No.	1	2	3	4	5	6	7	8	9
22	2	2	3	1	4	3	2	4	1
23	2	3	2	4	1	2	3	1	4
24	2	4	1	3	2	1	4	2	3
25	3	1	3	3	1	2	4	4	2
26	3	2	4	4	2	1	3	3	1
27	3	3	1	1	3	4	2	2	4
28	3	4	2	2	4	3	1	1	3
29	4	1	3	4	2	4	2	1	3
30	4	2	4	3	1	3	1	2	4
31	4	3	1	2	4	2	4	3	1
32	4	4	2	1	3	1	3	4	2

附表 6.13 正交表 $L_{64}(4^{21})$

No.	1	2	3	4	5	6	7	8	9	10	11	12	13	14	15	16	17	18	19	20	21
1	1	1	1	1	1	1	1	1	1	1	1	1	1	1	1	1	1	1	1	1	1
2	1	1	1	1	1	2	3	4	2	3	4	2	2	2	2	3	3	4	4	2	2
3	1	1	1	1	1	3	4	2	3	4	2	3	3	3	3	4	4	2	2	3	3
4	1	1	1	1	1	4	2	3	4	2	3	4	4	4	4	2	2	3	3	4	4
5	1	2	3	4	2	1	1	1	1	4	3	2	3	2	4	2	3	2	4	3	4
6	1	2	3	4	2	2	3	4	2	2	2	1	4	1	3	4	1	3	1	4	3
7	1	2	3	4	2	3	4	2	3	1	4	4	1	4	2	3	2	1	3	1	2
8	1	2	3	4	2	4	2	3	4	3	1	3	2	3	1	1	4	4	2	2	1
9	1	3	4	2	3	1	1	1	1	2	4	3	4	3	2	3	4	3	2	4	2
10	1	3	4	2	3	2	3	4	2	4	1	4	3	4	1	1	2	2	3	3	1
11	1	3	4	2	3	3	4	2	3	3	3	1	2	1	4	2	1	4	1	2	4
12	1	3	4	2	3	4	2	3	4	1	2	2	1	2	3	4	3	1	4	1	3
13	1	4	2	3	4	1	1	1	1	3	2	4	2	4	3	4	2	4	3	2	3
14	1	4	2	3	4	2	3	4	2	1	3	3	1	3	4	2	4	1	2	1	4
15	1	4	2	3	4	3	4	2	3	2	1	2	4	2	1	1	3	3	4	4	1
16	1	4	2	3	4	4	2	3	4	4	4	1	3	1	2	3	1	2	1	3	2
17	2	1	4	3	2	1	4	3	2	1	1	1	3	2	4	3	2	4	2	4	3
18	2	1	4	3	2	2	2	2	1	3	4	2	4	1	3	1	4	1	3	3	4

续表

No.	1	2	3	4	5	6	7	8	9	10	11	12	13	14	15	16	17	18	19	20	21
19	2	1	4	3	2	3	1	4	4	4	2	3	1	4	2	2	3	3	1	2	1
20	2	1	4	3	2	4	3	1	3	2	3	4	2	3	1	4	1	2	4	1	2
21	2	2	2	2	1	1	4	3	2	4	3	2	1	1	1	4	4	3	3	2	2
22	2	2	2	2	1	2	2	2	1	2	2	1	2	2	2	2	2	2	2	1	1
23	2	2	2	2	1	3	1	4	4	1	4	4	3	3	3	1	1	4	4	4	4
24	2	2	2	2	1	4	3	1	3	3	1	3	4	4	4	3	3	1	1	3	3
25	2	3	1	4	4	1	4	3	2	2	4	3	2	4	3	1	3	2	1	1	4
26	2	3	1	4	4	2	2	2	1	4	1	4	1	3	4	3	1	3	4	2	3
27	2	3	1	4	4	3	1	4	4	3	3	1	4	2	1	4	2	1	2	3	2
28	2	3	1	4	4	4	3	1	3	1	2	2	3	1	2	2	4	4	3	4	1
29	2	4	3	1	3	1	4	3	2	3	2	4	4	3	2	2	1	1	4	3	1
30	2	4	3	1	3	2	2	2	1	1	3	3	3	4	1	4	3	4	1	4	2
31	2	4	3	1	3	3	1	4	4	2	1	2	2	1	4	3	4	2	3	1	3
32	2	4	3	1	3	4	3	1	3	4	4	1	1	2	3	1	2	3	2	2	4
33	3	1	2	4	3	1	2	4	3	1	1	1	4	3	2	4	3	2	3	2	4
34	3	1	2	4	3	2	4	1	4	3	4	2	3	4	1	2	1	3	2	1	3
35	3	1	2	4	3	3	3	3	1	4	2	3	2	1	4	1	2	1	4	4	2
36	3	1	2	4	3	4	1	2	2	2	3	4	1	2	3	3	4	4	1	3	1
37	3	2	4	1	4	1	2	4	3	4	3	2	2	4	3	3	1	1	2	4	1
38	3	2	4	1	4	2	4	1	4	2	2	1	1	3	4	1	3	4	3	3	2
39	3	2	4	1	4	3	3	3	1	1	4	4	4	2	1	2	4	2	1	2	3
40	3	2	4	1	4	4	1	2	2	3	1	3	3	1	2	4	2	3	4	1	4
41	3	3	3	3	1	1	2	4	3	2	4	3	1	1	1	2	2	4	4	3	3
42	3	3	3	3	1	2	4	1	4	4	1	4	2	2	2	4	4	1	1	4	4
43	3	3	3	3	1	3	3	3	1	3	3	1	3	3	3	3	3	3	3	1	1
44	3	3	3	3	1	4	1	2	2	1	2	2	4	4	4	1	1	2	2	2	2
45	3	4	1	2	2	1	2	4	3	3	2	4	3	2	4	1	4	3	1	1	2
46	3	4	1	2	2	2	4	1	4	1	3	3	4	1	3	3	2	2	4	2	1
47	3	4	1	2	2	3	3	3	1	2	1	2	1	4	2	4	1	4	2	3	4
48	3	4	1	2	2	4	1	2	2	4	4	1	2	3	1	2	3	1	3	4	3
49	4	1	3	2	4	1	3	2	4	1	1	1	2	4	3	2	4	3	4	3	2
50	4	1	3	2	4	2	1	3	3	3	4	2	1	3	4	4	2	2	1	4	1

续表

No.	1	2	3	4	5	6	7	8	9	10	11	12	13	14	15	16	17	18	19	20	21
51	4	1	3	2	4	3	2	1	2	4	2	3	4	2	1	3	1	4	3	1	4
52	4	1	3	2	4	4	4	4	1	2	3	4	3	1	2	1	3	1	2	2	3
53	4	2	1	3	3	1	3	2	4	4	3	2	4	3	2	1	2	4	1	1	3
54	4	2	1	3	3	2	1	3	3	2	2	1	3	4	1	3	4	1	4	2	4
55	4	2	1	3	3	3	2	1	2	1	4	4	2	1	4	4	3	3	2	3	1
56	4	2	1	3	3	4	4	4	1	3	1	3	1	2	3	2	1	2	3	4	2
57	4	3	2	1	2	1	3	2	4	2	4	3	3	2	4	4	1	1	3	2	1
58	4	3	2	1	2	2	1	3	3	4	1	4	4	1	3	2	3	4	2	1	2
59	4	3	2	1	2	3	2	1	2	3	3	1	1	4	2	1	4	2	4	4	3
60	4	3	2	1	2	4	4	4	1	1	2	2	2	3	1	3	2	3	1	3	4
61	4	4	4	4	1	1	3	2	4	3	2	4	1	1	1	3	3	2	2	4	4
62	4	4	4	4	1	2	1	3	3	1	3	3	2	2	2	1	1	3	3	3	3
63	4	4	4	4	1	3	2	1	2	2	1	2	3	3	3	2	2	1	1	2	2
64	4	4	4	4	1	4	4	4	1	4	4	1	4	4	4	4	4	4	4	1	1
列分组	1	2				3															

附表 6.13a 正交表 $L_{64}(4^{21})$ 的表头设计

因子数	1	2	3	4	5	6	7	8	9	10	11	12	13	14	15	16	17	18	19	20	21
3	A	B	AB_1	AB_2	AB_3	C	AC_1	AC_2	AC_3	BC_1	BC_2	BC_3									
4	A	B	AB_1	AB_2	AB_3	C	AC_1	AC_2	AC_3	BC_1	BC_2	BC_3					D				
5	A	B	AB_1	AB_2	AB_3	C	AC_1	AC_2	AC_3	BC_1	BC_2	BC_3			D			E			
6	A	B	AB_1	AB_2	AB_3	C	AC_1	AC_2	AC_3	BC_1	BC_2	BC_3			D			E		F	
7	A	B	AB_1	AB_2	AB_3	C	AC_1	AC_2	AC_3	BC_1	BC_2	BC_3		D		E		F		G	

附表 6.14 正交表 $L_{25}(5^6)$

No.	1	2	3	4	5	6
1	1	1	1	1	1	1
2	1	2	2	2	2	2
3	1	3	3	3	3	3
4	1	4	4	4	4	4
5	1	5	5	5	5	5
6	2	1	2	3	4	5
7	2	2	3	4	5	1

续表

No.	1	2	3	4	5	6
8	2	3	4	5	1	2
9	2	4	5	1	2	3
10	2	5	1	2	3	4
11	3	1	3	5	2	4
12	3	2	4	1	3	5
13	3	3	5	2	4	1
14	3	4	1	3	5	2
15	3	5	2	4	1	3
16	4	1	4	2	5	3
17	4	2	5	3	1	4
18	4	3	1	4	2	5
19	4	4	2	5	3	1
20	4	5	3	1	4	2
21	5	1	5	4	3	2
22	5	2	1	5	4	3
23	5	3	2	1	5	4
24	5	4	3	2	1	5
25	5	5	4	3	2	1
列分组	1			2		

注:任意两列的交互作用在其余 4 列。

附表 6.15 正交表 $L_{50}(5^{11})$

No.	1	2	3	4	5	6	7	8	9	10	11
1	1	1	1	1	1	1	1	1	1	1	1
2	1	2	2	2	2	2	2	2	2	2	2
3	1	3	3	3	3	3	3	3	3	3	3
4	1	4	4	4	4	4	4	4	4	4	4
5	1	5	5	5	5	5	5	5	5	5	5
6	2	1	2	3	4	5	1	2	3	4	5
7	2	2	3	4	5	1	2	3	4	5	1
8	2	3	4	5	1	2	3	4	5	1	2
9	2	4	5	1	2	3	4	5	1	2	3
10	2	5	1	2	3	4	5	1	2	3	4

续表

No.	1	2	3	4	5	6	7	8	9	10	11
11	3	1	3	5	2	4	4	1	3	5	2
12	3	2	4	1	3	5	5	2	4	1	3
13	3	3	5	2	4	1	1	3	5	2	4
14	3	4	1	3	5	2	2	4	1	3	5
15	3	5	2	4	1	3	3	5	2	4	1
16	4	1	4	2	5	3	5	3	1	4	2
17	4	2	5	3	1	4	1	4	2	5	3
18	4	3	1	4	2	5	2	5	3	1	4
19	4	4	2	5	3	1	3	1	4	2	5
20	4	5	3	1	4	2	4	2	5	3	1
21	5	1	5	4	3	2	4	3	2	1	5
22	5	2	1	5	4	3	5	4	3	2	1
23	5	3	2	1	5	4	1	5	4	3	2
24	5	4	3	2	1	5	2	1	5	4	3
25	5	5	4	3	2	1	3	2	1	5	4
26	1	1	1	4	5	4	3	2	5	2	3
27	1	2	2	5	1	5	4	3	1	3	4
28	1	3	3	1	2	1	5	4	2	4	5
29	1	4	4	2	3	2	1	5	3	5	1
30	1	5	5	3	4	3	2	1	4	1	2
31	2	1	2	1	3	3	2	4	5	5	4
32	2	2	3	2	4	4	3	5	1	1	5
33	2	3	4	3	5	5	4	1	2	2	1
34	2	4	5	4	1	1	5	2	3	3	2
35	2	5	1	5	2	2	1	3	4	4	3
36	3	1	3	3	1	2	5	5	4	2	4
37	3	2	4	4	2	3	1	1	5	3	5
38	3	3	5	5	3	4	2	2	1	4	1
39	3	4	1	1	4	5	3	3	2	5	2
40	3	5	2	2	5	1	4	4	3	1	3
41	4	1	4	5	4	1	2	5	2	3	3
42	4	2	5	1	5	2	3	1	3	4	4

续表

No.	1	2	3	4	5	6	7	8	9	10	11
43	4	3	1	2	1	3	4	2	4	5	5
44	4	4	2	3	2	4	5	3	5	1	1
45	4	5	3	4	3	5	1	4	1	2	2
46	5	1	5	2	2	5	3	4	4	3	1
47	5	2	1	3	3	1	4	5	5	4	2
48	5	3	2	4	4	2	5	1	1	5	3
49	5	4	3	5	5	3	1	2	2	1	4
50	5	5	4	1	1	4	2	3	3	2	5

附表 6.16 正交表 $L_{49}(7^8)$

No.	1	2	3	4	5	6	7	8
1	1	1	1	1	1	1	1	1
2	1	2	2	3	4	5	6	7
3	1	3	3	5	7	2	4	6
4	1	4	4	7	3	6	2	5
5	1	5	5	2	6	3	7	4
6	1	6	6	4	2	7	5	3
7	1	7	7	6	5	4	3	2
8	2	1	2	2	2	2	2	2
9	2	2	3	4	5	6	7	1
10	2	3	4	6	1	3	5	7
11	2	4	5	1	4	7	3	6
12	2	5	6	3	7	4	1	5
13	2	6	7	5	3	1	6	4
14	2	7	1	7	6	5	4	3
15	3	1	3	3	3	3	3	3
16	3	2	4	5	6	7	1	2
17	3	3	5	7	2	4	6	1
18	3	4	6	2	5	1	4	7
19	3	5	7	4	1	5	2	6
20	3	6	1	6	4	2	7	5
21	3	7	2	1	7	6	5	4

续表

No.	1	2	3	4	5	6	7	8
22	4	1	4	4	4	4	4	4
23	4	2	5	6	7	1	2	3
24	4	3	6	1	3	5	7	2
25	4	4	7	3	6	2	5	1
26	4	5	1	5	2	6	3	7
27	4	6	2	7	5	3	1	6
28	4	7	3	2	1	7	6	5
29	5	1	5	5	5	5	5	5
30	5	2	6	7	1	2	3	4
31	5	3	7	2	4	6	1	3
32	5	4	1	4	7	3	6	2
33	5	5	2	6	3	7	4	1
34	5	6	3	1	6	4	2	7
35	5	7	4	3	2	1	7	6
36	6	1	6	6	6	6	6	6
37	6	2	7	1	2	3	4	5
38	6	3	1	3	5	7	2	4
39	6	4	2	5	1	4	7	3
40	6	5	3	7	4	1	5	2
41	6	6	4	2	7	5	3	1
42	6	7	5	4	3	2	1	7
43	7	1	7	7	7	7	7	7
44	7	2	1	2	3	4	5	6
45	7	3	2	4	6	1	3	5
46	7	4	3	6	2	5	1	4
47	7	5	4	1	5	2	6	3
48	7	6	5	3	1	6	4	2
49	7	7	6	5	4	3	2	1
列分组	1				2			

2.混合水平正交表

附表 6.17 正交表 $L_8(4\times2^4)$

No.	1	2	3	4	5
1	1	1	1	1	1
2	1	2	2	2	2
3	2	1	1	2	2
4	2	2	2	1	1
5	3	1	2	1	2
6	3	2	1	2	1
7	4	1	2	2	1
8	4	2	1	1	2

附表 6.17a 正交表 $L_8(4\times2^4)$的表头设计

因子数	1	2	3	4	5
2	A	B	$A\times B_1$	$A\times B_2$	$A\times B_3$
3	A	B	C		
4	A	B	C	D	
5	A	B	C	D	E

附表 6.18 正交表 $L_{12}(3\times2^4)$

No.	1	2	3	4	5
1	1	1	1	1	1
2	1	1	1	2	2
3	1	2	2	1	2
4	1	2	2	2	1
5	2	1	2	1	1
6	2	1	2	2	2
7	2	2	1	1	1
8	2	2	1	2	2
9	3	1	2	1	2
10	3	1	1	2	1
11	3	2	1	1	2
12	3	2	2	2	1

附表 6.19 正交表 $L_{12}(6\times2^2)$

No.	1	2	3
1	2	1	1
2	5	1	2
3	5	2	2
4	2	2	1
5	4	1	1
6	1	1	2
7	1	2	1
8	4	2	2
9	3	1	2
10	6	1	1
11	6	2	2
12	3	2	1

附表 6.20 正交表 $L_{16}(4\times2^{12})$

No.	1	2	3	4	5	6	7	8	9	10	11	12	13
1	1	1	1	1	1	1	1	1	1	1	1	1	1
2	1	1	1	1	1	2	2	2	2	2	2	2	2
3	1	2	2	2	2	1	1	1	1	2	2	2	2
4	1	2	2	2	2	2	2	2	2	1	1	1	1
5	2	1	1	2	2	1	1	2	2	1	1	2	2
6	2	1	1	2	2	2	2	1	1	2	2	1	1
7	2	2	2	1	1	1	1	2	2	2	2	1	1
8	2	2	2	1	1	2	2	1	1	1	1	2	2
9	3	1	2	1	2	1	2	1	2	1	2	1	2
10	3	1	2	1	2	2	1	2	1	2	1	2	1
11	3	2	1	2	1	1	2	1	2	2	1	2	1
12	3	2	1	2	1	2	1	2	1	1	2	1	2
13	4	1	2	2	1	1	2	2	1	1	2	2	1
14	4	1	2	2	1	2	1	1	2	2	1	1	2
15	4	2	1	1	2	1	2	2	1	2	1	1	2
16	4	2	1	1	2	2	1	1	2	1	2	2	1

附表 6.20a　正交表 $L_{16}(4\times 2^{12})$的表头设计

因子数	1	2	3	4	5	6	7	8	9	10	11	12	13
3	A	B	$A\times B_1$	$A\times B_2$	$A\times B_3$	C	$A\times C_1$	$A\times C_2$	$A\times C_3$	$B\times C$			
4	A	B	$A\times B_1$	$A\times B_2$	$A\times B_3$	C	$A\times C_1$	$A\times C_2$	$A\times C_3$	$B\times C$	D		
5	A	B	$A\times B_1$	$A\times B_2$	$A\times B_3$	C	$A\times C_1$	$A\times C_2$	$A\times C_3$	$B\times C$	D	E	

附表 6.21　正交表 $L_{16}(4^2\times 2^9)$

No.	1	2	3	4	5	6	7	8	9	10	11
1	1	1	1	1	1	1	1	1	1	1	1
2	1	2	1	1	1	2	2	2	2	2	2
3	1	3	2	2	2	1	1	1	2	2	2
4	1	4	2	2	2	2	2	2	1	1	1
5	2	1	1	2	2	1	2	2	1	2	2
6	2	2	1	2	2	2	1	1	2	1	1
7	2	3	2	1	1	1	2	2	2	1	1
8	2	4	2	1	1	2	1	1	1	2	2
9	3	1	2	1	2	2	1	2	2	1	2
10	3	2	2	1	2	1	2	1	1	2	1
11	3	3	1	2	1	2	1	2	1	2	1
12	3	4	1	2	1	1	2	1	2	1	2
13	4	1	2	2	1	2	2	1	2	2	1
14	4	2	2	2	1	1	1	2	1	1	2
15	4	3	1	1	2	2	2	1	1	1	2
16	4	4	1	1	2	1	1	2	2	2	1

附表 6.22　正交表 $L_{16}(4^3\times 2^6)$

No.	1	2	3	4	5	6	7	8	9
1	1	1	1	1	1	1	1	1	1
2	1	2	2	1	1	2	2	2	2
3	1	3	3	2	2	1	1	2	2
4	1	4	4	2	2	2	2	1	1
5	2	1	2	2	2	1	2	1	2
6	2	2	1	2	2	2	1	2	1
7	2	3	4	1	1	1	2	2	1

续表

No.	1	2	3	4	5	6	7	8	9
8	2	4	3	1	1	2	1	1	2
9	3	1	3	1	2	2	2	2	1
10	3	2	4	1	2	1	1	1	2
11	3	3	1	2	1	2	2	1	2
12	3	4	2	2	1	1	1	2	1
13	4	1	4	2	1	2	1	2	2
14	4	2	3	2	1	1	2	1	1
15	4	3	2	1	2	2	1	1	1
16	4	4	1	1	2	1	2	2	2

附表 6.23　正交表 $L_{16}(4^4 \times 2^3)$

No.	1	2	3	4	5	6	7
1	1	1	1	1	1	1	1
2	1	2	2	2	1	2	2
3	1	3	3	3	2	1	2
4	1	4	4	4	2	2	1
5	2	1	2	3	2	2	1
6	2	2	1	4	2	1	2
7	2	3	4	1	1	2	2
8	2	4	3	2	1	1	1
9	3	1	3	4	1	2	2
10	3	2	4	3	1	1	1
11	3	3	1	2	2	2	1
12	3	4	2	1	2	1	2
13	4	1	4	2	2	1	2
14	4	2	3	1	2	2	1
15	4	3	2	4	1	1	1
16	4	4	1	3	1	2	2

附表 6.24　正交表 $L_{16}(8 \times 2^8)$

No.	1	2	3	4	5	6	7	8	9
1	1	1	1	1	1	1	1	1	1
2	1	2	2	2	2	2	2	2	2

续表

No.	1	2	3	4	5	6	7	8	9
3	2	1	1	1	1	2	2	2	2
4	2	2	2	2	2	1	1	1	1
5	3	1	1	2	2	1	1	2	2
6	3	2	2	1	1	2	2	1	1
7	4	1	1	2	2	2	2	1	1
8	4	2	2	1	1	1	1	2	2
9	5	1	2	1	2	1	2	1	2
10	5	2	1	2	1	2	1	2	1
11	6	1	2	1	2	2	1	2	1
12	6	2	1	2	1	1	2	1	2
13	7	1	2	2	1	1	2	2	1
14	7	2	1	1	2	2	1	1	2
15	8	1	2	2	1	2	1	1	2
16	8	2	1	1	2	1	2	2	1

附表 6.25 正交表 $L_{18}(2\times3^7)$

No.	1	2	3	4	5	6	7	8
1	1	1	1	1	1	1	1	1
2	1	1	2	2	2	2	2	2
3	1	1	3	3	3	3	3	3
4	1	2	1	1	2	2	3	3
5	1	2	2	2	3	3	1	1
6	1	2	3	3	1	1	2	2
7	1	3	1	2	1	3	2	3
8	1	3	2	3	2	1	3	1
9	1	3	3	1	3	2	1	2
10	2	1	1	3	3	2	2	1
11	2	1	2	1	1	3	3	2
12	2	1	3	2	2	1	1	3
13	2	2	1	2	3	1	3	2
14	2	2	2	3	1	2	1	3
15	2	2	3	1	2	3	2	1

续表

No.	1	2	3	4	5	6	7	8
16	2	3	1	3	2	3	1	2
17	2	3	2	1	3	1	2	3
18	2	3	3	2	1	2	3	1

注:可以分析第1列和第2列的交互作用,但此交互作用不在表内。

附表 6.26　正交表 $L_{18}(6\times3^6)$

No.	1	2	3	4	5	6	7
1	1	1	1	1	1	1	1
2	1	2	2	2	2	2	2
3	1	3	3	3	3	3	3
4	2	1	1	2	2	3	3
5	2	2	2	3	3	1	1
6	2	3	3	1	1	2	2
7	3	1	2	1	3	2	3
8	3	2	3	2	1	3	1
9	3	3	1	3	2	1	2
10	4	1	3	3	2	2	1
11	4	2	1	1	3	3	2
12	4	3	2	2	1	1	3
13	5	1	2	3	1	3	2
14	5	2	3	1	2	1	3
15	5	3	1	2	3	2	1
16	6	1	3	2	3	1	2
17	6	2	1	3	1	2	3
18	6	3	2	1	2	3	1

附表 6.27　正交表 $L_{20}(5\times2^8)$

No.	1	2	3	4	5	6	7	8	9
1	1	1	1	1	1	1	1	1	1
2	1	1	1	1	1	2	2	2	2
3	1	2	2	2	2	1	1	1	1
4	1	2	2	2	2	2	2	2	2
5	2	1	2	1	2	1	1	1	2

续表

No.	1	2	3	4	5	6	7	8	9
6	2	1	2	2	1	1	2	2	1
7	2	2	1	1	2	2	1	2	1
8	2	2	1	2	1	2	2	1	2
9	3	1	1	2	1	1	1	2	2
10	3	1	2	2	2	2	2	1	1
11	3	2	1	1	2	1	2	2	1
12	3	2	2	1	1	2	1	1	2
13	4	1	1	2	2	1	2	1	2
14	4	1	2	1	2	2	1	2	2
15	4	2	1	2	1	2	1	1	1
16	4	2	2	1	1	1	2	2	1
17	5	1	1	1	2	2	2	1	1
18	5	1	2	2	1	2	1	2	1
19	5	2	1	2	2	1	1	2	2
20	5	2	2	1	1	1	2	1	2

附表 6.28 正交表 $L_{24}(3\times4\times2^4)$

No.	1	2	3	4	5	6
1	1	1	1	1	1	1
2	1	2	1	1	2	2
3	1	3	1	2	2	1
4	1	4	1	2	1	2
5	1	1	2	2	2	2
6	1	2	2	2	1	1
7	1	3	2	1	1	2
8	1	4	2	1	2	1
9	2	1	1	1	1	2
10	2	2	1	1	2	1
11	2	3	1	2	2	2
12	2	4	1	2	1	1
13	2	1	2	2	2	1
14	2	2	2	2	1	2

续表

No.	1	2	3	4	5	6
15	2	3	2	1	1	1
16	2	4	2	1	2	2
17	3	1	1	1	1	2
18	3	2	1	1	2	1
19	3	3	1	2	2	2
20	3	4	1	2	1	1
21	3	1	2	2	2	1
22	3	2	2	2	1	2
23	3	3	2	1	1	1
24	3	4	2	1	2	2

附表 6.29　正交表 $L_{24}(6\times4\times2^3)$

No.	1	2	3	4	5
1	1	1	1	1	2
2	1	2	1	2	1
3	1	3	2	2	2
4	1	4	2	1	1
5	2	1	2	2	1
6	2	2	2	1	2
7	2	3	1	1	1
8	2	4	1	2	2
9	3	1	1	1	1
10	3	2	1	2	2
11	3	3	2	2	1
12	3	4	2	1	2
13	4	1	2	2	2
14	4	2	2	1	1
15	4	3	1	1	2
16	4	4	1	2	1
17	5	1	1	1	1
18	5	2	1	2	2
19	5	3	2	2	1

续表

No.	1	2	3	4	5
20	5	4	2	1	2
21	6	1	2	2	2
22	6	2	2	1	1
23	6	3	1	1	2
24	6	4	1	2	1

附表 6.30　正交表 $L_{32}(2\times4^9)$

No.	1	2	3	4	5	6	7	8	9	10
1	1	1	1	1	1	1	1	1	1	1
2	1	1	2	2	2	2	2	2	2	2
3	1	1	3	3	3	3	3	3	3	3
4	1	1	4	4	4	4	4	4	4	4
5	1	2	1	1	2	2	3	3	4	4
6	1	2	2	2	1	1	4	4	3	3
7	1	2	3	3	4	4	1	1	2	2
8	1	2	4	4	3	3	2	2	1	1
9	1	3	1	2	3	4	1	2	3	4
10	1	3	2	1	4	3	2	1	4	3
11	1	3	3	4	1	2	3	4	1	2
12	1	3	4	3	2	1	4	3	2	1
13	1	4	1	2	4	3	3	4	2	1
14	1	4	2	1	3	4	4	3	1	2
15	1	4	3	4	2	1	1	2	4	3
16	1	4	4	3	1	2	2	1	3	4
17	2	1	1	4	1	4	2	3	2	3
18	2	1	2	3	2	3	1	4	1	4
19	2	1	3	2	3	2	4	1	4	1
20	2	1	4	1	4	1	3	2	3	2
21	2	2	1	4	2	3	4	1	3	2
22	2	2	2	3	1	4	3	2	4	1
23	2	2	3	2	4	1	2	3	1	4
24	2	2	4	1	3	2	1	4	2	3

续表

No.	1	2	3	4	5	6	7	8	9	10
25	2	3	1	3	3	1	2	4	4	2
26	2	3	2	4	4	2	1	3	3	1
27	2	3	3	1	1	3	4	2	2	4
28	2	3	4	2	2	4	3	1	1	3
29	2	4	1	3	4	2	4	2	1	3
30	2	4	2	4	3	1	3	1	2	4
31	2	4	3	1	2	4	2	4	3	1
32	2	4	4	2	1	3	1	3	4	2

注:可以考察第 1 列和第 2 列的交互作用。

附表 6.31　正交表 $L_{32}(8\times4^8)$

No.	1	2	3	4	5	6	7	8	9
1	1	1	1	1	1	1	1	1	1
2	1	2	2	2	2	2	2	2	2
3	1	3	3	3	3	3	3	3	3
4	1	4	4	4	4	4	4	4	4
5	2	1	1	2	2	3	3	4	4
6	2	2	2	1	1	4	4	3	3
7	2	3	3	4	4	1	1	2	2
8	2	4	4	3	3	2	2	1	1
9	3	1	2	3	4	1	2	3	4
10	3	2	1	4	3	2	1	4	3
11	3	3	4	1	2	3	4	1	2
12	3	4	3	2	1	4	3	2	1
13	4	1	2	4	3	3	4	2	1
14	4	2	1	3	4	4	3	1	2
15	4	3	4	2	1	1	2	4	3
16	4	4	3	1	2	2	1	3	4
17	5	1	4	1	4	2	3	2	3
18	5	2	3	2	3	1	4	1	4
19	5	3	2	3	2	4	1	4	1
20	5	4	1	4	1	3	2	3	2
21	6	1	4	2	3	4	1	3	2

续表

No.	1	2	3	4	5	6	7	8	9
22	6	2	3	1	4	3	2	4	1
23	6	3	2	4	1	2	3	1	4
24	6	4	1	3	2	1	4	2	3
25	7	1	3	3	1	2	4	4	2
26	7	2	4	4	2	1	3	3	1
27	7	3	1	1	3	4	2	2	4
28	7	4	2	2	4	3	1	1	3
29	8	1	3	4	2	4	2	1	3
30	8	2	4	3	1	3	1	2	4
31	8	3	1	2	4	2	4	3	1
32	8	4	2	1	3	1	3	4	2

附表 6.32 正交表 $L_{32}(2^4 \times 4^9)$

No.	1	2	3	4	5	6	7	8	9	10	11	12	13
1	1	1	1	1	1	1	1	1	1	1	1	1	1
2	1	1	1	1	1	2	2	2	2	2	2	2	2
3	1	1	1	2	1	3	3	3	3	3	3	3	3
4	1	1	1	2	1	4	4	4	4	4	4	4	4
5	1	1	2	1	2	1	1	2	2	3	3	4	4
6	1	1	2	1	2	2	2	1	1	4	4	3	3
7	1	1	2	2	2	3	3	4	4	1	1	2	2
8	1	1	2	2	2	4	4	3	3	2	2	1	1
9	1	2	1	1	3	1	2	3	4	1	2	3	4
10	1	2	1	1	3	2	1	4	3	2	1	4	3
11	1	2	1	2	3	3	4	1	2	3	4	1	2
12	1	2	1	2	3	4	3	2	1	4	3	2	1
13	1	2	2	1	4	1	2	4	3	3	4	2	1
14	1	2	2	1	4	2	1	3	4	4	3	1	2
15	1	2	2	2	4	3	4	2	1	1	2	4	3
16	1	2	2	2	4	4	3	1	2	2	1	3	4
17	2	1	1	1	1	1	4	1	4	2	3	2	3
18	2	1	1	1	1	2	3	2	3	1	4	1	4
19	2	1	1	2	1	3	2	3	2	4	1	4	1
20	2	1	1	2	1	4	1	4	1	3	2	3	2

续表

No.	1	2	3	4	5	6	7	8	9	10	11	12	13
21	2	1	2	1	2	1	4	2	3	4	1	3	2
22	2	1	2	1	2	2	3	1	4	3	2	4	1
23	2	1	2	2	2	3	2	4	1	2	3	1	4
24	2	1	2	2	2	4	1	3	2	1	4	2	3
25	2	2	1	1	3	1	3	3	1	2	4	4	2
26	2	2	1	1	3	2	4	4	2	1	3	3	1
27	2	2	1	2	3	3	1	1	3	4	2	2	4
28	2	2	1	2	3	4	2	2	4	3	1	1	3
29	2	2	2	1	4	1	3	4	2	4	2	1	3
30	2	2	2	1	4	2	4	3	1	3	1	2	4
31	2	2	2	2	4	3	1	2	4	2	4	3	1
32	2	2	2	2	4	4	2	1	3	1	3	4	2

附表 6.33　正交表 $L_{36}(2^3 \times 3^{13})$

No.	1	2	3	4	5	6	7	8	9	10	11	12	13	14	15	16
1	1	1	1	1	1	1	1	1	1	1	1	1	1	1	1	1
2	1	1	1	1	2	2	2	2	2	2	2	2	2	2	2	2
3	1	1	1	1	3	3	3	3	3	3	3	3	3	3	3	3
4	1	2	2	1	1	1	1	1	2	2	2	2	3	3	3	3
5	1	2	2	1	2	2	2	2	3	3	3	3	1	1	1	1
6	1	2	2	1	3	3	3	3	1	1	1	1	2	2	2	2
7	2	1	2	1	1	1	2	3	1	2	3	3	1	2	2	3
8	2	1	2	1	2	2	3	1	2	3	1	1	2	3	3	1
9	2	1	2	1	3	3	1	2	3	1	2	2	3	1	1	2
10	2	2	1	1	1	1	3	2	1	3	2	3	2	1	3	2
11	2	2	1	1	2	2	1	3	2	1	3	1	3	2	1	3
12	2	2	1	1	3	3	2	1	3	2	1	2	1	3	2	1
13	1	1	1	2	1	2	3	1	3	2	1	3	3	2	1	2
14	1	1	1	2	2	3	1	2	1	3	2	1	1	3	2	3
15	1	1	1	2	3	1	2	3	2	1	3	2	2	1	3	1
16	1	2	2	2	1	2	3	2	1	1	3	2	3	3	2	1
17	1	2	2	2	2	3	1	3	2	2	1	3	1	1	3	2
18	1	2	2	2	3	1	2	1	3	3	2	1	2	2	1	3
19	2	1	2	2	1	2	1	3	3	3	1	2	2	1	2	3

续表

No.	1	2	3	4	5	6	7	8	9	10	11	12	13	14	15	16
20	2	1	2	2	2	3	2	1	1	1	2	3	3	2	3	1
21	2	1	2	2	3	1	3	2	2	2	3	1	1	3	1	2
22	2	2	1	2	1	2	2	3	3	1	2	1	1	3	3	2
23	2	2	1	2	2	3	3	1	1	2	3	2	2	1	1	3
24	2	2	1	2	3	1	1	2	2	3	1	3	3	2	2	1
25	1	1	1	3	1	3	2	1	2	3	3	1	3	1	2	2
26	1	1	1	3	2	1	3	2	3	1	1	2	1	2	3	3
27	1	1	1	3	3	2	1	3	1	2	2	3	2	3	1	1
28	1	2	2	3	1	3	2	2	2	1	1	3	2	3	1	3
29	1	2	2	3	2	1	3	3	3	2	2	1	3	1	2	1
30	1	2	2	3	3	2	1	1	1	3	3	2	1	2	3	2
31	2	1	2	3	1	3	3	3	2	3	2	2	1	2	1	1
32	2	1	2	3	2	1	1	1	3	1	3	3	2	3	2	2
33	2	1	2	3	3	2	2	2	1	2	1	1	3	1	3	3
34	2	2	1	3	1	3	1	2	3	2	3	1	2	2	3	1
35	2	2	1	3	2	1	2	3	1	3	1	2	3	3	1	2
36	2	2	1	3	3	2	3	1	2	1	2	3	1	1	2	3

注：第 1 列和第 2 列的交互作用在第 3 列，还可以考察第 1、2、3 列分别和第 4 列的交互作用。

附表 7　D 最优回归设计表

1.设计方案类型

(1)常规 D 最优回归设计方案

两因子的设计：R207、R208

(2)饱和 D 最优回归设计方案

两因子的设计：R206

三因子的设计：R310A

四因子的设计：R415(近似饱和 D 最优回归设计)

(3)D 最优混合设计方案

三因子的设计：R310B、R311A、R311B、R312

四因子的设计：R416A、R416B、R416C

五因子的设计：R521

六因子的设计：R628A、R628B

(4)近似 D 最优回归设计方案

三因子的设计：R3411、R3414、R3415

2.设计方案实例

(1)常规 D 最优回归设计方案

附表 7.1 R207

No.	$x1$	$x2$
1	−1	−1
2	1	−1
3	−1	1
4	1	1
5	−0.092	0.092
6	1	−0.067
7	0.067	−1

附表 7.2 R208

No.	$x1$	$x2$
1	−1	−1
2	1	−1
3	−1	1
4	1	1
5	1	0
6	0.082	1
7	0.082	−1
8	−0.215	0

(2)饱和 D 最优回归设计方案

附表 7.3 R206

No.	$x1$	$x2$
1	−1	−1
2	1	−1
3	−1	1
4	−0.131 5	−0.131 5
5	1	0.394 4
6	0.394 4	1

附表 7.4 R310A

No.	$x1$	$x2$	$x3$
1	−1	−1	−1
2	1	−1	−1
3	−1	1	−1
4	−1	−1	1
5	−1	0.192 5	0.192 5
6	0.192 5	−1	0.192 5
7	0.192 5	0.192 5	−1
8	−0.291 2	1	1
9	1	−0.291 2	1
10	1	1	−0.291 2

附表 7.5　R415

No.	$x1$	$x2$	$x3$	$x4$
1	−1	−0.25	−0.25	−0.25
2	−0.25	0.05	1	−1
3	−0.25	−1	0.05	1
4	−0.25	1	−1	0.05
5	1	−0.6	1	1
6	1	1	−0.6	1
7	1	1	1	−0.6
8	−1	−0.05	−1	1
9	−1	1	−0.05	−1
10	−1	−1	1	−0.05
11	−1	−1	−1	−1
12	1	1	−1	−1
13	1	−1	1	−1
14	1	−1	−1	1
15	−1	1	1	1

(3)D 最优混合设计方案

①三因子 D 最优混合设计。

附表 7.6　R310B

No.	$x1$	$x2$	$x3$
1	0	0	1.290 6
2	0	0	−0.136 0
3	−1	−1	0.638 6
4	1	−1	0.638 6
5	−1	1	0.638 6
6	1	1	0.638 6
7	1.173 6	0	−0.927 3
8	−1.173 6	0	−0.927 3
9	0	1.173 6	−0.927 3
10	0	−1.173 6	−0.927 3

附表 7.7　R311A

No.	$x1$	$x2$	$x3$
1	0	0	2
2	0	0	−2
3	−1.414 2	−1.414 2	1
4	1.414 2	−1.414 2	1
5	−1.414 2	1.414 2	1
6	1.414 2	1.414 2	1
7	2	0	−1
8	−2	0	−1
9	0	2	−1
10	0	−2	−1
11	0	0	0

注：附表 7.8 各元素乘以 1.414 2 可得附表 7.7。

附表 7.8　R311A

No.	$x1$	$x2$	$x3$
1	0	0	1.414 2
2	0	0	−1.414 2
3	−1	−1	0.707 1
4	1	−1	0.707 1
5	−1	1	0.707 1
6	1	1	0.707 1
7	1.414 2	0	−0.707 1
8	−1.414 2	0	−0.707 1
9	0	1.414 2	−0.707 1
10	0	−1.414 2	−0.707 1
11	0	0	0

附表 7.9　R311B

No.	$x1$	$x2$	$x3$
1	0	0	2.450
2	0	0	−2.450
3	−0.751	2.106	1
4	2.106	0.751	1
5	0.751	−2.106	1
6	−2.106	−0.751	1
7	0.751	2.106	−1
8	2.106	−0.751	−1
9	−0.751	−2.106	−1
10	−2.106	0.751	−1
11	0	0	0

附表 7.10　R312

No.	$x1$	$x2$	$x3$
1	0.5	0.5	1
2	0.5	0.5	0
3	0.14	0.14	0.75
4	0.86	0.14	0.75
5	0.14	0.86	0.75
6	0.86	0.86	0.75
7	1	0.5	0.25
8	0	0.5	0.25
9	0.5	1	0.25
10	0.5	0	0.25
11	0.5	0.5	0.5
12	0	0	0

②四因子 D 最优混合设计。

附表 7.11　R416A

No.	$x1$	$x2$	$x3$	$x4$
1	0	0	0	1.784
2	0	0	0	−1.404
3	−1	−1	−1	0.644
4	1	−1	−1	0.644
5	−1	1	−1	0.644
6	1	1	−1	0.644
7	−1	−1	1	0.644
8	1	−1	1	0.644
9	−1	1	1	0.644
10	1	1	1	0.644
11	1.685	0	0	−0.908
12	−1.685	0	0	−0.908
13	0	1.685	0	−0.908
14	0	−1.685	0	−0.908
15	0	0	1.685	−0.908
16	0	0	−1.685	−0.908

附表 7.12　R416B

No.	$x1$	$x2$	$x3$	$x4$
1	0	0	0	1.732
2	0	0	0	−0.269
3	−1	−1	−1	0.604
4	1	−1	−1	0.604
5	−1	1	−1	0.604
6	1	1	−1	0.604
7	−1	−1	1	0.604
8	1	−1	1	0.604
9	−1	1	1	0.604
10	1	1	1	0.604
11	1.518	0	0	−1.05
12	−1.518	0	0	−1.05
13	0	1.518	0	−1.05
14	0	−1.518	0	−1.05
15	0	0	1.518	−1.05
16	0	0	−1.518	−1.05

附表 7.13　R416C

No.	$x1$	$x2$	$x3$	$x4$
1	0	0	0	1.765
2	0	0	0	0
3	−1	−1	−1	0.568
4	1	−1	−1	0.568
5	−1	1	−1	0.568
6	1	1	−1	0.568
7	−1	−1	1	0.568
8	1	−1	1	0.568
9	−1	1	1	0.568
10	1	1	1	0.568
11	1.47	0	0	−1.051
12	−1.47	0	0	−1.051
13	0	1.47	0	−1.051
14	0	−1.47	0	−1.051
15	0	0	1.47	−1.051
16	0	0	−1.47	−1.051

③五因子 D 最优混合设计。

附表 7.14　R521

No.	$x1$	$x2$	$x3$	$x4$	$x5$
1	−1	−1	−1	−1	−1
2	1	−1	−1	−1	−1
3	−1	1	−1	−1	−1
4	−1	−1	1	−1	−1
5	−1	−1	−1	1	−1
6	−1	−1	−1	−1	1
7	0.535 5	0.535 5	−1	−1	−1
8	−1	0.535 5	0.535 5	−1	−1
9	−1	−1	0.535 5	0.5355	−1
10	−1	−1	−1	0.535 5	0.535 5
11	0.535 5	−1	−1	−1	0.535 5
12	0.535 5	−1	0.535 5	−1	−1
13	−1	0.535 5	−1	0.535 5	−1
14	−1	−1	0.535 5	−1	0.535 5
15	0.535 5	−1	−1	0.535 5	−1
16	−1	0.535 5	−1	−1	0.535 5
17	−0.810 8	1	1	1	1
18	1	−0.810 8	1	1	1
19	1	1	−0.810 8	1	1
20	1	1	1	−0.810 8	1
21	1	1	1	1	−0.810 8

④六因子 D 最优混合设计。

附表 7.15　R628A

No.	$x1$	$x2$	$x3$	$x4$	$x5$	$x6$
1	0	0	0	0	0	2.309 4
2	−1	−1	−1	−1	−1	0.577 4
3	1	1	−1	−1	−1	0.577 4
4	1	−1	1	−1	−1	0.577 4
5	−1	1	1	−1	−1	0.577 4

续表

No.	$x1$	$x2$	$x3$	$x4$	$x5$	$x6$
6	1	−1	−1	1	−1	0.577 4
7	−1	1	−1	1	−1	0.577 4
8	−1	−1	1	1	−1	0.577 4
9	1	1	1	1	−1	0.577 4
10	1	−1	−1	−1	1	0.577 4
11	−1	1	−1	−1	1	0.577 4
12	−1	−1	1	−1	1	0.577 4
13	1	1	1	−1	1	0.577 4
14	−1	−1	−1	1	1	0.577 4
15	1	1	−1	1	1	0.577 4
16	1	−1	1	1	1	0.577 4
17	−1	1	1	1	1	0.577 4
18	2	0	0	0	0	−1.154 7
19	−2	0	0	0	0	−1.154 7
20	0	2	0	0	0	−1.154 7
21	0	−2	0	0	0	−1.154 7
22	0	0	2	0	0	−1.154 7
23	0	0	−2	0	0	−1.154 7
24	0	0	0	2	0	−1.154 7
25	0	0	0	−2	0	−1.154 7
26	0	0	0	0	2	−1.154 7
27	0	0	0	0	−2	−1.154 7
28	0	0	0	0	0	0

附表 7.16 R628B

No.	$x1$	$x2$	$x3$	$x4$	$x5$	$x6$
1	0	0	0	0	0	2.367 7
2	−1	−1	−1	−1	−1	0.609 6
3	1	1	−1	−1	−1	0.609 6
4	1	−1	1	−1	−1	0.609 6
5	−1	1	1	−1	−1	0.609 6
6	1	−1	−1	1	−1	0.609 6

续表

No.	$x1$	$x2$	$x3$	$x4$	$x5$	$x6$
7	−1	1	−1	1	−1	0.609 6
8	−1	−1	1	1	−1	0.609 6
9	1	1	1	1	−1	0.609 6
10	1	−1	−1	−1	1	0.609 6
11	−1	1	−1	−1	1	0.609 6
12	−1	−1	1	−1	1	0.609 6
13	1	1	1	−1	1	0.609 6
14	−1	−1	−1	1	1	0.609 6
15	1	1	−1	1	1	0.609 6
16	1	−1	1	1	1	0.609 6
17	−1	1	1	1	1	0.609 6
18	2.174 9	0	0	0	0	−1.031
19	−2.174 9	0	0	0	0	−1.031
20	0	2.174 9	0	0	0	−1.031
21	0	−2.174 9	0	0	0	−1.031
22	0	0	2.174 9	0	0	−1.031
23	0	0	−2.174 9	0	0	−1.031
24	0	0	0	2.174 9	0	−1.031
25	0	0	0	−2.174 9	0	−1.031
26	0	0	0	0	2.174 9	−1.031
27	0	0	0	0	−2.174 9	−1.031
28	0	0	0	0	0	−1.811

(4)近似D最优回归设计方案(3因子4水平)

附表7.17 R3411

No.	$x1$	$x2$	$x3$
1	0	0	0
2	0	2	2
3	1	2	2
4	2	0	2
5	2	1	2
6	2	2	2
7	2	3	2
8	2	2	0
9	2	2	1
10	2	2	3
11	3	2	2

附表7.18 R3414

No.	$x1$	$x2$	$x3$
1	0	0	0
2	0	2	2
3	1	2	2
4	2	0	2
5	2	1	2
6	2	2	2
7	2	3	2
8	2	2	0
9	2	2	1
10	2	2	3
11	3	2	2
12	1	1	2
13	1	2	1
14	2	1	1

附表7.19 R3415

No.	$x1$	$x2$	$x3$	*Control*
1	0	0	0	0
2	0	2	2	0
3	1	2	2	0
4	2	0	2	0
5	2	1	2	0
6	2	2	2	0
7	2	3	2	0
8	2	2	0	0
9	2	2	1	0
10	2	2	3	0
11	3	2	2	0
12	1	1	2	0
13	1	2	1	0
14	2	1	1	0
15	0	0	0	1

附表 8　均匀设计表

均匀设计表 $U_n(q^p)$ 说明：n 为均匀设计表的试验方案数，q 为列的水平数，p 为均匀设计表的因子数。

均匀设计表根据水平数 q 和试验方案数 n 的关系分为两类：一类为水平数等于试验方案数的 $U_n(n^p)$ 型均匀设计表，另一类为水平数小于试验方案数的 $U_n(q^p)$ 型均匀设计表。本附录的均匀设计表均来源于方开泰教授的均匀设计网站：http://www.math.hkbu.edu.hk/UniformDesign/

本附录从中摘录了部分常用的基于中心化偏差的均匀设计表供供大家使用，主要包含以下内容：

$U_n(n^p)$ 型表：仅列出因子数不超过 7，试验方案数不超过 30 的部分设计方案。

$U_n(q^p)$ 型表：仅列出水平数不超过 6，试验方案数不超过 30 的部分设计方案。

在使用均匀设计表时，按照相应的因子数 p、水平数 q 和试验方案数 n 选定之后，加上相应均匀设计表 $U_n(q^p)$ 的第一列即可。

1. $U_n(n^p)$ 型均匀设计表

附表 8.1　均匀设计表 $U_5(5^p)$

1	$p=2$	$p=3$		$p=4$		
1	2	2	4	4	4	4
2	5	5	2	1	2	2
3	3	1	1	3	1	5
4	1	4	5	5	3	1
5	4	3	3	2	5	3

附表 8.2　均匀设计表 $U_6(6^p)$

1	$p=2$	$p=3$		$p=4$			$p=5$			
1	4	2	3	5	2	3	3	1	4	2
2	2	4	6	2	5	5	6	4	3	6
3	6	6	2	1	3	1	1	6	5	4
4	1	1	5	6	4	6	4	5	1	1
5	5	3	1	4	6	2	2	2	2	5
6	3	5	4	3	1	4	5	3	6	3

附表 8.3　均匀设计表 $U_8(8^p)$

1	p=2	p=3		p=4			p=5				p=6					p=7					
1	6	3	4	5	6	2	5	3	4	8	1	4	1	5	5	8	7	6	4	3	4
2	2	7	7	3	1	5	3	8	6	4	7	6	8	4	6	3	5	1	1	6	5
3	4	5	1	7	5	8	8	4	7	2	4	2	6	1	2	4	3	8	8	7	3
4	8	1	6	1	7	6	1	2	2	3	6	7	3	7	1	6	2	2	7	2	7
5	1	8	3	8	2	3	7	7	1	6	5	1	5	8	8	2	8	3	6	4	1
6	5	4	8	2	4	1	2	5	8	7	3	8	4	2	7	1	4	7	3	1	6
7	7	2	2	6	8	4	4	6	3	1	8	3	2	3	4	7	1	4	2	5	2
8	3	6	5	4	3	7	6	1	5	5	2	5	7	6	3	5	6	5	5	8	8

附表 8.4　均匀设计表 $U_9(9^p)$

1	p=2	p=3		p=4			p=5				p=6					p=7					
1	4	6	3	3	4	3	3	3	2	5	1	3	5	2	4	5	3	7	8	3	2
2	7	2	8	8	8	7	6	7	9	3	8	6	7	8	3	6	9	3	1	4	5
3	2	9	6	5	1	6	9	4	7	8	3	9	1	6	6	7	1	5	5	8	9
4	9	3	1	1	7	5	2	9	5	7	6	1	9	5	7	1	7	8	4	9	4
5	5	5	5	7	2	1	7	1	4	2	7	7	4	1	9	2	4	1	6	1	7
6	1	7	9	6	6	9	5	6	1	9	5	2	3	7	1	8	6	2	7	7	1
7	8	1	4	4	9	2	1	5	6	1	4	8	8	3	2	9	5	9	3	2	6
8	3	8	2	2	3	8	8	8	3	4	2	5	6	9	8	4	8	6	9	5	8
9	6	4	7	9	5	4	4	2	8	6	9	4	2	4	5	3	2	4	2	6	3

附表 8.5 均匀设计表 $U_{10}(10^p)$

1	$p=2$	$p=3$		$p=4$			$p=5$				$p=6$					$p=7$					
1	3	5	4	4	3	5	1	4	7	6	5	2	2	7	4	8	8	4	9	8	6
2	9	8	8	9	9	3	8	9	4	3	4	9	8	4	9	5	7	9	2	2	3
3	5	2	2	1	6	8	5	2	3	9	9	6	4	3	1	1	1	6	3	7	7
4	7	10	6	7	1	9	6	6	10	1	1	4	5	10	8	6	3	2	6	1	10
5	1	3	10	6	7	1	10	7	6	10	10	7	10	8	6	10	2	8	8	5	2
6	8	7	1	3	10	6	2	8	1	4	7	1	7	1	7	3	10	1	5	6	1
7	4	1	7	10	4	7	9	1	8	5	2	8	1	2	5	4	6	10	7	10	9
8	10	9	3	2	2	2	4	10	9	8	6	10	6	9	3	7	4	3	1	9	4
9	2	6	9	5	8	10	3	3	5	2	3	3	9	5	2	9	9	7	4	4	8
10	6	4	5	8	5	4	7	5	2	7	8	5	3	6	10	2	5	5	10	3	5

附表 8.6 均匀设计表 $U_{12}(12^p)$

1	$p=2$	$p=3$		$p=4$			$p=5$				$p=6$					$p=7$					
1	6	6	4	10	4	7	7	10	6	3	11	9	3	5	7	9	12	8	8	4	8
2	10	10	8	5	11	3	12	4	5	7	7	4	9	12	9	7	6	1	1	7	3
3	2	2	11	1	7	9	3	7	11	11	3	2	6	2	4	5	4	12	10	10	5
4	8	8	1	6	1	5	4	2	2	5	5	10	10	7	1	3	2	3	5	2	9
5	4	4	7	11	10	11	10	12	9	9	1	6	2	9	10	12	7	10	4	8	12
6	12	12	10	9	8	1	1	5	8	1	9	11	8	1	11	2	11	6	6	11	1
7	1	3	2	4	5	12	8	6	1	12	10	1	12	8	6	11	8	4	11	1	4
8	9	9	6	2	3	2	9	3	12	4	4	12	4	11	5	1	5	7	12	6	11

续表

1	p=2	p=3		p=4			p=5				p=6					p=7					
9	5	7	12	7	12	8	2	11	4	8	8	5	1	3	2	10	3	5	3	12	7
10	11	1	5	12	6	4	11	8	3	2	2	8	11	4	8	4	9	11	2	3	6
11	3	11	3	8	2	10	6	1	7	10	12	7	7	10	3	6	10	2	9	9	10
12	7	5	9	3	9	6	5	9	10	6	6	3	5	6	12	8	1	9	7	5	2

附表 8.7　均匀设计表 $U_{15}(15^p)$

1	p=2	p=3		p=4			p=5				p=6					p=7					
1	7	5	9	8	6	12	6	12	6	12	8	9	1	7	14	11	4	10	12	12	10
2	13	14	5	2	12	6	10	1	13	8	7	4	13	13	6	2	10	3	7	2	8
3	2	10	12	12	3	2	1	9	11	5	13	8	9	1	2	8	12	12	2	9	2
4	10	3	2	15	9	9	15	6	4	9	4	14	11	9	12	15	1	5	9	7	5
5	4	7	15	4	8	15	12	14	8	2	1	2	6	4	8	5	7	6	3	15	13
6	15	12	7	9	15	4	4	5	9	15	10	13	5	15	4	4	6	15	15	5	6
7	8	2	13	6	1	7	7	3	1	3	14	3	3	11	11	13	15	9	4	4	12
8	5	9	1	13	13	14	13	11	15	13	3	11	14	5	3	6	14	1	11	13	4
9	12	15	10	1	4	10	3	13	3	7	11	5	12	3	15	7	2	13	8	1	14
10	1	6	4	7	10	1	5	7	14	1	15	15	7	6	7	10	11	4	14	10	15
11	11	1	6	14	5	5	11	8	2	14	5	6	2	10	1	1	3	8	5	11	3
12	6	13	14	5	14	11	14	4	10	6	2	7	8	14	13	14	9	14	6	14	7
13	14	8	8	10	2	13	8	15	12	10	12	10	15	12	9	12	8	7	13	3	1
14	3	11	3	3	7	3	2	2	7	11	6	12	4	2	10	9	5	2	1	6	9
15	9	4	11	11	11	8	9	10	5	4	9	1	10	8	5	3	13	11	10	8	11

附表 8.8　均匀设计表 $U_{16}(16^p)$

1	p=2	p=3		p=4			p=5				p=6					p=7					
1	10	12	7	10	4	6	10	13	6	13	1	9	12	6	5	8	10	14	5	14	7
2	3	6	12	4	13	15	5	3	14	8	15	7	3	14	9	12	5	8	11	7	1
3	15	4	4	13	10	10	15	9	10	2	8	16	5	7	11	4	15	10	13	5	11
4	6	14	15	8	7	1	1	6	7	10	6	2	9	12	16	5	3	2	1	9	9
5	8	9	1	6	1	12	8	15	3	5	13	10	8	3	1	14	14	3	9	11	14
6	13	1	10	15	15	4	7	10	16	15	12	12	16	10	14	6	6	16	8	1	13
7	1	16	5	1	11	7	12	2	1	6	3	4	4	2	7	3	8	4	15	15	4
8	12	8	16	16	8	14	2	12	12	3	9	5	14	16	2	11	13	12	2	3	3
9	5	5	8	3	3	3	14	5	8	16	5	13	1	11	3	10	1	11	14	13	15
10	16	11	13	7	16	9	13	16	13	11	16	3	11	5	12	16	2	5	6	4	6
11	4	2	2	11	5	16	6	4	5	1	7	14	13	1	8	1	11	7	4	6	16
12	9	15	11	12	12	2	3	8	2	14	2	11	7	15	13	15	12	15	16	8	8
13	11	7	6	2	6	11	11	7	15	4	11	1	6	9	4	7	16	6	7	12	2
14	2	13	3	14	2	8	16	11	4	9	10	8	2	4	15	13	7	9	3	16	12
15	14	3	14	9	14	13	9	1	11	12	14	15	10	13	6	2	4	13	10	10	5
16	7	10	9	5	9	5	4	14	9	7	4	6	15	8	10	9	9	1	12	2	10

附表 8.9　均匀设计表 $U_{18}(18^p)$

1	p=2	p=3		p=4			p=5				p=6					p=7					
1	11	13	8	5	9	7	12	6	6	11	10	7	7	1	5	6	8	13	6	2	13
2	4	3	15	16	16	10	2	14	12	14	11	12	13	15	17	14	18	10	16	11	11

续表

1	p=2	p=3		p=4			p=5				p=6					p=7					
3	17	7	2	13	5	17	9	3	15	5	4	16	3	12	8	9	2	5	1	10	6
4	7	18	11	9	4	1	17	16	4	7	3	4	16	6	11	4	14	16	9	17	7
5	14	11	18	2	14	15	7	9	8	1	17	9	15	11	3	18	10	6	10	6	16
6	2	5	6	18	11	4	14	10	17	17	15	18	9	5	14	11	12	1	13	14	3
7	9	15	3	7	1	13	4	4	3	16	14	5	4	18	9	1	3	11	15	5	8
8	15	9	13	4	17	5	5	18	10	4	1	13	11	8	1	12	5	8	5	18	18
9	6	1	9	11	6	9	18	1	11	9	8	1	1	10	15	13	11	17	4	4	2
10	12	16	16	14	12	12	10	12	1	12	9	17	17	17	6	2	16	3	3	8	15
11	1	10	5	1	7	3	1	7	18	8	5	10	5	3	18	17	6	14	18	9	4
12	18	4	12	10	18	16	15	13	14	2	16	2	12	4	7	8	1	18	11	13	14
13	10	12	1	15	2	6	8	15	7	18	18	14	6	13	12	7	17	7	12	1	5
14	5	6	17	6	10	18	13	5	2	3	6	3	8	14	2	5	9	4	17	16	12
15	13	17	7	12	15	2	6	2	13	13	13	6	18	9	16	16	15	12	2	15	9
16	3	2	4	3	3	11	11	17	16	10	7	15	14	2	10	15	4	2	8	3	10
17	16	14	14	17	8	14	3	11	5	6	2	8	10	16	13	10	13	15	14	7	17
18	8	8	10	8	13	8	16	8	9	15	12	11	2	7	4	3	7	9	7	12	1

附表 8.10　均匀设计表 $U_{20}(20^p)$

1	p=2	p=3		p=4			p=5				p=6					p=7					
1	9	9	15	6	10	16	12	13	5	9	7	8	16	15	5	18	11	8	3	16	10
2	18	17	8	13	16	6	6	10	13	6	16	18	10	5	15	3	5	6	12	8	16
3	2	3	4	18	7	11	15	5	18	16	12	3	1	10	10	15	17	19	8	6	7

续表

1	p=2	p=3		p=4			p=5				p=6					p=7					
4	13	15	19	3	3	5	10	18	11	20	2	12	13	12	20	10	14	13	17	19	18
5	6	7	11	9	19	19	1	7	8	12	18	10	4	16	12	6	3	12	4	10	2
6	16	12	1	15	12	2	19	15	16	2	5	15	8	1	9	13	10	4	18	3	4
7	11	2	17	11	1	15	14	3	2	4	17	5	19	7	2	5	16	1	15	13	12
8	4	20	12	1	13	9	5	14	1	14	10	19	6	19	3	20	6	14	10	1	13
9	20	5	6	19	17	14	8	20	20	11	9	1	14	4	17	12	20	16	1	11	17
10	7	13	14	8	6	1	20	9	6	19	13	14	20	18	18	2	7	15	20	15	5
11	14	19	3	14	5	20	4	1	15	8	1	6	5	6	6	16	2	3	7	14	19
12	1	6	20	4	15	12	9	6	10	1	20	17	15	13	7	8	19	5	9	18	3
13	17	10	7	20	9	4	17	19	3	7	4	4	9	20	14	9	1	20	16	5	11
14	10	14	10	12	20	10	2	12	17	18	14	13	3	3	4	1	15	9	5	2	9
15	5	1	9	2	8	18	18	2	12	13	3	20	18	8	11	19	13	17	13	12	1
16	15	18	16	16	2	8	3	17	7	3	19	7	7	9	19	17	18	7	19	9	15
17	8	8	2	5	18	3	13	16	14	15	15	2	12	17	8	4	9	18	6	17	14
18	19	11	18	17	14	17	7	4	4	17	8	16	2	14	16	11	8	2	2	7	6
19	3	16	5	7	4	13	11	8	19	5	11	9	17	2	13	14	4	10	14	20	8
20	12	4	13	10	11	7	16	11	9	10	6	11	11	11	1	7	12	11	11	4	20

附表 8.11 均匀设计表 $U_{24}(24^p)$

1	p=2	p=3		p=4			p=5				p=6					p=7					
1	15	15	13	3	13	14	11	5	13	5	15	9	9	4	11	15	14	9	14	5	1
2	4	6	19	20	18	5	19	17	5	15	13	14	17	24	8	8	20	17	11	20	19

续表

1	$p=2$	$p=3$		$p=4$			$p=5$				$p=6$					$p=7$					
3	22	22	4	11	2	21	6	23	18	11	4	19	5	14	19	18	4	23	19	10	15
4	8	4	8	16	7	9	16	10	20	22	18	6	23	17	20	13	11	3	4	16	23
5	18	19	23	8	23	18	2	12	7	2	7	5	3	9	5	5	2	12	17	19	8
6	11	12	16	24	10	17	23	3	9	18	24	24	15	10	12	24	17	5	10	9	13
7	2	9	2	4	5	2	13	15	24	9	8	12	18	8	24	2	9	19	5	3	11
8	20	24	11	13	16	11	8	20	12	24	19	17	7	19	2	11	23	13	22	6	21
9	13	2	21	17	20	24	20	8	2	8	2	1	12	20	13	20	6	14	7	23	4
10	6	13	5	7	15	6	4	4	23	14	12	20	22	3	3	1	18	4	20	15	5
11	24	17	18	19	4	15	22	18	16	1	17	13	2	1	15	21	21	22	2	13	9
12	9	7	6	14	22	1	5	14	1	21	10	23	10	22	22	9	5	1	12	1	17
13	16	21	15	1	9	23	12	24	8	16	21	2	20	7	9	14	16	20	24	24	14
14	1	1	12	10	11	10	18	1	19	6	1	15	24	12	16	23	8	8	18	18	22
15	19	10	24	22	1	7	1	7	15	19	23	8	4	23	17	6	24	15	8	11	3
16	12	18	1	5	17	20	15	22	3	4	11	4	14	15	1	12	3	6	3	7	6
17	5	16	9	23	24	12	10	16	17	17	3	22	8	6	7	4	15	21	16	8	24
18	23	5	17	9	8	4	24	11	11	10	20	18	13	5	21	22	12	16	21	2	7
19	14	11	10	15	6	19	7	2	4	12	5	10	21	21	6	3	13	10	1	22	16
20	7	23	20	2	21	8	21	21	22	20	14	3	6	11	23	17	22	2	15	21	10
21	17	3	3	21	14	22	9	9	21	3	9	16	1	16	10	16	1	18	9	14	20
22	3	14	22	6	3	13	14	6	6	23	16	21	19	18	14	10	10	24	13	17	2
23	21	20	7	18	12	3	3	19	10	7	6	7	16	2	18	19	19	11	6	4	18
24	10	8	14	12	19	16	17	13	14	13	22	11	11	13	4	7	7	7	23	12	12

附表 8.12　均匀设计表 $U_{25}(25^p)$

1	p=2	p=3		p=4			p=5				p=6					p=7					
1	7	14	16	8	12	6	1	9	16	13	10	4	14	6	16	14	9	25	12	15	17
2	22	6	5	17	21	16	17	19	9	21	21	17	24	17	14	4	3	13	16	4	13
3	14	22	23	21	3	12	9	11	7	3	4	24	4	13	11	17	22	11	4	22	9
4	2	11	12	3	15	22	24	17	20	6	11	7	20	20	3	18	17	4	18	7	23
5	18	18	2	13	7	20	13	5	22	23	20	8	7	9	23	7	18	17	24	18	5
6	11	3	21	23	19	3	5	24	13	9	17	19	11	1	8	22	7	8	10	12	2
7	25	20	10	10	25	13	22	3	4	16	7	21	17	24	17	10	25	21	9	10	15
8	4	9	19	4	5	2	8	13	25	17	16	3	1	15	6	8	2	5	7	19	20
9	16	24	7	19	10	25	12	21	1	12	3	13	21	2	21	24	13	20	22	2	10
10	9	5	14	15	22	8	20	8	12	1	25	14	16	12	1	1	12	16	14	24	25
11	20	16	25	6	2	18	2	16	6	24	9	15	6	19	25	13	10	2	2	3	7
12	6	2	3	25	13	17	16	1	18	10	14	9	10	25	10	21	6	10	23	23	16
13	13	13	8	1	17	10	21	25	17	18	23	25	13	7	20	3	15	24	6	8	3
14	23	25	18	18	9	4	6	6	3	7	6	10	5	5	2	25	19	14	1	13	21
15	1	8	11	7	20	24	14	20	24	8	18	2	22	21	19	2	24	3	21	14	12
16	17	12	22	11	1	9	25	12	14	25	8	23	23	8	5	19	1	22	17	16	6
17	10	21	4	22	24	21	4	2	10	19	1	1	9	11	13	12	16	6	15	25	1
18	21	1	17	14	14	1	18	23	5	4	24	12	3	23	15	16	4	18	5	6	24
19	5	17	15	2	8	15	3	15	21	2	15	20	19	14	24	6	20	9	11	1	18
20	15	10	1	24	6	7	10	18	11	15	2	16	15	22	7	15	21	23	19	20	19
21	8	23	13	12	18	19	19	7	23	14	22	5	18	3	9	9	5	7	20	9	8

续表

1	p=2	p=3		p=4			p=5				p=6					p=7					
22	24	7	24	5	23	5	15	10	2	20	12	18	2	4	18	23	14	1	8	17	14
23	3	15	6	16	4	23	7	22	19	22	19	22	8	18	4	5	8	19	3	21	11
24	19	4	9	20	16	11	11	4	15	5	5	6	12	16	22	20	23	15	13	5	4
25	12	19	20	9	11	14	23	14	8	11	13	11	25	10	12	11	11	12	25	11	22

附表 8.13 均匀设计表 $U_{27}(27^p)$

1	p=2	p=3		p=4			p=5				p=6					p=7					
1	12	17	20	22	13	21	8	17	17	8	7	23	18	16	9	2	19	17	14	24	12
2	23	8	5	6	23	15	16	12	24	24	14	14	7	3	23	24	15	10	10	3	5
3	3	25	13	9	6	2	18	22	3	3	26	10	9	18	12	17	12	23	26	19	20
4	17	4	24	18	19	7	5	5	10	20	9	7	21	24	18	14	3	12	4	16	26
5	8	20	2	13	8	26	27	9	15	13	18	18	24	6	4	9	21	2	21	7	17
6	26	10	16	24	26	18	13	26	25	14	6	4	3	10	6	12	26	27	8	13	10
7	15	14	9	4	4	12	24	20	8	17	20	20	13	27	21	26	2	19	20	12	15
8	5	22	26	15	15	10	11	2	4	10	11	26	16	11	27	15	11	3	17	26	2
9	21	1	11	26	11	4	2	21	19	23	23	2	14	1	15	6	10	20	7	2	23
10	10	12	22	2	21	25	23	4	22	4	1	16	8	13	14	22	24	5	12	21	24
11	19	27	7	19	1	16	20	15	13	27	21	5	25	20	7	4	4	9	23	20	9
12	1	7	18	12	25	6	1	11	7	6	13	24	6	23	2	18	25	13	27	8	8
13	25	18	15	10	18	20	17	27	12	11	5	12	26	8	25	21	7	22	2	22	7
14	14	3	3	25	5	24	7	10	27	18	25	22	2	5	19	1	14	4	1	11	19
15	6	24	23	1	12	8	22	7	2	22	2	3	11	21	22	20	18	26	16	5	27

续表

1	$p=2$	$p=3$		$p=4$			$p=5$				$p=6$					$p=7$					
16	22	16	6	17	9	14	10	14	20	1	27	13	19	14	1	10	1	16	13	6	1
17	9	9	27	21	22	1	9	25	5	25	15	27	27	17	16	27	17	14	6	27	14
18	18	21	10	7	3	22	19	1	18	16	16	11	1	25	10	5	27	15	19	15	22
19	4	5	14	8	27	11	21	19	26	7	3	21	20	2	11	13	8	6	25	1	13
20	27	11	1	20	16	27	4	16	1	15	19	6	5	15	26	7	22	7	5	18	4
21	13	26	19	14	2	5	15	8	11	2	10	8	12	4	3	8	5	25	11	25	18
22	7	13	12	27	20	13	26	23	21	21	24	17	22	22	24	23	20	21	22	17	3
23	20	2	21	3	10	19	12	3	16	26	4	15	15	26	5	25	6	8	15	9	21
24	16	23	4	5	17	3	6	24	14	5	12	1	23	12	13	16	23	18	3	4	16
25	2	15	25	16	24	23	25	13	6	9	22	25	10	9	8	3	13	24	18	10	6
26	24	6	8	23	7	9	3	6	23	12	8	19	4	19	17	11	16	11	24	23	25
27	11	19	17	11	14	17	14	18	9	19	17	9	17	7	20	19	9	1	9	14	11

附表 8.14 均匀设计表 $U_{30}(30^p)$

1	$p=2$	$p=3$		$p=4$			$p=5$				$p=6$					$p=7$					
1	12	18	9	11	20	15	14	19	22	16	8	2	17	16	19	29	7	14	19	8	20
2	26	5	27	15	5	27	8	16	11	26	12	21	8	4	7	2	16	10	5	21	22
3	3	24	19	26	12	3	23	26	18	6	21	20	27	20	26	24	30	18	25	19	11
4	21	12	4	4	27	11	21	3	4	19	24	15	5	27	10	8	5	25	10	13	5
5	16	28	13	19	17	19	2	11	26	9	3	29	21	11	17	11	18	3	16	3	8
6	9	7	16	10	1	8	28	8	13	24	15	11	20	24	2	17	25	27	15	25	28
7	29	20	29	27	26	28	11	29	8	13	18	7	2	7	24	14	11	1	27	16	25

续表

1	$p=2$	$p=3$		$p=4$			$p=5$				$p=6$					$p=7$					
8	5	2	6	7	13	24	16	13	6	1	27	24	24	6	14	22	23	22	3	4	17
9	18	15	21	23	9	12	26	23	25	29	4	5	11	21	8	21	9	7	22	26	3
10	23	25	2	17	29	4	18	6	30	14	29	13	13	12	30	5	1	17	13	29	15
11	7	13	23	5	8	21	3	22	2	23	14	26	14	30	12	1	14	21	30	11	13
12	14	10	14	22	21	23	10	1	15	5	22	9	28	10	6	26	20	8	9	12	27
13	27	30	25	1	16	6	30	15	17	12	6	23	6	18	29	13	27	13	1	15	1
14	1	4	11	30	6	16	7	27	29	20	10	16	29	1	20	15	3	28	24	5	21
15	20	21	7	14	23	18	19	17	1	7	28	6	22	29	22	30	13	29	6	20	9
16	10	8	30	20	4	1	4	5	20	28	19	30	12	15	1	7	28	5	20	27	19
17	24	27	17	3	18	29	24	20	9	21	2	12	4	5	15	6	21	15	23	1	29
18	15	16	1	29	24	7	27	9	24	3	1	18	16	25	23	19	2	4	4	10	12
19	4	1	18	8	11	13	5	24	12	2	25	4	15	2	4	27	15	23	28	28	23
20	30	22	22	12	30	22	13	10	7	30	26	28	3	23	18	3	22	26	18	18	4
21	11	9	8	25	2	25	20	30	21	10	13	3	25	14	28	12	8	20	2	24	26
22	19	17	26	16	14	10	15	2	23	22	7	25	26	26	5	18	26	9	29	7	6
23	6	29	5	6	22	2	1	18	16	15	20	1	7	19	13	28	24	2	12	23	14
24	25	14	12	18	10	30	29	25	5	17	16	27	18	3	27	25	10	19	14	2	2
25	17	3	24	21	28	14	22	14	28	25	9	17	1	13	3	10	29	24	11	9	24
26	2	19	15	2	3	17	6	7	3	11	30	19	19	17	9	9	6	12	26	22	10
27	28	26	28	24	19	9	12	21	27	4	11	10	9	28	25	23	4	11	17	17	30
28	13	6	3	9	25	26	25	4	10	8	5	8	23	8	11	4	12	6	8	6	18

续表

1	$p=2$	$p=3$		$p=4$			$p=5$				$p=6$					$p=7$					
29	8	23	10	13	7	5	17	28	14	27	23	22	10	9	21	16	19	16	7	30	7
30	22	11	20	28	15	20	9	12	19	18	17	14	30	22	16	20	17	30	21	14	16

2. $U_n(q^p)$型均匀设计表

附表 8.15　均匀设计表 $U_9(3^p)$

1	$p=2$	$p=3$		$p=4$			$p=5$				$p=6$					$p=7$					
1	3	3	2	3	2	1	2	1	1	1	3	3	1	1	2	2	2	1	3	2	3
1	1	1	1	2	1	3	1	2	2	2	2	1	3	3	2	3	3	3	1	2	2
1	2	2	3	1	3	2	2	3	3	3	1	2	1	2	3	1	1	2	2	3	1
2	3	1	3	2	2	2	3	2	1	3	2	1	2	1	3	3	2	1	2	1	1
2	1	2	2	3	3	3	3	1	3	2	3	2	2	3	1	1	3	2	1	1	3
2	2	3	1	1	1	1	1	2	3	1	1	2	3	1	1	2	1	3	3	1	2
3	3	1	2	1	2	3	2	3	1	2	2	1	1	2	1	3	2	3	2	3	3
3	1	2	1	3	1	2	1	1	2	3	1	3	2	3	2	1	3	2	3	2	1
3	2	3	3	2	3	1	3	3	2	1	3	3	3	2	3	2	1	1	1	3	2

附表 8.16　均匀设计表 $U_{12}(3^p)$

1	$p=2$	$p=3$		$p=4$			$p=5$				$p=6$					$p=7$					
1	3	2	3	1	2	1	2	3	3	2	2	3	1	3	2	3	1	1	2	2	2
1	1	1	2	3	2	1	1	2	2	3	3	2	3	3	2	1	3	2	3	1	2
1	2	3	2	2	1	3	1	3	2	1	1	2	2	1	3	2	3	2	2	3	3
1	2	2	1	3	3	2	3	1	1	2	3	1	2	2	1	2	2	3	1	1	1

续表

1	p=2	p=3		p=4			p=5				p=6					p=7					
2	3	3	1	1	2	3	3	2	1	1	2	3	3	1	3	3	2	3	3	3	1
2	3	1	3	3	3	3	2	3	1	3	2	1	1	3	3	3	2	1	1	1	3
2	1	1	1	2	1	1	2	1	3	3	1	3	3	2	1	1	1	3	3	2	3
2	1	3	3	1	3	2	1	2	3	1	3	2	1	1	1	1	3	1	1	2	1
3	3	3	2	3	1	2	1	1	1	2	3	3	2	2	3	2	1	2	2	1	1
3	1	1	2	2	2	3	2	1	2	1	1	2	2	3	1	3	3	3	2	2	3
3	2	2	1	1	1	2	3	2	3	3	2	1	3	1	2	2	2	1	3	3	2
3	2	2	3	2	3	1	3	3	2	2	1	1	1	2	2	1	1	2	1	3	2

附表 8.17　均匀设计表 $U_{15}(3^p)$

1	p=2	p=3		p=4			p=5				p=6					p=7					
1	1	1	1	3	1	2	2	1	1	3	1	3	1	1	2	2	2	3	1	3	1
1	3	3	3	1	2	3	1	1	3	2	2	3	3	3	1	3	1	3	3	2	3
1	1	1	3	1	1	1	1	3	2	1	3	2	1	3	3	1	1	1	2	3	2
1	3	3	1	2	3	3	3	2	1	1	3	1	2	1	1	2	2	1	3	1	1
1	2	2	2	3	3	1	3	3	3	3	1	1	3	2	3	1	3	2	2	1	3
2	2	3	2	3	1	3	2	2	2	2	1	1	1	3	1	3	2	2	1	3	2
2	2	2	2	1	3	1	3	1	3	1	3	3	3	1	3	2	2	2	2	2	2
2	1	2	3	2	2	2	2	2	2	2	2	2	2	2	2	2	1	1	1	1	3
2	3	2	1	2	2	2	2	2	2	2	2	2	2	2	2	1	3	3	3	2	1
2	2	1	2	2	2	2	1	3	1	3	2	2	2	2	2	3	3	1	1	2	1
3	1	3	3	3	2	1	2	3	3	1	3	1	3	3	2	1	1	2	3	1	2

续表

1	$p=2$	$p=3$		$p=4$			$p=5$				$p=6$					$p=7$					
3	2	1	1	1	1	3	1	1	1	1	1	2	3	1	1	3	3	3	2	1	2
3	1	1	3	3	3	3	3	1	2	3	2	1	1	1	3	2	3	1	3	3	3
3	3	2	2	1	3	2	1	2	3	3	1	3	2	3	3	3	1	2	2	3	1
3	3	3	1	2	1	1	3	3	1	2	3	3	1	2	1	1	2	3	1	2	3

附表 8.18　均匀设计表 $U_{18}(3^p)$

1	$p=2$	$p=3$		$p=4$			$p=5$				$p=6$					$p=7$					
1	3	1	2	3	1	3	1	1	3	2	3	3	2	1	2	1	1	1	2	2	2
1	3	2	3	1	2	2	2	3	1	3	1	2	2	3	1	1	3	3	1	2	3
1	1	2	1	1	1	1	2	1	2	2	2	1	1	3	2	3	2	3	3	1	2
1	2	3	2	2	3	2	3	3	3	1	3	1	3	2	3	2	2	1	3	3	3
1	2	1	1	3	3	1	1	2	1	1	2	3	3	2	1	3	3	2	2	1	1
1	1	3	3	2	2	3	3	2	2	3	1	2	1	1	3	2	1	2	1	3	1
2	3	3	1	2	3	3	1	1	1	3	2	2	3	1	3	3	1	3	2	3	3
2	2	1	2	1	3	2	1	3	2	2	3	1	2	1	1	2	3	3	3	2	1
2	1	2	1	1	2	3	2	3	2	1	2	2	2	2	2	1	2	1	1	1	1
2	3	3	2	2	1	1	2	2	3	3	1	3	3	3	2	2	2	2	2	2	2
2	1	2	3	3	2	1	3	2	3	2	3	3	1	3	3	3	3	1	1	3	2
2	2	1	3	3	1	2	3	1	1	1	1	1	1	2	1	1	1	2	3	1	3
3	1	1	1	2	2	1	1	2	2	1	1	3	2	2	3	2	1	3	1	1	2
3	3	1	3	1	3	1	2	1	3	1	2	1	2	3	3	1	2	3	2	3	1
3	2	2	2	1	1	3	3	1	2	3	1	1	3	1	2	3	1	1	3	2	1

续表

1	p=2	p=3		p=4			p=5				p=6					p=7					
3	2	3	1	3	2	2	2	2	1	2	3	2	3	3	1	3	2	2	1	2	3
3	3	3	3	2	1	2	1	3	3	3	3	2	1	2	2	2	3	1	2	1	3
3	1	2	2	3	3	3	3	3	1	2	2	3	1	1	1	1	3	2	3	3	2

附表 8.19 均匀设计表 $U_{21}(3^p)$

1	p=2	p=3		p=4			p=5				p=6					p=7					
1	3	1	1	2	2	1	3	3	1	1	2	3	3	3	3	3	3	1	2	2	3
1	1	2	1	2	3	2	2	1	1	2	1	2	2	2	3	2	1	1	3	3	2
1	2	3	3	2	1	3	1	1	3	3	1	2	1	3	1	1	3	2	2	2	1
1	3	1	2	1	2	1	1	2	2	1	2	3	1	2	2	1	1	2	1	1	2
1	2	3	2	1	3	2	3	2	3	2	3	3	2	1	1	1	2	3	2	2	3
1	2	2	3	3	2	3	2	3	2	3	3	1	1	2	3	2	2	3	1	3	1
1	1	2	2	3	1	2	2	2	3	1	1	1	3	1	2	3	2	2	3	1	2
2	1	2	3	3	3	3	1	1	2	1	1	3	1	1	3	2	1	3	3	1	1
2	1	3	1	3	3	1	2	3	3	3	3	3	3	2	2	1	3	1	1	3	2
2	3	1	1	1	3	1	3	2	1	3	2	1	1	1	2	3	3	2	3	3	1
2	1	1	3	3	1	2	1	2	1	2	1	2	2	1	1	2	3	3	1	1	3
2	3	3	3	2	1	1	1	3	3	2	3	2	2	3	3	1	2	1	3	1	3
2	2	1	2	1	1	3	2	1	1	1	3	1	3	3	1	3	1	3	2	3	3
2	3	3	1	1	2	3	3	1	2	3	2	2	3	3	2	3	2	1	1	2	1
3	2	1	2	2	3	2	3	1	3	1	2	1	2	1	2	2	1	1	1	2	3
3	2	3	2	3	2	3	2	3	2	1	2	2	1	2	1	3	1	2	2	1	2

续表

1	$p=2$	$p=3$		$p=4$			$p=5$				$p=6$					$p=7$					
3	1	1	3	1	1	2	2	1	2	3	2	1	2	2	1	1	3	3	3	2	2
3	1	2	3	2	1	1	1	3	1	3	1	3	3	2	1	3	2	3	1	2	2
3	3	2	1	3	2	1	3	3	2	2	3	2	3	1	3	2	3	1	2	1	1
3	3	3	2	1	2	2	1	2	3	2	3	3	1	3	2	1	1	2	2	3	1
3	2	2	1	2	3	3	3	2	1	2	1	1	2	3	3	2	2	2	3	3	3

附表 8.20　均匀设计表 $U_{24}(3^p)$

1	$p=2$	$p=3$		$p=4$			$p=5$				$p=6$					$p=7$					
1	2	3	2	3	1	2	2	3	1	1	2	3	1	2	1	1	2	2	3	3	3
1	3	2	3	3	2	3	2	1	3	3	1	2	1	3	2	3	2	3	1	2	3
1	3	2	1	1	2	2	3	2	3	1	3	3	3	2	2	3	3	1	3	1	2
1	1	1	2	2	2	1	1	3	3	2	2	2	3	3	3	2	3	3	2	3	1
1	3	3	3	1	3	3	1	1	2	1	3	1	1	1	3	1	1	1	1	2	1
1	1	1	3	2	1	3	1	2	1	3	3	2	2	3	1	3	1	2	2	3	2
1	2	1	1	3	3	1	3	1	1	2	1	1	3	1	1	2	1	3	3	2	3
1	1	3	1	1	1	1	3	3	2	3	1	3	2	2	3	1	3	2	1	1	2
2	1	2	2	1	3	2	3	1	3	2	2	3	3	1	3	1	2	1	2	1	3
2	2	2	2	2	2	2	1	2	3	3	2	2	2	2	2	3	3	1	1	3	3
2	3	3	3	2	2	2	2	2	2	2	2	2	2	2	2	2	2	2	2	2	2
2	3	1	1	1	1	3	2	2	2	2	1	3	1	1	2	2	2	2	2	2	2
2	2	2	2	3	3	3	3	3	1	3	2	1	1	3	1	2	1	1	3	3	1
2	1	2	2	3	1	1	1	3	2	1	3	3	2	1	1	2	1	2	1	1	3

续表

1	p=2	p=3		p=4			p=5				p=6					p=7					
2	2	3	1	2	2	2	2	1	1	1	1	1	2	3	3	1	3	3	3	2	1
2	2	1	3	2	3	1	2	2	2	2	3	1	3	3	2	3	1	3	2	1	1
3	3	3	2	1	1	2	1	1	3	2	2	2	1	1	1	1	1	3	1	3	2
3	2	2	1	1	2	3	3	3	1	2	1	1	1	2	2	3	3	2	1	2	1
3	1	1	2	2	3	3	2	3	3	1	1	3	3	3	1	1	3	1	2	3	2
3	3	3	3	2	1	1	1	3	2	3	2	1	3	2	3	1	2	2	3	1	1
3	1	3	1	3	1	3	2	1	1	3	3	3	1	3	3	3	1	1	3	2	3
3	2	2	3	3	2	1	3	2	3	3	3	1	2	2	1	3	2	3	3	3	2
3	3	1	3	3	3	2	3	1	2	1	3	2	3	1	2	2	2	1	1	1	1
3	1	1	1	1	3	1	1	2	1	1	1	2	2	1	3	2	3	3	2	1	3

附表 8.21　均匀设计表 $U_8(4^p)$

1	p=2	p=3		p=4			p=5				p=6					p=7					
1	2	3	1	2	1	2	4	2	3	1	3	4	2	2	1	3	2	2	2	4	4
1	3	2	3	3	4	3	2	4	2	3	2	1	3	2	4	2	2	2	4	1	1
2	1	4	4	4	2	4	3	1	1	3	4	2	1	4	3	1	4	3	1	1	3
2	4	1	2	1	3	1	1	2	4	4	1	3	4	4	2	4	3	4	2	3	1
3	2	4	2	4	4	2	1	3	1	1	4	3	4	1	3	1	1	4	3	3	3
3	3	1	4	1	1	3	3	4	4	2	1	2	1	1	2	4	1	1	1	2	2
4	4	3	3	3	2	1	2	1	3	2	3	1	3	3	1	3	3	3	4	2	4
4	1	2	1	2	3	4	4	3	2	4	2	4	2	3	4	2	4	1	3	4	2

附表 8.22　均匀设计表 $U_{12}(4^p)$

1	p=2	p=3		p=4			p=5				p=6					p=7					
1	4	3	4	4	2	4	3	3	1	4	2	2	1	1	3	3	1	1	3	1	2
1	2	1	3	1	1	2	2	4	3	1	4	3	2	4	2	2	2	4	4	3	3
1	1	4	1	3	4	1	4	2	4	2	1	3	4	2	2	4	3	2	2	4	4
2	3	2	3	1	4	4	1	3	4	4	3	1	4	3	4	1	1	3	2	4	1
2	1	1	1	2	2	3	2	2	2	3	4	4	3	1	3	4	4	3	4	2	1
2	3	3	2	3	3	2	3	1	1	1	1	1	2	3	1	1	4	1	1	2	3
3	4	2	2	4	1	1	2	2	2	3	3	4	1	2	1	1	2	2	3	1	4
3	2	4	4	2	3	3	4	1	3	4	1	3	1	3	4	2	3	1	4	4	2
3	2	3	3	2	2	2	1	4	1	2	3	2	4	4	1	4	1	4	1	2	3
4	1	4	2	3	1	4	3	4	4	3	2	4	3	4	3	2	3	4	2	1	2
4	3	1	4	4	4	3	1	1	3	2	2	1	3	1	2	3	2	2	1	3	1
4	4	2	1	1	3	1	4	3	2	1	4	2	2	2	4	3	4	3	3	3	4

附表 8.23　均匀设计表 $U_{16}(4^p)$

1	p=2	p=3		p=4			p=5				p=6					p=7					
1	2	4	2	4	1	2	1	4	2	2	2	1	3	1	2	2	4	3	1	2	3
1	1	3	3	1	4	1	2	1	1	4	3	3	4	2	4	1	2	2	3	1	1
1	3	1	1	2	2	3	3	3	3	1	2	4	2	4	3	3	1	3	4	3	2
1	4	2	4	3	3	4	4	2	4	3	3	2	1	3	1	4	3	2	2	4	4
2	1	3	1	4	4	3	4	1	2	1	1	1	4	3	3	4	4	1	3	2	2
2	2	2	2	1	1	4	2	2	3	2	4	3	2	1	1	2	2	4	1	4	2

续表

1	p=2	p=3		p=4			p=5				p=6					p=7					
2	4	1	3	3	2	1	3	4	1	3	4	2	3	4	4	1	1	1	2	3	3
2	3	4	4	2	3	2	1	3	4	4	1	4	1	2	2	3	3	4	4	1	3
3	4	1	4	2	1	1	2	3	2	3	4	4	4	3	2	1	4	4	3	3	4
3	2	4	3	3	4	2	3	1	4	2	1	3	3	4	1	2	3	1	4	4	1
3	1	2	1	4	2	4	1	2	1	1	4	1	1	2	3	4	1	4	2	2	1
3	3	3	2	1	3	3	4	4	3	4	1	2	2	1	4	3	2	1	1	1	4
4	4	1	2	4	3	1	1	1	3	3	3	1	2	4	2	4	2	3	3	4	3
4	2	3	4	2	4	4	4	3	1	2	2	3	1	3	4	3	4	2	1	3	1
4	3	4	1	3	1	3	2	4	4	1	3	4	3	1	3	2	1	2	4	2	4
4	1	2	3	1	2	2	3	2	2	4	2	2	4	2	1	1	3	3	2	1	2

附表 8.24　均匀设计表 $U_{20}(4^p)$

1	p=2	p=3		p=4			p=5				p=6					p=7					
1	2	2	3	2	2	1	2	2	2	1	3	4	3	4	3	4	2	3	3	1	3
1	4	1	3	1	3	3	2	4	3	4	4	2	3	1	3	2	1	4	2	2	4
1	2	2	1	4	3	2	4	3	1	2	2	2	1	3	1	2	2	2	1	3	1
1	3	4	2	3	4	4	3	1	3	3	2	1	4	3	2	1	3	1	4	2	2
1	1	3	4	3	1	3	1	3	4	2	1	3	2	2	4	3	4	3	2	4	2
2	4	2	4	1	1	4	1	4	2	1	2	2	1	1	4	4	3	4	4	2	1
2	4	4	1	1	3	2	3	3	1	4	1	4	3	2	1	1	4	2	1	2	3
2	3	1	2	2	4	1	4	1	3	2	3	1	2	4	4	3	1	1	1	1	2
2	1	4	4	4	2	4	1	1	1	3	4	4	1	3	2	3	1	1	4	4	3

续表

1	$p=2$	$p=3$		$p=4$			$p=5$				$p=6$					$p=7$					
2	2	3	1	4	1	1	4	2	4	4	3	3	4	1	1	1	3	3	3	4	4
3	1	1	1	3	4	2	3	2	1	1	4	2	4	4	2	4	2	4	1	4	3
3	1	2	2	2	3	4	4	4	2	3	1	1	3	1	2	1	1	3	3	3	1
3	2	1	4	2	1	3	1	3	3	4	1	3	1	4	3	4	4	1	2	3	4
3	4	3	3	1	2	1	2	1	4	1	2	4	4	2	4	3	4	2	3	1	1
3	3	4	3	4	4	3	3	4	4	2	4	1	2	2	1	2	2	2	4	1	4
4	2	1	2	4	2	2	3	1	2	4	4	3	3	3	4	2	4	4	4	3	3
4	3	3	4	1	4	3	2	4	1	3	1	2	4	3	3	1	2	4	2	1	2
4	3	3	1	3	2	4	1	2	2	2	2	3	2	4	1	2	3	1	2	4	1
4	1	4	2	2	1	2	4	3	3	1	3	1	1	2	3	3	3	3	1	2	4
4	4	2	3	3	3	1	2	2	4	3	3	4	2	1	2	4	1	2	3	3	2

附表 8.25　均匀设计表 $U_{24}(4^p)$

1	$p=2$	$p=3$		$p=4$			$p=5$				$p=6$					$p=7$					
1	2	1	2	2	4	1	3	4	2	4	3	4	1	3	3	2	4	2	2	3	1
1	3	3	4	3	1	3	3	3	3	1	1	3	2	2	1	4	1	2	4	3	3
1	1	3	1	1	1	2	2	4	4	2	4	2	3	2	4	3	3	4	3	2	2
1	4	4	2	3	2	4	2	1	1	3	3	1	2	4	2	1	3	1	3	1	3
1	2	1	3	4	3	2	4	1	2	2	2	3	4	1	3	3	1	3	1	2	4
1	3	2	4	2	3	4	1	2	3	3	1	2	4	3	2	1	2	3	2	4	2
2	1	2	3	2	2	3	4	2	1	1	2	4	4	3	4	1	4	2	4	2	1
2	1	4	1	3	3	1	3	2	4	2	4	4	2	1	3	2	1	1	1	1	2

续表

1	p=2	p=3		p=4			p=5				p=6					p=7					
2	4	1	1	4	1	2	2	3	1	3	1	2	1	4	3	2	2	4	4	4	4
2	3	2	2	1	2	1	4	1	3	4	2	1	3	1	1	4	2	4	1	3	1
2	2	4	4	1	4	3	1	3	4	4	4	3	3	4	1	4	4	3	3	1	4
2	4	3	3	4	4	4	1	4	2	1	3	1	1	2	4	3	3	1	2	4	4
3	1	2	2	4	1	4	2	2	4	1	1	4	3	4	2	3	1	1	3	4	1
3	4	4	4	3	4	1	4	3	2	3	3	4	4	2	1	3	2	3	4	1	1
3	3	3	2	2	3	2	3	4	1	2	2	1	1	3	1	1	3	2	1	3	4
3	1	1	1	1	3	4	1	1	3	2	4	1	4	4	3	4	4	1	1	2	2
3	2	3	3	1	1	3	4	4	4	3	4	3	1	1	2	1	1	4	2	2	3
3	4	1	4	4	2	1	1	2	2	4	1	2	2	1	4	3	4	4	4	3	3
4	2	2	1	4	3	3	3	1	4	3	1	1	3	2	3	2	2	1	4	2	4
4	1	4	3	2	1	1	2	4	3	4	3	3	3	3	4	4	2	2	2	1	3
4	4	4	2	3	2	2	4	3	3	1	2	4	1	2	2	1	1	3	3	3	2
4	2	3	1	1	4	2	3	2	1	4	3	2	4	1	2	2	4	3	1	4	3
4	3	1	3	2	2	4	2	1	2	1	2	3	2	4	4	2	3	4	2	1	1
4	3	2	4	3	4	3	1	3	1	2	4	2	2	3	1	4	3	2	3	4	2

附表 8.26 均匀设计表 $U_{10}(5^p)$

1	p=2	p=3		p=4			p=5				p=6					p=7					
1	2	4	1	1	4	4	4	5	3	4	5	3	2	5	4	2	3	3	1	2	1
1	4	2	5	4	2	1	1	3	2	2	2	4	5	1	3	3	4	1	4	4	4
2	5	5	4	3	3	3	3	2	5	5	1	1	3	3	1	5	2	3	5	2	5

续表

1	$p=2$	$p=3$		$p=4$			$p=5$				$p=6$					$p=7$					
2	1	1	2	4	5	5	5	2	1	3	3	5	1	4	2	2	1	5	3	5	3
3	3	3	3	1	1	2	2	4	1	5	2	2	1	2	5	1	5	4	4	1	3
3	3	3	3	5	1	4	2	1	4	1	5	1	4	2	3	5	5	2	2	5	2
4	1	5	2	2	5	1	5	3	5	2	4	5	4	3	5	4	1	1	3	1	2
4	5	1	4	3	3	3	3	5	2	1	3	2	5	5	2	4	4	5	1	3	5
5	2	2	1	5	4	2	1	4	4	3	4	3	2	1	1	1	2	2	2	3	4
5	4	4	5	2	2	5	4	1	3	4	1	4	3	4	4	3	3	4	5	4	1

附表 8.27　均匀设计表 $U_{15}(5^p)$

1	$p=2$	$p=3$		$p=4$			$p=5$				$p=6$					$p=7$					
1	1	5	3	3	1	1	2	1	4	3	4	4	4	3	1	4	3	2	5	4	5
1	3	1	1	5	3	5	3	5	3	1	1	2	2	5	3	3	5	3	3	5	1
1	5	3	5	1	5	3	4	3	2	4	2	3	4	2	5	1	2	4	1	3	3
2	4	3	2	4	3	2	3	4	1	5	3	5	1	1	4	4	1	5	2	4	2
2	4	2	4	2	2	4	5	3	5	2	3	1	5	4	4	2	5	2	2	2	4
2	2	4	4	4	4	4	1	2	2	2	5	2	2	2	2	5	2	1	4	1	3
3	2	2	2	1	1	5	1	5	5	4	5	4	3	5	5	2	1	3	5	2	1
3	1	1	5	2	4	2	5	2	4	5	2	1	3	1	1	1	4	5	3	1	5
3	5	5	1	5	5	1	4	1	1	1	1	5	5	3	2	5	4	3	1	5	4
4	2	2	4	4	2	2	2	4	4	1	4	1	1	3	5	5	3	4	3	2	1
4	3	4	2	3	2	4	5	5	2	3	5	3	5	1	3	3	1	1	2	3	5
4	4	4	3	2	4	3	2	1	3	5	2	3	1	4	1	1	4	1	4	4	2

续表

1	p=2	p=3		p=4			p=5				p=6					p=7					
5	5	1	3	1	3	1	1	3	1	3	1	4	3	2	4	2	2	4	4	5	4
5	1	5	5	3	5	5	4	4	3	4	3	2	4	5	2	3	3	2	1	1	2
5	3	3	1	5	1	3	3	2	5	2	4	5	2	4	3	4	5	5	5	3	3

附表 8.28 均匀设计表 $U_{20}(5^p)$

1	p=2	p=3		p=4			p=5				p=6					p=7					
1	1	1	2	1	2	1	5	3	3	5	4	2	1	2	3	5	2	1	2	4	3
1	2	5	3	5	4	5	1	4	5	4	1	3	2	4	1	1	5	3	3	4	1
1	4	4	5	3	1	4	3	1	1	2	2	4	5	1	3	3	4	5	2	2	5
1	5	3	1	2	5	3	4	5	2	1	5	3	3	5	5	2	1	2	4	2	3
2	5	2	3	4	3	2	5	5	4	3	3	5	1	4	4	1	3	2	1	3	4
2	1	1	5	4	2	3	2	3	4	1	5	5	3	2	1	5	3	4	3	1	1
2	3	3	4	3	5	1	1	2	2	3	1	2	4	3	5	3	2	3	5	5	5
2	3	5	1	2	3	4	3	1	4	4	3	1	5	5	2	4	4	5	4	4	3
3	2	2	4	2	1	5	4	2	2	4	4	4	4	4	2	5	5	3	5	2	4
3	4	4	4	1	4	2	2	4	3	2	2	1	1	3	1	4	5	1	1	3	2
3	2	2	2	5	1	1	5	1	5	1	5	1	4	1	4	1	3	1	5	1	2
3	4	4	2	3	4	4	2	5	1	5	2	4	2	2	4	2	1	5	2	5	2
4	3	1	1	5	3	4	3	4	2	4	1	2	3	1	2	1	2	5	4	3	4
4	5	3	2	4	4	3	4	3	5	5	4	2	2	5	3	3	4	2	4	5	1
4	1	5	5	3	2	2	1	3	1	1	4	5	5	3	5	4	1	2	3	1	5
4	3	2	3	1	5	5	2	2	4	3	1	5	4	5	3	5	3	4	1	5	4

续表

1	p=2	p=3		p=4			p=5				p=6					p=7					
5	2	5	3	1	1	3	4	2	3	2	5	4	2	3	2	2	5	4	2	1	3
5	1	1	4	4	2	5	3	5	5	2	3	3	5	2	1	2	4	1	3	4	5
5	5	4	1	2	3	1	1	1	3	5	3	3	1	1	5	4	1	4	5	3	2
5	4	3	5	5	5	2	5	4	1	3	2	1	3	4	4	3	2	3	1	2	1

附表 8.29　均匀设计表 $U_{25}(5^p)$

1	p=2	p=3		p=4			p=5				p=6					p=7					
1	4	2	2	1	1	2	1	3	1	4	5	5	5	3	1	1	3	3	1	4	5
1	2	1	4	5	2	3	4	1	5	2	1	4	1	2	3	3	5	3	4	1	1
1	3	4	1	4	3	5	3	4	3	1	2	2	3	5	2	4	2	1	5	3	2
1	1	3	3	3	5	1	2	2	4	5	4	3	4	1	4	5	4	4	3	5	3
1	5	5	5	2	4	4	5	5	2	3	3	1	2	4	5	3	1	5	2	2	3
2	5	5	2	4	4	3	1	4	4	2	1	5	3	4	4	2	4	1	2	5	2
2	3	3	4	3	1	5	4	3	2	5	5	1	4	5	3	4	2	2	1	1	4
2	2	4	3	1	3	4	2	1	3	3	2	3	5	2	5	5	4	2	4	2	5
2	1	2	5	2	2	1	3	5	5	4	4	4	2	3	2	1	2	4	4	4	1
2	4	1	1	5	5	2	5	2	1	1	3	2	1	1	1	2	4	5	5	3	4
3	3	5	3	5	1	4	2	5	1	2	4	5	1	5	5	3	1	3	5	5	5
3	2	2	4	2	5	5	5	4	5	5	1	1	5	1	2	5	1	3	3	3	1
3	4	3	1	1	4	1	4	2	3	4	2	4	4	4	1	1	5	4	2	2	4
3	5	1	2	4	2	2	3	3	4	3	5	2	2	2	4	4	5	5	1	4	2
3	1	4	5	3	3	3	1	1	2	1	3	3	3	3	3	1	3	1	3	1	3

续表

1	p=2	p=3		p=4			p=5				p=6					p=7					
4	1	4	4	5	3	1	4	5	4	1	3	5	4	2	2	5	1	1	2	4	4
4	4	5	1	4	5	4	3	1	1	5	2	1	1	3	4	3	3	2	1	5	1
4	2	3	2	2	1	3	5	3	3	2	5	4	3	1	5	5	3	4	5	1	2
4	5	2	3	3	4	2	2	4	2	4	1	3	2	5	1	2	2	5	3	1	5
4	3	1	5	1	2	5	1	2	5	3	4	2	5	4	3	2	5	2	5	4	3
5	5	4	2	3	2	4	5	1	4	4	3	4	5	5	4	4	3	5	4	5	4
5	4	3	5	5	4	5	3	2	2	2	2	5	2	1	3	3	5	1	3	3	5
5	3	1	3	2	3	2	4	4	1	3	4	1	3	2	1	1	1	2	4	2	2
5	1	2	1	4	1	1	2	3	5	1	1	2	4	3	5	4	4	3	2	2	1
5	2	5	4	1	5	3	1	5	3	5	5	3	1	4	2	2	2	4	1	3	3

附表 8.30　均匀设计表 $U_{12}(6^p)$

1	p=2	p=3		p=4			p=5				p=6					p=7					
1	1	2	3	5	3	5	3	1	5	3	2	5	4	1	4	2	2	5	4	4	1
1	5	5	4	2	6	4	6	4	2	5	3	2	1	4	2	5	1	2	3	2	5
2	3	4	1	6	4	2	2	3	1	1	4	1	5	3	6	4	5	6	2	6	4
2	6	3	6	1	1	3	4	5	6	4	5	6	3	6	3	1	5	3	5	1	3
3	2	6	2	4	5	6	5	6	3	2	1	4	2	5	6	6	3	4	1	1	2
3	4	1	5	4	2	1	1	2	3	6	6	4	6	2	2	3	3	1	6	5	6
4	4	6	5	3	5	1	6	2	4	1	2	3	5	6	1	3	6	1	2	3	1
4	2	1	2	3	2	6	2	6	4	5	5	3	1	1	5	6	6	4	5	4	5
5	6	4	6	1	4	5	1	4	6	2	1	1	3	2	3	4	1	6	6	3	3

续表

1	p=2	p=3		p=4			p=5				p=6					p=7					
5	3	3	1	6	1	4	4	1	1	4	3	6	6	4	5	1	2	3	1	5	4
6	1	2	4	2	3	2	5	3	5	6	4	5	2	3	1	2	4	5	3	2	6
6	5	5	3	5	6	3	3	5	2	3	6	2	4	5	4	5	4	2	4	6	2

附表 8.31　均匀设计表 $U_{18}(6^p)$

1	p=2	p=3		p=4			p=5				p=6					p=7					
1	4	6	4	4	3	2	1	3	4	1	2	4	5	4	6	5	3	6	3	1	4
1	2	2	2	2	1	4	5	2	2	5	5	2	1	5	4	3	2	4	5	5	1
1	6	3	6	6	5	5	3	6	5	4	3	5	3	1	1	2	6	1	3	4	4
2	3	4	3	1	6	3	4	1	6	3	6	6	4	4	3	1	5	4	2	3	2
2	5	5	1	3	4	1	2	5	1	6	1	3	2	2	5	6	4	3	1	6	3
2	1	1	5	5	2	6	6	4	3	2	3	1	5	6	2	4	4	2	6	2	6
3	1	6	6	2	3	6	6	4	6	6	5	3	6	3	1	6	6	5	6	3	2
3	3	3	2	6	1	2	4	6	2	1	2	6	2	6	3	1	1	2	4	1	3
3	5	2	4	4	5	4	2	2	3	4	4	1	4	1	6	2	2	5	1	5	5
4	4	1	1	5	6	1	5	5	4	3	1	1	3	3	4	5	1	1	5	4	5
4	2	5	3	1	4	5	1	3	5	5	6	4	1	2	2	3	5	6	4	6	6
4	6	4	5	3	2	3	3	1	1	2	4	5	6	5	5	3	3	1	1	2	1
5	3	6	2	6	3	4	6	3	1	4	3	5	1	3	6	4	1	6	2	4	2
5	2	3	4	3	6	6	2	5	6	2	6	3	3	6	5	4	6	3	2	1	5
5	6	2	6	1	2	1	3	1	4	6	2	2	6	1	3	1	3	3	6	6	4
6	4	4	1	2	5	2	1	4	2	3	4	2	2	4	1	6	2	4	3	3	6

续表

1	p=2	p=3		p=4			p=5				p=6					p=7					
6	1	1	3	5	4	3	4	6	3	5	1	4	4	5	2	2	4	5	5	2	3
6	5	5	5	4	1	5	5	2	5	1	5	6	5	2	4	5	5	2	4	5	1

附表 8.32　均匀设计表 $U_{24}(6^p)$

1	p=2	p=3		p=4			p=5				p=6					p=7					
1	3	4	1	1	3	1	1	4	6	5	3	2	3	5	4	2	4	6	1	3	3
1	6	1	4	4	1	6	6	6	1	3	6	3	6	3	3	3	1	1	5	4	4
1	1	3	6	3	4	4	4	3	4	4	4	3	2	4	6	6	6	3	3	5	2
1	4	6	3	6	6	3	3	1	3	1	1	5	4	2	2	5	4	4	4	1	5
2	5	5	5	5	2	5	2	5	5	2	2	6	2	6	3	1	3	5	3	2	4
2	5	2	2	2	2	2	2	2	2	6	2	1	5	1	5	4	5	6	5	5	6
2	2	5	2	5	5	2	5	5	2	5	5	4	5	5	1	4	2	2	6	3	1
2	2	2	5	2	5	5	5	2	5	2	6	4	1	2	4	2	3	2	2	6	5
3	1	4	4	6	3	4	6	1	6	4	5	2	2	1	2	5	5	1	2	2	1
3	4	3	3	3	1	3	4	4	3	3	1	1	3	3	1	3	6	5	6	1	3
3	3	6	6	4	4	1	1	3	1	1	4	5	6	6	5	6	2	4	1	4	6
3	6	1	1	1	6	6	3	6	4	6	3	6	4	3	6	1	1	4	4	6	2
4	1	1	6	1	1	4	1	1	4	3	5	1	4	6	4	1	6	1	4	3	5
4	4	4	3	3	6	1	4	6	6	1	4	6	5	1	3	3	2	6	3	5	1
4	6	3	4	4	3	3	6	3	3	6	1	3	1	5	5	6	4	3	6	6	4
4	3	6	1	6	4	6	3	4	1	4	3	5	1	4	1	4	1	3	1	1	3
5	2	5	5	5	1	1	2	5	2	2	6	2	5	4	6	2	2	3	6	2	6

续表

1	$p=2$	$p=3$		$p=4$			$p=5$				$p=6$					$p=7$					
5	2	2	5	5	5	5	5	5	5	6	2	4	2	1	6	4	6	5	2	6	4
5	5	2	2	2	5	2	5	2	2	2	3	3	6	2	1	1	4	2	1	4	2
5	5	5	2	2	2	5	2	2	5	5	6	6	3	5	2	6	3	6	5	2	2
6	6	3	1	1	4	3	3	3	6	3	2	2	4	6	2	5	3	1	4	5	3
6	4	6	4	4	6	4	4	1	1	5	4	1	1	3	3	5	1	5	2	3	5
6	3	4	6	3	3	6	1	6	3	4	5	5	3	2	5	2	5	4	5	4	1
6	1	1	3	6	2	2	6	4	4	1	1	4	6	4	4	3	5	2	3	1	6

附表 8.33　均匀设计表 $U_{30}(6^p)$

1	$p=2$	$p=3$		$p=4$			$p=5$				$p=6$					$p=7$					
1	3	5	6	2	6	1	1	5	3	3	3	6	5	3	6	3	5	4	2	1	2
1	6	1	5	6	3	4	3	6	1	5	1	3	1	3	1	4	2	6	2	4	6
1	2	3	2	4	5	5	6	3	6	5	6	2	3	2	4	5	3	3	5	6	3
1	1	6	1	1	2	6	4	4	5	2	5	3	5	5	3	3	1	1	4	4	3
1	5	2	3	5	1	2	3	1	2	1	4	5	2	6	2	1	6	4	3	3	4
2	4	6	4	4	3	1	4	2	2	4	2	4	6	1	4	2	3	5	6	2	1
2	6	1	1	2	1	4	5	1	3	6	4	1	6	4	5	2	4	1	1	5	5
2	4	4	4	6	6	6	2	2	4	2	5	4	1	4	6	6	2	2	3	1	4
2	1	4	3	1	4	3	2	4	6	6	1	6	3	5	3	6	5	3	6	3	6
2	3	3	6	3	5	3	6	6	4	1	3	1	4	2	1	4	4	6	3	6	1
3	3	5	2	2	3	2	2	4	2	4	4	3	1	1	5	5	1	3	1	3	1
3	5	2	6	5	2	3	5	3	1	2	5	6	3	1	1	4	6	2	6	5	2
3	2	2	4	3	4	5	5	5	5	3	2	2	2	4	4	6	6	5	1	4	3

续表

1	$p=2$	$p=3$		$p=4$			$p=5$				$p=6$					$p=7$					
3	1	6	5	6	5	2	4	5	4	5	2	2	6	6	2	1	3	2	4	1	6
3	5	3	2	4	2	5	1	1	6	3	6	5	4	6	5	2	1	4	5	5	5
3	6	5	1	1	1	1	4	2	5	4	6	4	6	3	2	3	5	5	5	6	6
3	4	5	3	1	6	5	1	2	1	6	6	2	2	5	1	5	6	6	4	1	5
3	2	4	5	5	4	4	1	3	3	1	4	5	4	2	3	2	1	5	2	2	4
3	5	1	2	3	1	6	3	6	6	2	1	4	4	6	6	1	2	2	2	6	2
3	2	2	5	4	5	2	6	5	2	5	1	1	3	3	5	6	4	1	5	2	1
4	1	6	6	4	2	3	1	6	5	4	3	1	1	6	3	4	4	3	1	2	6
4	6	3	4	2	3	4	6	4	4	4	2	5	5	4	1	2	6	2	3	2	3
4	3	3	3	5	3	6	4	4	2	1	5	2	5	1	6	3	2	1	6	3	5
4	4	1	3	3	6	4	3	3	5	6	3	4	2	1	2	5	2	5	4	5	2
4	3	4	1	6	4	1	6	1	1	3	2	6	2	2	5	1	4	6	6	4	4
5	5	1	6	1	4	2	5	6	3	6	4	6	6	5	4	4	1	4	5	1	3
5	6	5	4	6	1	5	5	2	6	1	1	3	5	2	3	6	3	4	3	6	5
5	1	6	2	2	5	6	3	3	3	3	6	5	1	3	4	5	5	1	2	5	4
5	4	4	5	5	6	3	2	1	4	5	5	1	4	4	2	3	3	6	1	3	2
5	2	2	1	3	2	1	2	5	1	2	3	3	3	5	6	1	5	3	4	4	1
6	3	5	6	2	6	1	1	5	3	3	3	6	5	3	6	3	5	4	2	1	2
6	6	1	5	6	3	4	3	6	1	5	1	3	1	3	1	4	2	6	2	4	6
6	2	3	2	4	5	5	6	3	6	5	6	2	3	2	4	5	3	3	5	6	3
6	1	6	1	1	2	6	4	4	5	2	5	3	5	5	3	3	1	1	4	4	3
6	5	2	3	5	1	2	3	1	2	1	4	5	2	6	2	1	6	4	3	3	4

参考文献

[1] 明道绪.生物统计附试验设计[M].北京:中国农业出版社,2002.

[2] 韩汉鹏.试验统计引论[M].北京:中国林业出版社,2006.

[3] 凌树洪,李远景,张泽生.双向随机区组设计的研究[J].数理统计与管理,1989(4):43-45.

[4] 单鉴华,胡秉民.双因素双向随机区组试验设计与分析[J].浙江农业大学学报,1994,20(6):617-620.

[5] 盖钧镒.试验统计方法[M].北京:中国农业出版社,2000.

[6] 刘德金,肖承和.农业试验设计与分析[M].北京:中国农业科学技术出版社,2005.

[7] 郑杰.试验设计与数据分析—基于R语言应用[M].广州:华南理工大学出版社,2016.

[8] 方开泰,刘民千,周永道.试验设计与建模[M].北京:高等教育出版社,2011.

[9] 刘清飞,罗国安,王义明.混料均匀设计法在灯盏花素骨架片处方配比中的应用研究[J].中成药,2006,28(5):632-635.

[10] 茆诗松,周纪芗,陈颖.试验设计[M].北京:中国统计出版社,2004.

[11] 杨德.试验设计与分析[M].北京:中国农业出版社,2002.

[12] 张效嘉,胡良平.试验设计类型之可以考察部分交互作用的多因素设计:裂区设计[J].四川精神卫生,2017,30(2):105-107.

[13] 丁雪梅,白春燕,张晓君,等.动物科学和动物医学专业常用的试验设计方法的选择[J].黑龙江畜牧兽医,2020(6):37-44.

[14] 任露泉.回归设计及其优化[M].北京:科学出版社,2009.

[15] 任露泉.试验设计及其优化[M].北京:科学出版社,2009.

[16] Douglas C Montgomery.实验设计与分析[M].傅珏生,张健,王振羽,等译.北京:人民邮电出版社,2009.

[17] C.F.Jeff Wu,Michael Hamada.实验设计与分析及参数优化[M].张润楚,郑海涛,兰燕,等译.北京:中国统计出版社,2003.

[18] 赵选民.试验设计方法[M].北京:科学出版社,2006.

[19] 叶卫平.Origin9.1科技绘图及数据分析[M].北京:机械工业出版社,2015.

[20] 贾俊平.统计学——基于R[M].北京:中国人民大学出版社,2019.

[21] Miroslav Kaps,William R.Lamberson.Biostatistics for Animal Science[M].Cambridge,Massachusetts USA:CABI Publishing,2004.

[22] 洪伟,吴承祯.试验设计与分析——原理操作案例[M].北京:中国林业出版社,2004.

[23] 方开泰,马长兴.正交与均匀试验设计[M].北京:科学出版社,2001.

[24] 苏均和.试验设计[M].上海:立信会计出版社,1995.

[25] 李云雁,胡传荣.实验设计与数据处理[M].北京:化学工业出版社,2017.

[26] 何少华,文竹青,娄涛.试验设计与数据处理[M].长沙:国防科技大学出版社,2002.

[27] Shein-Chung Chow, Jen-Pei Liu. Design and Analysis of Clinical Trials [M]. Hoboken, New Jersey: John Wiley & Sons, Inc., Publication, 2004.

[28] Shein-Chung Chow, Jen-Pei Liu. 临床试验的设计与分析——概念与方法学 2 版[M].中国药物学会药物临床评价研究专业委员会译.北京:北京大学出版社,2010.

[29] 刘文卿.实验设计[M].北京:清华大学出版社,2005.

[30] 刘苑秋,徐雁南.试验设计与统计分析——R 语言实现[M].北京:中国林业出版社,2020.

[31] Fang Kaitai. Uniform Design Tables[EB/OL]. http://www.math.hkbu.edu.hk/UniformDesign.

[32] Kai-Tai Fang, Dennis K.J. Lin, Peter Winker, et al. Uniform Design: Theory and Application[J]. Technometrics, 2000, 42(3): 237-248.